战略性新兴领域“十四五”高等教育系列教材

智能加工装备设计

主　编　卢继平　孟凡武

副主编　韩亚峰　陈斌凌

参　编　胡明茂　朱妍妍

　　　　吕唯唯　敬晨晨

主　审　陈小明

机械工业出版社

本书将机床设计、夹具设计、工业机器人设计、增材制造装备设计等内容合成为一门机械专业设计课程的内容，构成了新的课程和知识体系。本书介绍了智能加工装备设计的基本理论、方法和应用，反映了国内外的先进技术和发展趋势。本书共 7 章，第 1 章为绪论，第 2 章为金属切削机床设计，第 3 章为机床部件设计，第 4 章为机床夹具设计，第 5 章为工业机器人设计，第 6 章为增材制造装备设计，第 7 章为制造装备实验。

本书适合于高等工科院校“机械设计及其自动化”“智能制造工程”等专业的教学，也可供从事机械制造装备设计和研究的工程技术人员参考。

本书配有电子课件教学视频、教学大纲和习题答案等教学资源，欢迎选用本书作教材的教师，登录 www.cmpedu.com 注册后下载。

图书在版编目（CIP）数据

智能加工装备设计 / 卢继平，孟凡武主编 .-- 北京 ：机械工业出版社，2024. 12. --（战略性新兴领域“十四五”高等教育系列教材）. -- ISBN 978-7-111-77674-1

Ⅰ. TH166

中国国家版本馆 CIP 数据核字第 2024KV6131 号

机械工业出版社（北京市百万庄大街 22 号　邮政编码 100037）

策划编辑：吉　玲　　　责任编辑：吉　玲　王华庆

责任校对：梁　园　李小宝　　　封面设计：张　静

责任印制：张　博

北京机工印刷厂有限公司印刷

2024 年 12 月第 1 版第 1 次印刷

184mm × 260mm · 18.5 印张 · 447 千字

标准书号：ISBN 978-7-111-77674-1

定价：69.00 元

电话服务　　　　网络服务

客服电话：010-88361066　　机　工　官　网：www.cmpbook.com

　　　　　010-88379833　　机　工　官　博：weibo.com/cmp1952

　　　　　010-68326294　　金　　书　　网：www.golden-book.com

封底无防伪标均为盗版　　机工教育服务网：www.cmpedu.com

前 言

PREFACE

制造业是国民经济的支柱产业，是立国之本、兴国之路、强国之基。机械制造装备是制造业的核心和主体，是制造业的基础。随着新一代信息技术、工业互联网、大数据、云计算、数字孪生、人工智能和先进制造技术在制造业中的集成和深度融合，智能制造成为制造业转型升级的重点发展方向，是战略性新兴产业的重要领域。智能制造装备是实现智能制造的核心载体，是实现高效、高品质、绿色环保和安全可靠生产的新一代制造装备。智能制造装备也是传统制造业产业升级改造，实现生产过程自动化、智能化、精密化、绿色化的有力工具。智能制造装备是衡量国家工业化水平的重要标志。

本书是根据教育部“高端装备制造”战略性新兴领域教材体系建设规划编写的。本书将金属切削机床设计、机床部件设计、机床夹具设计、工业机器人设计、增材制造装备设计等内容合成为一门机械专业设计课程的内容，构成了新的课程和知识体系。本书介绍了智能加工装备设计的基本理论、方法和应用，反映了国内外的先进技术和发展趋势。本书理论与实践相结合，读者能够从中学习智能加工装备设计的基本原理和方法，有助于解决工程问题。

卢继平、孟凡武任本书的主编，并负责统稿。具体编写分工：第 1 章、第 2 章 2.1 ～ 2.3 节、第 3 章 3.1 和 3.2 节由孟凡武编写；第 2 章 2.4 和 2.5 节、第 4 章 4.1 节由胡明茂编写；第 4 章 4.2 ～ 4.4 节由卢继平编写；第 3 章 3.3 ～ 3.5 节、第 7 章 7.2 和 7.10 节由敬晨晨编写；第 5 章由韩亚峰编写；第 6 章由陈斌凌编写；第 7 章 7.3 ～ 7.5 和 7.9 节由吕唯唯编写；第 7 章 7.1 和 7.6 ～ 7.8 节由朱妍妍编写。

本书由中航国际航空发展有限公司陈小明研究员主审。

限于编者水平，书中疏漏或不足之处在所难免，恳请读者批评指正。

编 者

书中教学视频及图片资源对照表

（请扫描本书封底二维码，用手机绑定刮卡后的序列码）

资源序号	资源名称	资源形态	资源序号	资源名称	资源形态
第 1 章			16	底甲板工装设计	彩图
1	智能制造装备的特征	彩图	17	底甲板夹紧定位组件设计	彩图
2	智能制造装备的分类	彩图	18	扭杆支架安装组件	彩图
第 2 章			19	侧甲板焊接工装	彩图
1	机床设计应满足的基本要求和主要评定指标	彩图	第 5 章		
2	点刃车刀车外圆柱面	MP4 视频	1	工业机器人结构展示	MP4 视频
3	铣床的几种布局形式及其运动分配	彩图	2	工业机器人的坐标系	彩图
第 3 章			3	谐波减速器原理	MP4 视频
1	刀库机械手联合动作的自动换刀装置	MP4 视频	4	RV 减速器	MP4 视频
2	耳轴式两轴联动转台视频	MP4 视频	5	机器人手腕运动演示	MP4 视频
3	摇篮式两轴联动转台视频	MP4 视频	6	工业机器人手臂工作演示	MP4 视频
第 4 章			7	焊接机器人系统	彩图
1	钻孔夹具	彩图	第 6 章		
2	工件以平面定位夹具案例	MP4 视频	1	3D 打印介绍	MP4 视频
3	可调支承夹具案例	MP4 视频	2	材料挤出 FDM 介绍	MP4 视频
4	工件以孔定位夹具案例	MP4 视频	3	光固化 SLA 介绍	MP4 视频
5	工件以外圆定位夹具案例	MP4 视频	4	粉末激光熔融 SLM 演示	MP4 视频
6	卡盘定位原理	MP4 视频	5	定向能量沉积 DED 演示	MP4 视频
7	斜楔夹紧机构案例	MP4 视频	6	粘接剂喷射金属 3D 打印介绍	MP4 视频
8	螺旋夹紧机构案例	MP4 视频	7	压电打印头介绍	MP4 视频
9	铰链夹紧机构案例	MP4 视频	第 7 章		
10	螺旋定心夹紧机构案例	MP4 视频	1	变速箱拆装实验	MP4 视频
11	单件联动夹紧机构案例	MP4 视频	2	高端机床虚仿实验	MP4 视频
12	多件联动夹紧机构案例	MP4 视频	3	输入轴组件装配关系图	彩图，有零件名称表
13	气压夹紧装置案例	MP4 视频	4	中间轴组件装配关系图	彩图，有零件名称表
14	车体焊接工装设计方案	彩图	5	换挡机构装配关系图	彩图，有零件名称表
15	前首部件工装设计	彩图			

目 录

CONTENTS

第1章 绪论

制造业是国民经济的支柱产业，是提供生产资料和生活资料的主要行业，是立国之本、兴国之路、强国之基。随着工业产品性能不断提高，个性化定制日益增长，交付期、成本和环保压力等不断增加，使得制造业环境更加复杂多变，给传统制造企业带来诸多挑战。同时，新一代信息技术和新一代人工智能技术与先进制造技术的深度融合，给制造业带来新的理念、模式、技术和应用，也展现出未来制造技术和制造业发展的新前景。世界各国不约而同地将智能制造确定为其振兴工业发展战略的关键，智能制造日益成为产业升级的关键支撑。

智能制造装备是制造业的核心，是智能制造的基础，是高端装备制造业的重点发展方向。智能制造装备还是保障国家安全的战略性、基础性和全局性产业。大力培育和发展智能装备，有利于提升产业核心竞争力，促进实现制造过程的智能化和绿色化。

1.1 机械制造装备与制造业的关系

制造业是为人类社会生产产品的产业。人类社会所需的产品包括物质生活用产品、精神生活用产品、安全防卫用产品、科学研究与探索用产品、生产用产品。可以把人类社会需求的产品划分为机械类产品和非机械类产品。例如，服装、食品、光学、电子、通信等产品属于非机械类产品。实际上有的非机械类产品中也包含了部分机械元件，如传感器的壳体，只是它不是传感器的主要元件而已。

机械类产品又可进一步分为三种类型：

1）生活类机械产品：指的是直接供人们生活使用的机械产品，如汽车、飞机、轮船等。

2）机械设备：指的是用来生产非机械类产品的机械，如食品机械、农业机械、矿山机械、冶金机械、化工机械、纺织机械、发电机械等机械产品都属于机械设备。

3）机械制造装备：指的是用来生产机械类产品的机械，如机床。机械制造装备属于机械类产品，可以用来生产生活类机械产品（如汽车等）、机械设备（如食品机械等）和机械制造装备（如用机床来生产机床），也属于生产类机械产品。

制造业按其生产的产品可以分为机械制造业和非机械制造业。机械制造业是生产机械类产品（包括生活类机械产品、机械设备、机械制造装备）的产业，非机械制造业是生产非机械类产品的产业，如服装、食品、光学、电子、通信等制造业。

因为机械制造业既可直接生产机械类产品，又间接为非机械制造业提供设备，所以机械制造业是制造业的核心和主体。进一步，机械装备制造业直接为生活类机械产品制造业、机械设备制造业及机械制造装备本身提供生产设备；机械制造装备制造业也为非机械制造业提供生产设备。机械制造装备几乎与整个制造业都有关系，可以说机械制造装备是制造业的基础。

制造业是一个国家经济发展的支柱。而机械制造业既与机械类产品有关，又与非机械类产品有关，可以说人类社会需求的产品几乎都与机械制造业有关，因此机械制造业的水平与能力标志着一个国家的科技水平和经济及国防实力。

机械制造装备是生产机械产品用的机械（或称工业母机），其水平和技术要求更高。没有高水平的机械制造装备，不可能生产出高精密的光学元件，不可能生产出高集成度的微电子元件，不可能生产出高度复杂的航空航天零件。因此，机械制造装备的水平和生产能力是影响和制约其他产业发展的关键因素，是衡量一个国家制造业水平和实力的最重要指标。

机械制造装备在整个国民经济中占有极其重要的地位，一直是我国优先发展的重点产业。

1.2 制造技术的演变

制造活动是人类进化、生存、生活和生产活动中一个永恒的主题，是人类建立物质文明和精神文明的基础。制造业与工业化进程和产业革命紧密相连，经历了机械化、电气化和信息化三个阶段，目前工业革命正进入第四个阶段，也就是智能化阶段。这四个阶段也被称为四次工业革命（分别为工业 1.0、工业 2.0、工业 3.0 和工业 4.0），如图 1-1 所示。纵观世界工业的发展史，科技创新始终是推动人类社会生产生活方式产生深刻变革的重要力量。

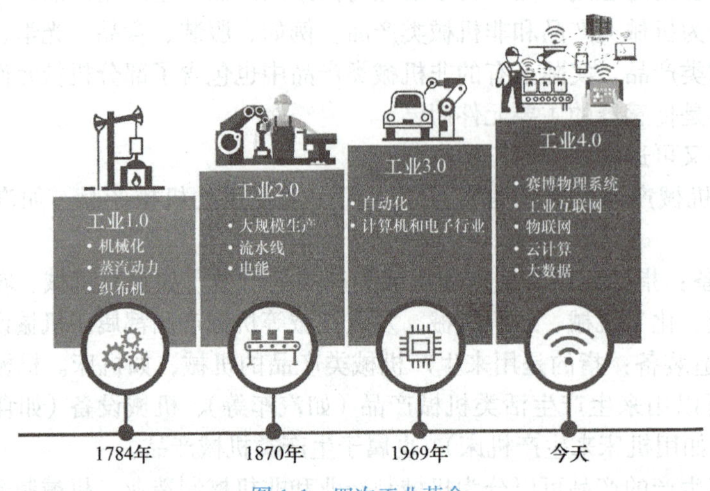

图 1-1 四次工业革命

第一次工业革命（工业 1.0）一般认为始于 18 世纪后期，蒸汽机技术的发展和广泛应用，拉开了第一次工业革命的序幕，人类步入了“蒸汽时代”。第一次工业革命以机器代替手工劳动，以工厂工业化生产代替小作坊制作，以技术革命给全球带来了一场深刻的社会变革。人类从农业社会进入工业社会，制造业从手工作坊生产逐步走向大规模生产。现代意义上的“制造”概念形成于“工业 1.0”之后，它是指通过机器进行制作或者生产产品，特别是大批量地制作或生产产品。

第二次工业革命（工业 2.0）起始于 19 世纪 70 年代，随着电现象、磁现象、电磁感应现象的发现，电力技术取得重大进步，发电、照明、通信等发明创造极大地推动了生产力和经济的发展。电力在各种工业生产领域的广泛应用，进一步提高了生产力并改变了人类的生活方式，人类社会进入了具有深远影响的“电气时代”。

从“工业 1.0”到“工业 2.0”的变化特点是从依赖工人技艺的作坊式机械化生产，走向产品和生产的标准化以及简单的刚性自动化。标准化表现在许多不同的方面：零件设计的标准化、制造步骤的标准化、检验和质量控制的标准化等。刚性自动化的目的是提高制造过程的速度和可重复性。如 1908 年的福特 T 型汽车生产线，最重要的革新是以标准化的流水装配线大规模作业代替传统个体手工制作，大大提高了生产率，直接导致了车辆价格的大幅度下降。刚性自动化系统一旦完成和投入生产，不能再改变其设定的动作或生产过程，缺少柔性，是其最大的不足。

第三次工业革命（工业 3.0）起始于 20 世纪中期，第二次世界大战以后，半导体物理、相对论、量子力学、计算机科学、通信科学、控制论、生物科学和现代数学等基础理论的突破，促进了原子技术、电子技术、信息技术、能源技术、空间技术和制造技术等一系列高新技术的发展。其核心是广泛应用信息控制技术。第三次工业革命是人类科技和工业的又一次飞跃，它不仅带来了生产和经济领域的变革，也引起了人类生活方式和思维方式的重大变化。

从“工业 2.0”发展到“工业 3.0”，产生了复杂的自动化、数字化和网络化生产。“工业 3.0”产业结构由以劳动密集型产业为主逐步转向以技术密集型产业为主。这个阶段相对于“工业 2.0”具有更复杂的自动化特征，追求效率、质量和柔性。先进的数控机床、机器人技术、PLC 和工业控制系统可以实现敏捷的自动化，从而允许制造商以合理的响应能力和精度质量，适应产品的多样性和批量大小的波动，实现批量柔性化制造。“工业 3.0”的另一个特点是在制造装备（如数控机床、工业机器人等）上开始安装各种传感器和仪表，以采集装备状态和生产过程数据，用于制造过程的监测、控制和管理。此外，“工业 3.0”具有网络化支持，通过联网，机器与机器、工厂与工厂、企业与企业之间能够进行实时和非实时通信、联通，实现数据和信息的交互和共享。传感器、数据共享和网络为制造业提供了全新的发展驱动力。

正在发生的第四次工业革命是由物联网和服务网应用于制造业引发的。工业物联网、工业互联网、工业大数据、云计算、人工智能、数字孪生等新技术与制造技术的高度融合，将会使企业的机器、存储系统和生产设施融入赛博物理系统（cyber physical system，CPS）中，构建智能工厂。其中的智能机器、存储系统和生产设施将能够感知、处理、共享和交换信息，进行自主决策，实现对设备、生产过程的优化管控，实现虚实结合的全新生产方式，制造业开始走向“工业 4.0”时代。

纵观人类工业发展史，生产力发展始终是推动制造业发展的根本动力。适应新技术、新经济的发展，满足人类对美好生活的需求是制造技术发展的根本需求。智能制造为制造业的设计、制造、服务等各环节及其集成带来根本性变革，新技术、新产品、新业态、新模式将层出不穷，深刻影响和改变社会的产品形态、生产方式、服务模式，乃至人类的生活方式和思维模式，极大地推动了社会生产力的发展。智能制造将给制造业带来革命性的变化，将成为制造业未来发展的核心驱动力。

1.3 智能制造装备

智能制造（intelligent manufacturing，IM）是基于先进制造技术与新一代信息技术深度融合，贯穿于设计、生产、管理、服务等产品全生命周期，具有自感知、自决策、自执行、自适应、自学习等特征，旨在提高制造业质量、效率效益和柔性的先进生产方式。

智能制造可分为三个层次：一是智能制造装备，智能制造离不开智能装备的支撑，包括高档数控机床、智能机器人、增材制造装备、智能传感与控制装备、智能检测与装配装备、智能物流与仓储装备，及其构成的智能化成套生产线等，通过智能装备实现生产过程的自动化、敏捷化和智能化；二是智能制造系统，由智能设备和人类专家结合物理信息技术共同构建的智能生产系统，能够不断进行自我学习和优化，并随着技术进步和产业实践动态发展；三是智能制造服务，与工业物联网相结合的智能制造过程涵盖产品设计、生产、管理和服务的全生命周期，能够根据用户需求对产品进行定制化生产，形成全生产服务生态链。智能制造企业对产品的全生命周期进行管控，通过生产工艺流程、供应链物流和企业经营模式的有机融合，有效串联经营业务与制造过程，使工厂在一个柔性、敏捷、智能的制造环境中运行，大幅度优化生产率和制造系统的稳定性。

1.3.1 智能制造装备的特征

智能制造装备是机电系统与人工智能系统的高度融合，充分体现了制造业向智能化、数字化、网络化发展的需求。和传统的制造装备相比，智能制造装备的主要特征包括自感知能力、自适应能力、自诊断能力、自决策能力、自学习能力和自执行能力六个方面。

1. 自感知能力

自感知能力是指智能制造装备具有收集和理解工作环境信息、实时获取自身状态信息的能力。智能制造装备应能够准确获取表征装备运行状态的各种信息，并对信息进行初步的理解和加工，提取主要特征成分，反映装备的工作性能。自感知能力是整个制造系统获取信息的源头。智能制造装备通过传感器获取所需信息，对自身状态与环境变化进行感知，而自动识别与数据通信是实现实时感知的重要基础。与传统的制造装备相比，智能制造装备需要获取庞大的数据信息，信息的种类繁多，获取环境复杂多变。因此，其应用的传感器也多种多样，常见的传感器类型包括视觉传感器、位置传感器、射频识别传感器、音频传感器与力/触觉传感器等。

2. 自适应能力

自适应能力是指智能制造装备根据感知的信息对自身运行模式进行调节，使系统处于最优或较优的状态，实现对复杂任务不同工况的智能适应。智能制造装备在运行过程中不断采集过程信息，以确定加工制造对象与环境的实际状态，当加工制造对象或环境发生动态变化后，基于系统性能优化准则，产生相应的调控指令，及时对系统结构或参数进行调整，保证智能制造装备始终工作在最优或较优的运行状态。制造装备在使用过程中不可避免地会存在损耗，因此传统的设备或系统的性能会不断退化。智能制造装备将能够依据设备实时的性能，调整自身的运行状态，保证装备系统的正常可靠运行。

3. 自诊断能力

自诊断能力是指智能制造装备在运行过程中，能够对自身故障和失效问题做出自我诊断，通过优化调整保证系统正常运行。智能制造装备是高度集成的复杂机电一体化设备，外部环境的变化会引起系统发生故障甚至是失效，因此，自我诊断与维护能力对于智能制造设备十分重要。此外，通过自我诊断和维护，还能建立准确的智能制造设备故障与失效数据库，提高装备的性能与使用寿命。

4. 自决策能力

自决策能力是指智能制造装备在无人干预的条件下，基于所感知的信息，进行自主的规划运算，给出合理的决策指令，控制执行机构完成相应的动作，实现复杂的智能行为。自主规划和决策能力以人工智能技术为基础，结合系统科学、管理科学和信息科学等其他先进技术，是智能制造装备的核心功能。通过对有限资源的优化配置及对工艺过程的智能决策，智能制造装备应能满足实际生产中的不同需求。

5. 自学习能力

自学习能力是指智能制造装备能够自主建立强有力的知识库和基于知识的模型，并以专家知识为基础，通过运用知识库中的知识，进行有效的推理判断，并进一步获取新的知识，更新并删除低质量知识，在系统运行过程中不断地丰富和完善知识库，通过学习使知识库不断进化得更加丰富、合理。通过学习和知识库积累，系统得到不断进化，智能制造装备对环境变化的响应速度和准确度越来越高。

6. 自执行能力

精准控制自执行是智能制造的关键，它要求智能制造系统在状态感知、实时分析和自主决策基础上，对外部需求、企业运行状态、研发和生产等做出快速反应，对各层级的自主决策指令准确响应和敏捷执行，使不同层级子系统和整体系统运行在最优状态，对系统内部或来自外部的各种扰动变化具有自适应性。精准控制自执行是指在智能制造模式下，网络空间与物理空间的界线逐渐模糊，众多物理实体通过工业物联网成为信息系统的新元素。自执行精准控制要求自动协调、控制业务流程的各个环节，同时还要求底层物理设备自行对自身运作状态进行分析与精准控制。

1.3.2　智能制造装备的分类

智能制造装备是融合先进制造技术、新一代信息技术、大数据技术和智能技术的智能化装备。智能制造装备具有感知、学习、决策、自主执行与主动交互能力，通过对自身运行状态和内外部环境的实时感知，将信息通过物联网、CPS 等新一代信息网络技术接入智能制造云平台，基于大数据分析与评估技术，实现制造工艺的全局优化、制造装备的智能维护、制造过程的绿色环保及制造装备间的协同工作。智能制造装备正突破传统制造装备的物理实体化界限，由传统孤立的物理加工单元，向虚拟信息资源与加工实体资源相结合的形式发展，由孤立装备个体行为向集群装备协同互助发展，由单一加工功能向更广泛、更具体验性的制造服务功能发展。

智能制造装备属于高端装备制造业重点发展领域，涵盖的装备类型繁多，大致可以分为高档数控机床、工业机器人、增材制造装备、智能传感与控制装备、智能检测与装配装备、智能物流与仓储装备，其中高档数控机床、工业机器人和增材制造装备是主要的加工装备。

1. 高档数控机床

机床是用来制造机器和装备的工业母机。数控机床即数字控制机床，是一种装有程序控制系统的自动化机床。数控机床在加工复杂、精密、多品种、小批量的零件上具有无可比拟的优势，已经成为机械制造企业的主流装备。数控机床根据性能和档次，可分为经济型数控机床、中档数控机床、高档数控机床。高档数控机床具有大型、高速、精密、复合、多轴联动、网络通信等多种特征，是衡量装备制造业发展水平和产品质量的重要标志，在整个装备制造业中占据重要地位。

智能机床是高档数控机床发展的高级形态，是先进制造技术、信息技术和智能技术集成与深度融合的产物。智能机床是一种对机床及其加工过程具有信息感知、数据分析、优化决策、适应控制和网络互联等能力的高性能数控机床。智能机床具有多功能化、集成化、智能化和绿色化等特点，能够感知并获取机床状态和加工过程的信号及数据，通过建模分析、变换处理和数据挖掘，得到决策信息，形成执行指令，实现对机床及其加工过程的监测、预报、优化和控制，同时，还具有符合标准的通信接口和信息共享机制，使机床满足高效柔性生产和自适应优化控制的要求。

智能机床具有产品工艺自主决策与优化、加工状态实时感知与交互、加工精度持久保持等能力。结构上将大量采用直驱模组，速度和精度进一步提高，多种材料复合加工能力极大地增强，装配多源信息传感器和数据实时采集装置，构建完备的感知网络和大数据信息收容系统。集成加工工况（振动、负载、热变形等）实时感知、负载监控、振动抑制、刀具磨 / 破损与能耗监控等智能功能，实现健康状态监测维护与生产质量评估。智能机床以“虚拟器件”组合形式存在，物理机床实体资源和机床加工能力将封装成多个相互独立的“虚拟器件”，多台智能机床可进行虚拟化制造资源和加工能力的实时迁移和动态调度，具有参与智能制造网络集成和协同的能力。

2. 工业机器人

工业机器人是面向工业领域的多关节机械手或多自由度的机器人，是自动执行工作的机器装置，是靠自身动力和控制能力来实现各种功能的一种机器。它接收人类的指令后，会按照设定的程序执行运动路径和作业。工业机器人的典型应用包括焊接、喷涂、组装、捡取和放置（如码垛和上下料等）、产品检测和测试等。工业机器人涉及机械、电子、控制、计算机、人工智能、传感器、通信与网络等多个学科，综合集成了多种高新技术的发展成果，因此它的发展与上述学科发展密切相关。工业机器人在制造业的应用范围越来越广泛，其标准化、模块化、网络化和智能化的程度也越来越高，功能越来越强，并向着成套技术和装备的方向发展。

工业机器人是先进制造业的支撑装备，是信息化社会的新兴产业，对未来生产和社会发展起着越来越重要的作用。广泛采用工业机器人，不仅可以提高产品质量和生产率，而且对保障人身安全、改善劳动环境、减轻工人劳动强度以及降低生产成本，有着十分重要的意义。

未来智能工业机器人将从与产品、设备和人的简单交互向与环境、人和其他机器的智能交互发展，从单一重复的简单动作向模仿生命体动作、智力和行为发展，从隔离的独立空间作业向与人、机共融的同一空间和谐共事模式发展。智能机器人从设计、制造、使用与销毁的全生命周期数据可传送到制造大数据中心进行监控与管理，人机安全性有保障。具备多种感知功能的工业灵巧机械手将在实际生产中得到广泛应用。智能机器人将能与人脑进行生物、肌电多模态信息交互，进行智能判断与行为决策，具有深度学习能力的机器人可与人协同完成精细制造工作。

3. 增材制造装备

增材制造是以数字模型为基础，将材料逐层堆积制造出实体物品的新兴制造技术，体现了信息网络技术与先进材料技术、数字制造技术的密切结合，正深刻影响着传统工艺流程、生产线、工厂模式和产业链组合，是先进制造业的重要组成部分，已成为世界各国积极布局的未来产业发展新增长点。

增材制造装备是以增材制造技术进行加工的制造装备。随着工艺技术研究的持续深入和制造技术的不断创新，增材制造装备性能稳步提升，在复杂结构的快速制造、个性化定制和高附加值产品的制造中得到大量应用。

4. 智能传感与控制装备

智能传感器是指将待感知、待控制的参数进行量化并集成应用于工业网络的高性能、高可靠性与多功能的新型传感器，通常带有微处理系统，具有信息感知、诊断和交互的能力。智能传感器是集成技术与微处理技术相结合的产物，是一种新型的系统化产品，其核心技术涉及压电技术、热式传感器技术、微流技术、磁传感技术和柔性传感技术等五个方面。多个智能传感器还可以组建成相应的全网络拓扑，具备从系统到单元的反向分析与自主校准能力。智能传感器及其网络拓扑将成为推动制造业信息化、网络化发展的重要力量。

5. 智能检测与装配装备

随着人工智能技术的不断发展，各种算法不断优化，智能检测和装配技术在航空、航天、汽车、半导体、医疗等重点领域都得到了广泛应用。基于机器视觉的多功能智能检测装备可以准确分析目标物体存在的各类缺陷和瑕疵，确定目标物体的外形尺寸和准确位置，进行自动化检测、装配，实现产品质量的有效稳定控制，增加生产的柔性、可靠性，提高产品的生产率。数字化智能装配系统可以根据产品的结构特点和加工工艺特点，结合供货周期要求，进行全局装配规划，最大限度地提高各装配设备的利用率，尽可能地缩短装配周期。

6. 智能物流与仓储装备

智能物流与仓储装备是连接制造端和客户端的核心环节，由硬件（智能物流仓储装备）和软件（智能物流仓储系统）两部分组成。其中，硬件主要包括自动化立体仓库、多层穿梭车、巷道堆垛机、自动分拣机、自动导引车（AGV）等；软件按照实际业务需求对企业的人员、物料、信息进行协调管理，并将信息联入工业物联网，使整体生产高效运转。智能物流与仓储在减少人力成本消耗和空间占用、提高管理效率等方面具有优势，是降低企业仓储、物流成本的重要解决方案。无人化是智能物流与仓储重要的发展趋势，搬运设备根据系统给出的网络指令，准确定位并抓取货物搬运至指定位置，传统的轨道AGV已经逐渐被无轨搬运机器人取代。

习题与思考题

1-1　为什么说机械制造装备在国民经济发展中起着重要作用？

1-2　智能制造装备有哪些特征？

1-3　如何对智能制造装备进行分类？

第 2 章　金属切削机床设计

2.1　机床设计的基本要求和理论

金属切削机床是机械制造的基础装备，是生产其他机械装备的工具，又被称为工业母机。随着社会需求和科学技术的发展，人们对机床的功能和性能要求越来越高。一方面，为了适应社会需求的变化，出现了智能制造等先进的制造系统，除了传统的机床设计要求之外，还要求增加机床的智能化水平；另一方面，数控技术、CAD 技术、虚拟样机仿真技术的发展，为机床设计提供了新的条件和支撑，机床的设计方法和设计技术也在发生着深刻变化。

2.1.1　机床设计应满足的基本要求和主要评定指标

1. 工艺范围

机床的工艺范围主要指机床的工艺可能性，即机床适应用户不同生产要求实现工艺过程的能力。设计机床时，决定机床工艺范围的主要依据是该机床的类型和用途，取决于加工对象、生产批量和生产要求等因素。

不同类型的机床，设计时考虑的工艺范围的侧重点不同。通用机床主要考虑万能性和扩大工艺范围；专门化机床主要考虑对特定加工对象的适应性；专用机床工艺范围单一，主要考虑适应大批量生产要求，侧重经济性。

工艺范围主要从四方面分析：

1）机床可完成的工序种类。

2）加工零件的类型和尺寸范围。

3）切削用量的可能范围。

4）能加工的工件材料和毛坯种类。

2. 生产率

机床的生产率是指单位时间内机床所能加工的工件数量，称为计件生产率或单件生产率。机床的切削效率越高，辅助时间越短，则它的生产率越高。对用户而言，使用高效率的机床，可以降低工件的加工成本。

3. 机床精度

作为工业母机的机床，要保证能加工出给定精度的工件，并能在长期使用中保持加工能力。机床本身必须具备的精度称为机床精度。机床精度分为机床静态精度（空载条件下的精度，包括几何精度、运动精度、传动精度和定位精度等）和工作精度（加工精度）。机床精度分为普通级、精密级和超精密级三个等级，三个精度等级的机床均有相应的精度标准，其允差若以普通级为 1，则大致比例为 1 ∶ 0.4 ∶ 0.25。

（1）机床静态精度

1）几何精度。几何精度是指机床在空载条件下，静止或运动速度很低时各主要零部件的形状、相互位置和相对运动的精确程度，如导轨的直线度、主轴径向跳动及轴向窜动、主轴中心线对滑台移动方向的平行度或垂直度等。几何精度直接影响加工件的精度，是评价机床质量的基本指标，主要由机床的结构设计、制造和装配质量决定。

2）运动精度。运动精度是指机床空载并以工作速度运动时，主要工作部件的几何位置精度，包括主轴的回转精度、直线移动部件的位移精度及低速运动时速度的不均匀性（低速运动稳定性）等。

3）传动精度。传动精度是指机床内联系传动链两端件之间的相对运动的准确性。对于两端件为“回转—回转”式传动链（如齿轮加工机床），需要规定传动角位移误差。对于两端件为“回转—直线”式传动链（如螺纹加工机床），需要规定传动线位移误差。传动精度主要取决于传动链各元件，特别是末端件（如齿轮或丝杠）的制造和装配精度以及传动链设计的合理性。

4）定位精度。定位精度是指机床的定位部件运动达到规定位置的精度。实际位置与要求目标位置的偏差称为位置偏差。定位精度的评定项目包括定位精度（位置不确定度）、重复定位精度和反向差值。定位精度直接影响工作精度。机床构件和进给控制系统的精度、刚度及其动态特性，以及机床测量系统的精度都将影响机床定位精度。

5）重复定位精度。重复定位精度是指机床运动部件在相同的条件下，用相同的方法重复定位时位置的一致程度。除了影响定位精度的因素之外，重复定位精度还受传动机构的反向间隙影响。

6）精度保持性。机床精度保持性是指机床在规定的工作期间内，保持其所要求的精度的能力。机床的精度保持性主要受其关键零部件（如主轴、导轨、丝杠等）的磨损影响。磨损的影响因素有结构、材料、热处理、润滑、防护和使用条件等。

（2）加工精度　机床的加工精度是指被加工零件达到的尺寸精度、形状精度和位置精度。机床的静态精度还不能完全反映机床的加工精度。机床的动态精度是指机床在受载荷状态下工作时，在重力、夹紧力、切削力、各种激振力和温升作用下，主要零部件的形状精度和位置精度，它反映机床的动态质量。通常将加工规定试件所达到的加工精度（称为工作精度）作为对机床动态精度的考核，因此，工作精度可间接地对机床动态精度做出综合评价。

加工精度是由机床、刀具、夹具、切削条件和操作者等多方面因素决定的。机床本身的静态精度、动态精度、刚度、抗振性、热稳定性、磨损以及误差补偿策略都会影响加工精度。每种机床在正常生产条件下能经济地达到的加工精度是有一定范围的，这个范围内的精度就是这种加工方法的经济加工精度。

4. 振动、噪声和热变形

影响机床动态精度的主要因素有机床的弹性变形、振动和热变形等。

（1）刚度　机床的刚度将影响机床的加工精度和生产率，因此机床应有足够的刚度。刚度包括静态刚度、动态刚度、热刚度。

机床刚度指机床系统抵抗变形的能力，通常表示为

$$K=F/y \tag{2-1}$$

式中，K 是机床刚度，单位为 N/μm；F 是作用在机床上的载荷，单位为 N；y 是机床或主要零部件的变形，单位为 μm。

作用在机床上的载荷有重力、夹紧力、切削力、传动力、摩擦力、冲击振动力等。按照载荷的性质不同，可将其分为静载荷和动载荷，不随时间变化或变化极为缓慢的力称为静载荷，如重力、切削力的静力部分等；随时间变化的力，如冲击振动力及切削力的交变部分等称为动载荷。机床刚度相应地分为静刚度和动刚度。后者是抗振性的一部分，通常所说的刚度一般指静刚度。

机床是由众多构件（零部件）和柔性接合部组成的，在载荷作用下各构件及接合部都要产生变形，这些变形直接或间接地引起刀具和工件之间的相对位移，位移的大小代表了机床的整机刚度。因此，机床整机刚度不能用某个零部件的刚度评价，而是指整台机床在静载荷作用下，各构件及结合面抵抗变形的综合能力。显然，刀具和工件间的相对位移影响加工精度，同时静刚度对机床抗振性、生产率等均有影响。在机床设计中对如何提高刚度是十分重视的，国内外对结构刚度和接触刚度做了大量的研究工作。在设计中既要考虑提高各部件刚度，也要考虑接合部刚度及各部件间刚度匹配。各个部件和接合部对机床整机刚度的贡献大小是不同的，设计中应进行刚度的合理分配或优化。

（2）抗振性　机床抗振性指机床在变载荷作用下，抵抗变形的能力。它包括两个方面：抵抗受迫振动的能力和抵抗自激振动的能力。前者习惯上称为抗振性，后者常称为切削稳定性。

1）受迫振动。受迫振动的振源可能来自机床内部，如高速回转零件的不平衡等，也可能来自机床之外。机床受迫振动的频率与振源激振力的频率相同，振幅与激振力大小及机床阻尼比有关。当激振频率与机床的固有频率接近时，机床将呈现“共振”现象，使振幅激增，加工表面的表面粗糙度值也将大大增加。机床是由许多零部件及接合部组成的复杂振动系统，属于多自由度系统，具有多个固有频率。在其中某一个固有频率下自由振动时，各点振幅的比值称为主振型。对应于最低固有频率的主振型称为一阶主振型，依次有二阶主振型、三阶主振型……，机床的振动乃是各阶主振型的合成。一般只需要考虑对机床性能影响最大的几个低阶振型，如整机摇摆、一阶弯曲、扭转等振型，即可较准确地表示机床实际的振动。

2）自激振动。机床的自激振动是发生在刀具和工件之间的一种相对振动，它在切削过程中出现，由切削过程和机床结构动态特性之间的相互作用而产生，其频率与机床系统的固有频率相接近。自激振动一旦出现，它的振幅由小到大增加得很快。一般情况下，切削用量增加，切削力越大，自激振动就越剧烈。但切削过程停止，振动立即消失，故自激振动也称为切削稳定性。

机床振动会降低加工精度、工件表面质量和刀具寿命，影响生产率并加速机床的损坏，而且会产生噪声，使操作者疲劳等。影响机床振动的主要因素如下：

① 机床的刚度。与构件的材料、截面形状、尺寸、肋板分布，接触表面的预紧力、表面粗糙度、加工方法、几何尺寸等有关。

② 机床的阻尼特性。提高阻尼是减少振动的有效方法。机床结构的阻尼包括构件材料的内阻尼和部件接合部的阻尼。接合部阻尼往往占总阻尼的 70% ～ 90%，故在结构设计中正确处理接合部对抗振性影响很大。

③ 机床系统固有频率。若激振频率远离固有频率，将不出现共振。在设计阶段通过分析计算预测所设计机床的各阶固有频率是很必要的。

（3）噪声　物体振动是声音的来源。机床工作时各种振动频率不同，振幅也不同，它们将产生不同频率和不同强度的声音，这些声音无规律地组合在一起即成噪声。

声音的度量指标有客观和主观两种方法。

1）客观度量。噪声的物理度量可用声压和声压级、声功率和声功率级、声强和声强级等来表示。下面以声压和声压级的表示方法为例进行说明。

当声波在介质中传播时，介质中的压力与静压的差值为声压，通常用 p 表示，单位为 Pa。人耳能听到的最小声压称为听阈，把听阈作为基准声压，用相对量的对数值来表示，称为声压级 L_p，单位为 dB（分贝），计算式为

$$L_p = 20\lg\frac{p}{p_0} \tag{2-2}$$

式中，p 是被测声压，单位为 Pa；p_0 是基准声压，单位为 Pa，$p_0 = 2\times10^{-5}$Pa。

2）主观度量。人耳对声音的感觉不仅和声压有关，而且和频率有关，声压级相同而频率不同的声音听起来也不一样。根据这一特征，引入将声压级和频率结合起来表示声音强弱的主观度量指标，有响度、响度级和声级等。

噪声损坏人的听觉器官和生理功能，是一种环境污染。设计和制造过程中要设法降低噪声。机床噪声源自四个方面：

① 机械噪声。如齿轮、滚动轴承及其他传动元件的振动、摩擦等。一般速度增加一倍，噪声增加 6dB；载荷增加一倍，噪声增加 3dB。故机床速度提高、功率加大都可能增加噪声污染。

② 液压噪声。如泵、阀、管道等的液压冲击、气穴、湍流等产生的噪声。

③ 电磁噪声。如电动机定子内磁致伸缩等产生的噪声。

④ 空气动力噪声。如电动机风扇、转子高速旋转对空气的搅动等产生的噪声。

（4）热变形　机床在工作时受到内部热源（如电动机、液压系统、机械摩擦副、切削热等）和外部热源（如环境温度、周围热源辐射等）的影响，使机床各部分温度发生变化。不同材料的热膨胀系数不同，导致机床各部分的变形不同，进而导致机床产生热变形。它不仅会破坏机床的原始几何精度，加快运动件的磨损，甚至会影响机床正常运转。由热变形引起的加工误差最大可占全部误差的 40% ～ 70%。特别对精密和超精密机床，热变形的影响尤其不能忽视。

机床工作时，产生热量和发散热量同时发生。如果机床热源单位时间产生的热量一

定，由于开始时机床的温度较低，与周围环境之间的温差小，散出的热量少，机床温度升高较快。随着机床温度的升高，温差加大，散热增加，机床温度的升高将逐渐减慢。当达到某一温度时，单位时间内发热量等于散热量，即达到了热平衡，温度稳定。达到稳定温度的时间一般称为热平衡时间。机床各部分温度不可能相同，热源处最高，离热源越远则温度越低，这就形成了温度场。通常，温度场用等温曲线来表示，通过温度场可分析机床热源并了解热变形的影响。

减少和稳定热变形的主要措施如下：

1）改善机床结构设计，如采用热对称结构，采用热膨胀系数小的材料，使机床结构热稳定性好。

2）减少或均衡机床内部热源，如设置人工热源、采用热管技术、将某些热源从机床内部移出来等。

3）强制冷却，控制温升。采取隔热措施，改善散热条件。

4）采取热位移补偿和控制技术。

5）控制环境温度。

5. 可靠性

可靠性是机床产品的一种重要质量属性。机床可靠性是指机床在规定时间内和规定条件下完成其规定功能的能力。规定条件包括使用条件、维护条件、环境条件和操作技术条件等；规定时间可以是某个预定的时间，也可以是与时间有关的其他指标，如作业重复次数、距离等；规定功能是指产品应具有的技术指标。产品的可靠性主要取决于产品在研制和设计阶段形成的产品固有可靠性。

常用的衡量机床可靠性的量化指标是平均无故障时间（MTBF），也称平均故障间隔时间，是指机床发生相邻两次故障间工作时间的平均值。所谓故障是指它使机床丧失规定功能或使其性能指标不在规定界限内。在计算 MTBF 时，只需考虑关联故障，即当机床在规定条件下使用时，由于其本身质量缺陷而引起的故障，而不计入由于误用、维修不当或其他外界因素引起的非关联故障以及不经修复而在限定时间内能自行恢复规定功能或性能的间歇故障。

6. 机床的宜人性

机床的宜人性是指机床为使用者（包括操作者、维修者、管理者等）提供舒适、方便、省力、安全可靠等工作条件的程度。其中，造型美观与友好的操作界面是其重要内容。

（1）机床外观造型设计　机床的造型与色彩是机床功能、结构、工艺、材料及外观形象的综合表现，是科学技术与艺术的结合。现代机床产品的外观造型必须有新意，使产品的形态与功能、结构与工艺，以及人机料环系统达到协调统一。不仅使产品具有最佳实用功能，而且具有精神功能。按照工业设计学原理，使机床产品外观造型具有创新创意，体现生产厂家的文化底蕴和文化意识，从而提高产品的附加值，增强产品市场竞争力。

（2）人机界面的优化设计　使用者与机床形成人机系统，人机界面是实现人机系统协同工作的重要方面，机床宜人性的实质是人机界面的优化设计。

机床外形规整、操纵部位布局合理、操纵力及行程等的设计符合人体的形态、尺寸及能力，人在工作中的环境条件（如机床振动、噪声、照明等）要适合人的生理特点，使人在工作中感觉舒适、操纵方便、用力适当、安全可靠、生产率高。

信息系统（包括视、听、触、语言等）的设计符合人对信息传递的特点与能力，使操作者便于观察加工情况和各种显示。正确选择视觉、听觉及其他感觉的输入途径及其相互关系，如数控机床广泛采用触摸屏可方便输入。

机床外观造型设计，操作过程设计，人机界面采用的符号、语言文字等，都必须考虑不同国家和民族在文化传统上的差异性和不同的审美习惯。

7. 符合绿色工程的要求

绿色工程是一个注重环境保护、节约资源、保证可持续发展的工程。按绿色工程要求设计机床，在充分考虑产品的功能、质量和成本的同时，优化各有关设计要素，使得产品在从设计、制造、包装、运输、使用到报废处理的全生命周期中，对环境的影响最小，资源效率最高。

随着社会的不断发展，减少环境污染、提高资源效率是现代制造业的发展方向和趋势。作为“工作母机”的机床，除了它的产生过程需要制造外，使用寿命相对较长，使用过程中会对环境产生污染。主要从几个方面提高机床符合绿色工程要求：减少污染物排放，特别是切削液污染，加强机床的密封与防护措施；提高材料和设备利用率；节约能源，应用新的节能元件和技术。

8. 成本

成本概念贯穿于机床的全生命周期，包括设计、制造、包装、运输、使用维护和报废处理等的费用，是衡量产品市场竞争力的重要指标，应在保证机床性能要求的前提下，提高其性能价格比。

2.1.2 机床运动学原理

1. 机床的工作原理

金属切削机床的基本功能是提供切削加工所必需的运动和动力。机床的基本工作原理是通过刀具与工件之间的相对运动，由刀具切除工件加工表面多余的金属材料，形成工件加工表面的几何形状、尺寸，并达到其精度要求。

2. 工件表面的形成方法

工件的加工表面是通过机床上刀具与工件的相对运动形成的，工件表面的形成方法是指工件的待加工表面几何形状的成形方法。机床运动主要是指形成工件的待加工表面几何形状所需的运动。几何表面的形成原理不同，所需要的机床运动也不同。

（1）几何表面的形成原理　任何一个表面都可以看成是一条曲线（或直线）沿着另一条曲线（或直线）运动的轨迹。这两条曲线（或直线）称为该表面的发生线，前者称为母线，后者称为导线。图 2-1 给出了几种表面的形成原理，其中 1、2 表示发生线。图 2-1a、c 中的平面分别由直线母线和曲线母线 1 沿着直线导线 2 移动而形成的；图 2-1b 中的圆柱面是由直母线 1 沿轴线与它相平行的圆导线 2 运动而形成的；图 2-1d 中的圆锥面是由直线母线 1 沿轴线与它相交的圆导线 2 运动而形成的；图 2-1e 中的自由曲面是由曲线母线 1 沿曲线导线 2 运动而形成的。有些表面的母线和导线可以互换，如图 2-1a、b 所示，有些不能互换，如图 2-1c、d 所示。

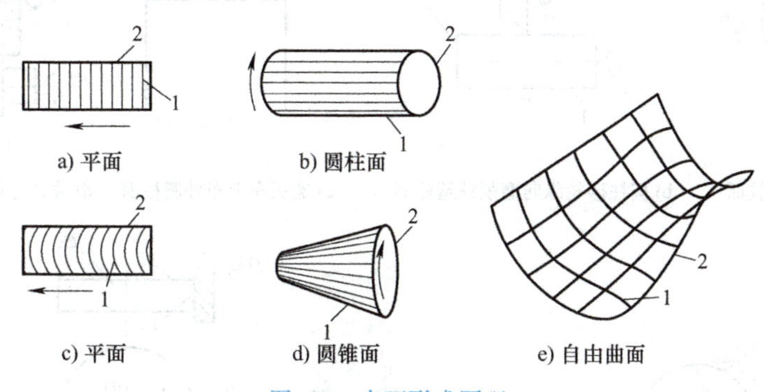

图 2-1　表面形成原理

1—母线　2—导线

（2）发生线的形成　工件加工表面的发生线是通过刀具切削刃与工件接触并产生相对运动而形成的。

从发生线形成的原理上看，刀具切削刃的类型可以分为点切削刃、线切削刃和面切削刃。所谓的面切削刃，是指“假想面”上任一点或线都可以作为切削刃使用，如圆柱形铣刀切削刃的实际形状为直线或螺旋线。当刀具高速回转时，切削刃形成圆柱回转面，面上的任一点均可与工件接触进行切削，因此其切削刃的理论形状是圆柱面（即假想面），故称之为面切削刃。圆柱面切削刃可视为由与其轴线平行的直线绕轴线回转形成的。采用的刀具切削刃的类型不同，形成发生线所需的运动也不同。

发生线的形成有如下四种方法：

1）轨迹法。图 2-2a 所示为点刃车刀车外圆柱面，发生线 1 是由刀具的点切削刃做直线运动轨迹形成的，称为轨迹法。因此，为了形成发生线 1，刀具和工件之间需要一个相对的直线运动 f。图 2-2b 所示为圆柱砂轮纵向磨削外圆柱面，发生线 1 的形成也是轨迹法，刀具（砂轮）和工件之间需要一个相对的直线运动 f。

2）成形法。图 2-2c 所示为宽刃车刀车外圆柱面，刀具的切削刃是线切削刃，与工件发生线 1（直导线）吻合，因此发生线 1 由切削刃实现，该方法称为成形法。发生线 1 的形成不需要刀具与工件的相对运动。图 2-2d 所示为宽砂轮横向磨削外圆柱面，发生线 1 的形成也是成形法，不需要刀具与工件的相对运动。

3）相切法。图 2-2e 所示为相切法圆柱形铣刀加工短圆柱外圆柱面。工件发生线 1 为圆柱形铣刀的面切削刃上与其轴线平行的直线，发生线 1 某时刻在刀具面切削刃上的 A 位置（左边俯视图），另一时刻发生线 1 在 B 位置（右边俯视图）。面切削刃是由轨迹法形成的，需要一个运动 n_1（刀具回转运动），面切削刃和工件的接触线与工件发生线 1 吻合，故发生线 1 是由运动 n_1 形成的。而发生线 2 是面切削刃运动轨迹的切削组成的包络面，故发生线 2 是由相切法形成的，需要两个直线运动 f_1 和 f_2 才能形成发生线 2。

4）展成法。如图 2-2f 所示，发生线 1（渐开线母线）是由切削刃在刀具与工件做展成运动时所形成的一系列轨迹线的包络线，称为展成法。故为了形成发生线 1，刀具与工件之间需要一个复合的相对运动 n_1 与 n_2，简称展成运动。

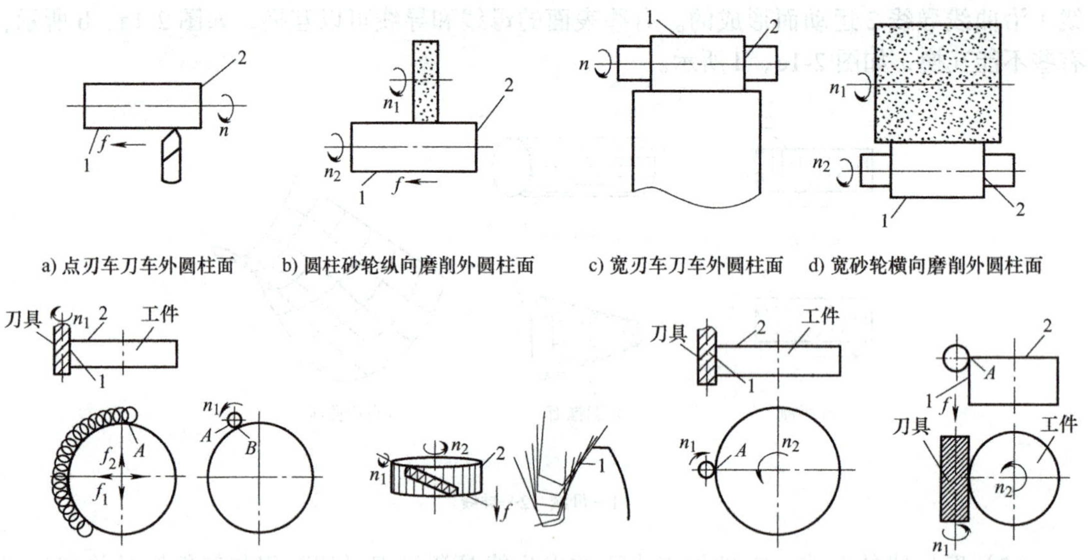

a) 点刃车刀车外圆柱面　b) 圆柱砂轮纵向磨削外圆柱面　c) 宽刃车刀车外圆柱面　d) 宽砂轮横向磨削外圆柱面

e) 相切法圆柱形铣刀加工短圆柱面　f) 滚齿加工　g) 轨迹法圆柱形铣刀加工短圆柱面　h) 轨迹法圆柱形铣刀加工长圆柱面

图 2-2　加工方法与形状创成运动的关系

（3）加工表面的形成方法及机床运动　加工表面的形成方法是母线形成方法和导线形成方法的组合。因此，加工表面形成所需的刀具与工件之间的相对运动也是形成母线和导线所需相对运动的组合。如图 2-2a 所示，用点刃车刀车外圆柱面，形成发生线 1（直线母线）需要直线运动 f；形成发生线 2（圆导线）需要回转运动 n，因此工件圆柱加工表面的形成共需两个形状创成运动 f 和 n。

3. 机床运动分类

机床的运动可以按运动的性质、功能和运动之间的关系分类。

（1）按运动的性质分类　机床运动按运动的性质可以分为直线运动和回转运动。

（2）按运动的功能分类　为了完成工件表面的加工，机床上需要设置各种运动，各个运动的功能是不同的，可以分为成形运动和非成形运动。

1）成形运动。完成一个表面的加工所必需的最基本的运动，称为表面成形运动，简称成形运动。根据运动在表面形成中所完成的功能，成形运动又分为主运动和形状创成运动。

① 主运动。它的功能是切除加工表面上多余的金属材料，因此运动速度快，消耗机床的大部分动力，故称为主运动，也可称为切削运动。它是形成加工表面必不可少的成形运动。例如，车床上主轴的回转运动、磨床上砂轮的回转运动、铣床上的铣刀回转运动等均为主运动。

② 形状创成运动。它的功能是用来形成工件加工表面的发生线。同样的加工表面采用的刀具不同，所需的形状创成运动数目也就不同，例如图 2-2 所示的外圆柱面加工，其中：

a. 图 2-2a 所示为用点刃车刀车外圆柱面，形成直母线 1 需要一个直线运动 f，形成圆导线需要一个回转运动 n，共需两个创成运动 f 和 n。

b. 图 2-2b 所示为用圆柱砂轮纵向磨削外圆柱面，形成直母线 1（轨迹法）需要一个直线运动 f，形成圆导线（轨迹法）需要一个回转运动 n_2，共需两个形状创成运动 f 和 n_2。

c. 图 2-2c 所示为用宽刃车刀车外圆柱面，直母线由刀刃形成，不需创成运动，圆导线形成需要一个回转运动 n，故需一个形状创成运动 n。

d. 图 2-2d 所示为用宽砂轮横向磨削短外圆柱面，形成直母线 1（成形法）不需要运动，形成圆导线 2（轨迹法）需要一个回转运动 n_2，故需一个形状创成运动 n_2。

e. 图 2-2e 所示为用圆柱形铣刀以相切法铣削短外圆柱面，形成直母线 1（轨迹法）需要一个回转运动 n_1（刀具回转运动），用相切法形成圆导线 2 需要两个直线运动 f_1 和 f_2，故共需三个形状创成运动 n_1、f_1 和 f_2。

f. 图 2-2f 所示为滚齿加工，滚刀的回转运动 n_1 和工件的回转运动 n_2 组成展成运动，创成渐开线母线，滚刀的运动 f 创成直导线（或由 f 与 n_2 复合创成螺旋导线），共需三个创成运动 n_1、n_2 和 f。

g. 图 2-2g 所示为圆柱形铣刀以轨迹法铣削短外圆柱面，形成直母线 1（轨迹法）需要一个回转运动 n_1（刀具回转运动），用轨迹法形成圆导线 2 需要一个回转运动 n_2，故共需两个形状创成运动 n_1 和 n_2。

h. 图 2-2h 所示为圆柱形铣刀以轨迹法加工长外圆柱面，形成直母线 1（轨迹法）需要一个回转运动 n_1（刀具回转运动）和一个直线运动 f，用轨迹法形成圆导线 2 需要一个回转运动 n_2，故共需三个形状创成运动 f、n_1 和 n_2。

从上述分析可以看出如下两点，其一是有些加工中主运动既承担切除金属材料的任务，也参与形状创成，如图 2-2a、c 的 n 和图 2-2e、f、g、h 的 n_1 既是主运动，又是形状创成运动。而有些加工中，主运动只承担切削任务，不承担发生线的创成任务，图 2-2b、d 的砂轮回转运动 n_1 是主运动，只承担切削任务，即形状创成运动有时包含主运动，有时不包含主运动。其二是相同的加工表面采用不同的加工工艺加工，所需要的形状创成运动不同，如图 2-2e、g 都是用圆柱形铣刀加工短圆柱面，前者采用相切法，需要 n_1、f_1 和 f_2 三个形状创成运动，后者采用轨迹法，需要 n_1 和 n_2 两个形状创成运动。

当形状创成运动中不包含主运动时，“形状创成运动”与“进给运动”两个词等价；当形状创成运动中包含主运动时，“形状创成运动”与“成形运动”两个词不等价，这时就不能仅靠进给运动来生成工件表面几何形状（如滚齿加工）。在机床运动学中，为了研究、设计和分析工件表面几何形状生成所需的运动，用主运动和形状创成运动来描述成形运动更方便；在机床使用中，则用主运动和进给运动来描述成形运动更方便。需要指出的是，无论哪种方法描述成形运动，进给运动都是成形运动的主体。

2）非成形运动。除了上述成形运动之外，机床上还需设置一些其他运动，称为非成形运动，如切入运动（使刀具切入）、分度运动（当工件加工表面由多个表面组成时，由一个表面过渡到另一个表面所需的运动）、辅助运动（如刀具的接近、退刀、返回等）、控制运动（如一些操纵运动）。

（3）按运动之间的关系分类

1）独立运动。独立运动是指与其他运动之间无严格的运动关系的运动。

2）复合运动。复合运动是指与其他运动之间有严格的运动关系的运动，如车螺纹时工件主轴的回转运动和刀具的纵向直线运动为复合运动。对于机械传动的机床，复合运动通过内联系传动链来实现。对于数控机床，复合运动通过运动轴的联动来实现。

4. 机床运动功能的描述方法

（1）机床坐标系　机床坐标系用来提供刀具（或加工空间里或图样上的点）相对于固定的工件移动的坐标。它既适用于各类数控机床，也适用于其他数控机械，如绕线机、线切割机床、坐标测量机等（详见国家标准 GB/T 19660—2005《工业自动化系统与集成　机床数值控制坐标系和运动命名》）。

1）机床坐标系采用右手直角坐标系。三个主要轴称为 *X*、*Y* 和 *Z* 轴，沿坐标轴运动的机床主要直线运动仍用 *X*、*Y* 和 *Z* 表示。绕 *X*、*Y* 和 *Z* 轴回转的轴分别称为 *A*、*B* 和 *C* 轴，其回转运动也仍用 *A*、*B* 和 *C* 表示，如图 2-3 所示。机床坐标系的原点位置应由机床制造厂规定。

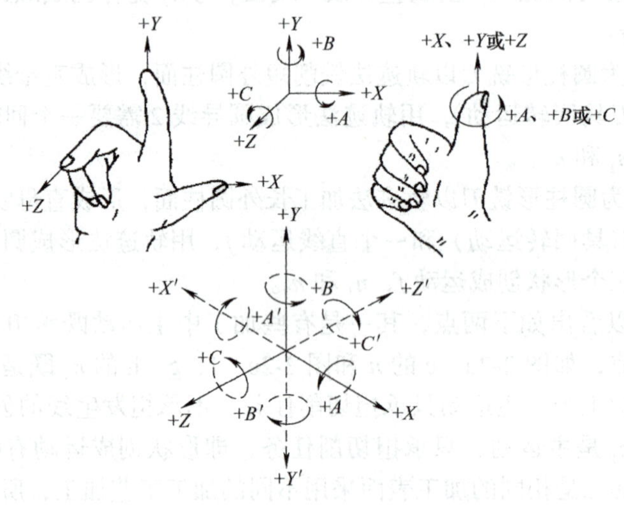

图 2-3　右手直角笛卡儿坐标系

2）*Z* 轴。*Z* 轴平行于机床的主要主轴。用于铣削、磨削、镗削、钻削和攻螺纹的机床，主轴带动刀具旋转。对于车床、外圆磨床和其他回转面加工的机床，主轴带动工件旋转。*Z* 轴的正方向是工件到刀架的方向。

3）*X* 轴。*X* 轴一般应是水平方向。在刀具旋转的机床上，如 *Z* 轴是水平的，朝 *Z* 轴负方向看时，*X* 轴正方向指向右方；如 *Z* 轴为垂直的，从机床的前面朝立柱（对龙门式机床应为左侧立柱）看时，*X* 轴正方向指向右方。在工件旋转的机床上，*X* 轴是径向且平行于横刀架的，其正方向是离开旋转轴的方向。

4）*Y* 轴。*Y* 轴正方向应由右手坐标系确定。

5）回转轴 *A*、*B* 和 *C* 的正方向。*A*、*B* 和 *C* 轴的正方向为以该方向转动右旋螺纹时，螺纹分别朝 *X*、*Y* 和 *Z* 轴正方向前进。

（2）机床运动原理图　机床运动原理图是将机床的运动功能用简洁的符号和图形表达出来的示意图，除了描述机床的运动轴个数、形式及排列顺序之外，还表示机床的两个末端执行器和各个运动轴的空间相对方位。机床运动原理图是认识、分析和设计机床传动系统的依据。机床运动原理图的图形符号如图 2-4 所示。其中，图 2-4a 所示为回转运动图形符号，图 2-4b 所示为直线运动图形符号。

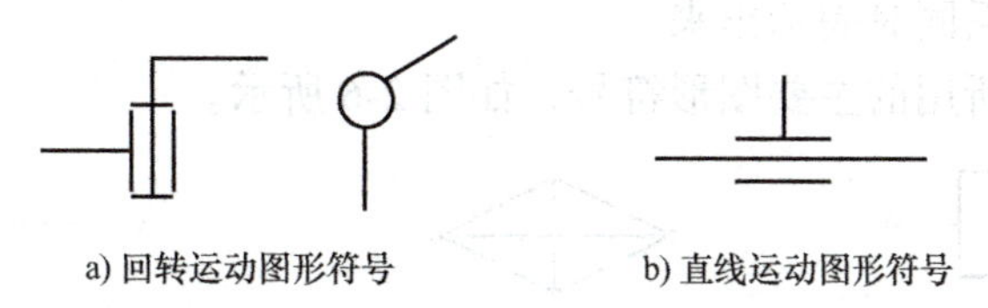

图 2-4　机床运动原理图的图形符号

图2-5中给出了一些常用机床的运动原理图示例，其中下标p表示主运动，下标f表示进给运动，下标 a 表示非成形运动。

图 2-5a 所示为车床的运动原理图，工件的旋转运动 C_p 为主运动；刀架的直线运动 Z_f 和 X_f 为进给运动。

图 2-5b 所示为铣床的运动原理图，铣刀的旋转运动 C_p 为主运动；工件的直线运动 X_f、Y_f 和 Z_f 为进给运动。

图 2-5c 所示为平面刨床的运动原理图，工件的往复直线运动 X_p 为主运动；刀具的直线运动 Y_f 为进给运动；直线运动 Z_a 为切入运动。

图 2-5d 所示为数控外圆磨床的运动原理图，砂轮的旋转运动 C_p 为主运动；工件的往复直线运动 Z_f、回转运动 C_f 和 X_f 为进给运动；B_a 为砂轮的调整运动，用于磨圆锥面。

图 2-5e 所示为滚齿机的运动原理图，滚刀的旋转运动 C_p 为主运动；C_p 与 C_f 组成展成运动，创成渐开线母线；Z_f 创成直导线；B_a 为调整运动，用来调整刀具的安装角，使刀具与工件的齿向一致；Y_a 为切入运动。

图 2-5f 所示为采用齿轮式插齿刀加工直齿圆柱齿轮的插齿机的运动原理图，刀具和工件相当于一对相互啮合的直齿圆柱齿轮。往复直线运动 Z_p 为主运动；回转运动 C_{f1} 和 C_{f2} 为进给运动，并形成复合运动，创成渐开线母线；直线运动 Y_a 为切入运动。

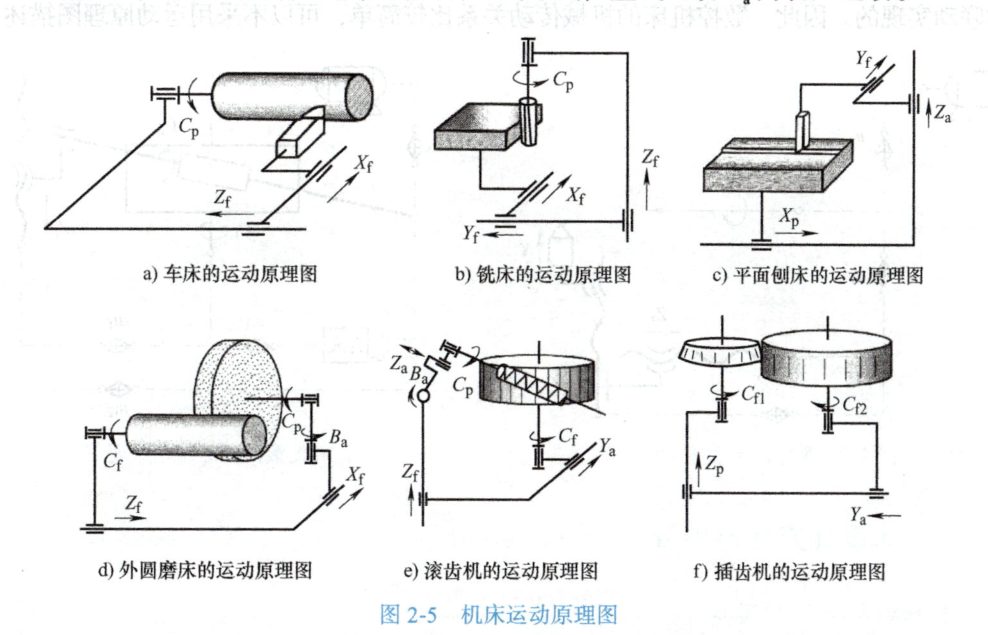

图 2-5　机床运动原理图

（3）机床传动原理图　机床的运动原理图只表示运动的个数、形式、功能及排列顺序，不表示运动之间的传动关系。而机床传动原理图则可将动力源与执行件、不同执行件之间的运动及传动关系同时表示出来。

机床传动原理图所用的主要图形符号，如图 2-6 所示。

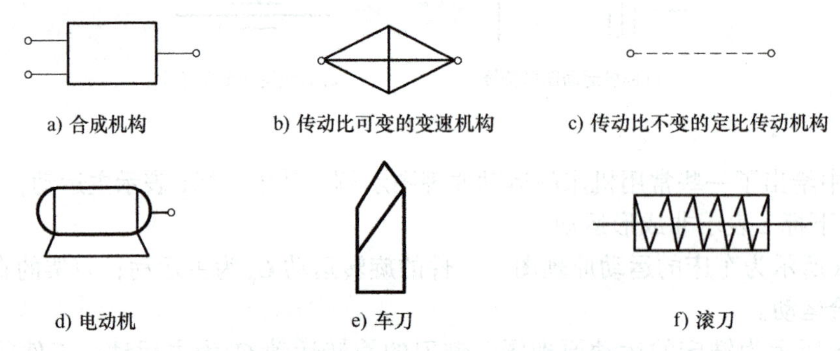

图 2-6　机床传动原理图所用的主要图形符号

图 2-7 所示为车床的传动原理图，其中，u_v 表示主运动变速传动机构的传动比，u_f 表示进给运动变速传动机构的传动比。车床在车削圆柱面时，主轴的旋转运动 C_p 与刀具的移动 Z_f 是两个独立的简单运动。当车削螺纹时，车床主轴的旋转运动 C_p 既是主运动，又与 Z_f 组成复合运动进行螺纹加工。

图 2-8 所示为滚齿机的传动原理图。当用滚刀加工直齿圆柱齿轮时，滚刀的旋转运动 C_p 为主运动；同时 C_p 与工件的回转运动 C_f 组成复合运动，它们之间需要一个内联系传动链，使得滚刀的旋转运动和工件的回转运动保持严格的传动比关系，设滚刀的头数为 k，工件齿数为 z，则滚刀每转 $1/k$ 转，工件应转 $1/z$ 转；直线运动 Z_f 为进给运动。

数控机床通常由主电动机（可采用变频电动机或交流伺服电动机）和进给电动机（可采用步进电动机或伺服电动机）进行变速。有严格运动关系的内联系传动系则是通过各运动轴之间的联动实现的。因此，数控机床的机械传动关系比较简单，可以不采用运动原理图描述。

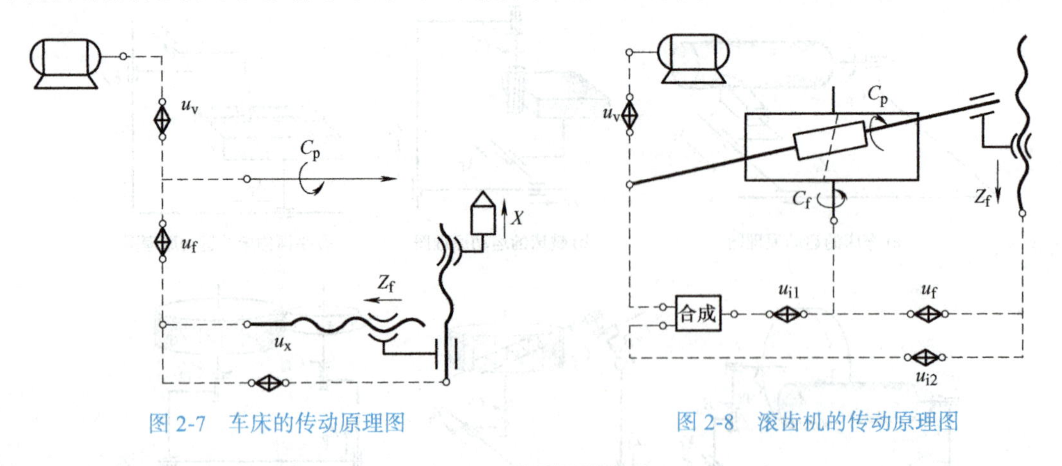

图 2-7　车床的传动原理图　　图 2-8　滚齿机的传动原理图

2.1.3　机床设计方法与内容

1. 机床设计方法的变革

随着科学技术的进步和社会需求的变化，机床的设计理论和技术也在不断地发展，主要表现在如下几个方面。

（1）虚拟样机仿真技术　计算机技术和分析技术的飞速进步，为机床设计方法的发展提供了有力的技术支撑。计算机辅助设计（CAD）和计算机辅助工程（CAE）已在机床设计的各个阶段得到了应用，这改变了传统的经验设计方法，使机床设计由传统的人工设计向计算机辅助设计、由定性设计向定量设计、由静态和线性分析向动态和非线性分析、由可行性设计向最佳设计过渡。在图样设计阶段可以进行机床数字化样机（虚拟样机）仿真分析，包括性能（静、动、热特性）仿真分析、三维虚拟装配及功能仿真分析、加工功能（代码驱动）仿真分析。根据仿真试验结果进行有科学理论指导的设计修改。

（2）数控与机电结合技术的发展与应用　数控技术的成熟和大量应用使得机床的传动形式与整体结构发生了重大变化，伺服驱动系统可以方便地实现机床的单轴运动及多轴联动，从而可以减少复杂、笨重的机械传动系统。机电结合技术的发展，出现了电主轴（主电动机与主轴合一，主电动机与主轴之间无机械传动）、直线电动机（进给电动机与滑台之间无机械传动）、力矩电动机（进给电动机与转台之间无机械传动），可以进一步使机床主运动系统和进给运动系统的机械传动减少至零，称为零传动，使机床传动系统设计的内容及方法发生了重大变化。

（3）功能部件的发展及应用　单轴数控转台、双轴联动数控转台、单轴摆动主轴头、双轴转摆主轴头、动力刀架、自动换刀装置和刀库、直线运动组件等的发展及应用，使机床的结构及布局设计的内容与方法产生很大的变化。

（4）智能制造系统对机床设计的要求　随着生产的发展，社会需求也在发生变化。在机械制造业中，多品种、小批量生产的需求日益增加，因此出现了与之相适应的智能制造系统。数控机床是智能制造系统的核心装备。前期的智能制造系统是“以机床为主的系统设计”，即根据现有机床的特点来构建智能制造系统。但是，传统的机床（包括数控机床）设计时并未考虑它在智能制造系统中的应用，因此在功能上制约了智能制造系统的发展。智能制造技术的发展对机床设计提出了新的要求，要求机床设计向“以系统为主的机床设计”方向发展，即在机床设计时就要考虑它如何更好地适应智能制造等先进制造系统的要求，例如要求具有时空柔性、与物流的可接近性等，这就对机床设计的方法学提出了新的要求。

2. 机床设计的步骤和内容

不同的机床类型，设计步骤也不尽相同。一般机床设计的内容包括调查研究、总体设计、技术设计、样机试验等，最后投入正式生产。

（1）调查研究　调查研究主要指市场调查、技术调查、用户调查、查阅国内外有关文献资料等。

（2）总体设计

1）机床主要技术指标设计。机床主要技术指标设计是后续设计的前提和依据。设计任务的来源不同，如工厂的规划产品或根据机床系列型谱进行设计的产品，或用户订货等，具体的要求不同，但所要进行的内容大致相同，主要技术指标包括：

① 工艺范围：包括加工对象的材料、质量、形状及尺寸范围等。

② 工作模式：机床是单机运行还是用于生产系统。

③ 生产率：包括加工对象的种类、批量及所要求的生产率。

④ 精度指标：加工对象所要求的精度或机床的精度。

⑤ 主要参数：即确定机床的加工空间和主参数。

⑥ 驱动方式：机床的驱动方式有电动机驱动和液压驱动。电动机驱动方式中又有普通电动机驱动、步进电动机驱动与伺服电动机驱动。驱动方式的确定不仅与机床的成本有关，还将直接影响传动方式的确定。

⑦ 成本及生产周期：无论是订货还是工厂规划产品，都应确定成本及生产周期。

2）总体方案设计。总体方案设计包括：

① 运动功能方案设计：包括确定机床所需运动的个数、形式（直线运动、回转运动）、功能（主运动、进给运动和其他运动）及排列顺序，最后绘出机床的运动功能图。

② 基本参数设计：包括尺寸参数、运动参数和动力参数设计。

③ 传动系统设计：包括传动方式、传动原理图及传动系统图设计。

④ 总体结构布局设计：包括运动功能分配、总体布局结构形式及总体结构方案图设计。

⑤ 控制系统设计：包括控制方式及控制原理、控制系统图设计。

3）总体方案综合评价与选择。对各种方案进行综合评价，从中选择较好的方案。

4）总体方案的设计修改或优化。对所选择的方案进行进一步修改或优化，确定最终方案。上述的设计内容，在设计过程中可能需要交叉进行。

（3）详细设计

1）技术设计。设计机床的传动系统，确定各主要结构的原理方案；设计部件装配图，对主要零件进行分析计算或优化；设计液压原理图和相应的液压部件装配图；设计电气控制系统原理图和相应的电气安装接线图；设计和完善机床总装配图和总联系尺寸图。

2）施工设计。设计机床的全部自制零件图，编制标准件、通用件和自制件明细表，编写设计说明书、使用说明书，制订机床的检验方法和标准等技术文档。

（4）机床整机综合评价　对所设计的机床进行整机性能分析和综合评价。可对所设计的机床进行计算机建模，得到数字化样机，又称虚拟样机（virtual prototype），再采用虚拟样机技术对所设计的机床进行运动学仿真和性能仿真，在实际样机没有制造出来之前对其进行综合评价，可以大大减少新产品研制的风险，缩短研制周期，提高研制质量。

在设计过程中，设计与评价反复进行，直至设计结果满意为止，可以提高一次设计的成功率。

（5）定型设计　在上述步骤完成后，可进行实物样机的制造、试验及评价，根据实物样机的评价结果进行修改优化设计，最终完成产品的定型设计。

2.2 金属切削机床总体设计

机床总体设计是机床设计中的关键环节，它对机床所能达到的技术性能和经济性起着决定性的作用。

机床的总体方案必须满足用户提出的各种要求，如机床的加工范围、工件加工精度、生产率和经济性等；必须确保既定工艺方案所要求的工件和刀具之间的相对运动，在经济合理的条件下，尽量简化传动系统，以提高效率和传动精度。通用机床必须满足参数标准和系列型谱中的有关规定，同时最大限度地提高机床系列化和部件通用化的程度；确保机床具有与所要求的加工精度相适应的刚度、抗振性、热变形和噪声水平；必须注意采用新技术等。

通用机床不以一个或一类工件的加工为设计依据，而要考虑加工多种类型的工件，其工艺范围比较广，机床的运动和传动也相应比较复杂，其总体方案已有了比较固定的形式，但随着技术的发展，它们也在不断改进。专用机床或专门化机床，加工对象单一，但由于加工方案的多样性，因此机床的总体方案也是多种多样的。无论是通用机床还是专用机床或专门化机床，都以工件作为设计的依据，从工件的工艺分析入手。工艺分析是机床总体方案设计的前提。

2.2.1　工艺分析

所谓工艺分析就是研究机床加工对象的加工方法，确定切削用量，进行机床的方案设计，确定尺寸参数、运动参数和动力参数。通用机床和专用机床设计，两者的工艺分析有所不同。

1. 通用机床的工艺分析

通用机床工艺范围广，工件的材料、形状、尺寸以及刀具材料都不相同，应选择具有代表性的加工条件。例如，以加工量最大的钢材或铸铁件为工件材料，以硬质合金和高速钢作为刀具材料，选用在该机床上用得最多的常用工序或极限加工工序和与此相应的切削用量，构成通用机床的典型加工条件。

确定典型加工条件是计算机床运动参数和动力参数的前提，必须在充分调查和全面研究该机床各种加工工艺的基础上合理确定，使典型加工条件尽量符合实际。

在选择典型加工条件时，主要从以下几个方面考虑：

1）选择切削速度。在通用机床设计时，极限切削速度应合理地确定，因为它决定机床的极限主轴转速，并且影响刀具寿命和工件的加工精度。

2）确定工件或刀具的直径。在计算机床主运动极限运动参数时，要用到最大工件直径或最大刀具直径、最小工件直径或最小刀具直径。卧式机床设计中，一般根据机床的主参数确定。例如，卧式车床设计时，可取最小工件直径 $d_{min}=0.1D$，最大加工直径 $d_{max}=0.5D$，D 是车床加工的最大工件直径，即车床的主参数。对于摇臂钻床，用 D 表示其最大钻孔直径（即主参数），通常取 $d_{max}=D$，$d_{min}=(0.2\sim0.5)D$。

3）确定进给量。限制最大进给量的因素是切削力。确定最大进给量时既要便于进行高生产率的强力切削，也要为切削技术的发展留有一定的储备。限制最小进给量的因素是加工表面粗糙度。在一定的切削速度和刀尖圆弧半径下，降低进给量可得到较高的表面质量。最大和最小进给量决定了机床进给系统的变速范围，同时应保证机床粗、精加工以及各典型加工条件的实现。

4）确定典型加工条件下的其他切削用量。根据不同切削方法选择，如背吃刀量、切削宽度等。

2. 专用机床的工艺分析

专用机床是为加工某种零件的一个或几个固定工序设计的，加工对象单一，工艺分析具体，比通用机床简单。但为了使机床的方案制订得合理先进，应充分调查研究，总结生产经验，全面了解零件的加工情况和影响加工精度及机床方案制订的各种因素。

1）不同工艺方案对专用机床的影响。其中包括加工工序和加工精度的要求、被加工工件的特点，如工件的材料、硬度、刚度、工艺基准等。

2）专用机床切削用量的选择。专用机床很多采用多刀加工，有的专用机床采用复合刀具，价格较高。为了减少刀具的磨损、消耗和换刀时间，需要适当降低切削用量，通常专用机床的切削用量比单刀加工的通用机床要低30%左右。多刀同时加工的专用机床（如组合钻床），其合理切削用量各不相同，为使多种刀具都有比较合适的切削用量，既不要求机床结构过分复杂，又能使刀具各自发挥其效能，可在各种刀具的切削用量中折中处理。如对钻铰复合刀具的进给量按钻头选择，切削速度按铰刀选择。对于整体复合刀具，由于其强度较低，切削用量应选得小些。

3）工件的生产方式。被加工工件生产批量的大小，对专用机床的工艺方案制订也有影响。大批量生产时，确定工艺方案需考虑提高生产率和自动化程度、稳定地保证加工精度。中小批量的生产方式，则主要考虑减少机床台数，集中加工工序，提高专用机床的利用率。

2.2.2 运动分析与分配

1. 表面成形方法和机床所需的成形运动

在切削加工中，刀具和工件都安装在机床上，在机床相应机构带动下，按一定的规律做相对运动，通过刀具切削刃对工件毛坯的切削作用，把毛坯上多余的金属切掉，使零件的加工表面成形，并具有一定尺寸精度和表面质量。机床的实质就在于使被加工零件表面成形，而机床的构造是为了保证成形运动的实现。因此，应根据被加工工件的要求，研究机床的加工成形方法和所需的成形运动，从而完成机床的运动和传动方案设计。

同一形状的加工表面往往可以采用不同的刀具来加工，从而机床的表面成形运动的形式和数目就不同，导致机床的不同。例如圆柱面可在车床或磨床上加工，平面可在刨床、铣床和平面磨床上加工，圆柱齿轮可在插齿机、滚齿机上加工。实现上述加工的机床，其运动和传动、布局和结构，显然有很大的差别。

用相同的刀具加工同一表面时，由于生产批量和机床万能性要求不一样，也可以采用不同的表面成形运动来加工，从而形成相应的不同布局的机床。

可见，表面成形运动是影响机床方案的决定性因素，必须根据加工要求，全面、综合地考虑工件的各种表面成形方法及运动，以期选择较好的运动和传动方案。

2. 运动的分配

工件的表面成形方法及运动都相同，但分配给机床执行件的运动不同，机床的传动、布局和结构也不同，形成多样化的机床。图 2-9 所示为外圆柱面车削加工不同的运动分配形式：图 2-9a 所示为刀具不动，工件做旋转运动同时做轴向移动；图 2-9b 所示为刀具做旋转运动，工件做直线运动；图 2-9c 所示为工件固定不动，刀具做旋转运动和直线运动。这和卧式车床的运动都不一样，但这些运动方式形成了不同结构的机床，适于不同用途的需要，如国内生产的纵切自动车床 CM1107 和一些自动机都是按图 2-9a 所示方案设计的。当工件不宜旋转或不能旋转时，如当工件直径很小且是卷料，或工件直径长度较大时，用图 2-9b 和图 2-9c 所示方案是适宜的，这种加工方法就是通常所说的“套车”。

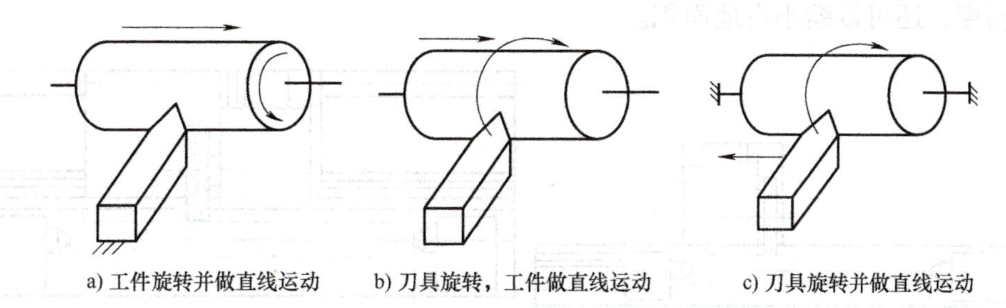

图 2-9　外圆柱面车削加工不同的运动分配形式

图 2-10 所示为铣床的几种布局形式及其运动分配：图 2-10a 所示为升降台铣床，刀具做旋转运动，工件具有三个方向的直线运动；图 2-10b 中刀具做旋转运动并具有竖直方向的直线运动，工件在工作台上可做纵向和横向的直线运动；图 2-10c 中刀具做旋转运动并具有竖直和横向的直线运动，工件在工作台上可做纵向的直线运动；图 2-10d 中工件固定不动而刀具做旋转运动，并且由龙门架带动可做三个方向上的直线运动。显然运动的分配不一样，导致了机床的结构差异很大，适用于不同的场合。图 2-10a 所示适用于加工重量较轻的工件，图 2-10b 所示适用于加工重量更大的一些工件，图 2-10c 所示适用于加工重型特大的工件。

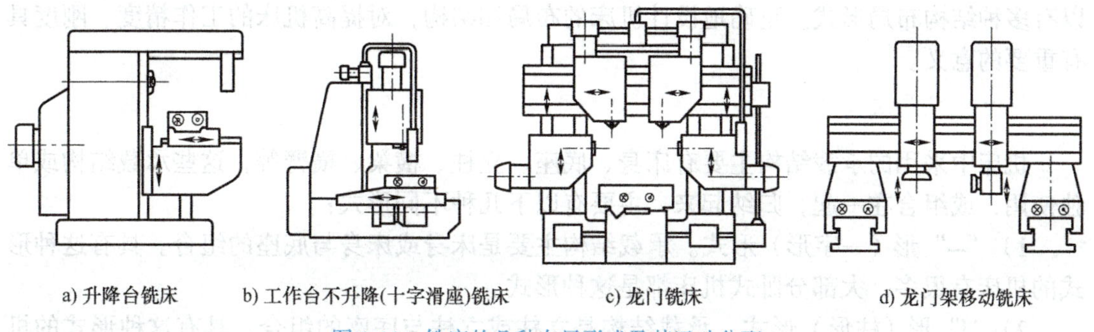

图 2-10　铣床的几种布局形式及其运动分配

在分配机床的运动时，应遵循以下原则：

1）移动部件的质量应尽量小。在其他条件相同的情况下，移动部件（包括刀具和工件）的质量越小，所需电动机功率和传动件尺寸也越小。为了简化传动，应将运动分配给质量小的执行件。如加工大型工件时，把运动分配给刀具。生产中广泛采用的“蚂蚁啃骨头”加工法，就是这方面的实例。

2）应有利于提高加工精度。如普通的钻床，把运动都分配给刀具，工件不动。但深孔钻床，为提高被加工孔的中心线的直线度，设计成工件做旋转运动、钻头做直线进给运动的形式。

3）应有利于提高机床刚度，缩小占地面积。图 2-11 所示为外圆磨床的两种布局形式，图 2-11a 中将直线进给运动分配给工件，图 2-11b 中将直线进给运动分配给砂轮。图 2-11a 所示的方案总体尺寸比图 2-11b 所示的方案的总体尺寸大得多，机床长度几乎大了一倍，并且工件尺寸大、质量大时，纵向往复运动的结构使得机床易变形，整体刚度差，直接影响加工精度。因此，工件尺寸大且质量大时宜采用图 2-11b 所示的方案，此时不仅可以保证加工精度，还可以缩小占地面积。

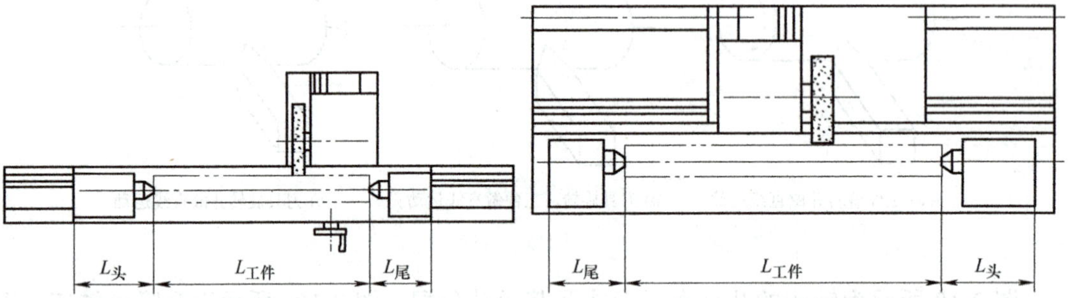

a) 工件做直线进给运动　　b) 砂轮做直线进给运动

图 2-11　外圆磨床的两种布局形式

2.2.3　机床结构布局形式设计

机床的结构布局形式设计，主要指床身、立柱、横梁和底座等支承件的布局和结构。机床结构布局形式有立式、卧式及斜置式等，其中基础支承件的形式又有底座式、立柱式、龙门式等，基础支承件的结构可以是一体式或分离式。因此，同一种运动分配方式可以有多种结构布局形式。正确地设计机床的布局和结构，对提高机床的工作精度、刚度具有重要的意义。

1. 机床结构布局

机床中采用的承载结构主要有床身、底座、立柱、横梁、横臂等，这些承载结构或单独使用，或组合在一起，归纳起来，主要有以下几种不同形式：

1）“—”形（一字形）形式。承载结构主要是床身或床身与底座的组合。具有这种形式的机床有很多，大部分卧式机床都是这种形式。

2）“I”形（柱形）形式。承载结构是立柱或立柱与底座的组合。具有这种形式的机床，一般称为立式机床。

3）“⊥”形（倒 T 形）形式。承载结构是床身与立柱的组合。具有这种形式的机床称为复合式机床。

4）“Ꮯ”形（槽形）形式。承载结构是床身（或底座）与立柱、横臂三者的组合。具有这种结构形式的机床，称为单臂式机床。

5）“口”形（框形）形式。机床的支承由床身、横梁以及双立柱组合而成，形成封闭的方框。具有这种结构形式的机床称为龙门式机床。

图 2-12 所示为 5 种不同形式的专用机床（左）和通用机床（右），卧式、立式、复合式、单臂式一般不封闭，有时，为了提高机床的刚性，可以做成封闭式结构。

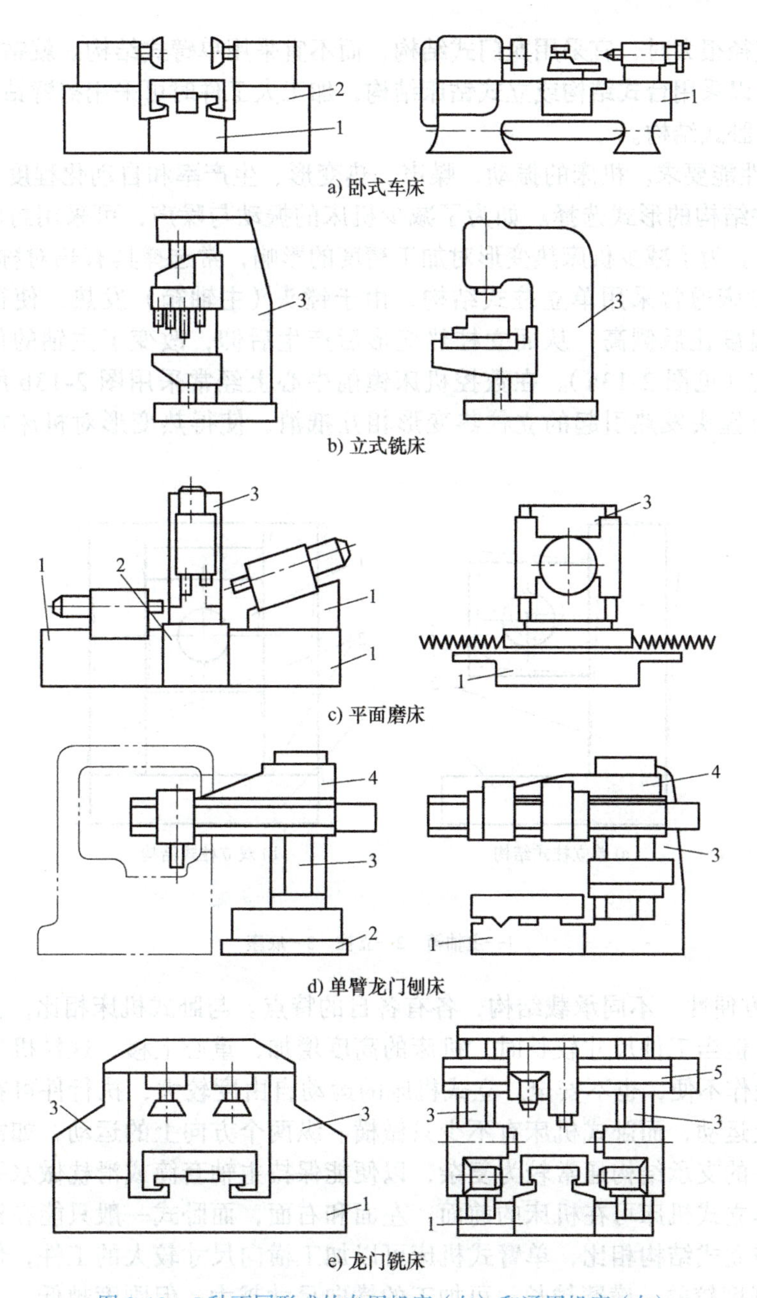

图 2-12　5 种不同形式的专用机床（左）和通用机床（右）

1—床身　2—底座　3—立柱　4—横臂　5—顶梁

设计机床支承件结构，应根据机床的实际使用要求和各种方案的特点，选择较合理的支承件结构形式。影响机床支承件结构形式选择的因素主要有以下几点：

1）工件的尺寸、形状与重量。工件的尺寸、形状与重量不同时，考虑到加工的装卸安全、方便及加工的精度和刚度诸方面的要求，可以选择不同的支承件结构形式。以车床为例，当工件直径较小，或直径虽较大但相对工件的长度比较小时，一般宜采用“—”形卧式结构。如果加工工件直径较大，且长度较直径小时，宜采用立式结构。在立式结构中，当工件直径很大时，宜采用龙门式结构，而不宜采用单臂式结构。就钻床而言，加工小工件时，可以采用台式结构或立式钻床结构，加工大工件时可采用摇臂钻床结构，加工深孔时宜采用卧式结构。

2）机床性能要求。机床的振动、噪声、热变形、生产率和自动化程度等从不同程度上影响支承件结构的形式选择。如为了减少机床的振动与噪声，可采用封闭式结构代替不封闭式结构。为了减少机床热变形对加工精度的影响，常选择具有热对称特点的形式。如普通卧式镗床通常采用单立柱式结构，由于镗头（主轴箱）发热，使得立柱与镗头接合部位的温度比后侧高，从而立柱热变形后产生后仰，改变了主轴的位置，影响坐标的准确定位（见图 2-13a）。在数控机床镗削中心上经常采用图 2-13b 所示的双立柱式结构，此时镗头发热引起的立柱热变形相互抵消，使得热变形对机床加工精度影响大大减小。

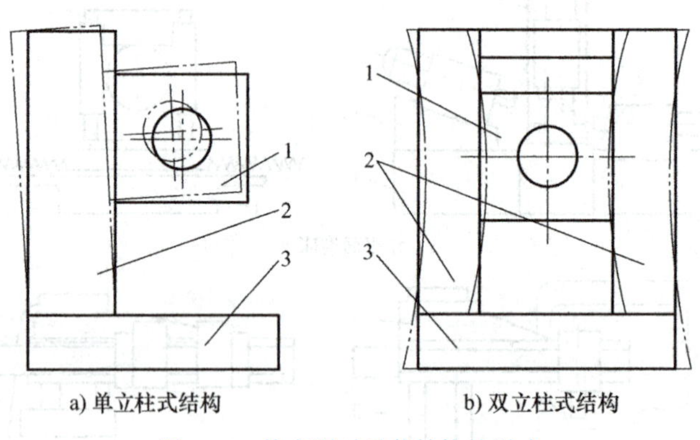

图 2-13　热变形对承载结构的影响

1—主轴箱　2—立柱　3—底座

3）操作方便性。不同承载结构，各有各自的特点。与卧式机床相比，立式机床占地面积比较小，但当工件尺寸较长时，机床的高度增加，重心上移，这样机床不但易于产生振动，且操作不便，也不安全。立式机床的运动自由度较大，执行件可在横、纵、竖直三个方向上运动，而卧式机床有不少只做横、纵两个方向上的运动，如需做竖直方向运动其执行件的支承结构通常较为复杂，以便能保持主轴套筒或滑枕做水平移伸时的运动精度。操作立式机床可在机床的前面、左面和右面，而卧式一般只能在机床的前面或侧面操作。与立式结构相比，单臂式机床可以加工横向尺寸较大的工件，但其横臂受力时，机床的刚度较差。横臂越长，可加工的横向尺寸越大，但刚度越低。龙门式结构由于是封闭的框形结构，因而机床的刚度较高，但承载结构比较庞大，构件较多。当生产自动化程度高时，考虑到工件、刀具、刀架调整安装方便，保证顺利排屑等因素，或考虑自动上下料的要求，也会对支承件结构的形式产生影响。图 2-14 所示为两种承载结构的滚齿机。图 2-14a 所示为采用封闭式框架结构的滚齿机，由于横梁 6 妨碍了自动装卸工件的机械手的动作，不适于在自动生产线上工作。图 2-14b 所示的结构一方面保持了框架结构的特点，另一方面升降台 4 能上下移动，工件上方有足够的空间，可让机械手自动装卸工件。

应该根据各自的特点，在机床的总体布局设计中确定支承件的布局和结构形式。

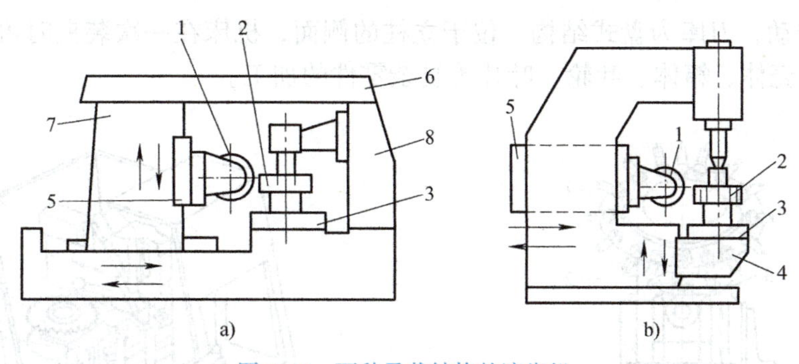

图 2-14　两种承载结构的滚齿机

1—刀具　2—工件　3—工作台　4—升降台　5—刀架　6—横梁　7—前立柱　8—后立柱

2. 典型的数控机床布局形式

（1）满足多刀加工的布局　图 2-15 所示为具有可编程尾座的双刀数控车床，床身为倾斜形状，位于后侧，有两个数控回转刀架，可实现多刀加工，尾座可实现编程运动，也可安装刀具加工。

（2）工件不移动的机床布局　当工件较大，移动不方便时，可使机床立柱移动，如图 2-16 所示。对于一些大型镗铣床，床身比工件质量小，大多采用这种布局形式。

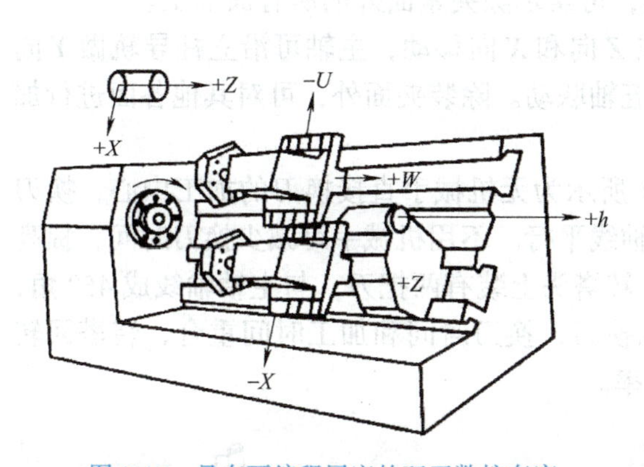

图 2-15　具有可编程尾座的双刀数控车床

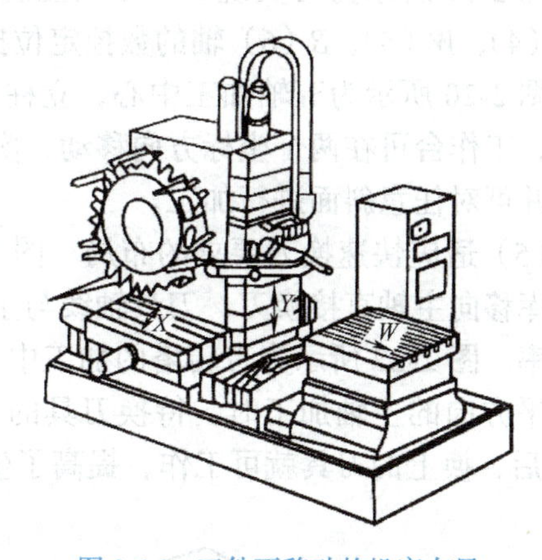

图 2-16　工件不移动的机床布局

（3）满足换刀要求的布局　加工中心都带有刀库，刀库的形式和布局影响机床的布局。所要考虑的问题有：选择合适的刀库，以及换刀机械手与识刀装置的类型，力求这些结构部件简单，动作少而可靠；机床的总体结构尺寸紧凑，刀具存储交换时保证刀具与工件和机床部件之间不发生干涉等。立柱、底座和工作台、主轴箱的布局与普通机床区别不大。图 2-17 所示为刀库安装在立柱顶部的卧式加工中心，盘式刀库、工作台和立柱与普通机床类同。

（4）满足多坐标联动要求的布局　数控机床都可实现 X、Z 方向联动。所有的镗铣加工中心都可实现 X、Y、Z 三个方向运动，可实现二坐标或三坐标联动，有些机床可实现五坐标联动。图 2-18 所示为五坐标联动加工中心，有立、卧两个主轴，卧式加工时立式主轴退回，立式加工时卧式主轴退回，立式主轴前移，工作台可以上下、左右移动和在两个坐标方向转动，刀库为盘式结构，位于立柱的侧面，机床在一次装夹时可加工五个面，适用于模具、壳体、箱体、叶轮、叶片等复杂零件的加工。

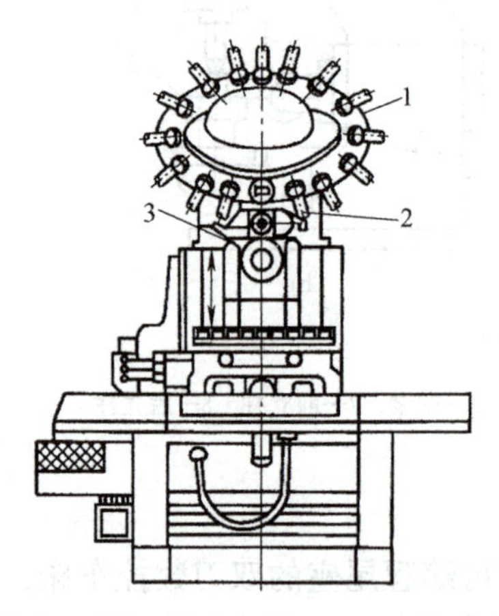

图 2-17　刀库安装在立柱顶部的卧式加工中心

1—刀库　2—机械手　3—主轴

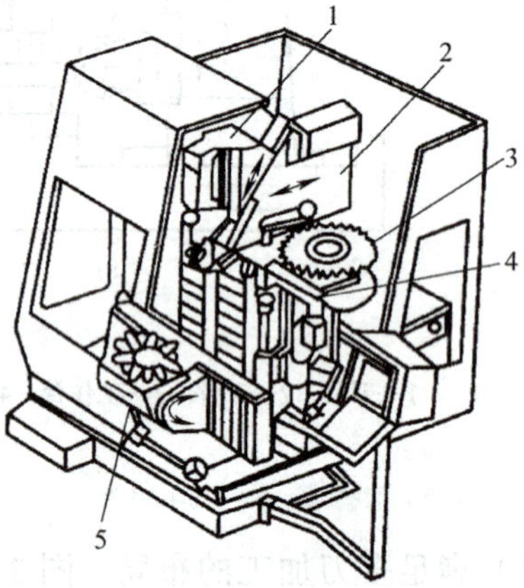

图 2-18　五坐标联动加工中心

1—立轴主轴箱　2—卧轴主轴箱　3—刀库　4—机械手　5—工作台

图 2-19 所示为可实现 3 ～ 6 轴控制的镗铣床，可实现 X（2）、Y（1）、Z（3）轴联动和 C（4）、W（5）、B（6）轴的数控定位控制，可实现除夹紧面外的所有面加工。

图 2-20 所示为五轴加工中心，立柱可在 Z 向和 X 向移动，主轴可沿立柱导轨做 Y 向移动，工作台可在两个坐标方向移动，实现五轴联动。除装夹面外，可对其他各面进行加工，并可对任意斜面进行加工。

（5）适应快速换刀要求的布局　图 2-21 所示为无机械手直接换刀的加工中心，换刀时刀库移向主轴直接换刀，刀具轴线与主轴轴线平行。不用机械手可减少换刀时间，提高生产率。图 2-22 所示为带转塔的加工中心，转塔头上装有两把刀，与主轴轴线成 45° 角，当水平方向的主轴加工时，待换刀具的主轴换刀，换刀时间和加工时间重合，转塔回转 180° 后，换上的刀具就可工作，提高了生产率。

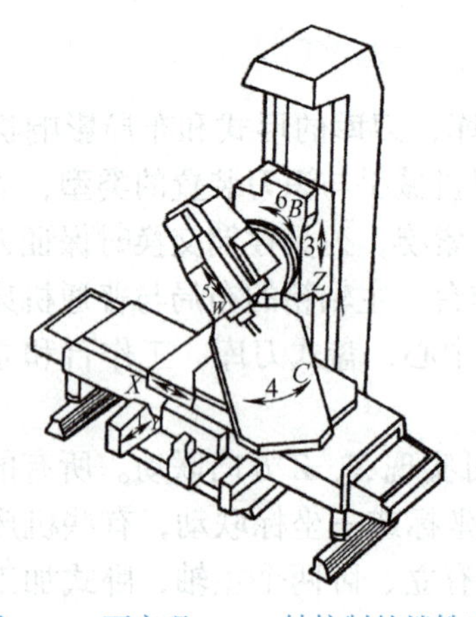

图 2-19　可实现 3 ～ 6 轴控制的镗铣床

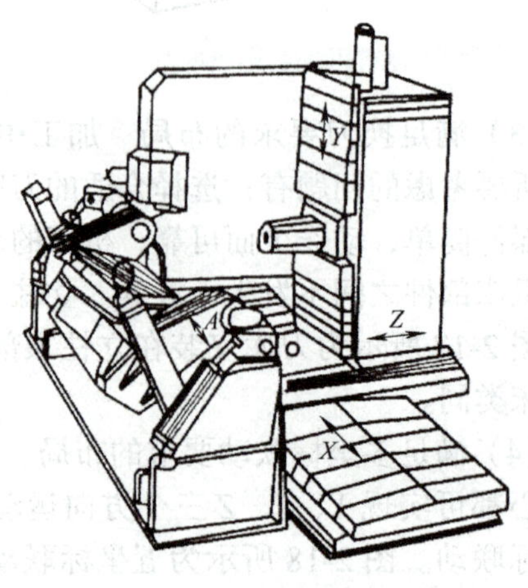

图 2-20　五轴加工中心

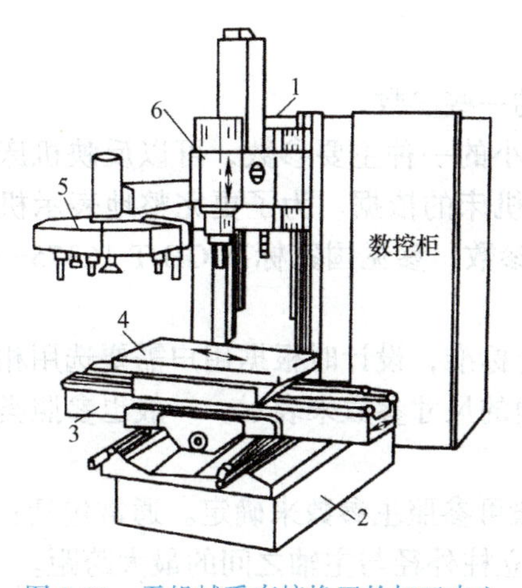

图 2-21　无机械手直接换刀的加工中心

1—立轴　2—底座　3—横向工作台　4—纵向工作台　5—刀库　6—主轴箱

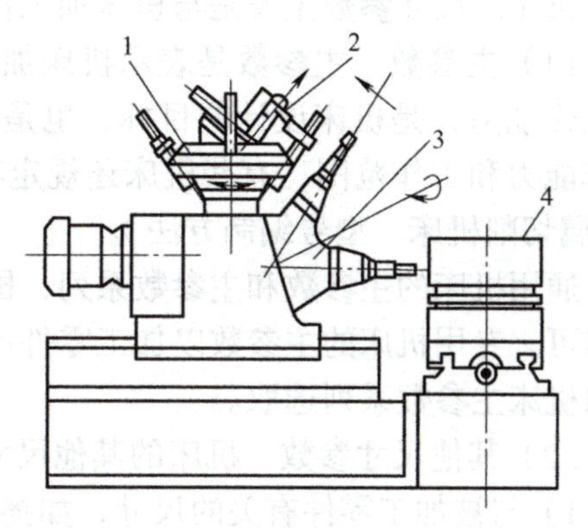

图 2-22　带转塔的加工中心

1—刀库　2—机械手　3—转塔头　4—工作台与工件

（6）适应多工位加工要求的布局　图 2-23 所示的机床有四个工位，三个工位为加工工位，一个工位为装卸工位。该机床可实现多面加工，因而生产率较高。

（7）适应可换工作台要求的布局　图 2-24 所示为可换工作台的加工中心，一个工作台上的零件加工时，另一个工作台可装卸工件，使装卸工件时间和加工时间重合，减少了辅助时间，提高了生产率。

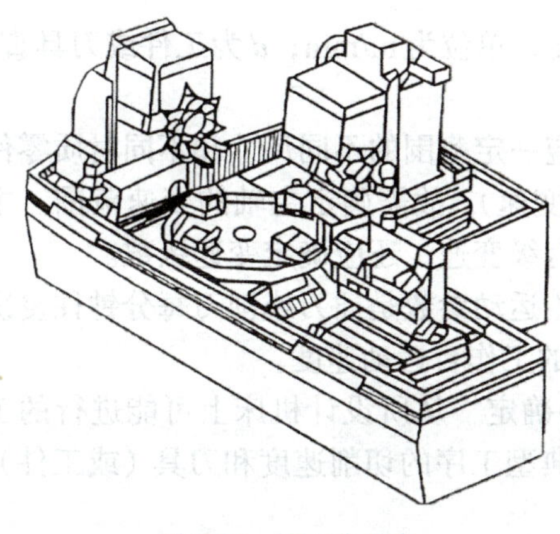

图 2-23　四工位机床

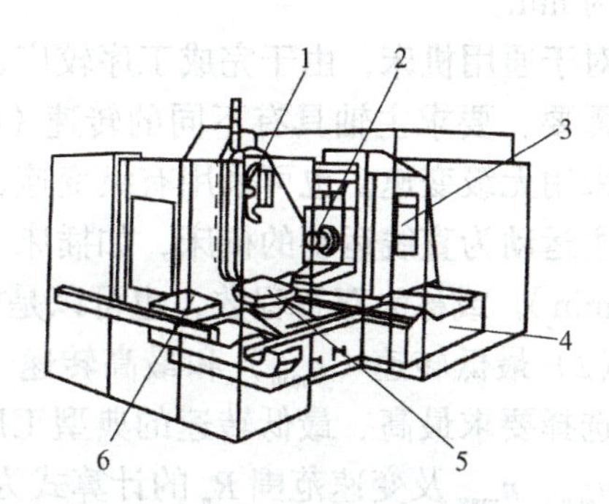

图 2-24　可换工作台的加工中心

1—机械手　2—主轴头　3—操作面板　4—底座　5、6—托板

（8）为提高刚度减少热变形要求的布局　卧式加工中心多采用框架式立柱，这种结构刚度好，受热变形影响小，抗振性高，如图 2-13b 所示。主轴位于两立柱之间，当主轴发热时，由于两立柱温升相同，对称的热变形可使主轴的位置保持不变，因而提高了精度。

2.2.4　机床主要技术参数设计

机床的主要技术参数包括机床的尺寸参数、运动参数及动力参数。

1. 尺寸参数

机床的尺寸参数主要是与机床加工性能有关的一些参数。

（1）主参数　主参数是表示机床加工范围大小的一种主要参数，可以反映机床的最大工作能力，是机床设计的目标，也是用户选用机床的依据。为了更完整地表示机床的工作能力和工作范围，有些机床还规定有第二主参数，参见国家标准 GB/T 15375—2008《金属切削机床　型号编制方法》。

通用机床的主参数和主参数系列，国家已制定标准，设计时根据用户需要选用相应数值即可。专用机床的主参数以加工零件或被加工面的尺寸参数来表示，一般也参照类似的通用机床主参数系列选取。

（2）其他尺寸参数　机床的其他尺寸参数一般可参照主参数来确定。通常包括：

1）与被加工零件有关的尺寸，如摇臂钻床的立柱外径与主轴之间的最大跨距。

2）标准化工具或夹具的安装面尺寸，如卧式车床主轴锥孔及主轴前端尺寸等。

2. 运动参数

机床运动参数是指主轴的极限速度和变速范围、主轴的转速级数和公比以及进给系统的运动参数。

（1）主运动参数　主运动为回转运动的机床，如车床、铣床等，其主运动参数为主轴转速。主轴转速的计算式为

$$n = \frac{1000v}{\pi d} \tag{2-3}$$

式中，n 为主轴转速，单位为 r/min；v 为切削速度，单位为 m/min；d 为工件或刀具直径，单位为 mm。

对于通用机床，由于完成工序较广，又要适应一定范围的不同尺寸和不同材质零件的加工需要，要求主轴具有不同的转速（即应实现变速），故需确定主轴的变速范围。主运动可采用无级变速，也可采用有级变速，若采用有级变速，还应确定变速级数。

主运动为直线运动的机床，如插床、刨床，主运动参数是插刀或刨刀每分钟往复次数（次 /min），或称为双行程数，也可以是安装工件的工作台运动速度。

（2）最低转速（n_{min}）和最高转速（n_{max}）的确定　从所设计机床上可能进行的工序中，选择要求最高、最低转速的典型工序。按照典型工序的切削速度和刀具（或工件）直径，n_{min}、n_{max} 及变速范围 R_n 的计算式为

$$n_{min} = \frac{1000v_{min}}{\pi d_{max}} \tag{2-4}$$

$$n_{max} = \frac{1000v_{max}}{\pi d_{min}} \tag{2-5}$$

$$R_n = \frac{n_{max}}{n_{min}} \tag{2-6}$$

式中，v_{min}、v_{max} 可根据切削用量手册、现有机床使用情况调查或者切削试验确定；通用

机床的 d_{min} 和 d_{max} 并不是指机床上可能加工的最大和最小直径，而是指实际使用情况下采用 v_{min} 或 v_{max} 时常用的经济加工直径。对于通用机床，一般取

$$d_{max} = K_1 D \tag{2-7}$$

$$d_{min} = K_2 d_{max} \tag{2-8}$$

式中，D 为机床能加工的最大直径，单位为 mm；K_1 为系数；K_2 为计算直径范围。

K_1 和 K_2 根据对现有同类机床使用情况的调查确定，如卧式车床 K_1 为 0.5，摇臂钻床 K_1 为 1.0，通常 K_2 的取值为 0.2 ～ 0.25。

实际中可能使用到 n_{max} 或 n_{min} 的典型工艺不一定只有一种可能，可以多选择几种工艺，作为确定最低及最高转速的参考。同时，考虑今后技术发展的储备，应适当提高最高转速和降低最低转速。

（3）主轴转速的合理排列　确定 n_{max} 和 n_{min} 之后，如主传动采用机械有级变速方式，应进行转速分级，即确定变速范围内各级转速；如采用无级变速，有时也需用分级变速机构来扩大其无级变速范围。目前，多数机床主轴转速是按等比级数排列的，其公比用符号 φ 表示，则转速数列为

$$n_1 = n_{min}, n_2 = n_{min}\varphi, n_3 = n_{min}\varphi^2, \cdots, n_Z = n_{min}\varphi^{Z-1} \tag{2-9}$$

主轴转速数列呈等比级数规律分布，主要原因是在转速范围内的转速相对损失均匀。如在加工中某一工序要求的合理转速为 n，而在 Z 级转速中没有这个最佳转速，而是处于 n_j 和 n_{j+1} 之间，即 $n_j<n<n_{j+1}$。若采用比 n 转速高的 n_{j+1}，过高的切削速度会使刀具寿命缩短。为了不缩短刀具寿命，一般选用比 n 转速低的 n_j，这将造成 $n-n_j$ 的转速损失，相对转速损失率为

$$A = \frac{n - n_j}{n} \tag{2-10}$$

式中，A 为转速损失率。

当 n 趋近于 n_{j+1} 时，仍选用 n 为使用转速，则产生的最大相对转速损失率为

$$A_{max} = \frac{n_{j+1} - n_j}{n_{j+1}} = 1 - \frac{n_j}{n_{j+1}} \tag{2-11}$$

在其他条件（直径、进给、切深）不变的情况下，转速损失就反映了生产率的损失。对于各级转速选用机会相等的普通机床，为使总生产率损失最小，应使各级转速损失 A_{max} 相同，即

$$A_{max} = 1 - \frac{n_j}{n_{j+1}} \tag{2-12}$$

可见任意两级转速之间的关系应为

$$n_{j+1} = n_j \varphi \tag{2-13}$$

此外，应用等比级数排列的主轴转速，可借助于串联若干个滑移齿轮来实现，使变速

传动系统简单且设计计算方便。

有的机床在转速范围内，中间转速选用的机会多，最高转速和最低转速选用的机会较少，可采用两端公比大、中间公比小的混合公比转速数列。

（4）标准公比值 φ 和标准转速数列　标准公比的确定依据：因为转速由 n_{min} 到 n_{max} 必须递增，所以公比应大于 1；为了限制转速损失的最大值 A_{max} 不大于 50%，则相应的公比 φ 不得大于 2，故 $1<\varphi<2$；为了使用方便，转速数列中转速呈 10 倍比关系，故 φ 应在 $\varphi=\sqrt[E_1]{10}$ 中取值（E_1 是正整数）；若采用多速电动机驱动，通常电动机转速为（3000/1500）r/min 或（3000/1500/750）r/min，故 φ 也应在 $\varphi=\sqrt[E_2]{2}$（E_2 为正整数）中取值。

根据上述原则，可得标准公比，见表 2-1。其中，1.06、1.12、1.26 同是 10 和 2 的正整数次方，其余的只是 10 或 2 的正整数次方。

表 2-1　标准公比 φ

φ	1.06	1.12	1.26	1.41	1.58	1.78	2
$\sqrt[E_1]{10}$	$\sqrt[40]{10}$	$\sqrt[20]{10}$	$\sqrt[10]{10}$	$\sqrt[20/3]{10}$	$\sqrt[5]{10}$	$\sqrt[4]{10}$	$\sqrt[10/3]{10}$
$\sqrt[E_2]{2}$	$\sqrt[12]{2}$	$\sqrt[6]{2}$	$\sqrt[3]{2}$	$\sqrt{2}$	$\sqrt[3/2]{2}$	$\sqrt[6/5]{2}$	2
A_{max}（%）	5.6	11	21	29	37	44	50
与 1.06 的关系	1.06^1	1.06^2	1.06^4	1.06^6	1.06^8	1.06^{10}	1.06^{12}

表 2-1 不仅可用于转速、双行程数和进给量数列，也可用于机床尺寸和功率参数等数列。

当采用标准公比后，转速数列可从表 2-2 中直接查出，表 2-2 中给出了以 1.06 为公比的 1 ～ 15000 的数列。例如，设计一台卧式车床 n_{min}=10r/min，n_{max}=1600r/mm，φ=1.26。查表 2-2，首先找到 10，然后每隔 3 个数（$1.26=1.06^4$）取一个数，可得如下数列：10，12.5，16，20，25，31.5，40，53，63，80，100，125，160，200，250，315，400，500，630，800，1000，1250，1600。

表 2-2　标准数列

1	2	4	8	16	31.5	63	125	250	500	1000	2000	4000	8000
1.06	2.12	4.25	8.5	17	33.5	67	132	265	530	1060	2120	4250	8500
1.12	2.24	4.5	9.0	18	35.5	71	140	280	560	1120	2240	4500	9000
1.18	2.36	4.75	9.5	19	37.5	75	150	300	600	1180	2360	4750	9500
1.25	2.5	5.0	10	20	40	80	160	315	630	1250	2500	5000	10000
1.32	2.65	5.3	10.6	21.2	42.5	85	170	335	670	1320	2650	5300	10600
1.4	2.8	5.6	11.2	22.4	45	90	180	355	710	1400	2800	5600	11200
1.5	3.0	6.0	11.8	23.6	47.5	95	190	375	750	1500	3000	6000	11800
1.6	3.15	6.3	12.5	25	50	100	200	400	800	1600	3150	6300	12500
1.7	3.35	6.7	13.2	26.5	53	106	212	425	850	1700	3350	6700	13200
1.8	3.55	7.1	14	28	56	112	224	450	900	1800	3550	7100	14100
1.9	3.75	7.5	15	30	60	118	236	475	950	1900	3750	7500	15000

（5）公比 φ 的选用　由表 2-1 可见，φ 值小则相对转速损失小，但当变速范围一定时变速级数将增多，变速机构变得复杂。通常，对于通用机床，为使转速损失不大，机床结构又不过于复杂，一般取 φ=1.26 或 1.41；对于大批、大量生产用的专用机床、专门化机床及自动机床，因其生产率高，转速损失影响较大，且又不经常变速，可用交换齿轮变速，不会使结构复杂，通常取 φ=1.12 或 1.26。对于非自动化小型机床，加工周期内切削时间远小于辅助时间，对转速损失影响不大，故取 φ=1.58、1.78 甚至 2，以简化机床的结构。

（6）变速范围 R_n、公比 φ 和转速级数 Z 的关系　由等比级数规律可知

$$R_n = \frac{n_{\max}}{n_{\min}} = \varphi^{Z-1}$$

$$\varphi = \sqrt[(Z-1)]{R_n}$$

两边取对数，可写成

$$\lg R_n = (Z-1)\lg\varphi$$

$$Z = \frac{\lg R_n}{\lg\varphi} + 1 \tag{2-14}$$

式（2-14）给出了 R_n、φ、Z 三者的关系，已知任意两个可求第三个，求出的 φ 和 Z 应圆整为标准数和整数。

（7）进给量的确定　数控机床中进给系统广泛使用无级变速。普通机床既有无级变速方式，又有有级变速方式。采用有级变速方式时，进给量一般为等比级数，其确定方法与主轴转速的确定方法相同。首先根据工艺要求，确定最大进给量 $f_{\max}$、最小进给量 $f_{\min}$，然后选择标准公比 φ 或进给量级数 Z，再由式（2-14）求出其他参数。但是，各种螺纹加工机床，如螺纹车床、螺纹铣床等，因为被加工螺纹的导程是分段等差级数，故其进给量也只能按等差级数排列。利用棘轮机构实现进给的机床，如刨床、插床等，因棘轮结构关系，其进给量也按等差级数排列。

3. 动力参数

动力参数包括电动机的功率、液压缸的牵引力、液压马达或步进电动机的额定转矩等。因为机床各传动件的结构参数（轴或丝杠直径、齿轮或蜗轮的模数、传动带的类型及根数等）都是根据动力参数设计计算的，如果动力参数取得过大，电动机经常处于低负荷情况，功率因数小，造成电力浪费，同时使传动件及相关零件尺寸设计得过大，浪费材料，且机床笨重；如果动力参数取得过小，机床就达不到设计提出的使用性能要求。通常动力参数通过调查类比法（或经验公式）、试验法或计算方法来确定。需要指出的是，由于机床使用情况复杂，计算方法得出的结果只能作为参考。

（1）主电动机功率的确定　机床主运动电动机的功率 $P_{主}$ 为

$$P_{主} = P_{切} + P_{空} + P_{附} \tag{2-15}$$

式中，$P_{切}$ 为消耗于切削的功率（又称有效功率），单位为 kW；$P_{空}$ 为空载功率，单位为 kW；$P_{附}$ 为随载荷增加的机械摩擦损耗功率，单位为 kW。

1）切削功率$P_{切}$的计算，计算式为

$$P_{切}=\frac{F_Z v}{60000} \tag{2-16}$$

$$P_{切}=\frac{M_n n_j}{60000} \tag{2-17}$$

式中，F_Z为主切削力，单位为N；v为切削速度，单位为m/min；M_n为切削转矩，单位为N·m。

对于专用机床，工况单一。通用机床工况复杂，切削用量等变化范围大，计算时可根据机床工艺范围内的重切削工况或参考机床验收时负荷试验规定的切削用量来确定计算工况。

2）空载功率的计算。机床主运动空转时，由于传动件摩擦、搅油、空气阻力等，电动机要消耗部分功率，其值随传动件转速增大而增加，与传动件预紧程度及装配质量有关。空载功率可参照在传动和结构上类似的机床的实测值。对中小型机床，也可用经验公式进行估算。

3）$P_{附}$的计算。机床切削时，随着切削载荷的增加，摩擦损失将增加。随着切削功率的增加，在各个传动副中的机械摩擦损失也将增加，计算式为

$$P_{附}=\frac{P_{切}}{\eta_{机}}-P_{切} \tag{2-18}$$

因此，主运动电动机的功率为

$$P_{主}=\frac{P_{切}}{\eta_{机}}+P_{空} \tag{2-19}$$

式中，$\eta_{机}=\eta_1\eta_2\cdots$，其中$\eta_1\eta_2\cdots$为主传动系统中各传动副的机械效率。当机床结构尚未确定时，也可用式（2-20）粗略估算主电动机功率

$$P_{主}=\frac{P_{切}}{\eta_{床}} \tag{2-20}$$

式中，$\eta_{床}$为机床总机械效率，主运动为回转运动时，$\eta_{床}$=0.7～0.85，主运动为直线运动时，$\eta_{床}$=0.6～0.7。

（2）进给驱动电动机功率的确定　机床进给运动驱动源可分成如下几种情况：

1）当进给运动与主运动合用一个电动机时，如卧式车床、钻床等。进给运动消耗的功率远小于主传动。统计结果，卧式车床进给功率$P_{进}$=(0.03～0.04)$P_{主}$，钻床的进给功率$P_{进}$=(0.04～0.05)$P_{主}$，铣床的进给功率$P_{进}$=(0.15～0.20)$P_{主}$。

2）当进给运动中工作进给与快速进给合用一个电动机时，由于快速进给所需功率远大于工作进给的功率，且二者不同时工作，所以不必单独考虑工作进给所需功率。

3）当进给运动采用单独电动机驱动时，则需要确定进给运动所需功率（或转矩）。对普通交流电动机，进给电动机功率$P_{进}$计算式为

$$P_{进}=\frac{F_Q v_{进}}{60000\eta_{进}} \tag{2-21}$$

式中，F_Q 为进给牵引力，单位为 N；$v_{进}$ 为进给速度，单位为 m/min；$\eta_{进}$ 为进给传动系统机械效率。

进给牵引力等于进给方向上切削分力和摩擦力之和。进给牵引力的计算见表 2-3。

表 2-3　进给牵引力的计算

导轨形式	计算公式	
	水平进给	竖直进给
三角形或三角形与矩形组合导轨	$KF_Z + f'(F_X + F_G)$	$K(F_Z + F_G) + f'F_X$
矩形导轨	$KF_Z + f'(F_X + F_Y + F_G)$	$K(F_Z + F_G) + f'(F_X + F_Y)$
燕尾形导轨	$KF_Z + f'(F_X + 2F_Y + F_G)$	$K(F_Z + F_G) + f'(F_X + 2F_Y)$
钻床主轴	—	$F_Q \approx F_f + f\dfrac{2T}{d}$

表 2-3 中，F_G 是移动件的重力（N）；F_Z、F_X、F_Y 是在局部坐标系内，切削力在进给方向、垂直于导轨面方向和导轨的测方向的分力（N）；F_f 是钻削进给抗力（N）；f' 是当量摩擦系数，在正常润滑条件下，铸铁对铸铁的三角形导轨的 f'=0.17 ～ 0.18，矩形导轨的 f'=0.12 ～ 0.13，燕尾形导轨的 f'=0.2，铸铁对塑料的 f'=0.03 ～ 0.05，滚动导轨的 f'=0.01；f 是钻床主轴套筒上的摩擦系数；K 是考虑颠覆力矩影响的系数，三角形和矩形导轨的 K=0.1 ～ 1.15，燕尾形导轨的 K=1.4；d 是主轴直径（mm）；T 是主轴的转矩（N・m）。

对于数控机床的进给运动，伺服电动机按转矩选择，计算式为

$$T_{进电} = \frac{9550P_{进}}{n_{进电}} \tag{2-22}$$

式中，$T_{进电}$ 为进给电动机的额定转矩，单位为 N・m；$n_{进电}$ 为进给电动机的额定转速，单位为 r/min。

（3）快速运动电动机功率的确定　快速运动电动机起动时消耗的功率最大，要同时克服移动件的惯性力和摩擦力，即

$$P_{快} = P_{惯} + P_{摩} \tag{2-23}$$

式中，$P_{快}$ 为快速电动机功率，单位为 kW；$P_{惯}$ 为克服惯性力所需的功率，单位为 kW；$P_{摩}$ 为克服摩擦力所需的功率，单位为 kW。

$$P_{惯} = \frac{M_{惯}n}{9550\eta} \tag{2-24}$$

式中，$M_{惯}$ 为克服惯性力所需电动机轴上的转矩，单位为 N・m；n 为电动机转速，单位为 r/min；η 为传动件的机械效率。

$M_{惯}$ 的计算式为

$$M_{惯} = J\frac{\omega}{t} \tag{2-25}$$

式中，J为转化到电动机轴上的当量转动惯量，单位为$kg \cdot m^2$；ω为电动机的角速度，单位为rad/s；t为电动机的加速时间，单位为s，对于中型机床t=0.5s，对于大型机床t=1.0s。

2.3 主传动系统设计

2.3.1 主传动系统设计应满足的基本要求

机床的类型、性能、规格尺寸等各不相同，因而机床主传动系统应满足的要求也不一样。设计机床主传动系统的基本原则是以经济合理的方式满足既定的要求。设计时应结合机床的具体要求进行具体分析，进行针对性设计。

机床主传动系统一般应满足下述基本要求：

1）满足机床使用性能要求。首先应满足机床的运动特性，如机床的主轴要有足够的转速范围和转速级数（对于主传动为直线运动的机床，有足够的每分钟双行程数范围及变速级数）。

2）满足机床传递动力要求。主电动机和传动机构能提供和传递足够的功率和转矩，具有较高的传动效率。

3）满足机床工作精度的要求。主传动系统中所有零部件要有足够的精度、刚度和抗振性，热稳定性好。

4）满足产品设计经济性的要求。传动链尽可能短，零件数目要少，以便节省材料，降低成本。

5）结构简单、合理，便于加工、装配和维修；操纵方便灵活、安全可靠；防护性能好，使用寿命长。

2.3.2 主传动系统分类

主传动系统一般由动力源（如电动机）、变速装置、执行件（如主轴、刀架、工作台），以及起停、换向和制动机构等部分组成。动力源给执行件提供动力，使其得到一定的运动速度和转矩；变速装置传递动力以及变换运动速度；执行件完成机床所需的旋转或直线运动。

机床主传动系统可按不同的特征分类：

1）按驱动主传动的电动机类型可分为交流电动机驱动和直流电动机驱动。交流电动机驱动中有单速交流电动机和调速交流电动机驱动，调速交流电动机驱动又有多速交流电动机驱动和无级调速交流电动机驱动。无级调速交流电动机常采用变频调速。

2）按传动装置类型可分为机械传动、液压传动、机电结合传动和电动机直接驱动的零传动方式。

3）按变速的连续性可分为分级变速传动和无级变速传动。

① 分级变速传动在一定的变速范围内只能得到某些转速，变速级数一般为20～30级。分级变速传动方式有滑移齿轮变速、交换齿轮变速和离合器（如摩擦离合器、牙嵌离

合器、齿形离合器）变速。因其传递功率较大、变速范围广、传动比准确、工作可靠，故广泛应用于通用机床，尤其是中小型通用机床中。分级变速传动的缺点是有速度损失，不能在运转中进行变速。

② 无级变速传动可以在一定的变速范围内连续改变转速，以便得到最有利的切削速度；能在运转中变速，便于实现变速自动化；能在负载下变速，便于车削大端面时保持恒定的切削速度，以提高生产率和加工质量。无级变速传动可由机械摩擦无级变速器、液压无级变速器和电气无级变速器实现。机械摩擦无级变速器结构简单，使用可靠，常用在中小型车床、铣床等主传动系统中。液压无级变速器传动平稳，运动换向冲击小，易于实现直线运动，常用于主运动为直线运动的机床，如磨床、拉床、刨床等机床的主传动系统中。机电结合的无级变速有直流电动机或交流调速电动机两种，这种方式简化了机械结构，易于实现自动变速、连续变速和负载下变速，应用越来越广泛，在数控机床上几乎全都采用机电结合的无级变速。

在数控机床和大型机床中，为了在变速范围内满足一定恒功率和恒转矩的要求，或为了扩大变速范围，常在无级变速后串接机械分级变速装置。

2.3.3　机械分级变速主传动系统的设计

分级变速主传动系统设计的内容和步骤为：根据已确定的主变速传动系统的运动参数，拟订转速图、结构式，合理分配各变速组中传动副的传动比，确定齿轮齿数，确定计算转速，绘制分级变速传动系统图等。

1. 拟订转速图和结构式

（1）传动系统图　传动系统图是用图形符号表示的动力源与执行件、不同执行件之间的运动传动关系，即传动链。但与传动原理图不同，它不仅表示了传动路线，还用传动件（传动带、齿轮、轴）等图形符号描述传动关系。传动系统图用的图形符号可参考有关标准。图 2-25a 所示为 12 级变速卧式车床的主运动传动系统图，图中表示了主电动机、传动带及带轮、齿轮、传动轴及主轴，与轴固定的齿轮用轴 Ⅰ 上的符号表示，滑移齿轮用轴 Ⅱ 上的符号表示，轴 Ⅳ 为主轴。传动关系为：主电动机经过传动带定比传动、轴 Ⅰ 和轴 Ⅱ 之间的三级齿轮变速传动、轴 Ⅱ 和轴 Ⅲ 之间的二级齿轮变速传动、轴 Ⅲ 和轴 Ⅳ 之间的二级齿轮变速传动，将运动传递给主轴。

（2）转速图　图 2-25b 所示为 12 级变速卧式车床的转速图。转速图中可以表示出传动轴的数目，传动轴之间的传动关系，主轴的各级转速值及其传动路线，各传动轴的转速分级和转速值，各传动副的传动比等。

转速图由一些互相平行和垂直的格线组成。其中，距离相等的一组竖线代表各轴，轴号写在上面，从左向右依次标注电、Ⅰ、Ⅱ、Ⅲ 和 Ⅳ 等，分别表示电动机轴、Ⅰ 轴、Ⅱ 轴、Ⅲ 轴和 Ⅳ 轴（即主轴）。图 2-25b 中竖线间的距离不代表各轴间的实际中心距。

距离相等的一组水平线代表各级转速，与各竖线的交点代表各轴的转速。由于分级变速机构的转速是按等比级数排列的，如竖线是对数坐标，则相邻水平线的距离是相等的，表示的转速之比是等比级数的公比 φ，本例中 $\varphi=1.41$。转速图中的小圆圈表示该轴具有的转速，称为转速点。例如，在 Ⅳ 轴（主轴）上有 12 个小圆圈，即 12 个转速点，表示主轴具有 12 级转速，范围为 31.5 ～ 1400r/min，相邻转速的比是 φ。

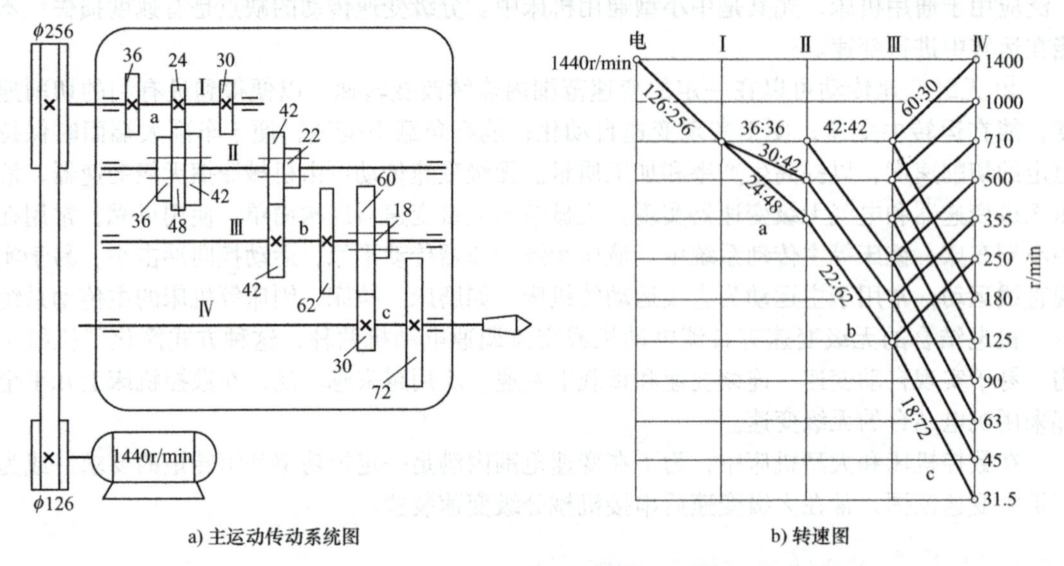

a) 主运动传动系统图　　b) 转速图

图 2-25　12 级变速卧式车床的主运动传动系统图和转速图

传动轴格线间转速点的连线称为传动线，表示两轴间一对传动副的传动比 u，用主动齿轮与被动齿轮的齿数比或主动带轮与被动带轮的轮径比表示。传动比 u 与速比 i 互为倒数关系，即 $u=1/i$。若传动线是水平的，表示等速传动，传动比 $u=1$；若传动线向右下方倾斜，表示降速传动，传动比 $u<1$；若传动线向右上方倾斜，表示升速传动，传动比 $u>1$。

图 2-25 中，电动机轴与 I 轴之间为传动带定比传动，其传动比为

$$u=\frac{126}{256}\approx\frac{1}{2}=\frac{1}{1.41^2}=\frac{1}{\varphi^2}$$

是降速传动，传动线向右下方倾斜两格。I 轴的转速为

$$n_1=\frac{1440\times126}{256}\mathrm{r/min}=710\mathrm{r/min}$$

轴 I — II 间的变速组 a 有三个传动副，其传动比分别为

$$u_{a1}=\frac{36}{36}=\frac{1}{1}=\frac{1}{\varphi^0}$$

$$u_{a2}=\frac{30}{42}=\frac{1}{1.41}=\frac{1}{\varphi}$$

$$u_{a3}=\frac{24}{48}=\frac{1}{2}=\frac{1}{\varphi^2}$$

在转速图上轴 I — II 之间有三条传动线，分别为水平、向右下方降一格、向右方下降两格。轴 II — III 轴间的变速组 b 有两个传动副，其传动比分别为

$$u_{b1}=\frac{42}{42}=\frac{1}{1}=\frac{1}{\varphi^0}$$

$$u_{b2}=\frac{22}{62}=\frac{1}{2.82}=\frac{1}{\varphi^3}$$

在转速图上，Ⅱ轴的每一转速都有两条传动线与Ⅲ轴相连，分别为水平和向右下方降三格。由于Ⅱ轴有三种转速，每种转速都通过两条线与Ⅲ轴相连，故Ⅲ轴共得到 3×2=6 种转速。连线中的平行线代表同一传动比。Ⅲ—Ⅳ轴之间的变速组 c 也有两个传动副，其传动比分别为

$$u_{c1}=\frac{60}{30}=\frac{2}{1}=\frac{\varphi^2}{1}$$

$$u_{c2}=\frac{18}{72}=\frac{1}{4}=\frac{1}{\varphi^4}$$

在转速图上，Ⅲ轴上的每一级转速都有两条传动线与Ⅳ轴相连，分别为向右上方升两格和向右下方降四格。故Ⅳ轴的转速共为 3×2×2=12 级。

（3）结构式　设计分级变速主传动系统时，为了便于分析和比较不同传动设计方案，常使用结构式形式，如 $12=3_1\times2_3\times2_6$。其中，12 表示主轴的转速级数为 12 级，3、2、2 分别表示按传动顺序排列各变速组的传动副数，即该变速传动系统由 a、b、c 三个变速组组成，其中，a 变速组的传动副数为 3，b 变速组的传动副数为 2，c 变速组的传动副数为 2。结构式中的下标 1、3、6，分别表示各变速组的级比指数。

变速组的级比是指主动轴上同一点传往被动轴相邻两传动线的比值，用 $\varphi^{X}i$ 表示。级比 $\varphi^{X}i$ 中的指数 X_i，称为级比指数，它相当于由上述相邻两传动线与被动轴交点之间相距的格数。

设计时要使主轴转速为连续的等比数列，必须有一个变速组的级比指数为 1，此变速组称为基本组。基本组的级比指数用 X_0 表示，即 $X_0=1$，如本例中的 3_1 即为基本组。后面变速组因起变速扩大作用，所以统称为扩大组。第一扩大组的级比指数 X_1 一般等于基本组的传动副数 P_0，即 $X_1=P_0$。如本例中，基本组的传动副数 $P_0=3$，变速组 b 为第一扩大组，其级比指数为 $X_1=3$。经扩大后，Ⅲ轴得到 3×2=6 种转速。

第二扩大组的作用是将第一扩大组扩大的变速范围第二次扩大，其级比指数 X_2 等于基本组的传动副数和第一扩大组传动副数的乘积，即 $X_2=P_0\times P_1$。如本例中的变速组 c 为第二扩大组，级比指数 $X_2=P_0\times P_1=3\times2=6$，经扩大后使Ⅳ轴得到 3×2×2=12 种转速。如有更多的变速组，则依次类推。

图 2-25b 所示方案是传动顺序和扩大顺序相一致的情况，若将基本组和各扩大组采取不同的传动顺序，还有许多方案，例如，$12=3_2\times2_1\times2_6$、$12=2_3\times3_1\times2_6$ 等。

综上所述，可以看出结构式能简单、直观、清楚地显示出变速传动系统中主轴转速级数 Z、各变速组的传动顺序、传动副数 P_i 和各变速组的级比指数 X_i，其一般表达式为

$$Z=(P_a)X_a\times(P_b)X_b\times(P_c)X_c\times\cdots\times(P_i)X_i \tag{2-26}$$

2. 各变速组的变速范围及极限传动比

变速组中最大与最小传动比的比值，称为该变速组的变速范围，即

$$R_i = \frac{(u_{\max})_i}{(u_{\min})_i} (i = 0,1,2,\cdots, j) \tag{2-27}$$

在本例中，基本组的变速范围为

$$R_0 = \frac{u_{a1}}{u_{a3}} = \frac{1}{\varphi^{-2}} = \varphi^2 = \varphi^{X_0(P_0-1)}$$

第一扩大组的变速范围

$$R_1 = \frac{u_{b1}}{u_{b2}} = \frac{1}{\varphi^{-3}} = \varphi^3 = \varphi^{X_1(P_1-1)}$$

第二扩大组的变速范围

$$R_2 = \frac{u_{c1}}{u_{c2}} = \frac{\varphi^2}{\varphi^{-4}} = \varphi^6 = \varphi^{X_2(P_2-1)}$$

由此可见，变速组的变速范围一般可写为

$$R_i = \varphi^{X_i(P_i-1)} \tag{2-28}$$

式中，i=0，1，2，…，j，依次表示基本组、第一、第二、…、第 j 扩大组。

由式（2-28）可见，变速组的变速范围 R_i 值中 φ 的指数 $X_i(P_i-1)$，就是变速组中最大传动比的传动线与最小传动比的传动线所拉开的格数。

设计机床主变速传动系统时，为避免被动齿轮尺寸过大而增加箱体的径向尺寸，一般限制降速最小传动比 $u_{\min} \geqslant 1/4$；为避免扩大传动误差，减少振动噪声，一般限制直齿圆柱齿轮的最大升速比 $u_{\max} \leqslant 2$，斜齿圆柱齿轮传动较平稳，可取 $u_{\max} \leqslant 2.5$。因此，各变速组的变速范围相应受到限制，主传动各变速组的最大变速范围为 $R_{\max}=u_{\max}/u_{\min} \leqslant (2 \sim 2.5)/0.25=8 \sim 10$。

主轴的变速范围应等于主变速传动系统中各变速组变速范围的乘积，即

$$R_n = R_0 R_1 R_2 \cdots R_j \tag{2-29}$$

检查变速组的变速范围是否超过极限值时，只需检查最后一个扩大组，因为其他变速组的变速范围都比最后扩大组的小。

例如，$12=3_1 \times 2_3 \times 2_6$，$\varphi$=1.41，其最后扩大组的变速范围为

$$R_2=1.41^{6\times(2-1)} \approx 8$$

其值等于 $R_{\max}$ 值，符合要求，其他变速组的变速范围肯定也符合要求。

又如 $12=2_1 \times 2_2 \times 3_4$，$\varphi$=1.41，其最后扩大组的变速范围为

$$R_2=1.41^{4\times(3-1)}=1.41^8 \approx 16$$

其值超出 $R_{\max}$ 值，是不允许的。

从式（2-28）可知，为使最后扩大组的变速范围不超出允许值，最后扩大组的传动副

一般取 P_j=2 较合适。变速组的变速范围小于极限值原则也可简记为“不超限”原则。

3. 主变速传动系统设计的一般原则

（1）传动副前多后少原则　主变速传动系统从电动机到主轴，通常为降速传动，接近电动机的传动件转速较高，传递的转矩较小，尺寸小一些；反之，靠近主轴的传动件转速较低，传递的转矩较大，尺寸就较大。因此，在拟订主变速传动系统时，应尽可能将传动副较多的变速组安排在前面，传动副数少的变速组放在后面，即 $P_a>P_b>P_c>\cdots>P_j$，使主变速传动系统中更多的传动件在高速范围内工作，尺寸小一些，减小变速箱的外形尺寸。按此原则，12=3×2×2，12=2×3×2，12=2×2×3，三种不同传动方案中以前者为优。

（2）传动顺序与扩大顺序相一致的原则　当变速传动系统中各变速组顺序确定之后，还有多种不同的扩大顺序方案。例如，12=3×2×2 方案，有下列 6 种扩大顺序方案

$$12=3_1\times2_3\times2_6，12=3_2\times2_1\times2_6，12=3_4\times2_1\times2_2$$

$$12=3_1\times2_6\times2_3，12=3_2\times2_6\times2_1，12=3_4\times2_2\times2_1$$

从上述 6 种方案中，比较 $12=3_1\times2_3\times2_6$（见图 2-26a）和 $12=3_2\times2_1\times2_6$（见图 2-26b）两种扩大顺序方案。

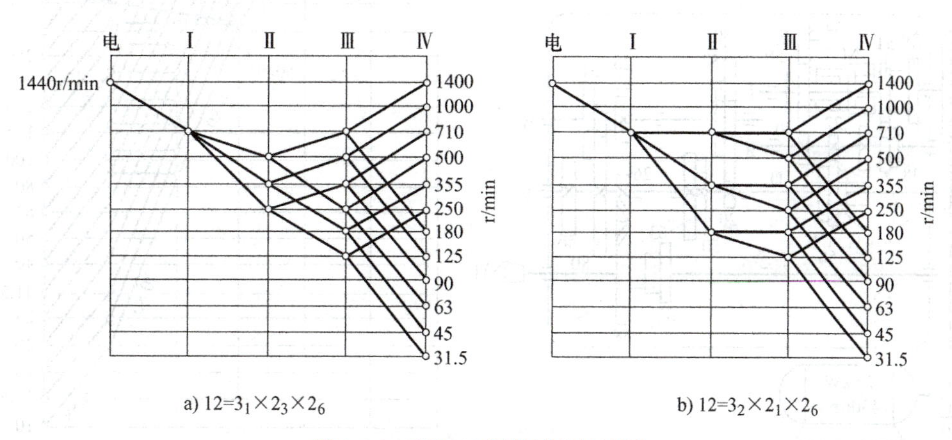

a) $12=3_1\times2_3\times2_6$　　b) $12=3_2\times2_1\times2_6$

图 2-26　两种 12 级转速的转速图

图 2-26a 所示的方案中，变速组的扩大顺序与传动顺序一致，即基本组在最前面，依次为第一扩大组，第二扩大组（即最后扩大组），各变速组变速范围逐渐扩大。图 2-26b 所示的方案则不同，第一扩大组在最前面，然后依次为基本组、第二扩大组。

将图 2-26a 与图 2-26b 所示的两方案相比较，后一种方案因第一扩大组在最前面，Ⅱ轴的转速范围比前一种方案大。如两种方案Ⅱ轴的最高转速一样，后一种方案Ⅱ轴的最低转速较低，在传递相等功率的情况下，承受的转矩较大，传动件的尺寸也就比前一种方案大。将图 2-26a 所示的方案与其他多种扩大顺序方案相比，可以得出同样的结论。

因此在设计主变速传动系统时，尽可能做到变速组的传动顺序与扩大顺序相一致。由图 2-26 可发现，当变速组的扩大顺序与传动顺序相一致时，前面变速组的传动线分布紧密，而后面变速组传动线分布较疏松，所以“变速组的扩大顺序与传动顺序相一致”原则可简称“前密后疏”原则。

（3）变速组的降速要前慢后快，中间轴的转速不宜超过电动机的转速　如前所述，从电动机到主轴之间的总趋势是降速传动，在分配各变速组传动比时，为使中间传动轴具有较高的转速，以减小传动件的尺寸，前面的变速组降速要慢些，后面变速组降速要快些，也就是 $u_{amin} \geqslant u_{bmin} \geqslant u_{cmin} \geqslant \cdots$。但是，中间轴的转速不应过高，以免产生振动、发热和噪声。通常，中间轴的最高转速不超过电动机的转速。

上述原则在设计主变速传动系统时一般应该遵循，但有时还需根据具体情况加以灵活运用。例如，在图 2-27 所示的卧式车床主变速传动系统图和转速图中，因为 I 轴上装有双向摩擦片式离合器，轴向尺寸较长，为使结构紧凑，第一变速组采用了双联齿轮，而不是按照前多后少的原则采用三个传动副。又如，当主传动采用双速电动机时，它成为第一扩大组，也不符合传动顺序与扩大顺序相一致的原则，但是，却使结构大为简化，减少变速组和传动件数目。

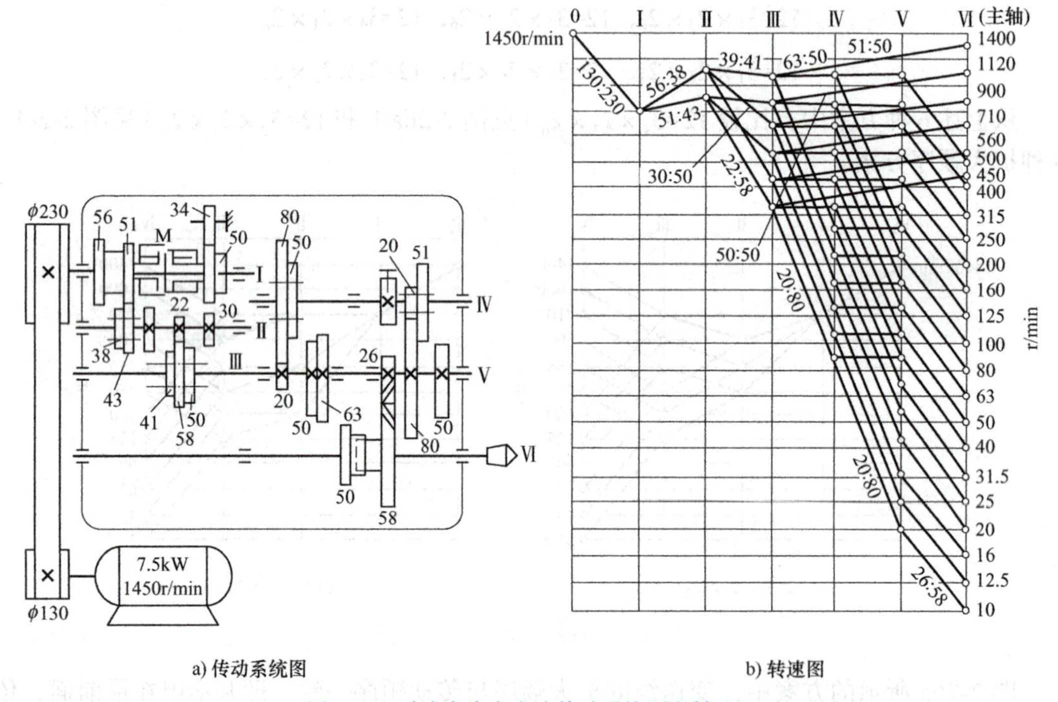

图 2-27　卧式车床主变速传动系统图和转速图

4. 主变速传动系统的几种特殊设计

前面介绍了主变速传动系统的常规设计方法。在实际应用中，还常常采用多速电动机传动、交换齿轮传动和公用齿轮传动等特殊设计。

（1）具有多速电动机的主变速传动系统　采用多速异步电动机和其他方式联合使用，可以简化机床的机械结构，使用方便，并可以在运转中变速，适用于半自动机床、自动机床及普通机床。机床上常用双速或三速电动机，其同步转速为（750/1500）r/min、（1500/3000）r/min、（750/1500/3000）r/min，电动机的变速范围为 2 ～ 4，级比为 2。也有采用同步转速为（1000/1500）r/min、（750/1000/1500）r/min 的双速和三速电动机，双速电动机的变速范围为 1.5，三速电动机的变速范围是 2，级比为 1.33 ～ 1.5。多速电动机总是在变速传动系统的最前面，作为电变速组。当电动机变速范围为 2 时，变速传动系统的公比 φ 应是 2 的整数次方根。例如，公比 φ =1.26，是 2 的 3 次方根，基本组的传动副数应为 3，把多速电动机当作第一扩大组。又如 φ =1.41，是 2 的 2 次方根，基本组的传动副数应为 2，把多速电动机同样当作第一扩大组。

图 2-28 所示为多刀半自动车床的主变速传动系统图和转速图。采用双速电动机，电动机变速范围为 2，转速级数共 8 级，公比 φ =1.41，其结构式为 $8=2_2\times2_1\times2_4$，电变速组作为第一扩大组，I—Ⅱ轴间的变速组为基本组，传动副数为 2，Ⅱ—Ⅲ轴间变速组为第二扩大组，传动副数为 2。

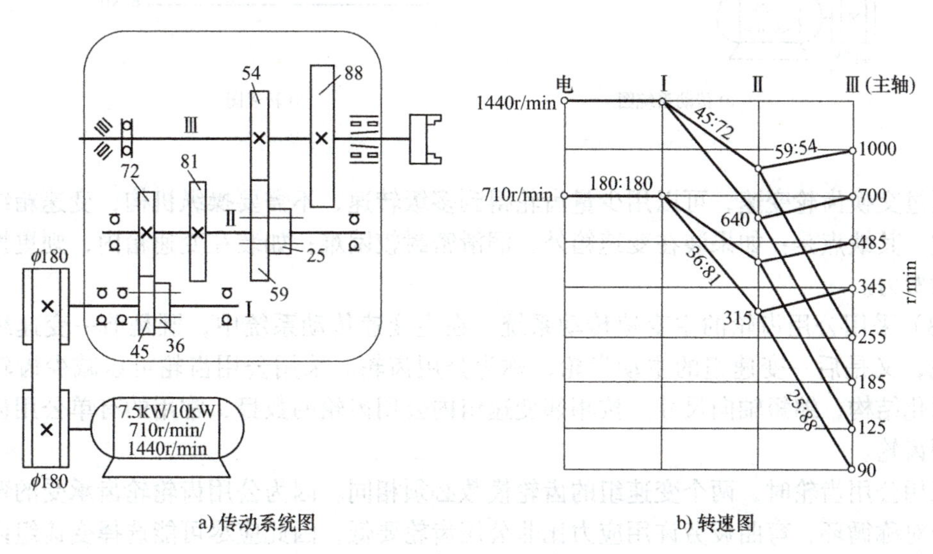

图 2-28 多刀半自动车床的主变速传动系统图和转速图

多速电动机的最大输出功率与转速有关，即电动机在低速和高速时输出的功率不同。在本例中，当电动机转速为 710r/min 时，即主轴转速为 90r/min、125r/min、345r/min、485r/min 时，最大输出功率为 7.5kW；当电动机转速为 1440r/min 时，即主轴转速为 185r/min、255r/min、700r/min、1000r/min 时，功率为 10kW。为使用方便，主轴在一切转速下，电动机功率都定为 7.5kW。所以，采用多速电动机的缺点之一就是当电动机在高速时，没有完全发挥其能力。

（2）具有交换齿轮的主变速传动系统 对于成批生产用的机床，如自动或半自动车床、专用机床、齿轮加工机床等，加工中一般不需要变速或仅在较小范围内变速。但换一批工件加工时，有可能需要变换成别的转速或在一定的转速范围内进行加工。为简化结构，常采用交换齿轮变速方式，或将交换齿轮与其他变速方式（如滑移齿轮、多速电动机等）组合应用。交换齿轮用于每批工件加工前的变速调整，其他变速方式则用于加工中变速。

为了减少交换齿轮的数量，相啮合的两齿轮可互换位置安装，即互为主、被动齿轮。反映在转速图上，交换齿轮的变速组应设计成对称分布的。如图 2-29a 所示，在Ⅰ—Ⅱ轴间采用交换齿轮，Ⅱ—Ⅲ轴间采用双联滑移齿轮。一对交换齿轮互换位置安装，在Ⅱ轴上可得到两级转速，在转速图（见图 2-29b）上是对称分布的。

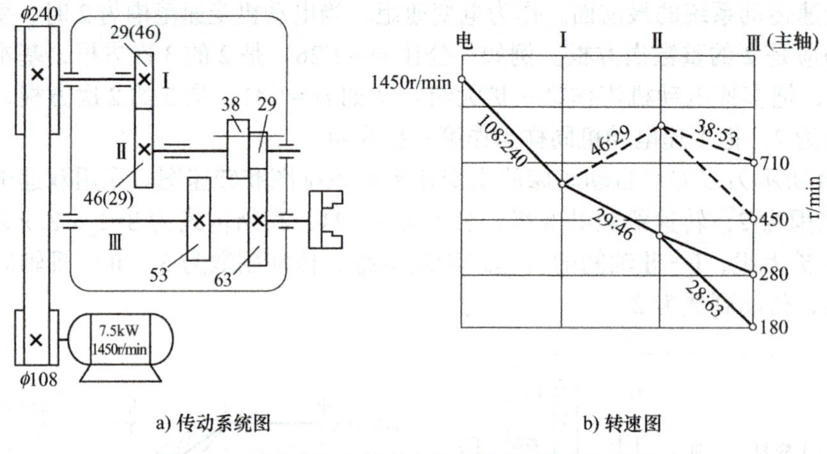

图 2-29　具有交换齿轮的主变速传动系统图和转速图

通过交换齿轮变速，可以用少量齿轮得到多级转速，不需要操纵机构，变速箱结构大大简化。其缺点是：如果装在变速箱外，润滑密封较困难；如装在变速箱内，则更换齿轮较费时费力。

（3）采用公用齿轮的主变速传动系统　在主变速传动系统中，既是前一变速组的被动齿轮，又是后一变速组的主动齿轮，称为公用齿轮。采用公用齿轮可以减少齿轮的数目，简化结构，缩短轴向尺寸。按相邻变速组内公用齿轮的数目，常用的有单公用齿轮和双公用齿轮。

采用公用齿轮时，两个变速组的齿轮模数必须相同。因为公用齿轮轮齿承受的弯曲应力属于对称循环，弯曲疲劳许用应力比非公用齿轮要低，因此应尽可能选择变速组内较大的齿轮作为公用齿轮。

5. 扩大主变速传动系统变速范围的方法

由式（2-28）可知，主变速传动系统最后一个扩大组的变速范围为

$$R_j = \varphi^{P_0 P_1 P_2 \cdots P_{j-1} P_j} \tag{2-30}$$

设主变速传动系统总变速级数为 Z，则

$$Z = P_0 P_1 P_2 \cdots P_{j-1} P_j \tag{2-31}$$

通常最后扩大组的变速级数 P_j=2，则最后扩大组的变速范围为 $R_j= \varphi^{Z/2}$ 。

由于极限传动比限制，$R_j \leqslant 8=1.41^6=1.26^9$，即当 φ =1.41 时，主变速传动系统的总变速级数≤12，最大可能达到的变速范围 R_n=$1.41^{11} \approx 45$；当 φ=1.26 时，总变速级数≤18，最大可能达到的变速范围 R_n=$1.26^{17} \approx 50$。

上述的变速范围常不能满足通用机床的要求，一些通用性较高的车床和镗床的变速范围一般为 140 ～ 200，甚至超过 200。可用下述方法来扩大变速范围：增加变速组、采用背轮机构、采用双公比传动系统、采用分支传动。

（1）增加变速组　在原有的变速传动系统内再增加一个变速组，是扩大变速范围最简便的方法。但受变速组极限传动比的限制，增加的变速组的级比指数不得不小于理论值，导致部分转速的重复。例如，公比 φ =1.41，结构式为 $12=3_1 \times 2_3 \times 2_6$ 的常规变速传

动系统，其最后扩大组的级比指数为 6，变速范围已达到极限值 8。如果再增加一个变速组作为最后扩大组，理论上结构式应为 $24=3_1\times2_3\times2_6\times2_{12}$，最后扩大组的变速范围为 $1.41^{12}\approx64$，大大超出极限值，是不允许的。因此，需将新增加的最后扩大组的变速范围限制在极限值内，其级比指数仍取 6，使其变速范围 $R_3=1.41^6\approx8$。这样做的结果是在最后两个变速组 $2_6\times2_6$ 中重复了一个转速，只能得到 3 级变速，传动系统的变速级数只有 $3\times2\times(2\times2-1)=18$ 级，重复了 6 级转速，如图 2-30 中 V 轴上的黑点所示，变速范围可达 $R_n=1.41^{18-1}\approx344$，结构式可写成 $18=3_1\times2_3\times(2_6\times2_6-1)$。

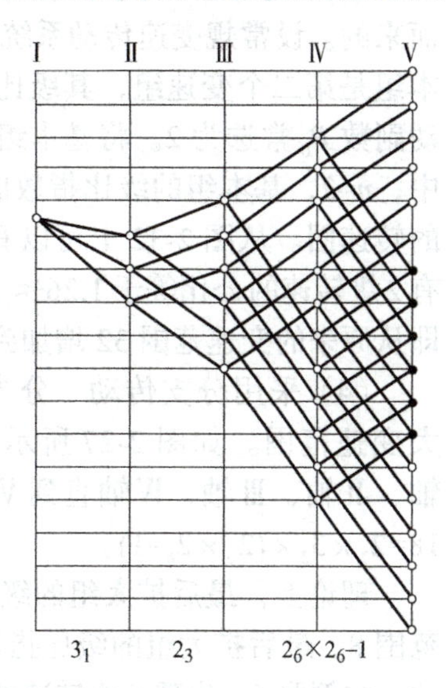

图 2-30　增加变速组以扩大变速范围

（2）采用背轮机构　背轮机构又称回曲机构，其传动原理如图 2-31 所示。主动轴 I 和被动轴 III 同轴线。当离合器 M 结合时，滑移齿轮 z_1 处于最右位置，齿轮 z_1 与齿轮 z_2 脱离啮合，运动由主动轴 I 直接传到被动轴 III，传动比为 $u_1=1$。当离合器 M 脱开时，滑移齿轮 z_1 处于最左位置时，齿轮 z_1 与齿轮 z_2 啮合，运动经背轮 z_1/z_2 和 z_3/z_4 降速传至 III 轴。如降速传动比取极限值 $u_{min}=1/4$，经背轮降速可得传动比 $u_2=1/16$。因此，背轮机构的极限变速范围 $R_{max}=u_1/u_2=16$，达到了扩大变速范围的目的。这类机构在机床上应用得较多。设计时应注意当高速直连传动时（图例为离合器 M 结合），应使背轮脱开，以减少空载功率损失、噪声和发热，同时避免超速现象。图 2-31 所示的背轮机构不符合上述要求，当离合器 M 结合后，轴 III 高速旋转，轴上的大齿轮 z_4 倒过来传动背轮轴，使其以更高的速度旋转。

（3）采用双公比传动系统　在通用机床的使用中，每级转速使用的机会不太相同。经常使用的转速一般是在转速范围的中段，转速范围的高、低段转速使用较少。双公比传动系统就是针对这一情况而设计的。主轴的转速数列有两个公比，转速范围中经常使用的中段转速数列采用小公比，不经常使用的高、低段转速数列采用大公比。图 2-32 所示为

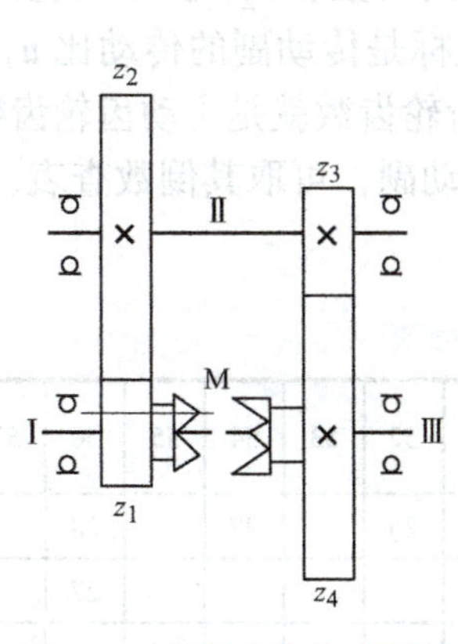

图 2-31　背轮机构传动原理

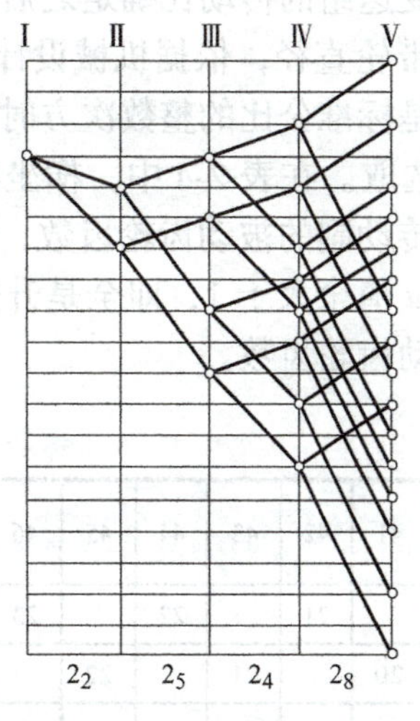

图 2-32　采用双公比的转速图

采用双公比的转速图，转速范围中段转速数列的公比为 φ_1=1.26，高、低段转速数列的公比为 $\varphi_2=\varphi_1^2$ =1.58。

双公比变速传动系统是在常规变速传动系统基础上，通过改变基本组的级比指数演变而来的。设常规变速传动系统 $16=2_2\times2_1\times2_4\times2_8$，$\varphi$=1.26，变速范围 $R_n=1.26^{16-1}\approx32$，基本组是第二个变速组，其级比指数 X_0=1；如要演变成双公比变速传动系统，基本组的传动副数 P_0 常选为 2。将基本组的级比指数 X_0=1 增大到 1+2n，n 是大于 1 的正整数。本例中，n=2，基本组的级比指数成为 5，结构式变成 $16=2_2\times2_5\times2_4\times2_8$，就成为图 2-32 所示的转速图。从图 2-32 上可以看到，主轴转速范围的高、低段各出现 n=2 个转速空档，各有 2 级转速的公比等于 $1.26^2\approx1.58$，比原来常规变速传动系统增加了 4 级转速的变速范围，即从原来的变速范围 32 增加到 $R_n=1.26^{20-1}\approx80$。

（4）采用分支传动　分支传动是在串联形式变速传动系统上，增加并联分支以扩大变速范围。如图 2-27 所示中的卧式车床主变速传动系统图和转速图。电动机经Ⅰ轴、Ⅱ轴、Ⅲ轴、Ⅳ轴直到Ⅴ轴，组成串联形式的变速传动系统，φ=1.26，其结构式为 $18=2_1\times3_2\times(2_6\times2_6-1)$。

理论上，最后扩大组的级比指数应是 12，变速范围为 16，超过了变速组的极限变速范围 8。最后扩大组的级比指数如果取 9，则正好达到极限变速范围。为了减小齿轮的尺寸，本例取 6，出现 6 级转速的重复，通过一对斜齿轮 26/58，使主轴Ⅵ得到 10 ～ 500r/min 共 18 级转速。在轴Ⅲ和主轴Ⅵ之间增加了一个升速传动副 63/50，构成高速分支传动，主轴得到 450 ～ 1400r/min 共 6 级高转速。上述分支传动系统的结构式可写为

$$24=2_1\times3_2\times[1+(2_6\times2_6-1)]$$

式中，“×”号表示串联；“+”号表示并联；“−”号表示转速重复。

本例主变速传动系统采用分支传动方式，变速范围扩大到 R_n=1400/10=140。采用分支传动方式除了能较大地扩大变速范围外，还具有缩短高速传动路线、提高传动效率、减少噪声的优点。

6. 确定齿轮齿数

当各变速组的传动比确定之后，进行齿轮齿数、带轮直径的确定。对于定比传动的齿轮齿数和带轮直径，依据机械设计手册推荐的计算方法确定。对于变速组内齿轮的齿数，如传动比是标准公比的整数次方时，变速组内每对齿轮的齿数和 S_Z，及小齿轮的齿数可从表 2-4 中选取。在表 2-4 中，横坐标是齿数和 S_Z，纵坐标是传动副的传动比 u，表 2-4 中所列值是传动副的被动齿轮齿数，齿数和 S_Z 减去被动齿轮齿数就是主动齿轮齿数。表 2-4 中所列的 u 值全大于 1，即全是升速传动。对于降速传动副，可取其倒数查表，查出的齿数则是主动齿轮齿数。

表 2-4　各种常用传动比的适用齿数

u \ S_Z	40	41	42	43	44	45	46	47	48	49	50	51	52	53	54	55	56	57	58	59
1.00	20		21		22		23		24		25		26		27		28		29	
1.06		20		21		22		23									27		28	
1.12	19							22		23		24		25		26		27		28

（续）

S_z \ u	40	41	42	43	44	45	46	47	48	49	50	51	52	53	54	55	56	57	58	59
1.19					20		21		22		23					25		26		27
1.25		19		19		20					22		23		24		25			26
1.33	17		18		19			20		21		22			23		24	25		
1.41		17					19		20			21		22		23			24	
1.50	16					18		19			20		21			22		23		
1.60		16			17				18	19			20		21			22		23
1.68	15			16								18			20		21			22
1.78			15					17			18			19			20		21	
1.88	14			15			16			17			18			19			20	
2.00			14			15			16			17			18			19		
2.11					14			15			16			17			18			19
2.24			13			14				15			16			17			18	
2.37					13			14				15			16			17		
2.51			12				13			14				15			16			
2.66					12				13			14				15			16	16
2.82																				
2.99									12				13				14			

S_z \ u	60	61	62	63	64	65	66	67	68	69	70	71	72	73	74	75	76	77	78	79
1.00	30		31		32		33		34		35		36		37		38		39	
1.06	29		30		31		32		33		34		35		36		37		38	
1.12			29		30		31		32		33		34		35		36	36	37	37
1.19		28		29	29		30		31		32		33		34	34	35	35		36
1.25		27		28		29	29		30		31		32		33	33		34		35
1.33		26		27		28			29		30		31			32		33		34
1.41	25			26		27		28	28		29		30	30		31		32		33
1.50	24					26		27	27		28		29	29		30		31	31	
1.60	23		24			25		26			27		28	28		29		30	30	
1.68			23		24			25		26	26		27	27		28		29	29	
1.78		22			23			24		25	25		26			27			28	
1.88	21	21		22	22		23	23		24			25			26			27	
2.00	20			21			22			23			24			25			26	
2.11			20			21	21		22	22		23	23		24	24			25	
2.24		19	19			20			21			22	22		23	23		24	24	
2.37		19			19			20	20				21			22			23	

（续）

u \ S_z	60	61	62	63	64	65	66	67	68	69	70	71	72	73	74	75	76	77	78	79
2.51	17			18			19	19			20	20		21	21			22	22	
2.66			17				18			19	19			20	20			21		
2.82		16				17			18	18			19	19			20	20		
2.99	15				16			17	17			18	18			19	19			20
3.16							16	16			17	17				18				19
3.35										16	16				17				18	18
3.55													16	16				17	17	
3.76												15	15				16	16		

u \ S_z	80	81	82	83	84	85	86	87	88	89	90	91	92	93	94	95	96	97	98	99	100
1.00	40		41		42		43		44		45		46		47		48	49	49	50	50
1.06	39		40	40	41	41	42	42	43	43	44	44	45	46	46	47	47		48		
1.12	38	38		39		40		41		42		43		43	44	45	45	46	46	47	47
1.19		37		38		39	39	40	40	41	41		42		43		44	44	45	45	45
1.25		36	36	37	37		38		39			40	41	41		42		43		44	44
1.33	34	35	35		36		37	37	38	38		39		40	40	41	41		42		43
1.41	33		34		35	35		36		37	37	38	38		39		40	40		41	
1.50	32		33	33		34		35	35		36		37	37	38	38		39	39	40	40
1.60	31		32	32		33	33		34		35	35		36		37	37		38	38	39
1.68	30	30		31		32	32		33	33		34		35	35		36	36		37	37
1.78	29	29		30	30		31			32		33	33		34	34		35	35		36
1.88	28	28		29	29		30	30		31	31		32	32		33	33		34	34	35
2.00		27			28		29	29		30	30		31	31		32		33	33		
2.11		26			27			28	28		29	29		30	30		31	31		32	32
2.24		25			26	26		27	27		28	28		29	29			30	30		31
2.37		24			25	25		26	26				27	27		28	28		29	29	
2.51	23	23			24	24		25	25			26	26		27	27			28	28	
2.66	22	22			23	23		24	24			25	25			26	26		27	27	
2.82	21	21			22			23	23			24	24			25	25			26	26
2.99	20			21	21			22	22			23	23			24	24			25	25
3.16	19			20	20			21	21			22	22			23	23			24	24
3.35			19	19			20	20	20			21	21			22	22			23	23
3.55		18	18	18			19	19			20	20	20			21	21			22	22
3.76	17	17				18	18				19	19				20	20			21	21
3.98	16	16			17	17	17			18	18	18			19	19	19			20	20

（续）

u \ S_z	80	81	82	83	84	85	86	87	88	89	90	91	92	93	94	95	96	97	98	99	100
4.22				16	16				17	17	17			18	18	18			19	19	19
4.47		15	15	15				16	16				17	17	17			18	18	18	18
4.73	14	14				15	15	15				16	16	16			17	17	17	16	

u \ S_z	101	102	103	104	105	106	107	108	109	110	111	112	113	114	115	116	117	118	110	120
1.00	51	51	52	52	53	53	54	54	55	55	56	56	57	57	58	58	59	59	60	60
1.06	49		50		51		52		53	53	54	54	55	55	56	56	57	57	58	58
1.12		48		49		50		51	51	52	52	53	53	54	54	55	55	56	56	57
1.19	46		47		28		49	49	50	50	51	51	52	52		53		54	54	55
1.25	45	45		46		47	47	48	48	49	49	50	50		51	51	52	52	53	53
1.33	43	44	44		45		46	46	47	47		48	48	49	49	50	50	51	51	52
1.41	42	42	43	43		44	44	45	45	46	46		47	47	48	48		49	49	50
1.50		41	41	42	42		43	43	44	44		45	45	46	46		47	47	48	48
1.60	39		40	40	41	41	41	42	42		43	43	44	44		45	45	46	46	46
1.68	38	38		39	39		40	40	41	41		42	42		43	43	44	44	44	45
1.78	36	37	37		38	38		39	39		40	40	41	41	41	42	42		43	43
1.88	35		36	36		37	37		38	38		39	39		40	40		41	41	42
2.00	34	34		35	35		36	36		37	37		38	38	38	39	39	39	40	40
2.11		33	33		34	34		35	35	35	36	36	36		37	37		38	38	
2.24	31		32	32		33	33	33	34	34	34		35	35		36	36		37	37
2.37	30	30		31	31		32	32	32		33	33		34	34		35	35	35	
2.51	29	29			30	30		31	31	31		32	32		33	33	33		34	34
2.66		28	28		29	29	29		30	30	30		31	31		32	32	32		33
2.82		27	27	27		28	28	28		29	29	29		30	30			31	31	
2.99			26	26	26		27	27			28	28			29	29			30	30
3.16	24		25	25	25		26	26	26			27	27			28	28			29
3.35	23			24	24			25	25	25		26	26	26			27	27		
3.55	22			23	23	23		24	24	24			25	25	25		26	26	26	
3.76	21			22	22	22		23	23	23			24	24	24			25	25	25
3.98	20		21	21	21	21		22	22	22	22		23	23	23	23		24	23	24
4.22			20	20	20	20		21	21	21	21		22	22	22	22			23	23
4.47			19	19				20	20	20	20		21	21	21	21			22	22
4.73		18	18	18				19	19	19			20	20	20	20			21	21

现举例说明表 2-4 的用法。图 2-27b 中的变速组 a 有三个传动副，其传动比分别为：u_{a1}=1、u_{a2}=1/1.41、u_{a3}=1/2。后两个传动比小于 1，取其倒数，即按 u=1、u=1.41 和 u=2 查表 2-4。在合适的齿数和 S_Z 范围内，查出存在上述三个传动比的 S_Z 分别有

u_{a1}=1　　S_Z=…，60，62，64，66，68，70，72，74，…

u_{a2}=1.41　S_Z=…，60，63，65，67，68，70，72，73，75，…

u_{a3}=2　　S_Z=…，60，63，66，69，72，75，…

如果变速组内所有齿轮的模数相同，并且是标准齿轮，则三对传动副的齿数和 S_Z，应该是相同的。符合上述条件的有 S_Z=60 或 72。如取 S_Z=72，从表 2-4 中可查出三个传动副的主动齿轮齿数分别为 36、30 和 24，则可算出三个传动副的齿轮齿数为 u_{a1}=36/36，u_{a2}=30/42，u_{a3}=24/48。

确定齿轮齿数时，选取合理的齿数和很关键。齿轮的中心距取决于传递的转矩。一般来说，主变速传动系统是降速传动系统，越后面的变速组传递的转矩越大，因此中心距也越大。为简化设计，变速传动系统内各变速组的齿轮模数最好相同，通常不超过 2 ～ 3 种模数。因此，越后面的变速组的齿数和选择较大值，有助于实现上述要求。

变速传动组齿数和的确定有时需经过多次反复，即初选齿数和，确定主、被动齿轮齿数，计算齿轮模数，如模数过大应增大齿数和，反之则减小齿数和。如齿轮模数设定得过小，齿轮经不起冲击，易磨损；如设定得过大，齿数和将较小，使变速组内的最小齿轮齿数小于 17，产生根切现象，最小齿轮也有可能无法套装到轴上。齿轮可套装在轴上的条件为齿轮的齿槽到孔壁或键槽底部的壁厚 $a \geqslant 2m$（m 为齿轮模数），以保证齿轮具有足够强度。齿数过小的齿轮传递平稳性也差。一般在主传动中，取最小齿轮齿数 $z_{min} \geqslant 18$。

采用三联滑移齿轮时，应检查滑移齿轮之间的齿数关系：三联滑移齿轮的最大齿轮和次大齿轮之间的齿数差应大于或等于 4，以保证滑移时齿轮外圆不相碰。

齿轮齿数确定后，还应验算实际传动比（齿轮齿数之比）与理论传动比（转速图上给定的传动比）之间的转速误差是否在允许范围之内。转速误差一般应满足

$$\frac{n'-n}{n} \leqslant \pm 10(\varphi - 1)\% \tag{2-32}$$

式中，n' 为主轴实际转速，单位为 r/min；n 为主轴的标准转速，单位为 r/min；φ 为公比。

如果在希望的齿数和范围内找不到变速组各传动副相同的齿数和，可选择齿数和不等但差数小于 1 ～ 3 的方案，然后采用齿轮变位的方法使各传动副的中心距相等。

7. 确定计算转速

（1）机床的功率转矩特性　由切削理论可知，在切削深度和进给量不变的情况下，切削速度对切削力的影响较小。因此，主运动是直线运动的机床，如刨床的工作台，在切削深度和进给量不变的情况下，不论切削速度多大，所承受的切削力基本是相同的，驱动直线运动工作台的传动件在所有转速下承受的转矩当然也基本是相同的，这类机床的主传动属恒转矩传动。

对于主运动是旋转运动的机床，如车床、铣床等，在切削深度和进给量不变的情况下，主轴在所有转速下承受的转矩与工件或铣刀的直径基本上成正比，但主轴的转速与工件或铣刀的直径基本上成反比。可见，主运动是旋转运动的机床，其主传动基本上是恒功率传动。

通用机床的工艺范围广，变速范围大，使用条件也复杂，主轴实际的转速和传递的功

率，也就是承受的转矩是经常变化的。例如，在通用车床主轴转速范围的低速段，常用来切削螺纹、铰孔或精车等，消耗的功率较小，计算时如按传递全部功率计算，将会使传动件的尺寸不必要地增大，造成浪费；在主轴转速的高速段，由于受电动机功率的限制，切削深度和进给量不能太大，传动件所受的转矩随转速的增大而减小。

主变速传动系统中各传动件究竟按多大的转矩进行计算，导出计算转速的概念。主轴或各传动件传递全部功率的最低转速为它们的计算转速 n_j。图 2-33 所示为主轴的功率转矩特性，主轴从最高转速到计算转速之间应传递全部功率，而其输出转矩随转速的降低而增大，称为恒功率区。从计算转速到最低转速之间，主轴不必传递全部功率，输出的转矩不再随转速的降低而增大，保持计算转速时的转矩不变，传递的功率则随转速的降低而降低，称为恒转矩区。

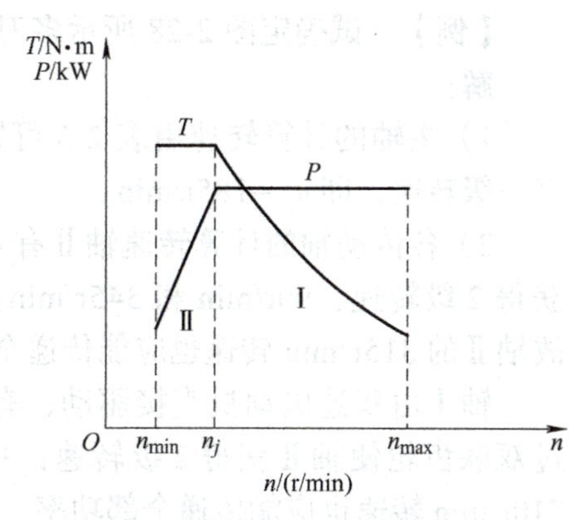

图 2-33　主轴的功率转矩特性

不同类型机床主轴计算转速的选取是不同的，对于大型机床，应用范围广，调速范围宽，计算转速可取得高些。对于精密机床和滚齿机，由于应用范围较窄，调速范围小，计算转速可取得低一些。各类机床的主轴计算转速见表 2-5。对于数控机床，调速范围比普通机床宽，计算转速可比表 2-5 中推荐的高些。

表 2-5　各类机床的主轴计算转速

机床类型		计算转速 n_j	
		等公比传动	混合公比或无级调速
中型通用机床和使用较广的半自动机床	车床、升降台式铣床、转塔车床、液压仿形半自动车床、多刀半自动车床、单轴自动车床、多轴自动车床、立式多轴半自动车床、卧式镗铣床（$\phi63 \sim \phi90$mm）	$n_j = n_{min}\phi^{\frac{z}{3}-1}$，$n_j$ 为主轴第一个（低的）1/3 转速范围内的最高一级转速	$n_j = n_{min}\left(\frac{n_{max}}{n_{min}}\right)^{0.3}$
	立式钻床、摇臂钻床、滚齿机	$n_j = n_{min}\phi^{\frac{z}{4}-1}$，$n_j$ 为主轴第一个（低的）1/4 转速范围内的最高一级转速	$n_j = n_{min}\left(\frac{n_{max}}{n_{min}}\right)^{0.25}$
大型机床	卧式车床（$\phi1250 \sim \phi4000$mm）、单柱立式车床（$\phi1400 \sim \phi3200$mm）、单柱可移动式立式车床（$\phi1400 \sim \phi1600$mm）、双柱立式车床（$\phi3000 \sim \phi12000$mm）、卧式镗铣床（$\phi110 \sim \phi160$mm）、落地式镗铣床（$\phi125 \sim \phi160$mm）	$n_j = n_{min}\phi^{\frac{z}{3}}$，$n_j$ 为主轴第二个 1/3 转速范围内的最低一级转速	$n_j = n_{min}\left(\frac{n_{max}}{n_{min}}\right)^{0.35}$
	落地式镗铣床（$\phi160 \sim \phi260$mm）、主轴箱可移动的落地式镗铣床（$\phi125 \sim \phi300$mm）	$n_j = n_{min}\phi^{\frac{z}{2.5}}$	$n_j = n_{min}\left(\frac{n_{max}}{n_{min}}\right)^{0.4}$
高精度和精密机床	坐标镗床、高精度车床	$n_j = n_{min}\phi^{\frac{z}{4}-1}$，$n_j$ 为主轴第一个（低的）1/4 转速范围内的最高一级转速	$n_j = n_{min}\left(\frac{n_{max}}{n_{min}}\right)^{0.25}$

（2）主变速传动系统中传动件计算转速的确定　主变速传动系统中的传动件包括轴和齿轮，它们的计算转速可根据主轴的计算转速和转速图确定。确定的顺序通常是先定出主轴的计算转速，再顺次由后往前，定出各传动轴的计算转速，然而再确定齿轮的计算转速。现举例加以说明。

【例】　试确定图 2-28 所示多刀半自动车床的主轴、各传动轴和齿轮的计算转速。

解：

1）主轴的计算转速由表 2-5 可知，主轴的计算转速是低速第一个 1/3 变速范围的最高一级转速，即 n_j =185r/min。

2）各传动轴的计算转速轴Ⅱ有 4 级转速，其最低转速 315r/min 通过双联齿轮使主轴获得 2 级转速：90r/min 和 345r/min。345r/min 比主轴的计算转速高，需传递全部功率，故轴Ⅱ的 315r/min 转速也应能传递全部功率，是计算转速。

轴Ⅰ由双速电动机直接驱动，有 2 级转速：710r/min 和 1440r/min。710r/min 转速通过双联齿轮使轴Ⅱ获得 2 级转速：315r/min 和 445r/min，均需传递全部功率，故轴Ⅰ的 710r/min 转速也应能传递全部功率，是计算转速。

3）各齿轮的计算转速。各变速组内一般只计算组内最小的，也是强度最弱的齿轮，故也只需确定最小齿轮的计算转速。

轴Ⅱ—Ⅲ间变速组的最小齿轮为 z=25，经该齿轮传动，使主轴获得 4 级转速：90r/min、125r/min、185r/min 和 255r/min。主轴的计算转速是 185r/min，故 z=25 齿轮在 640r/min 时应传递全部功率，是计算转速。

轴Ⅰ—Ⅱ间变速组的最小齿轮为 z=36，经该齿轮传动，使轴Ⅱ获得 2 级转速：315r/min 和 640r/min。轴Ⅱ的计算转速是 315r/min，故 z=36 齿轮在 710r/min 时应传递全部功率，是计算转速。

8. 变速箱内传动件的空间布置与计算

（1）变速箱内各传动轴的空间布置　变速箱内各传动轴的空间布置首先要满足机床总体布局对变速箱的形状和尺寸的限制，还要考虑各轴受力情况、装配调整和操纵维修的方便。其中，变速箱的形状和尺寸限制是影响传动轴空间布置最重要的因素。例如，铣床的变速箱就是立式床身，高度方向和轴向尺寸较大，变速系统各传动轴可布置在立式床身的竖直对称面上；摇臂钻床的变速箱在摇臂上移动，变速箱轴向尺寸要求较短，横截面尺寸可较大，布置时往往为了缩短轴向尺寸而增加轴的数目，即加大箱体的横截面尺寸；卧式车床的主轴箱安装在床身的上面，横截面呈矩形，高度尺寸只能略大于主轴中心高加主轴上大齿轮的半径，主轴箱的轴向尺寸取决于主轴长度，为提高主轴组件的刚度，一般较长，可设置多个中间墙。

图 2-34 所示为卧式车床主轴箱的横截面，为把主轴和数量较多的传动轴布置在尺寸有限的矩形截面内，又要便于装配、调整和维修，还要照顾到变速机构、润滑装置的设计。各轴布置顺序大致如下：首先确定主轴的位置，对车床来说，主轴位置主要根据车床的中心高确定；确定传动主轴的轴，以及与主轴有齿轮啮合关系的轴的位置；确定电动机轴或运动输入轴（轴Ⅰ）的位置；最后确定其他各传动轴的位置。各传动轴常按三角形布置，以缩小径向尺寸，如图 2-34 中的Ⅰ、Ⅱ、Ⅲ轴。为缩小径向尺寸，还可以使箱内某些

传动轴的轴线重合，如图 2-35 中的Ⅲ、Ⅴ两轴。

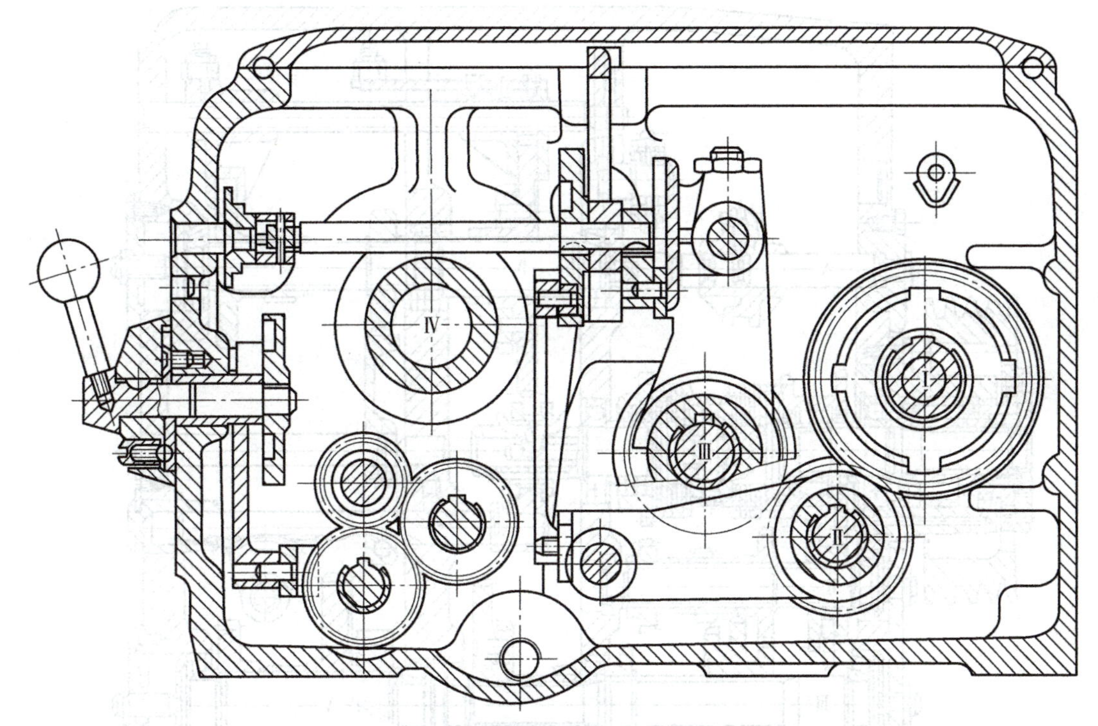

图 2-34　卧式车床主轴箱的横截面

图 2-36 所示为卧式铣床的主变速传动机构，利用铣床立式床身作为变速箱体。床身内部空间较大，所以各传动轴可以排在一个竖直平面内，不必过多考虑空间布置的紧凑性，以方便制造、装配、调整、维修，以及便于布置变速操纵机构。床身较长，为减少传动轴轴承间的跨距，可在中间加一个支承墙。这类机床传动轴布置也是先要确定出主轴在立式床身中的位置，然后就可按传动顺序由上而下地依次确定各传动轴的位置。

（2）变速箱内各传动轴的轴向固定　传动轴通过轴承在箱体内实现轴向固定的方法有一端固定和两端固定两种。采用单列深沟球轴承时，可以一端固定，也可以两端固定；采用圆锥滚子轴承时，则必须两端固定。一端固定的优点是轴受热后可以向另一端自由伸长，不会产生热应力，因此宜用于长轴。图 2-37 所示为传动轴一端固定的几种方式。图 2-37a 所示为用衬套和端盖将轴承固定，并一起装到箱壁上，其优点是可在箱壁上镗通孔，便于加工，但构造复杂，还需要在衬套上加工出内外凸肩。图 2-37b 所示的方式虽然不用衬套，但在箱体上要加工一个有台阶的孔，因而在成批生产中较少应用。图 2-37c 所示为用弹性挡圈代替台阶，结构简单，工艺性较好，图 2-36 所示的各传动轴均采用这种方式。图 2-37d 所示为两面都用弹性挡圈的结构，构造简单，安装方便，但在孔内挖槽时需用专门的工艺装备，所以这种结构适用于批量较大的机床。图 2-37e 所示的构造是在轴承的外圈上加工有沟槽，将弹性挡圈卡在箱壁与压盖之间，箱体孔内不用挖槽，结构更加简单，装配更方便，但需轴承厂专门供应这种轴承。一端固定时，轴的另一端的结构如图 2-37f 所示，轴承用弹性挡圈固定在轴端，外环在箱体孔内轴向不定位。

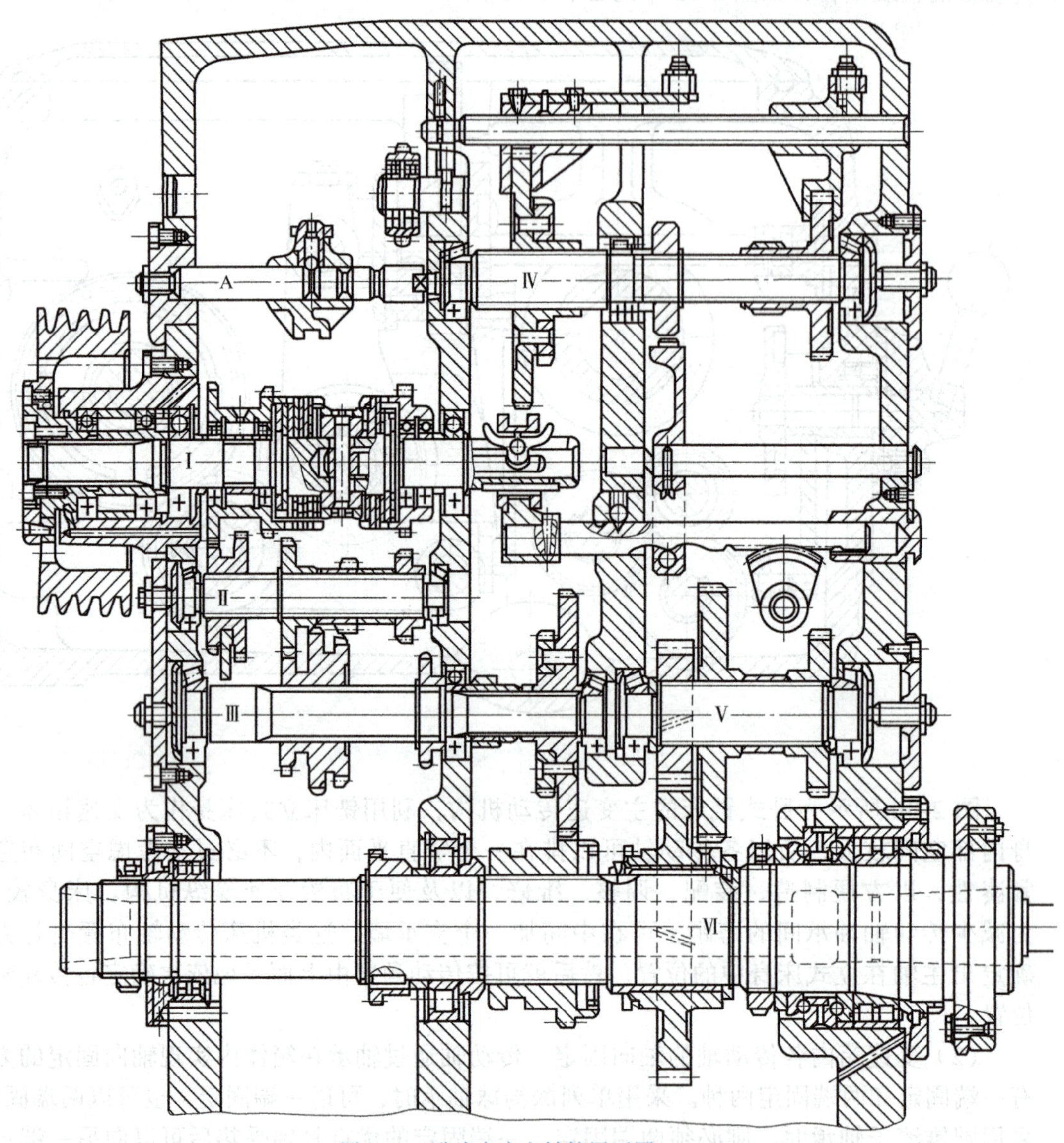

图 2-35　卧式车床主轴箱展开图

图 2-38 所示为传动轴两端固定的几种方式。图 2-38a 所示为通过调整螺钉 2、压盖 1 及锁紧螺母 3 来调整圆锥滚子轴承的间隙，调整比较方便。图 2-38b 所示为通过改变垫圈 4 的厚度来调整轴承的间隙，结构简单。

（3）传动轴的估算和验算　机床各传动轴在工作时必须具有足够的弯曲刚度和扭转刚度。轴在弯矩作用下，如产生过大的弯曲变形，则装在轴上的齿轮会因倾角过大而使齿面的压强分布不均，从而产生不均匀磨损和加大噪声；另外，轴的弯曲变形也会使滚动轴承内、外圈产生相对倾斜，影响轴承使用寿命。如果轴的扭转刚度不够，则会引起传动轴的扭振。所以，在设计开始时，要先按扭转刚度估算传动轴的直径，待结构确定之后，定出轴的跨距，再按弯曲刚度进行验算。

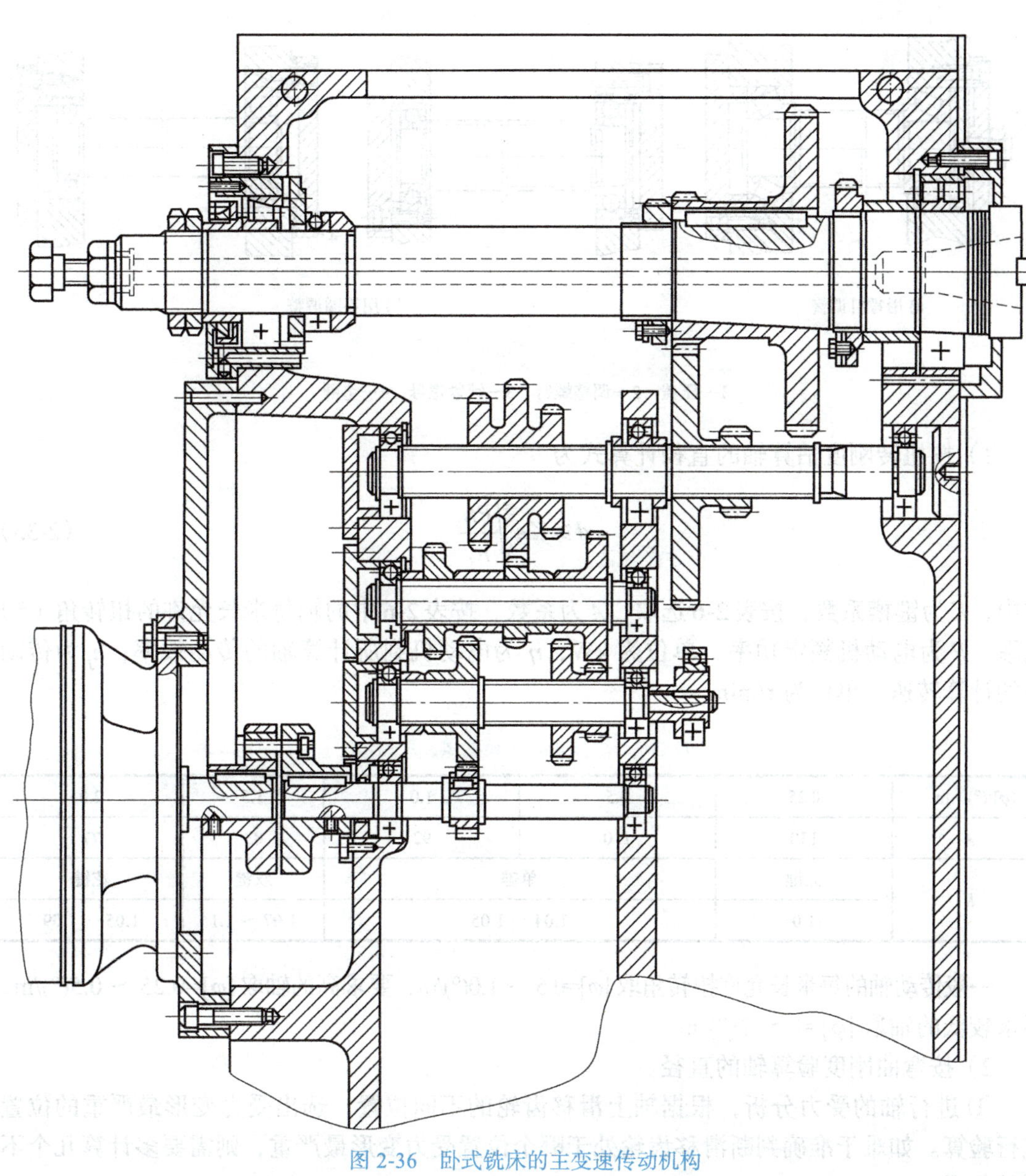

图 2-36　卧式铣床的主变速传动机构

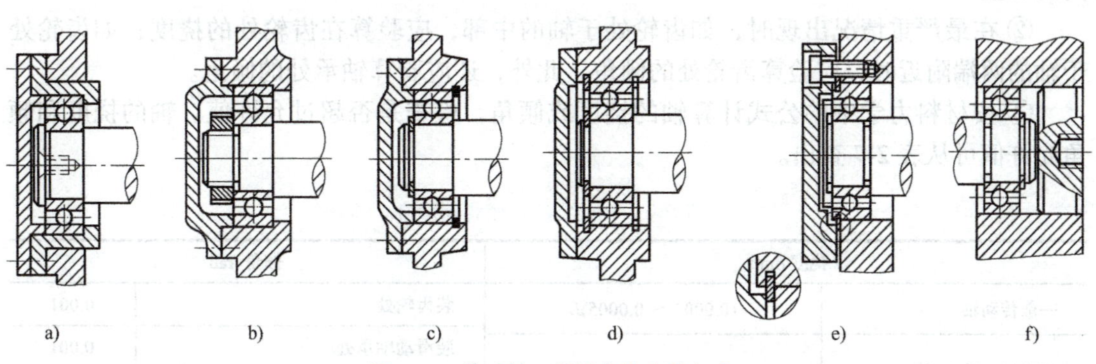

图 2-37　传动轴一端固定的几种方式

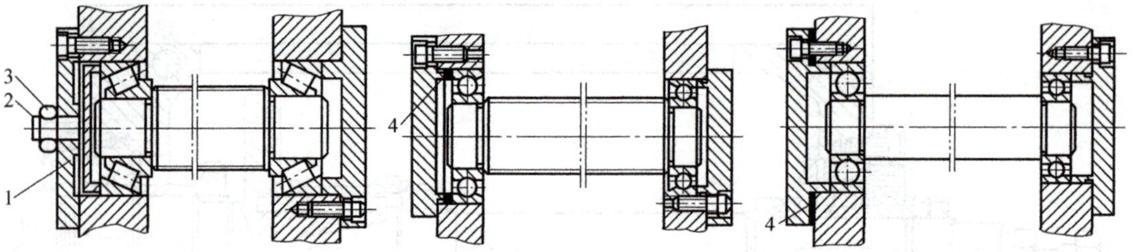

a) 用螺钉调整　　b) 用垫圈调整

图 2-38　传动轴两端固定的几种方式

1—压盖　2—调整螺钉　3—锁紧螺母　4—垫圈

1）按扭转刚度估算轴的直径计算式为

$$d \geqslant KA\sqrt[4]{\frac{P\eta}{n_j}} \tag{2-33}$$

式中，K为键槽系数，按表2-6选取；A为系数，按表2-6中的轴每米长允许的扭转角（°）选取；P为电动机额定功率，单位为kW；η为电动机到所计算轴的传动效率；n_j为传动轴的计算转速，单位为r/min。

表 2-6　估算轴径时系数 A、K 的值

$[\varphi]/(°)\cdot m^{-1}$	0.25	0.5	1.0	1.5	2.0
A	130	110	92	83	77
K	无键	单键		双键	花键
	1.0	1.04 ～ 1.05		1.07 ～ 1.1	1.05 ～ 1.09

一般传动轴的每米长允许扭转角取$[\varphi]$=0.5 ～ 1.0(°)/m，要求高的轴取$[\varphi]$=0.25 ～ 0.5(°)/m，要求较低的轴取$[\varphi]$=1 ～ 2(°)/m。

2）按弯曲刚度验算轴的直径。

① 进行轴的受力分析，根据轴上滑移齿轮的不同位置，选出受力变形最严重的位置进行验算。如难于准确判断滑移齿轮处于哪个位置受力变形最严重，则需要多计算几个不同的位置。

② 在最严重情况出现时，如齿轮处于轴的中部，应验算在齿轮处的挠度；如齿轮处于轴的两端附近时，应验算齿轮处的倾角。此外，还应验算轴承处的倾角。

③ 按材料力学中的公式计算轴的挠度或倾角，检查是否超过允许值。轴的挠度和倾角允许值可从表2-7查出。

表 2-7　轴的挠度和倾角允许值

挠度 /mm		倾角 /rad	
一般传动轴	(0.0003 ～ 0.0005)L	装齿轮处	0.001
刚度要求较高的轴	0.0002L	装滑动轴承处	0.001
		装深沟球轴承处	0.0025

（续）

挠度 /mm		倾角 /rad	
安装齿轮的轴	$(0.01 \sim 0.03)m$	装深沟球面球轴承处	0.005
安装蜗轮的轴	$(0.02 \sim 0.05)m$	装圆柱滚子轴承处	0.001
		装圆锥滚子轴承处	0.0006

注：L 为轴的跨距；m 为齿轮或蜗轮的模数。

为简化计算，可用轴的中点挠度代替轴的最大挠度，误差小于3%；轴的挠度最大时，轴承处的倾角也最大。倾角的大小直接影响传动件的接触情况，所以也可只验算倾角。由于支承处的倾角最大，当它的倾角小于齿轮倾角的允许值时，齿轮的倾角不必计算。

2.3.4　机电结合的无级变速主传动系统设计

机电结合的主传动系统变速部分主要采用电动机变速，传动部分采用机械方式。这种主传动系统的传动设计和结构设计要比机械传动的主传动系统简单，在数控机床中用得比较多。

1. 机电结合主传动系统的变速及传动方式

1）变速方式。机电结合的主传动系统变速部分采用无级变速电动机变速。主电动机采用伺服电动机或变频电动机。为了扩大传递的转矩、减小主电动机功率，有时采用电动机变速和少量的机械变速相结合的变速方式。变速电动机有交流伺服电动机和直流伺服电动机。无级变速电动机的调速范围很大，可以从最小转速（理论上可以很小，一般稳定的最小转速为 1 ～ 2r/min 或小于 1r/min）到最高转速实现无级变速。

2）计算转速。无级变速电动机在额定转速（即基本转速）以上为恒功率变速，额定转速以下为恒转矩变速，其额定转速相当于计算转速。也有的变频主电动机转速全部为恒转矩段，无恒功率段，这种无级变速主电动机的转矩较小。

3）传动方式。主电动机与主轴箱之间一般通过定比的带传动，也可通过定比的齿轮传动或用联轴器直接传动。

2. 机电结合的无级变速主运动系统的结构设计

机电结合的无级变速主传动系统的主轴箱有完全主电动机变速主轴箱和主电动机变速与机械变速相结合的主轴箱两种形式。

（1）完全主电动机变速主轴箱

1）主轴箱组成。机电传动的主运动系统变速部分全部由主电动机变速，因此可以将主轴做成独立的机械主轴部件，这种形式的主轴箱由主轴部件和箱体组成。

2）机械主轴部件。图 2-39 所示为一种车床用的机械主轴部件，图 2-40 所示为一种加工中心用的机械主轴部件。独立的机械主轴部件属于机床的功能部件，由主轴组件（主轴和主轴支承，若为加工中心主轴还包括松拉刀机构）、安装在主轴上的传动件（如带轮）和安装主轴组件的壳体组成。独立机械主轴部件的壳体与主轴箱箱体连接部分设计成法兰式，主轴部件与箱体装配非常方便。主电动机与主轴部件通过带传动传递运动。

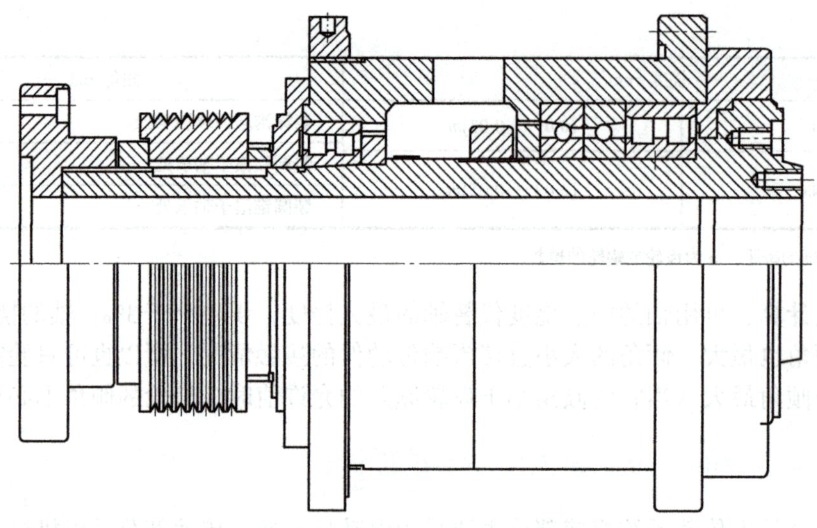

图 2-39　一种车床用的机械主轴部件

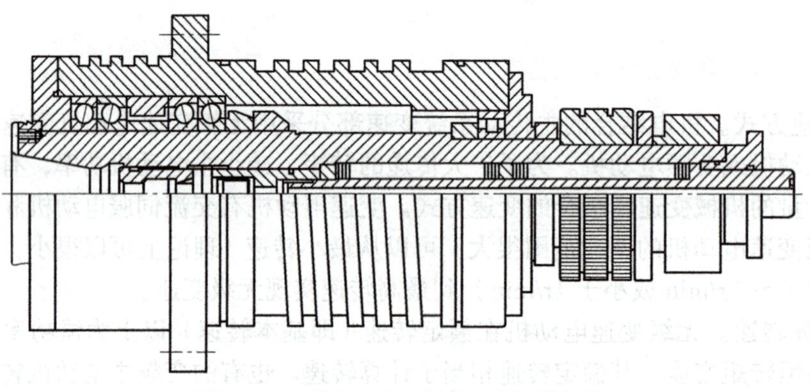

图 2-40　一种加工中心用的机械主轴部件

（2）主电动机变速与机械变速相结合的主轴箱　如图 2-41 所示，它是主电动机变速和机械变速相结合的主轴箱，变速部分主要由主电动机变速，但增加了 2 级滑移齿轮变速的机械变速，以扩大主传动的转矩。主电动机固定在主轴箱箱体上，通过锥形摩擦离合器 2 传递运动。

2.3.5　零传动的主运动传动系统设计

提高主传动系统中主轴转速是提高切削速度最直接、最有效的方法，要达到高的主轴转速，要求主轴系统的结构必须简化，减小惯性，且主轴旋转精度要高，动态响应要好，振动和噪声要小。将电动机与主轴集成为一体，制成内装式电主轴（简称电主轴），实现无任何中间环节的直接驱动，称为主运动的零传动。电主轴主要用于高速、超高速和精密数控机床的主传动。

零传动的主运动系统完全采用无级变速电动机变速方式，电动机常采用交流伺服电动机或变频电动机，调速范围很大。

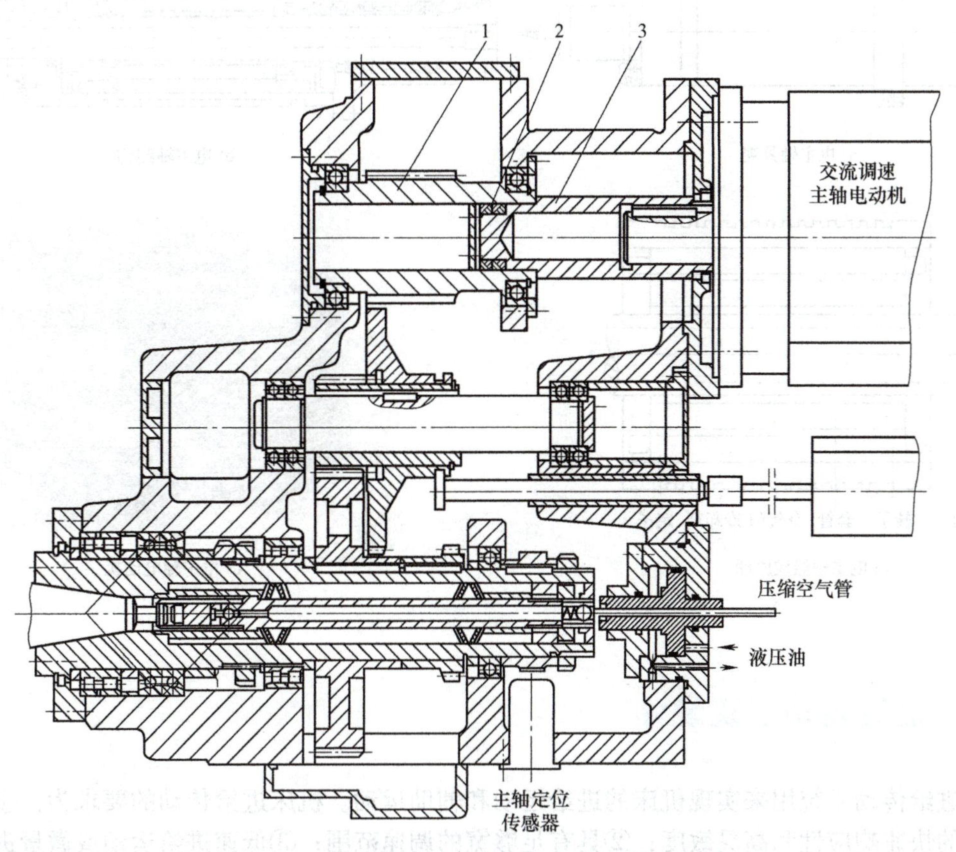

图 2-41　有 2 级机械变速的机电传动主轴箱展开图

1—齿轮　2—锥形摩擦离合器　3—轴

零传动主运动系统的主电动机在额定转速以上为恒功率变速，在额定转速以下为恒转矩变速，主电动机的额定转速相当于计算转速。

电主轴一般由主电动机（转子、定子）、主轴组件（主轴和主轴支承，若为加工中心，主轴还包括松拉刀机构）及安装主轴组件的壳体组成，组装成电主轴部件，如图 2-42 所示。图 2-42a 所示为电主轴外观，从外观上看与机械主轴相似。图 2-42b 所示为电主轴结构。图 2-42c 所示为电主轴组成原理，电主轴主电动机的转子通过加热压装在空心主轴外面，收缩后套接在主轴上直接传递转矩，定子插入壳体与壳体固定连接，壳体内通过循环液体（水或油）冷却。转子有带套管和不带套管两种类型，内部带套管的转子便于安装和拆卸（喷入高压油拆卸，不会损坏连接表面），且转子已经进行了预先平衡；不带套管的转子不可拆卸，也未进行预先平衡。图 2-42d 所示为电主轴电动机，包括定子和转子。

为了电主轴部件与箱体装配方便，将电主轴部件的壳体与主轴箱箱体连接部分设计成法兰式。

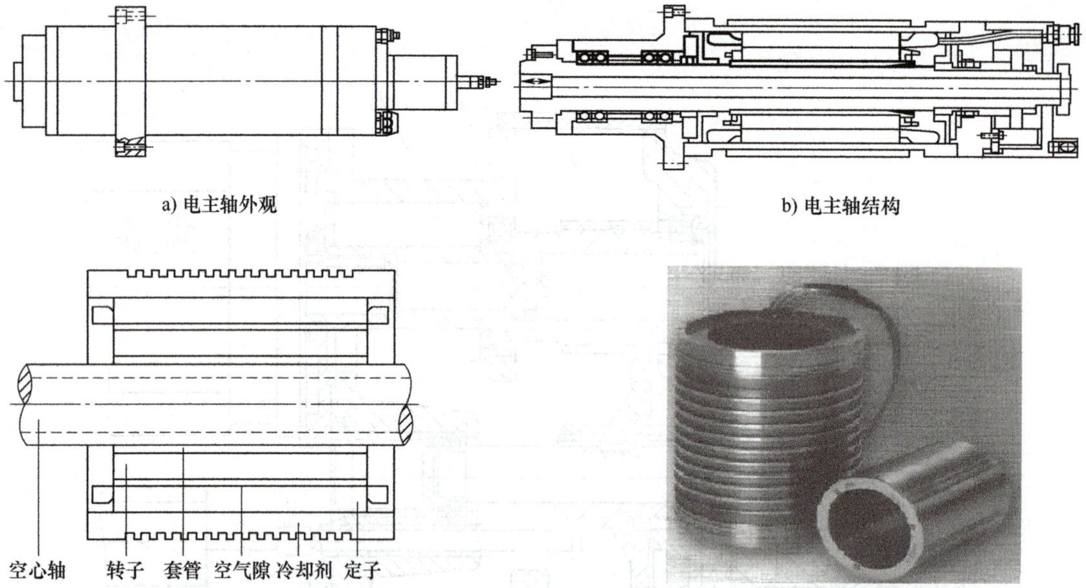

a) 电主轴外观

b) 电主轴结构

空心轴 转子 套管 空气隙 冷却剂 定子

c) 电主轴组成原理

d) 电主轴电动机

图 2-42 电主轴

2.4 进给传动系统设计

进给传动系统用来实现机床的进给运动和辅助运动。机床进给传动的要求为：①具有良好的快速响应性和高灵敏度；②具有足够宽的调速范围；③低速进给运动或微量进给时不爬行，运动平稳；④进给系统的传动精度和定位精度要高。进给传动与主传动不同，进给传动不是恒功率传动，而是恒转矩传动。

2.4.1 进给传动系统分类

按照传动方式进给传动系统可分为机械进给传动、机电结合的伺服进给传动和直接进给传动三种形式。三种形式的变速方式和结构有很大的差别。

1. 机械进给传动

变速部分和传动部分均采用机械方式。进给系统可以由单独电动机驱动，也可与主传动系统合用一个电动机。这种形式多用于传统的普通机床进给传动系统，在新产品设计中已经很少使用。

2. 伺服进给传动

进给变速采用伺服电动机或步进电动机，传动部分采用机械方式。通过定比传动将进给运动传给执行件。这种传动系统是目前各类数控机床中最普遍的传动方式。

3. 直接进给传动

采用直线电动机直接驱动，也称为零传动进给传动系统。这种传动系统在高速、精密数控机床中用得较多。

2.4.2 机械进给传动系统设计

1. 机械进给传动系统结构组成

机械进给传动系统一般由动力源、变速机构、换向机构、运动分配机构、过载保护机构、运动转换机构和执行件等组成。

（1）动力源　进给传动可以采用单独的电动机作为动力源，便于缩短传动链，实现几个方向的进给运动；也可以与主传动共用一个动力源，便于保证主传动和进给运动之间的严格传动比关系，适用于有内联传动链的机床。

（2）变速机构　进给传动系统的变速机构用来改变进给量的大小。常用的机械进给变速机构有交换齿轮变速、滑移齿轮变速、齿轮离合器变速等。设计时，若几个进给运动共用一个变速机构，应将变速机构放置在运动分配机构前面。

（3）换向机构　换向机构有两种：一种是进给电动机换向，换向方便，但换向不能太频繁；另一种是机械换向，这种方式换向可靠。

（4）运动分配机构　运动分配机构用来转换传动路线，常采用离合器。

（5）过载保护机构　过载保护机构的作用是在过载时自动断开进给运动，过载排除后自动接通。常用的有牙嵌离合器、片式安全离合器、脱落蜗杆等。

（6）运动转换机构　运动转换机构用来变换运动的类型（回转运动变直线运动），如齿轮齿条、蜗杆蜗轮、丝杠螺母等。丝杠可以采用梯形丝杠或滚珠丝杠和螺母机构。

（7）执行件　如移动工作台和回转工作台。

2. 机械进给传动系统的参数确定

进给量一般为等比级数，其确定方法与主轴转速的确定方法相同，根据工艺要求，确定最小进给量 f_{min}、最大进给量 f_{max}，然后选择标准公比 φ_f 或进给量级数 Z_f。但是，各种螺纹加工机床如螺纹车床等，因为被加工螺纹的导程是分段等差级数，故其进给量按等差级数排列。利用棘轮机构实现进给的机床，如刨床、插床等，每次进给是拨动棘轮上整数个齿，其进给量也是按等差级数排列的。

3. 进给传动系统变速

进给传动系统与主传动系统的变速方式一样分为有级变速和无级变速。

4. 机械有级变速进给传动系统的特点

（1）恒转矩传动　在切削加工中，当进给量较大时，一般采用较小的切削深度；当切削深度较大时，采用较小的进给量。所以，在各种不同进给量的情况下切削力大致相同，又因为进给力是切削力在进给方向的分力，故也大致相同。进给传动与主传动不同，不是恒功率传动，而是恒转矩传动。

（2）计算转速　因为进给系统是恒转矩传动，在各种进给速度下，末端输出轴上受的转矩是相同的，计算转速是其最高转速。

（3）变速组

1）转速图前疏后密。传动件至末端输出轴的传动比越大，传动件承受的转矩越大，进给传动系统转速图的设计刚好与主传动系统相反，是前疏后密的，即采用扩大顺序与传动顺序不一致的结构式，如 $Z=16=2_8\times2_4\times2_2\times2_1$。这样可以使进给系统内更多的传动件至末端输出轴的传动比较小，承受的转矩也较小，从而减小各中间轴和传动件的尺寸。

2）变速范围大。进给传动系统速度低、受力小、消耗功率小、齿轮模数较小，因此，进给传动系统变速组的变速范围可取比主变速组较大的值，即 $1/5\leqslant u_{进}\leqslant14/5$，变速范围 $R_n\leqslant14$。为缩短进给传动链，减小进给箱的受力，提高进给传动的稳定性，进给系统的末端常采用降速很大的传动机构，如蜗杆蜗轮、丝杠螺母、行星机构等。

2.4.3 伺服进给传动系统设计

1. 伺服进给传动系统

伺服进给运动系统变速部分采用进给电动机变速，传动部分采用机械方式，因此伺服进给运动系统的传动设计要比机械进给传动系统简单。

（1）进给运动系统变速部分　由进给伺服电动机或步进电动机变速。每个运动轴都有独立的电动机驱动，省去了换向机构和运动分配机构。伺服进给运动系统的电动机有步进电动机、直流伺服电动机、交流伺服电动机等。

步进电动机又称脉冲电动机，可以在很宽的范围内调节转速，可以控制电动机的正转或反转。步进电动机的优点是没有累积误差，结构简单，使用、维修方便，制造成本低；缺点是效率较低，发热量大，有时会“失步”，高速段不是恒转矩传动。步进电动机适用于中、小型机床和速度精度要求不高的场合。

机床上常用的直流伺服电动机主要有小惯量直流电动机和大惯量直流电动机。小惯量直流电动机的优点是转子直径较小，轴向尺寸大，长径比约为 5，故转动惯量小，仅为普通直流电动机的 1/10 左右，因此响应时间快；缺点是额定转矩较小，一般必须与齿轮降速装置相配合。常用于高速轻载的小型数控机床中。大惯量直流电动机，又称宽调速直流电动机，有电励磁和永久磁铁励磁两种类型。电励磁直流电动机的特点是励磁量便于调整，成本低。永久磁铁励磁直流电动机能在较大过载转矩下长期工作，并能直接与丝杠相连而不需要中间传动装置，还可以在低速下平稳地运转，输出转矩大。

交流伺服电动机没有电刷和换向器，可靠性好、结构简单、体积小、重量轻、动态响应好。在同样的体积下，交流伺服电动机的输出功率可比直流电动机提高 10% ～ 70%。交流伺服电动机与同容量的直流电动机相比，重量轻、效率高、调速范围广、响应频率高。

（2）进给运动系统传动部分　进给运动系统传动有定比传动（齿轮传动、带传动、蜗杆传动、丝杠螺母传动）和直接传动（联轴器传动、离合器传动）两种类型。

2. 伺服进给传动的机械结构设计

在伺服进给系统中，运动部件的移动靠脉冲信号来控制，要求运动部件动作灵敏、低惯量、定位精度好、阻尼比适宜，以及传动机构不能有反向间隙。

（1）最佳降速比的确定　传动副的最佳降速比应按最大加速能力和最小惯量的要求确定，以降低机械传动部件的惯量，并使其负载与进给电动机匹配。

1）对于开环系统，传动副的设计主要是由机床所要求的脉冲当量与所选用的步进电

动机的步距角决定的，降速比为

$$u=\frac{\alpha L}{360Q} \tag{2-34}$$

式中，α 为步进电动机的步距角，单位为（°）/ 脉冲；L 为滚珠丝杠的导程，单位为 mm；Q 为脉冲当量，单位为 mm/ 脉冲。

2）对于闭环系统，传动副的设计主要由驱动电动机的最高转速或转矩与机床要求的最大进给速度或负载转矩决定，降速比为

$$u=\frac{n_{\mathrm{dmax}}L}{v_{\max}} \tag{2-35}$$

式中，n_{dmax} 为驱动电动机的最高转速，单位为 r/min；L 为滚珠丝杠导程，单位为 mm；$v_{\max}$ 为工作台最大移动速度，单位为 mm/min。

设计中小型数控车床时，通过选用最佳降速比来降低惯量，应尽可能使传动副的传动比 u=1，这样可选用驱动电动机直接与丝杠相连接的方式。

（2）传动间隙消除机构　为保证数控机床传动精度和定位精度，尤其是换向精度，要有传动间隙消除机构，如齿轮传动间隙消除机构和丝杠螺母传动间隙消除机构等。

1）齿轮传动间隙的消除。传动副为齿轮传动时，要消除其传动间隙。齿轮传动间隙的消除有刚性调整法和柔性调整法两种。

刚性调整法是调整后的齿侧间隙不能自动进行补偿，如偏心轴套调整法、变齿厚调整法、斜齿轮轴向垫片调整法等。其特点是结构简单，传动刚度较高，但要求严格控制齿轮的齿厚及齿距公差，否则将影响运动的灵活性。

柔性调整法是指调整后的齿侧间隙可以自动进行补偿，结构比较复杂，传动刚度低些，会影响传动的平稳性。主要有双片直齿轮错齿调整法、薄片斜齿轮轴向压簧调整法、双齿轮弹簧调整法等。图 2-43 所示为双片直齿轮错齿间隙消除机构。两薄片齿轮 1、2 套装在一起，同另一个宽齿轮 5 相啮合。齿轮 1、2 端面分别装有凸耳 3、4，并用拉伸弹簧 6 连接，弹簧力使两齿轮 1、2 产生相对转动，即错齿，使两片齿轮的左右齿面分别贴紧在宽齿轮齿槽的左右齿面上，消除齿侧间隙。

2）滚珠丝杠螺母副间隙消除和预紧。滚珠丝杠在轴向载荷作用下，滚珠和螺纹滚道接触区会产生接触变形，接触刚度与接触表面预紧力成正比。如果滚珠丝杠副间存在间隙，接触刚度较小，但是当滚珠丝杠反向旋转时，螺母不会立即反向，存在死区，影响丝杠的传动精度。因此，同齿轮的传动副一样，必须对滚珠丝杠副消除间隙，并施加预紧力，以保证丝杠、滚珠和螺母之间没有间隙，提高滚珠丝杠螺母副的接触刚度。

滚珠丝杠螺母副通常采用双螺母结构，如图 2-44 所示。通过调整两个螺母之间的轴向位置，两螺母的滚珠在承受工作载荷时分别与丝杠的两个不同侧面接触，产生一定的预紧力，以达到提高轴向刚度的目的。

调整预紧有多种方式，图 2-44a 所示为垫片调整式，通过改变垫片的厚度来改变两个螺母之间的轴向距离，实现轴向间隙的消除和预紧。这种方式的优点是结构简单、刚度高、可靠性好；缺点是精确调整较困难，当滚道和滚珠有磨损时不能随时调整。图 2-44b 所示为齿差调整式，左、右螺母法兰外圆上制有外齿轮，齿数常相差 1，这两个外齿轮又

与固定在螺母两侧的两个齿数相同的内齿圈相啮合。调整方法是两个螺母相对其啮合的内齿圈同向都转过一个齿，则两螺母的相对轴向位移s_0为

$$s_0=\frac{L}{z_1z_2} \tag{2-36}$$

式中，L为丝杠导程，单位为mm；z_1、z_2为两齿轮的齿数。

如z_1、z_2分别为99、100，L=10mm，则$s_0\approx0.001$mm。

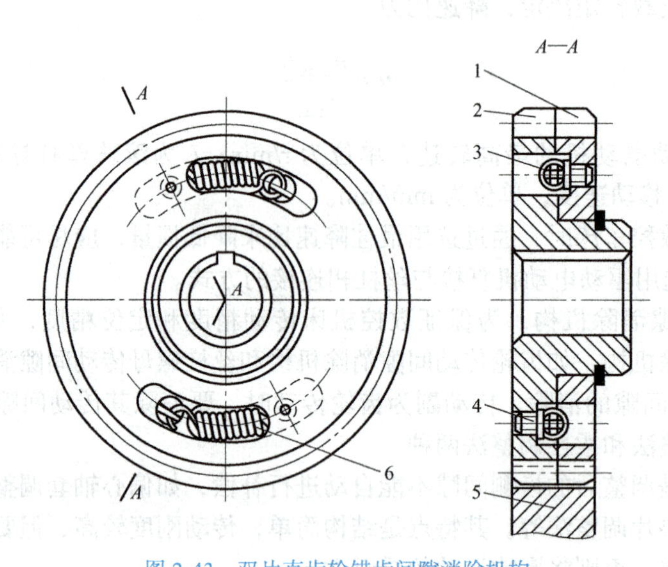

图2-43　双片直齿轮错齿间隙消除机构

1、2、5—齿轮　3、4—凸耳　6—拉伸弹簧

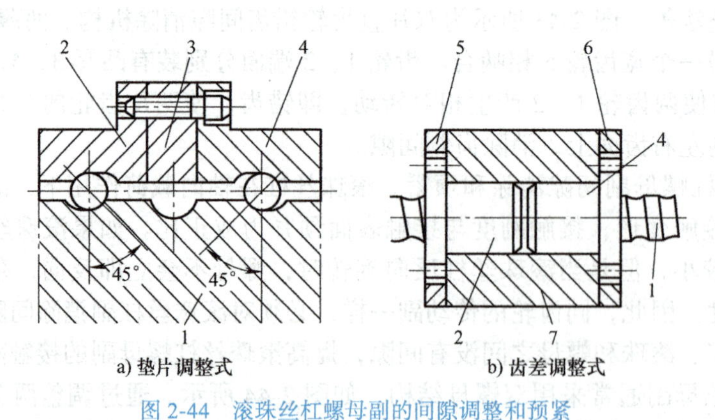

图2-44　滚珠丝杠螺母副的间隙调整和预紧

1—丝杠　2—左螺母　3—垫片　4—右螺母　5—左齿圈　6—右齿圈　7—支座

（3）滚珠丝杠螺母副及其支承　滚珠丝杠螺母副是将旋转运动转换为执行件的直线运动的运动转换机构，如图2-45所示，滚珠丝杠螺母副由螺母5、丝杠4、滚珠6、回珠器2和3、密封环1等组成。滚珠丝杠螺母副的摩擦系数小，传动效率高。

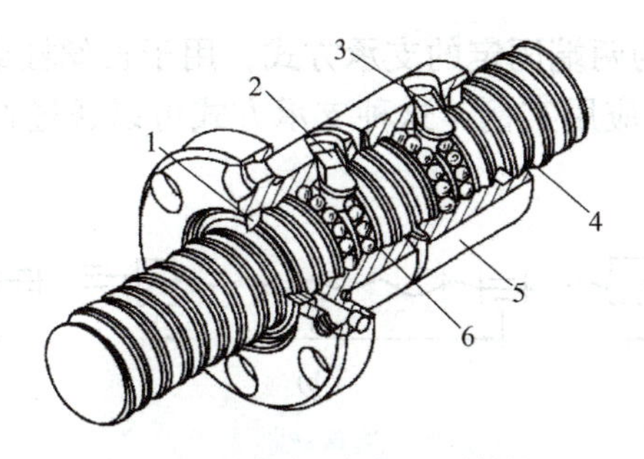

图 2-45　滚珠丝杠螺母副结构

1—密封环　2、3—回珠器　4—丝杠　5—螺母　6—滚珠

滚珠丝杠主要承受轴向载荷，因此对丝杠轴承的轴向精度和刚度要求较高，常采用角接触球轴承，或者是双向推力圆柱滚子轴承与滚针轴承的组合，如图 2-46 和图 2-47 所示。

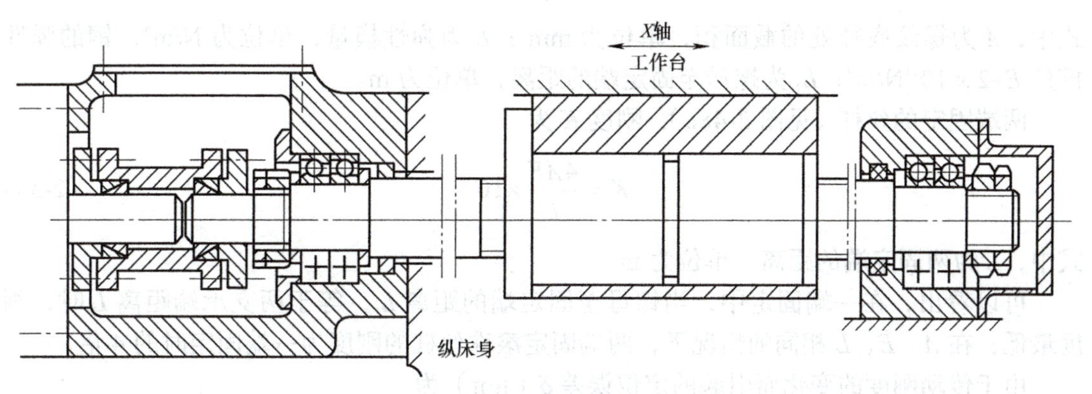

图 2-46　采用角接触球轴承

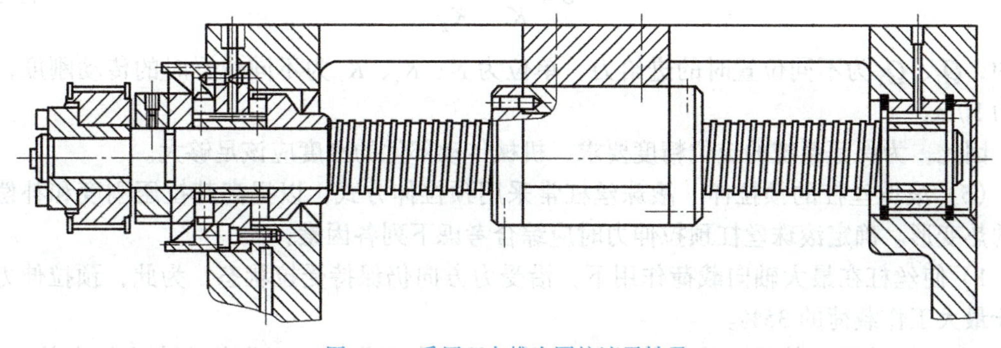

图 2-47　采用双向推力圆柱滚子轴承

角接触推力球轴承有多种组合方式，可根据载荷和刚度要求而选定，一般中小型数控机床多采用这种方式。而组合轴承多用于重载、丝杠预拉伸和要求轴向刚度高的场合。

滚珠丝杠的支承方式有三种，如图 2-48 所示。图 2-48a 所示为一端固定，另一端自由的支承方式，常用于短丝杠和竖直放置的丝杠。图 2-48b 所示为一端固定，一端简支的支承方式，常用于较长的卧式安装丝杠，图 2-47 所示为这种形式应用于数控车床中的一个例子。图 2-48c 所示为两端固定的支承方式，用于长丝杠或高转速、要求高拉压刚度的场合，图 2-46 所示为其应用实例，这种支承方式可以通过拧紧螺母来调整丝杠的预拉伸量。

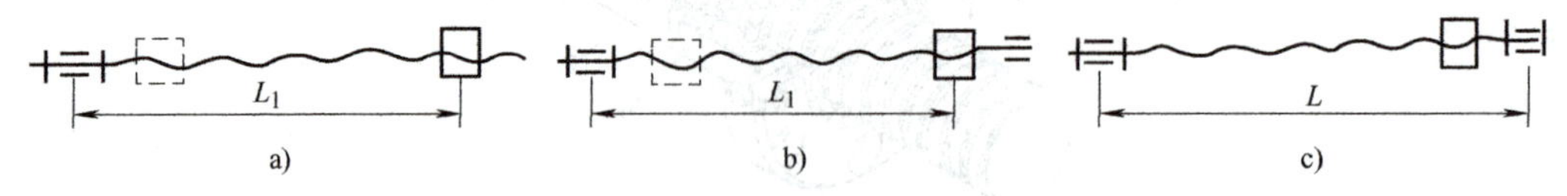

图 2-48　滚珠丝杠支承方式

（4）丝杠的拉压刚度计算　丝杠传动的综合拉压刚度主要由滚珠丝杠的拉压刚度、支承刚度和螺母刚度三部分组成。丝杠的拉压刚度不是一个定值，它随螺母至轴向固定端的距离而改变。一端轴向固定的滚珠丝杠（见图 2-48a、b）的拉压刚度 K（N/μm）为

$$K=\frac{AE}{L_1}\times10^{-6} \tag{2-37}$$

式中，A 为螺纹底径处的截面积，单位为 mm²；E 为弹性模量，单位为 N/m²，钢的弹性模量 $E=2\times10^{11}\mathrm{N/m^2}$；$L_1$ 为螺母至固定端的距离，单位为 m。

两端固定的丝杠（见图 2-48c），刚度 K 为

$$K=\frac{4AE}{L}\times10^{-6} \tag{2-38}$$

式中，L 为两固定端的距离，单位为 m。

可以看出，在一端固定中，当螺母至固定端的距离 L_1，等于两支承端距离 L 时，刚度最低；在 A、E、L 相同的情况下，两端固定滚珠丝杠的刚度为一端固定时的 4 倍。

由于传动刚度的变化而引起的定位误差 δ（μm）为

$$\delta=\frac{Q_1}{K_1}-\frac{Q_2}{K_2} \tag{2-39}$$

式中，Q_1、Q_2 为不同位置时的进给力，单位为 N；K_1、K_2 为不同位置时的传动刚度，单位为 N/m。

因此，为保证系统的定位精度要求，机械传动部件的刚度应该足够大。

（5）滚珠丝杠的预拉伸　滚珠丝杠常采用预拉伸方式，以提高其拉压刚度和补偿丝杠的热变形。确定滚珠丝杠预拉伸力时应综合考虑下列各因素：

1）使丝杠在最大轴向载荷作用下，沿受力方向仍保持受拉状态，为此，预拉伸力应大于最大工作载荷的 35%。

2）丝杠的预拉伸量应能补偿其热变形。丝杠在工作时由于发热会产生轴向热变形，使导程加大，影响定位精度。丝杠的热变形 ΔL_1 为

$$\Delta L_1=\alpha L\Delta t \tag{2-40}$$

式中，α 为丝杠的线膨胀系数，单位为℃$^{-1}$ 钢的 $\alpha=11\times10^{-6}$℃$^{-1}$；L 为丝杠的长度，单位为 mm；Δt 为丝杠与床身的温差，单位为℃，一般 $\Delta t=2\sim3$℃（恒温车间）。

为了补偿滚珠丝杠的热膨胀，其预拉伸量应略大于热膨胀量。发热后，热膨胀量抵消

了部分预拉伸量，使滚珠丝杠内的拉应力下降，但长度却没有变化。

滚珠丝杠预拉伸时引起的伸长量 ΔL(m) 可按材料力学计算式计算

$$\Delta L=\frac{F_0L}{AE}=\frac{4F_0L}{\pi d^2E} \tag{2-41}$$

式中，d 为丝杠螺纹底径，单位为 mm；L 为丝杠的长度，单位为 mm；A 为丝杠的横截面面积，单位为 mm²；E 为弹性模量，单位为 N/m²；F_0 为滚珠丝杠的预拉伸力，单位为 N。

则滚珠丝杠的预拉伸力 F_0 为

$$F_0=\frac{1}{4L}\pi d^2E\Delta L \tag{2-42}$$

3. 机电结合微量进给机构

有时进给运动极为微小，如每次进给量小于 2μm，或进给速度小于 10mm/min，需采用微量进给机构。微量进给机构分为手动和自动两类。自动微量进给机构采用各种驱动元件使进给自动地进行；手动微量进给机构主要用于微量调整精密机床的一些部件，如坐标镗床的工作台和主轴箱、数控机床的刀具尺寸补偿等。

常用的微量进给机构中最小进给量大于 1μm 的有蜗杆传动机构、丝杠螺母传动机构、齿轮传动机构等，适用于进给行程大、进给量和进给速度变化范围宽的机床；小于 1μm 的微量进给机构有弹性力传动、磁致伸缩传动、电致伸缩传动、热应力传动等。它们都是利用材料的物理性能实现微量进给，结构简单、位移量小、行程短。

1）弹性力传动是利用弹性元件（如弹簧片、弹性模片等）的弯曲变形或弹性杆件的拉压变形实现微量进给，适用于补偿机构和小行程的微量进给。

2）磁致伸缩传动是靠改变软磁材料（如铁钴合金、铁铝合金等）的磁化状态，使其尺寸和形状产生变化，以实现步进或微量进给，适用于小行程微量进给。

3）电致伸缩是压电效应的逆效应，当晶体带电或处于电场中时，其尺寸发生变化，将电能转换为机械能以实现微量进给。适用于进给量小于 0.5μm 的小行程微量进给。

4）热应力传动是利用金属杆件的热伸长驱动执行部件运动，实现步进式微量进给，进给量小于 0.5μm，其重复定位精度不太稳定。

对微量进给机构的基本要求是灵敏度高、刚度高、平稳性好、低速进给时速度均匀、无爬行，精度高、重复定位精度好，结构简单、调整方便和操作方便灵活等。

2.4.4　直线电动机直接传动系统

采用直线伺服电动机直接实现机床进给传动的系统，也称为零传动进给系统，是一种新型的机床进给传动方式。将进给伺服电动机和直线运动工作台集成为一体就构成直线伺服电动机，是一种直接将电能转化为直线运动机械能的电力驱动装置，是适应超高速加工技术发展需要而出现的一种新型电动机。从电动机到直线工作台之间没有机械传动，直线伺服电动机可直接驱动工作台做直线运动，使工作台的加 / 减速提高到传统机床的 10 ～ 20 倍，速度提高 3 ～ 4 倍或更高。

直线伺服电动机的工作原理同旋转电动机相似，可以看成是将旋转型伺服电动机沿径向剖开，向两边拉开，将圆周展开成直线后演变而成，如图 2-49 所示。原来的定子演变为直线伺服电动机的初级，原来的转子演变为直线伺服电动机的次级，原来的旋转磁场变成了平磁场。

为使初级和次级能够在一定移动范围内做相对直线运动，直线伺服电动机的初级和次级长短是不一样的。可以是短的次级移动，长的初级固定，如图 2-50a 所示；也可以是短的初级固定，长的次级移动，如图 2-50b 所示。但是，由于短初级的制造成本和运行费用都比短次级低得多，一般采用短初级长次级。

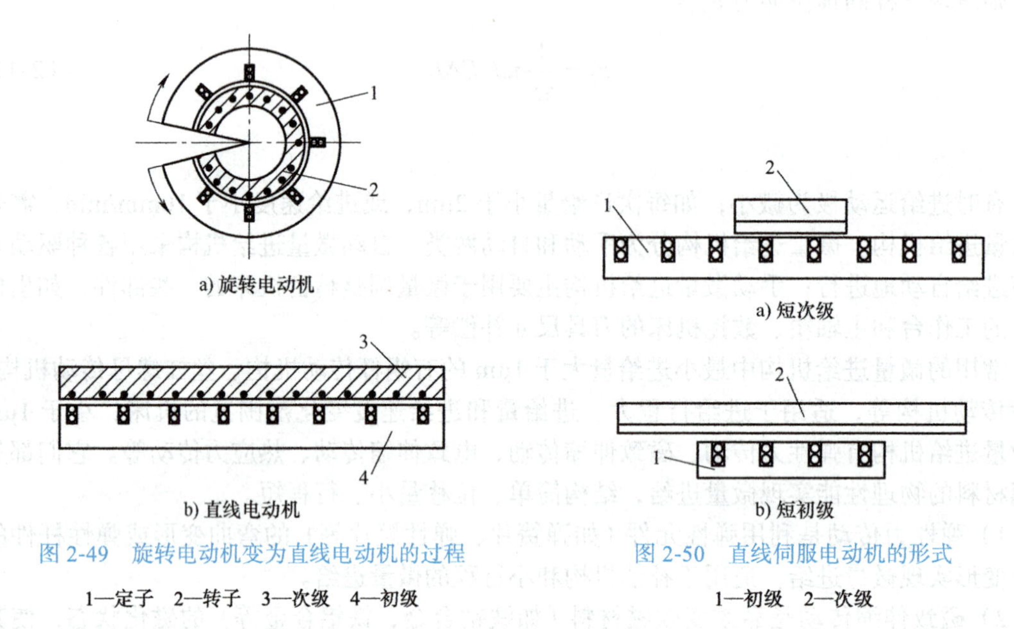

图 2-49 旋转电动机变为直线电动机的过程

1—定子 2—转子 3—次级 4—初级

图 2-50 直线伺服电动机的形式

1—初级 2—次级

在磁路构造上，直线伺服电动机一般做成双边型，磁场对称，不存在单边磁拉力，在磁场中受到的总推力可较大，如图 2-51 所示。

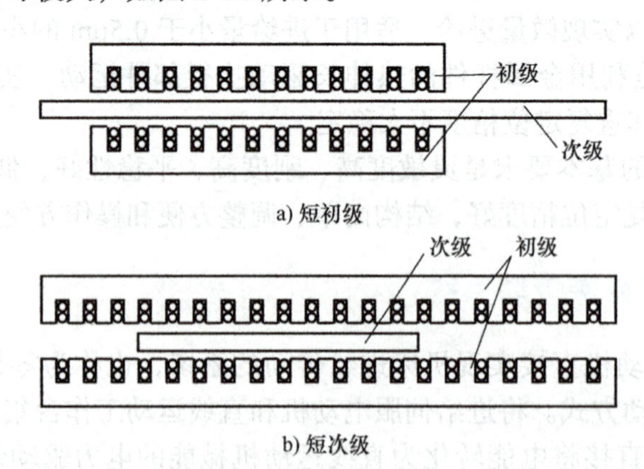

图 2-51 双边型直线电动机

图 2-52 所示为直线伺服电动机传动示意图。直线伺服电动机分为同步式和感应式两类。同步式直线伺服电动机是在直线伺服电动机的定件（如床身）上，在全行程沿直线方向上一块接一块地装上永久磁铁（电动机的次级）；在直线伺服电动机的动件（如工作台）

下部的全长上，对应地一块接一块安装上含铁心的通电绕组（电动机的初级）。

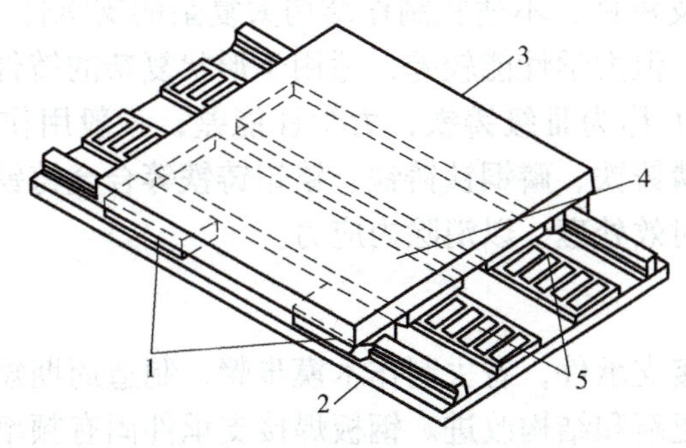

图 2-52 直线伺服电动机传动示意图

1—直线滚动导轨 2—床身 3—工作台 4—直线电动机动件 5—直线电动机定件

感应式直线伺服电动机与同步式直线伺服电动机的区别是在定件上用不通电的绕组替代永久磁铁，且每个绕组中每一匝均是短路的。直线伺服电动机通电后，在定件和动件之间的间隙中产生一个大的行波磁场，依靠磁力推动动件（工作台）做直线运动。

采用直线伺服电动机驱动方式，可省去中间环节，简化机床结构，避免因中间环节的弹性变形、磨损、间隙、发热等因素带来的传动误差；无接触地直接驱动，使其结构简单、维护简便、可靠性高、体积小、传动刚度高、响应快，可得到瞬时高的加 / 减速度。它的最大进给速度可到达 150 ～ 180m/min，最大加速度为 1 ～ 10g。

2.5 支承件设计

机床的支承件是指床身、立柱、横梁、底座等大件，相互固定连接成机床的基础和框架。机床上其他零、部件可以固定在支承件上，或者工作时在支承件的导轨上运动。因此，支承件的主要功能是支承功能，保证机床各零、部件之间的相互位置和相对运动精度，并保证机床有足够的静刚度、抗振性、热稳定性和使用寿命。

机床支承件不仅承受一定的重力，而且还要承受切削力、摩擦力、夹紧力等。支承件除了外部要安装各种零、部件外，其内部空间还常作为放置冷却液、润滑液的储存器或液压油的油箱，有时还作为放置电器的地方。正确地设计支承件的布局和结构，对提高机床的工作精度、刚度具有重要意义。

2.5.1 支承件的材料

支承件常用的材料有铸铁、钢板和型钢、预应力钢筋混凝土、天然花岗岩、树脂混凝土等。

1. 铸铁

一般支承件用灰铸铁制成，在铸铁中加入少量合金元素可提高耐磨性。铸铁铸造性能好，容易获得复杂结构，同时铸铁的内摩擦力大、阻尼系数大、振动衰减性能好。但铸件需要木模芯盒，制造周期长，有时产生缩孔、气泡等缺陷，适于成批生产。

常用的铸件牌号有HT200、HT150、HT100。HT200称为Ⅰ级铸铁，抗压抗弯性能较好，可制成带导轨的支承件，不适宜制作结构太复杂的支承件。HT150称为Ⅱ级铸铁，流动性好，铸造性能好，但力学性能较差，适用于形状复杂的铸件、重型机床床身和受力小的床身及底座。HT100称为Ⅲ级铸铁，力学性能差，一般用作镶装导轨的支承件。为增加耐磨性，可采用高磷铸铁、磷铜钛铸铁、铬钼铸铁等合金铸铁。

铸造支承件要进行时效处理，以消除内应力。

2. 钢板焊接结构

用钢板和型钢等焊接支承件，省去制作木模步骤，制造周期短；支承件可制成封闭结构，刚性好，便于产品更新和结构改进。钢板焊接支承件固有频率比铸铁高，在刚度要求相同情况下，采用钢板焊接支承件可比铸铁支承件壁厚减少一半，重量减轻20%～30%。因此，支承件用钢板焊接结构件代替铸件的趋势不断扩大。

钢板焊接结构的缺点是钢板材料内摩擦阻尼约为铸铁的1/3，抗振性较铸铁差。为提高机床抗振性能，可采用提高阻尼的方法来改善动态性能。

3. 预应力钢筋混凝土

预应力钢筋混凝土主要用于制作固定的大型机床的床身、底座、立柱等支承件。预应力钢筋混凝土支承件的刚度和阻尼比铸铁大几倍，抗振性好，成本较低。用钢筋混凝土制做支承件时，钢筋的配置对支承件影响较大。一般三个方向都要配置钢筋，总预拉力为120～150kN。缺点是脆性大、耐蚀性差，油渗入导致材质疏松，所以表面应进行喷漆或喷涂塑料处理。

图2-53所示为数控车床的底座和床身示意图，底座1的材料为钢筋混凝土。混凝土的内摩擦阻尼很大，所以机床的振抗性很好。床身2的材料为内封砂芯的铸铁床身，也可提高床身的阻尼。

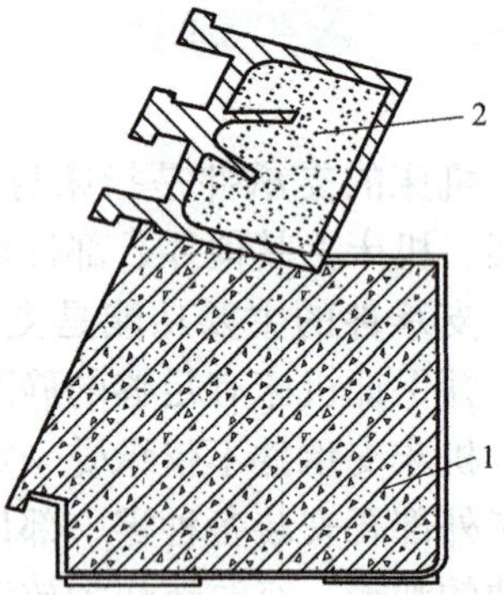

图2-53　数控车床的底座和床身示意图

1—底座　2—床身

4. 天然花岗岩

天然花岗岩性能稳定，精度保持性好，抗振性好，阻尼系数比钢大15倍，耐磨性比铸铁高5～6倍，热导率和线膨胀系数小，热稳定性好，抗氧化性强，不导电，抗磁，与金属不黏合，加工方便，通过研磨和抛光容易得到很高的精度和好的表面粗糙度。缺点是结晶颗粒比钢铁的晶粒粗，抗冲击性能差，脆性大，油和水等液体易渗入晶界中，使表面局部变形胀大，难于制作复杂的零件。天然花岗岩主要用于高精密轻型机床。

5. 树脂混凝土

树脂混凝土是制造机床床身的一种新型材料。树脂混凝土与普通混凝土不同，它是用树脂和稀释剂替代水泥和水，将骨料固结成为树脂混凝土，也称人造花岗岩。树脂混凝土采用合成树脂（不饱和聚酯树脂、环氧树脂、丙烯酸树脂）为黏结剂，加入固化剂、稀释剂、增韧剂等将骨料固结而成。

树脂混凝土的特点是：①刚度高，具有良好的阻尼性能，阻尼比为灰铸铁的 8 ～ 10 倍，抗振性好；②热容量大，热导率低，只为铸铁的 1/40 ～ 1/25，热稳定性高，其构件热变形小；③密度小，为铸铁的 1/3；④可获得良好的几何精度，表面粗糙度也较低；⑤对润滑剂、冷却液有极好的耐蚀性；⑥与金属黏结力强，可根据不同的结构要求，预埋金属件，使机械加工量减少；⑦浇注时无大气污染；⑧生产周期短，工艺流程短；⑨浇注出的床身静刚度比铸铁床身提高 16% ～ 40%。缺点是某些力学性能低，但可以预埋金属或添加加强纤维。这种材料对于高速、高精度加工机床具有广泛的应用前景。

树脂混凝土床身有整体结构、分块结构和框架结构等形式，如图 2-54 所示。

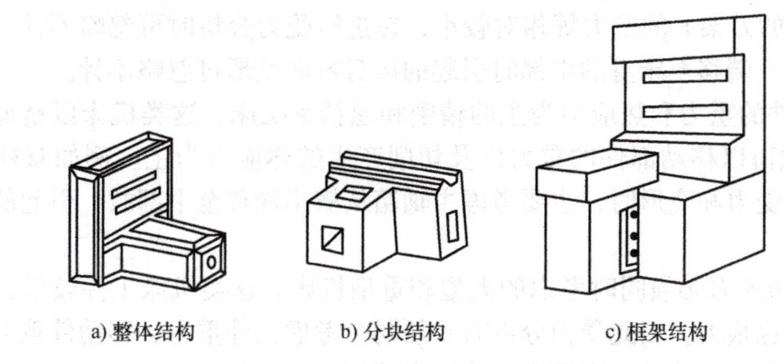

图 2-54　树脂混凝土床身的结构形式

1）整体结构。用树脂混凝土制造出床身的整体结构，如图 2-54a 所示。其中，导轨部分可以是金属件，预先加工好，作为预埋件直接浇注在床身上；或采用预留导轨等部件的准确安装面，床身浇注好之后，将这些部件粘结在机床床身上，如图 2-55 所示。这种结构用于形状不复杂的中小型机床床身。

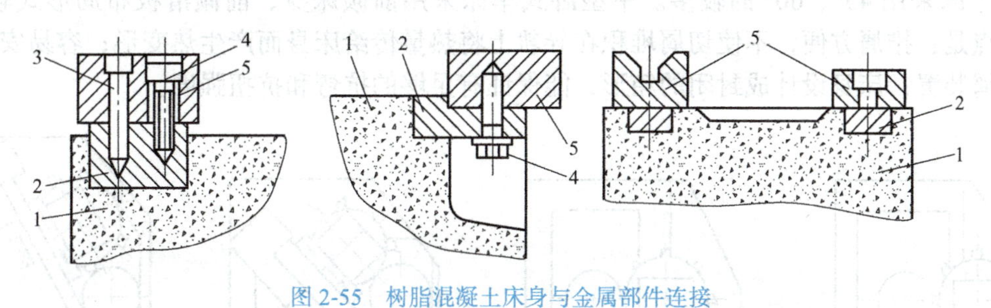

图 2-55　树脂混凝土床身与金属部件连接

1—树脂混凝土　2—预埋件　3—销钉　4—螺钉　5—导轨

2）分块结构。为简化浇注模具的结构和实现模块化，对于结构较复杂的大型床身构件，可分成几个形状简单、便于浇注的部件，如图 2-54b 所示。各部分分别浇注后，再用黏结剂或其他形式连接起来。

3）框架结构。这种结构先采用金属型材焊接出床身的周边框架，然后在框架内浇注树脂混凝土，如图 2-54c 所示。这种结构刚性好，适用于结构较简单的大中型机床床身。

2.5.2　支承件的结构设计

设计支承件时，应首先考虑所属机床的类型、布局及常用支承件的形状。在满足机床工作性能的前提下，综合考虑其工艺性。还要根据其使用要求进行受力和变形分析，再根据所受的力和其他要求（如排屑、吊运、安装其他零件等）进行结构设计，初步决定其形状和尺寸。然后，利用计算机进行有限元计算，求出其静态刚度和动态特性，再对设计进行修改和完善，选出最佳结构形式，既要保证支承件具有良好的性能，又要尽量节约材料，减轻重量。

1. 机床的类型、布局和支承件的形状

（1）机床的类型　机床根据所受外载荷的特点，可分为以下三类：

1）以切削力为主的中小型机床。这类机床的外载荷以切削力为主，工件的重力、移动部件（如车床的刀架）的重力等相对较小，在进行受力分析时可忽略不计。例如，车床的刀架从床身的一端移至床身的中部时引起的床身弯曲变形可忽略不计。

2）以移动件的重力和热应力为主的精密和超精密机床。这类机床以精加工为主，切削力很小。外载荷以移动部件的重力以及切削产生的热应力为主。例如双柱立式坐标镗床，在分析横梁受力和变形时，主要考虑主轴箱从横梁端移至中部时，引起的横梁弯曲和扭转变形。

3）重力和切削力必须同时考虑的大型和重型机床。这类机床工件较重，移动件的质量较大，切削力也很大，因此受力分析时必须同时考虑工件重力、移动件重力和切削力等载荷，如重型车床、落地镗铣床及龙门式机床等。

（2）机床的布局形式对支承件形状的影响　机床的布局形式直接影响支承件的结构设计。如图 2-56 所示，因采用不同布局，导致车床床身构造和形状不同。图 2-56a 所示为平床身、平滑板；图 2-56b 所示为后倾床身、平滑板；图 2-56c 所示为平床身、前倾滑板；图 2-56d 所示为前倾床身、前倾滑板。床身导轨的倾斜角度有 30°、45°、75°。小型数控车床采用 45°、60° 的较多。中型卧式车床采用前倾床身、前倾滑板布局形式较多，其优点是：排屑方便，不使切屑堆积在导轨上将热量传给床身而产生热变形；容易安装自动排屑装置；床身设计成封闭的箱形，能保证有足够的抗弯和抗扭强度。

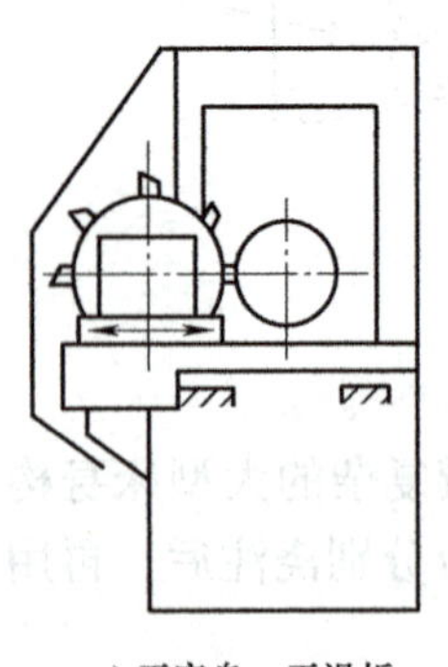

a) 平床身、平滑板

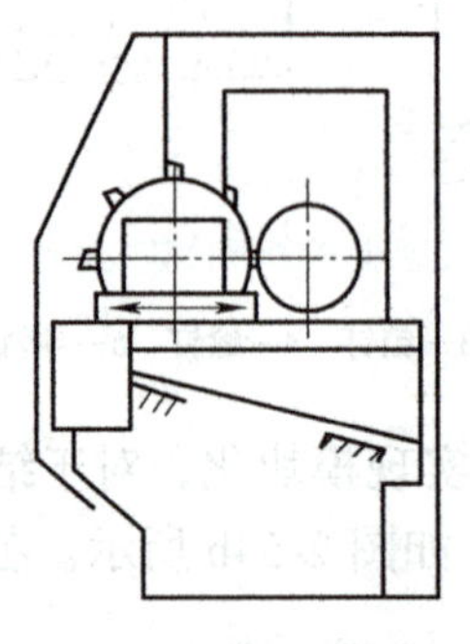

b) 后倾床身、平滑板

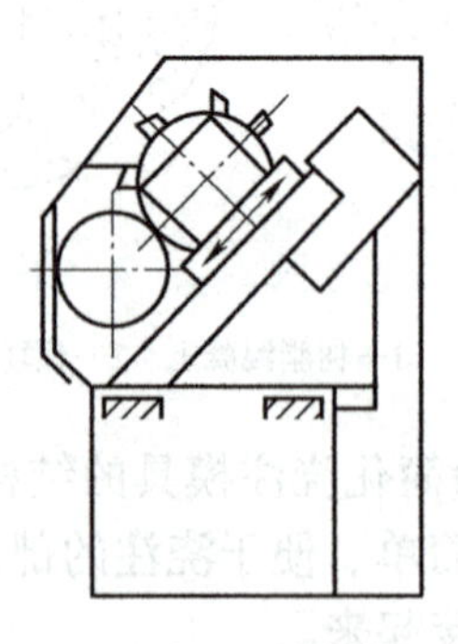

c) 平床身、前倾滑板

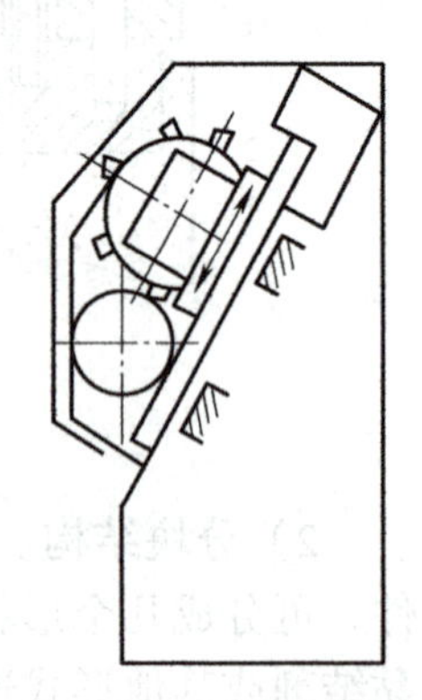

d) 前倾床身、前倾滑板

图 2-56　卧式数控车床的布局形式

（3）支承件的形状　支承件的形状基本上可以分为三类：

1）箱形类。支承件在三个方向的尺寸上都相差不多，如各类箱体、底座、升降台等。

2）板块类。支承件在两个方向的尺寸上比第三个方向大得多，如工作台、刀架等。

3）梁类。支承件在一个方向的尺寸比另两个方向大得多，如立柱、横梁、摇臂、滑枕、床身等。

2. 支承件的截面形状设计

支承件主要承受弯矩、扭矩以及弯扭复合载荷，提高其刚度主要是考虑截面抗弯刚度和抗扭刚度的影响。在弯、扭载荷作用下，支承件的变形与截面的惯性矩和极惯性矩有关。当材料和截面积相同而形状不同时，截面惯性矩相差很大，因此应正确选择截面的形状和尺寸以提高支承件的刚度。截面形状与惯性矩和极惯性矩的关系见表 2-8。

表 2-8　截面形状与惯性矩和极惯性矩的关系（截面积相同）

序号	截面形状尺寸 /mm	惯性矩 I		极惯性矩 I_n	
		cm^4	相对值	cm^4	相对值
1	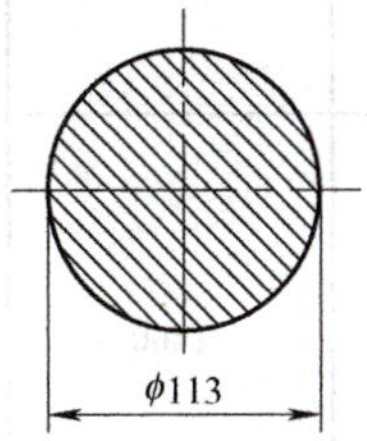 φ113	800	1	1600	1
2	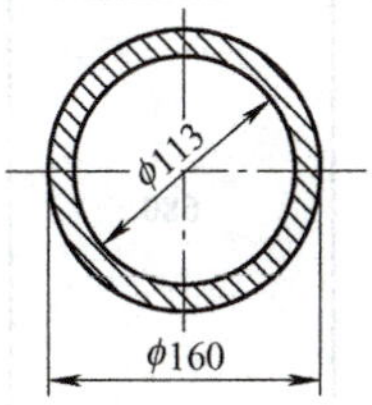 φ113 φ160	2420	3.03	4640	2.89
3	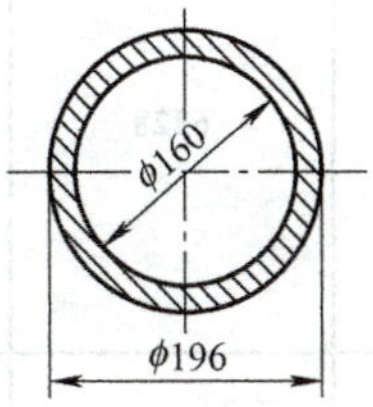 φ160 φ196	4030	5.04	8060	5.37
4	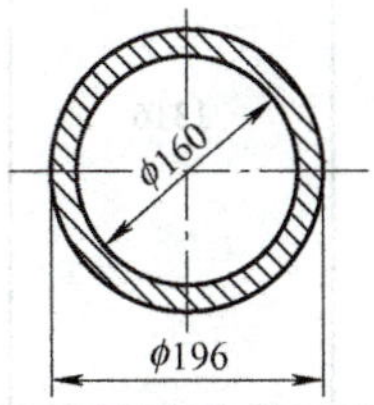 φ160 φ196	—	—	108	0.07

（续）

序号	截面形状尺寸 /mm	惯性矩 I		极惯性矩 I_n	
		cm^4	相对值	cm^4	相对值
5	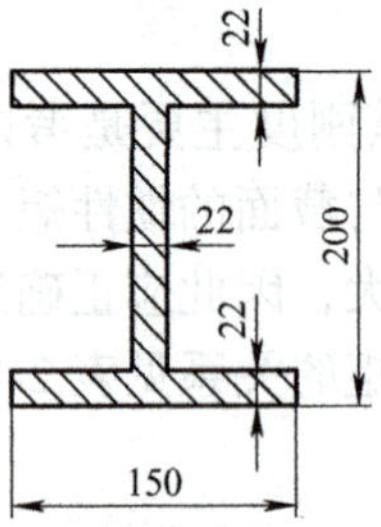	15640	19	143	0.09
6	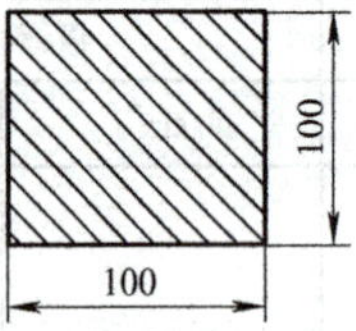	834	1.04	1400	0.88
7	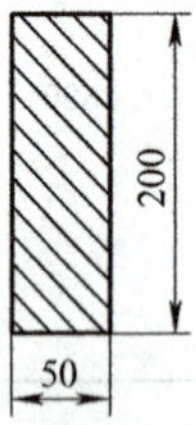	3300	—	1400	—
8	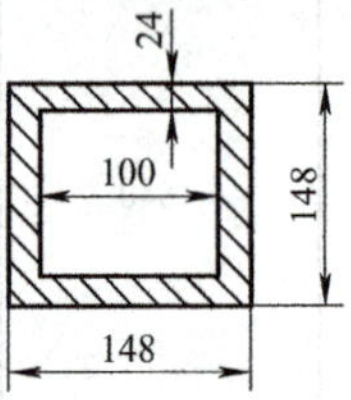	2760	—	680	—
9	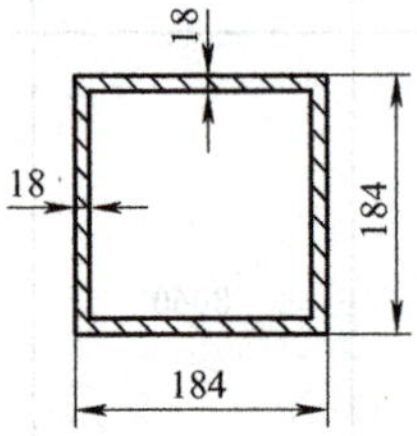	5520	6.90	6328	2.98
10	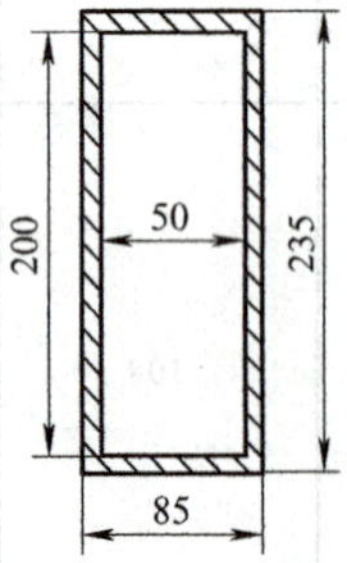	5860	7.35	1316	0.82

注：序号 4 是有缝钢管。

从表 2-8 中可以看出：

1）当截面积相同时，空心截面的刚度大于实心截面，而且同样的截面形状和相同大小的面积，外形尺寸大而壁薄的截面，比外形尺寸小而壁厚的截面的抗弯刚度和抗扭刚度都高。所以，为提高支承件刚度，支承件的截面应是中空形状，尽可能加大截面尺寸，在工艺可能的前提下壁厚尽量薄一些，当然壁厚不能太薄，以免出现薄壁振动。

2）圆（环）形截面的抗扭刚度比正方形好，而抗弯刚度比正方形低。因此，以承受弯矩为主的支承件的截面形状应取矩形，并以其高度方向为受弯方向；以承受扭矩为主的支承件的截面形状应取圆（环）形。

3）封闭截面的刚度远远大于开口截面的刚度，特别是抗扭刚度。设计时应尽可能把支承件的截面做成封闭形状。但是，为了排屑和在床身内安装一些机构的需要，有时不能做成全封闭形状。

图 2-57 所示为机床床身横截面，均为空心矩形截面。图 2-57a 所示为典型的车床类床身横截面，工作时承受弯曲和扭转载荷，并且床身上需有较大空间排出大量切屑和切削液。图 2-57b 所示为镗床、龙门刨床类床身横截面，主要承受弯曲载荷，由于切屑不需要从床身排出，所以顶面多采用封闭的结构，台面不太高，便于工件的安装调整。图 2-57c 所示为大型和重型类床身横截面，采用三道壁。重型机床可采用双层壁结构床身，可进一步提高刚度。

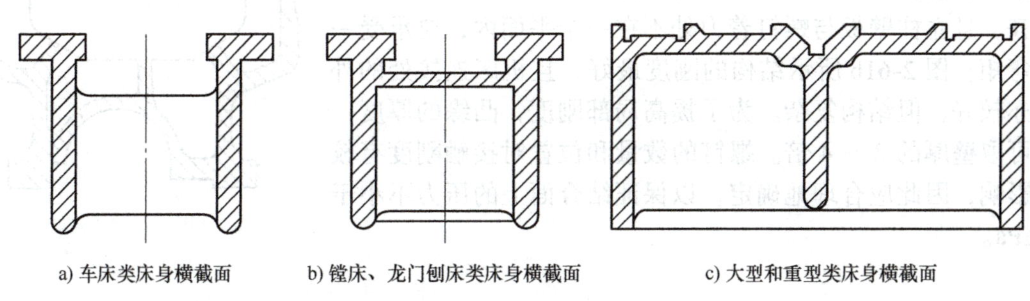

图 2-57　机床床身横截面

3. 支承件肋板和肋条的布置

肋板是指连接支承件四周外壁的内板，它能使支承件外壁的局部载荷传递给其他壁板，从而使整个支承件承受载荷，加强支承件的自身和整体刚度（见图 2-58）。肋板的布置取决于支承件的受力变形方向。其中，水平布置的肋板有助于提高支承件水平面内抗弯刚度；竖直放置的肋板有助于提高支承件竖直面内的抗弯刚度；斜向肋板能同时提高支承件的抗弯和抗扭刚度。图 2-59 所示为立式加工中心立柱，图 2-59a 中立柱加有菱形加强肋，形状近似正方形。图 2-59b 中加有 X 形加强肋，形状也近似为正方形。因此，两种结构抗弯和抗扭刚度都很高，应用于受复杂的空间载荷作用的机床，如加工中心、镗铣床等。

一般将肋条配置于支承件某一内壁上，主要为了减小局部变形和薄壁振动，用来提高支承件的局部刚度，如图 2-60 所示。肋条可以纵向、横向和斜向布置，常常布置成交叉排列，如井字形、米字形等。必须使肋条位于壁板的弯曲平面内，才能有效地减少壁板的弯曲变形。肋条厚度一般是床身壁厚的 70% ～ 80%。

4. 支承件连接部位的设计

机床的承载结构一般由几个支承件连接而成。其连接部位有的是相对固定连接，如立柱和底座、床身之间用螺钉固定；有的可以相对运动，靠导轨面相互结合在一起，可以说是相对活动连接。支承件结合部的设计对机床的刚度影响很大，应充分重视。

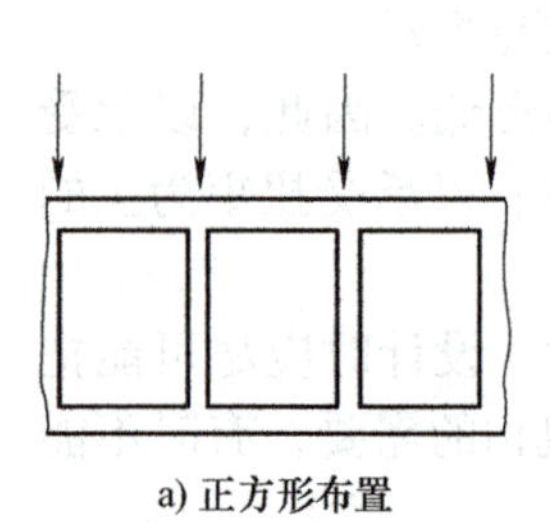
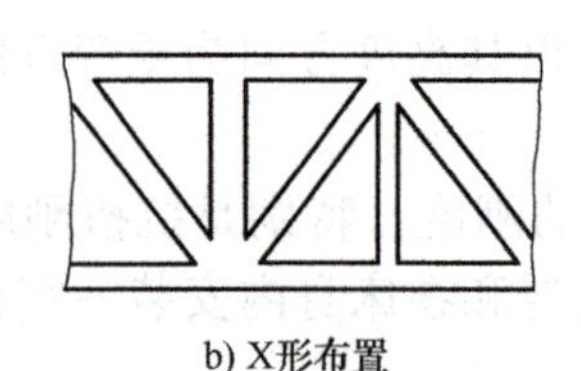

a) 正方形布置　　b) X形布置

图 2-58　肋板和肋条布置

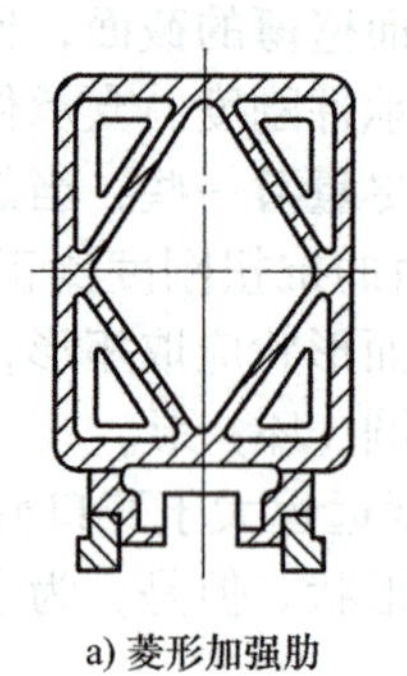
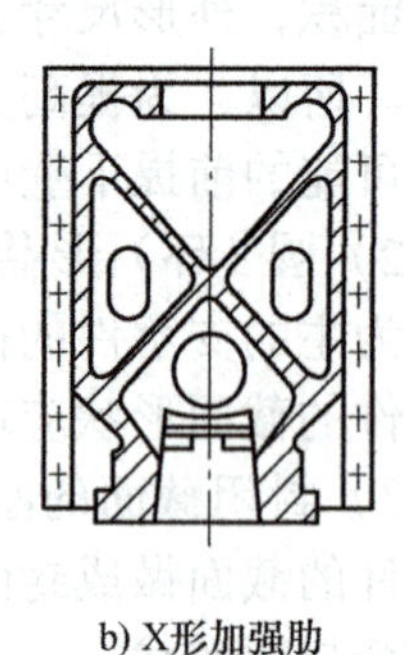

a) 菱形加强肋　　b) X形加强肋

图 2-59　立式加工中心立柱

（1）固定连接部位的刚度　为了提高连接部位的局部刚度，可采用不同凸缘连接形式，如图 2-61 所示。图 2-61a 所示的结构最简单，但刚性较差；图 2-61c 所示的结构中加了肋板，刚度比图 2-61a 所示的结构有所提高，但外观不够整齐，且立柱壁板与螺钉着力处不在一个平面内，要承受一些弯矩；图 2-61b 所示结构的刚度最好，且机床连接处的外观亦较好，但结构复杂。为了提高局部刚度，凸缘的厚度一般可取壁厚的 2 ～ 4 倍。螺钉的数量和位置对接触刚度有较大影响，因此应合理地确定，以保证结合面上的压力不小于 2MPa。

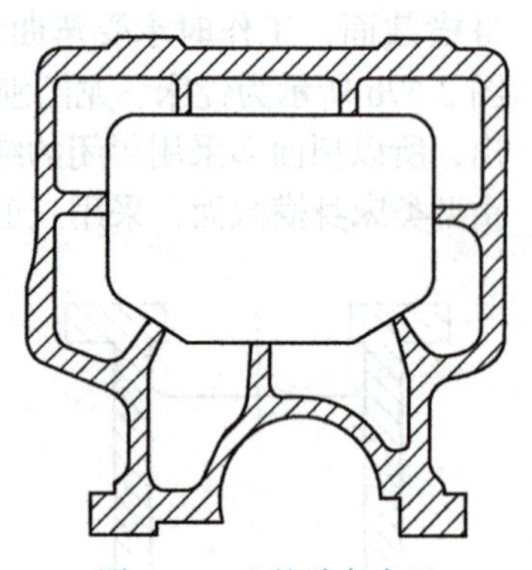

图 2-60　立柱肋条布置

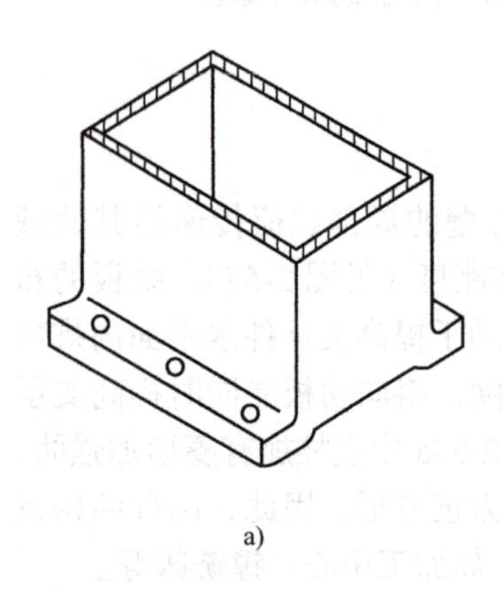
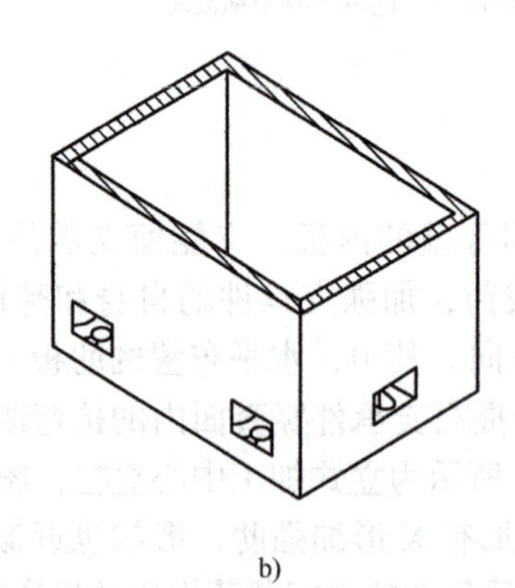
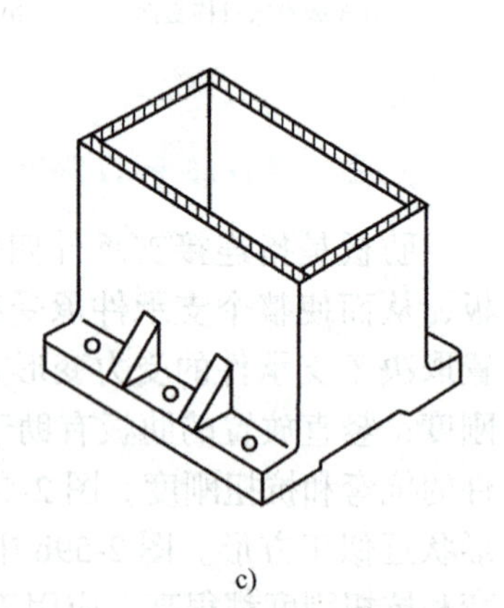

a)　　b)　　c)

图 2-61　提高连接处的局部刚度

（2）支承件与导轨的连接　导轨一般安装在支承件上，导轨和支承件的连接方式对局部刚度影响很大。图 2-62a 所示为床身部分与导轨单壁连接；图 2-62b 所示为将连接壁减薄加肋的形式；图 2-62c 所示为双壁形式，刚度较好，但结构复杂，用于精密机床或导轨承载较大的机床；图 2-62d、e、f 所示的连接方式大多用于立柱导轨；图 2-62f 所示的结构具有最好的连接刚度。

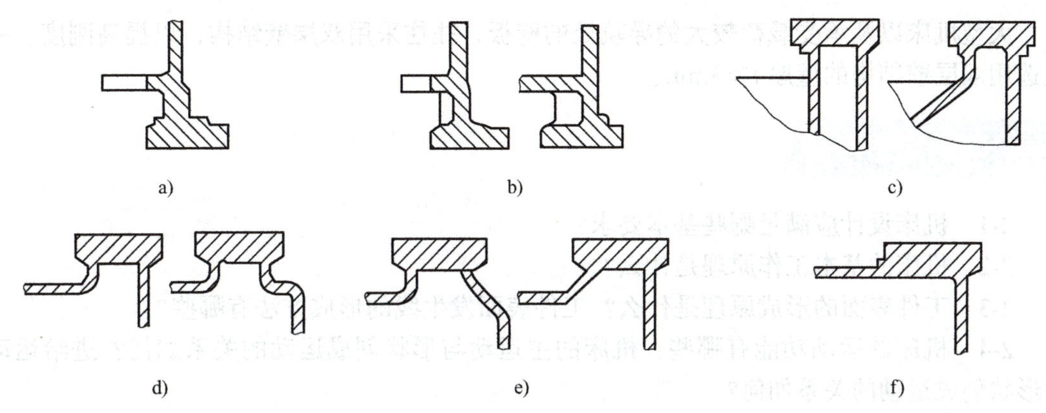

图 2-62　床身与导轨的连接形式

5. 支承件的壁厚设计

为减轻机床的重量，支承件的壁厚应根据工艺尽可能选择得薄些。

铸铁支承件的外壁厚可根据当量尺寸 C 来选择。当量尺寸 C（单位为 m）可由式（2-43）确定

$$C=\frac{2L+B+H}{3} \tag{2-43}$$

根据算出的 C 值按表 2-9 选择最小壁厚 t，再综合考虑工艺条件、受力情况，可适当加厚，壁厚应尽量均匀。

表 2-9　根据当量尺寸选择最小壁厚

C/m	0.75	1.0	1.5	1.8	2.0	2.5	3.0	3.5	4.0
t/mm	8	10	12	14	16	18	20	22	25

焊接支承件一般采用钢板与型钢焊接而成。由于钢的弹性模量约比铸铁大一倍，所以钢板焊接床身的抗弯刚度约为铸铁床身的 1.45 倍，在承受同样载荷情况下，壁厚可做得比铸件薄 2/3 ～ 4/5，以减轻重量。可参考表 2-10 选用。但是，钢的阻尼系数是铸铁的 1/3，抗振性较差，所以焊接支承件在结构和焊缝上要采取抗振措施。

表 2-10　焊接床身壁厚选择

壁或肋的位置及承载情况	壁厚 /mm	
	大型机床	中型机床
外壁或纵向肋	20 ～ 25	8 ～ 15
肋	15 ～ 20	6 ～ 12
导轨支承壁	30 ～ 40	18 ～ 25

焊接支承件采用封闭截面形状，正确布置肋板和肋条来提高刚度。壁厚过薄将会使支承件的壁板动刚度急剧降低，在工作过程中产生振动，引起较大的噪声。所以，应根据壁板刚度合理地确定壁厚，防止产生薄壁振动。

大型机床以及承受载荷较大的导轨处的壁板，往往采用双层壁结构，以提高刚度。一般选用双层壁结构的壁厚 $t \geqslant 3\text{mm}$。

习题与思考题

2-1　机床设计应满足哪些基本要求？

2-2　机床的基本工作原理是什么？

2-3　工件表面的形成原理是什么？工件表面发生线的形成方法有哪些？

2-4　机床的运动功能有哪些？机床的主运动与形状创成运动的关系如何？进给运动与形状创成运动的关系如何？

2-5　机床的复合运动、内联系传动链、运动轴的联动含义及关系如何？

2-6　机床结构布局的主要形式有哪些？主要的评价依据是什么？

2-7　机床运动原理图和机床传动原理图各表达什么含义？

2-8　简述机床总体结构方案设计的过程。

2-9　机床的主参数及尺寸参数根据什么确定？

2-10　机床的运动参数和动力参数如何确定？数控机床与普通机床的确定方法有什么不同？

2-11　机床主传动系统都有哪些类型？它们分别由哪些部分组成？

2-12　什么是传动组的级比和级比指数？常规变速传动系统的各传动组的级比指数有什么规律性？

2-13　什么是传动组的变速范围？各传动组的变速范围之间有什么关系？

2-14　某车床的主轴转速为 $n=40 \sim 1800\text{r/min}$，公比 $\varphi=1.41$，电动机的转速 $n=1440\text{r/min}$。试拟订结构式、转速图，确定齿轮齿数、带轮直径、验算转速误差，绘出主传动系统图。

2-15　某机床主轴转速 $n=100 \sim 1120\text{r/min}$，转速级数 $Z=8$，电动机转速 $n=1440\text{r/min}$。试设计该机床的传动系统图。

2-16　求图 2-63 所示的车床各轴、各齿轮的计算转速。

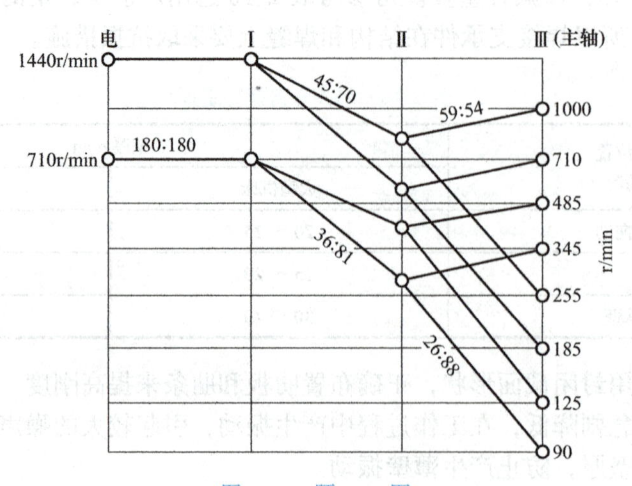

图 2-63　题 2-16 图

2-17　求图 2-64 中各齿轮、各轴的计算转速。

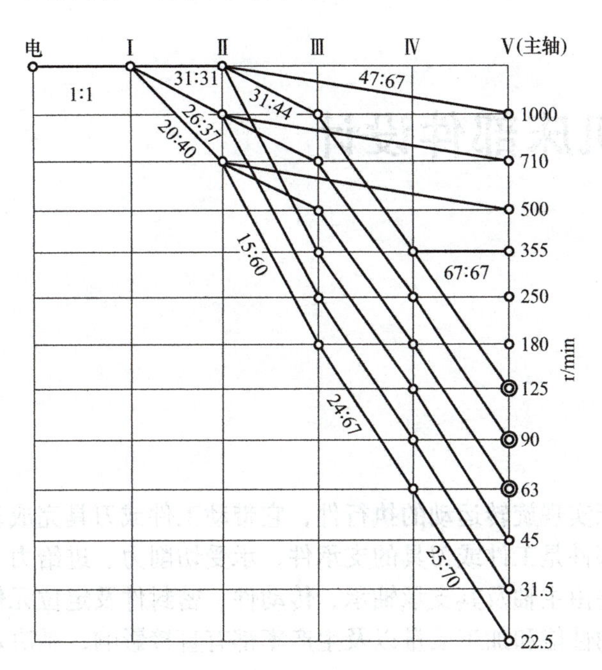

图 2-64　题 2-17 图

2-18　进给传动系统设计应满足的基本要求是什么？

2-19　试述进给传动设计的特点。

2-20　进给伺服系统驱动部件有哪几种类型？其特点和应用范围分别是什么？

2-21　试述滚珠丝杠螺母机构的特点。其支承方式有哪几种？

2-22　支承件常用的材料有哪些？各有什么特点？

第 3 章　机床部件设计

3.1　主轴设计

主轴部件是机床实现旋转运动的执行件，它带动工件或刀具完成表面成形运动，传递运动和动力；主轴部件是工件或刀具的支承件，承受切削力、进给力、驱动力和工件或刀具的重力。主轴部件由主轴及其支承轴承、传动件、密封件及定位元件等组成。主轴部件的性能对整个机床的性能和加工质量以及生产率都有直接影响，是决定机床性能和技术经济指标的重要因素。

3.1.1　主轴部件的基本要求

1. 回转精度

主轴的回转精度是指机床在空载低速转动条件下，安装工件或刀具的主轴部位的径向圆跳动和轴向窜动。主轴部件的回转精度主要由主轴、轴承、轴承孔及其他相关零件的制造和装配质量决定。如主轴支承轴颈的圆度误差、轴承滚道及滚子的圆度误差、主轴及随其回转零件的动平衡等，均可造成径向跳动；轴承支承端面、主轴轴肩及相关零件端面对主轴回转中心线的垂直度误差、推力轴承的滚道及滚动体误差等将导致主轴轴向窜动；主轴主要定心面（如车床主轴端的定心短锥孔和前端内锥孔）的径向圆跳动和轴向圆跳动也影响主轴的回转精度。

2. 刚度

主轴的刚度是指在外力作用下抵抗变形的能力，通常以主轴前端产生单位位移时，在位移方向上所施加的作用力来表征，如图 3-1 所示。

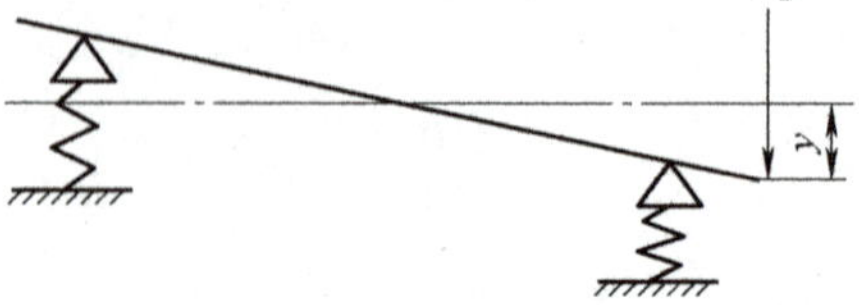

F_z

y

图 3-1　主轴部件刚度

主轴部件刚度可表示为

$$K=F_z/y \tag{3-1}$$

式中，K 是主轴部件刚度，单位为 N/μm；F_z 是主轴上的作用力，单位为 N；y 是主轴变形，单位为 μm。

主轴部件的刚度是主轴、轴承等的综合反映。因此，主轴的材料、尺寸和形状、支承轴承的类型和数量、配置和预紧形式、传动件的布置方式、主轴部件的装配质量等都影响主轴部件的刚度。

主轴刚度对加工精度和机床性能有直接影响。刚度不足将降低主轴的工作性能和寿命，影响机床抗振性，容易引起切削颤振，降低加工质量。

3. 抗振性

主轴部件的抗振性是指其抵抗受迫振动和自激振动的能力。在机床切削过程中，材料硬度不均匀、加工余量的变化、主轴部件不平衡等引起的冲击力和交变力，使得主轴部件受到干扰，产生振动。主轴部件的振动直接影响工件表面的加工质量和刀具寿命。随着机床向高速、高精度发展，抗振性要求越来越高。影响抗振性的主要因素是主轴部件的静刚度、质量分布以及阻尼。主轴部件的低阶固有频率与振型是其抗振性的主要评价指标。低阶固有频率应远高于激振频率，使其不容易发生共振。

4. 热稳定性

主轴部件运转时，会因摩擦和切削区的切削热等使主轴部件的温度升高，导致尺寸和位置发生变化，造成主轴部件的热变形。主轴的热变形可引起轴承间隙变化，润滑油温度升高会使黏度降低，这些变化都会影响主轴部件的工作性能，降低加工精度。因此，各种类型的机床都需要限制其温升，减少热变形。连续运转下的允许温升，高精度机床为 8 ～ 10℃，精密机床为 15 ～ 20℃，普通机床为 30 ～ 40℃。

5. 精度保持性

主轴部件的精度保持性是指其长期保持原始精度的能力。磨损是主轴精度降低的主要原因，如主轴轴承、主轴轴颈表面、装夹工件或刀具定位的表面磨损。影响磨损的主要因素是主轴和轴承的材料及热处理、轴承类型及润滑方式等。

3.1.2　主轴的传动方式

主轴的传动方式主要有齿轮传动、带传动、电动机直接驱动等。主轴传动方式的选择，主要取决于主轴的转速、所传递的转矩、运动平稳性，以及安装、维修等要求。

1. 齿轮传动

齿轮传动结构简单、紧凑，传递的转矩较大，适应变转速、变载荷工作，应用最广。缺点是线速度不能过高，通常小于 12 ～ 15m/s，不如带传动平稳。

2. 带传动

带传动常用的有平带、V 带、多楔带和同步带等。带传动靠摩擦力传动（除同步带外），其结构简单、制造容易、成本低，特别适用于中心距较大的两轴间传动。传动带有弹性、可吸振、传动平稳、噪声小、适宜高速传动。带传动在过载时会打滑，能起到过载保护作用。缺点是有滑动，不能用在速比要求准确的场合。

同步带是通过带上的齿形与带轮上的轮齿相啮合传递运动和动力的，如图 3-2a 所示。同步带主要有梯形齿和圆弧齿两种。同步带传动的优点是：无相对滑动，传动比准确，传动精度高；采用伸缩率小、抗拉及抗弯曲疲劳强度高的承载绳（见图 3-2b），如钢丝、聚酯纤维等，因此强度高，可传递超过 100kW 以上的动力；厚度小、重量轻、传动平稳、噪声小，适用于高速传动，可达 50m/s；无需特别张紧，对轴和轴承压力小，传动效率高；不需要润滑，耐水、耐蚀，能在高温下工作，维护保养方便；传动比大，可达 1∶10 以上。缺点是制造工艺复杂，安装条件要求高。

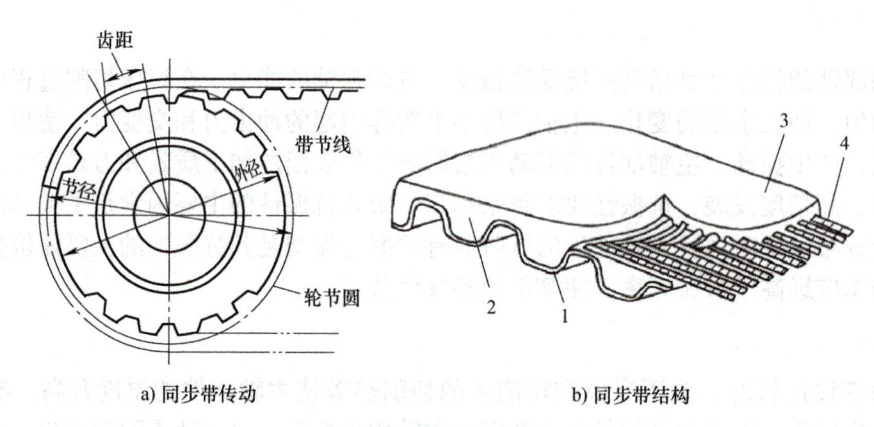

图 3-2 同步带传动

1—包布层 2—带齿 3—带背 4—承载绳

3. 电动机直接驱动方式

如果主轴转速不高，采用普通异步电动机直接带动主轴，如平面磨床的砂轮主轴；如果转速很高，可将主轴与电动机制成一体，成为主轴单元，如图 3-3 所示，电动机转子轴就是主轴，电动机座就是机床主轴单元的壳体。主轴单元大大简化了结构，有效提高了主轴部件的刚度，降低了噪声和振动；有较宽的调速范围；有较大的驱动功率和转矩，便于专业化生产，因此这种方式广泛用于精密机床、高速加工中心等数控机床中。

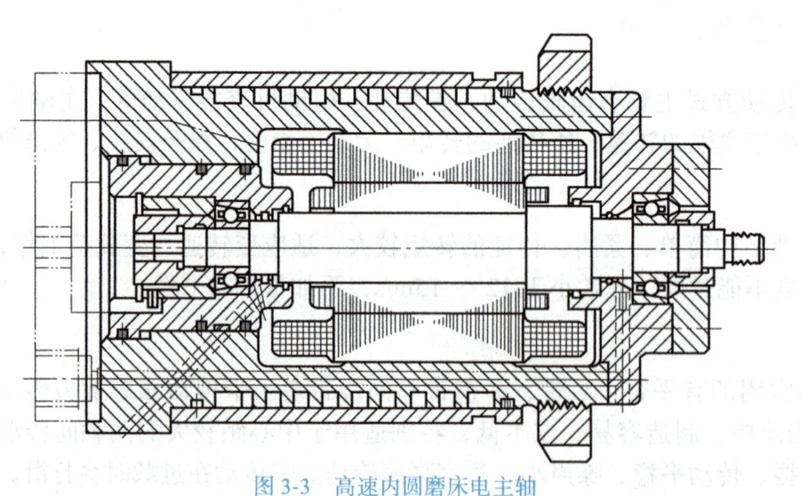

图 3-3 高速内圆磨床电主轴

3.1.3 主轴部件结构设计

1. 主轴部件的支承设计

（1）主轴部件的支承数目 多数机床的主轴采用前、后两个支承，如图 3-3、图 2-36

所示。这种方式结构简单，制造装配方便，容易保证精度。为提高刚度和抗振性，有的机床主轴采用三个支承。三个支承中可以前、后支承为主要支承，中间支承为辅助支承；也可以前、中支承为主要支承，后支承为辅助支承。在实际应用中，采用前、中支承为主要支承的较多。三支承方式对三支承孔的同心度要求较高，制造装配较复杂。主支承应消除间隙或预紧，辅助支承则应保留一定的径向游隙或选用较大游隙的轴承。由于三个轴颈和三个箱体孔不可能绝对同轴，因此三个轴承不能都预紧，以免发生干涉，降低主轴的工作性能，使空载功率大幅度上升和轴承温升过高。

（2）推力轴承配置形式　推力轴承主轴的配置形式会影响主轴轴向刚度和主轴热变形，因此为使主轴具有足够的轴向刚度和轴向位置精度，应恰当地配置推力轴承的位置。

1）前端配置。两个方向的推力轴承都布置在前支承处，如图 3-4a 所示。这种方案在前支承处轴承较多，发热大，温升高，但主轴受热后向后伸长，不影响轴向精度，轴向精度高，对提高主轴部件刚度有利，用于轴向精度和刚度要求较高的机床。

2）后端配置。两个方向的推力轴承都布置在后支承处，如图 3-4b 所示。这种方案前支承处轴承较少，发热小，温升低，但是主轴受热后向前伸长，影响轴向精度，多用于轴向精度要求不高的机床，如立铣、多刀车床等。

3）两端配置。两个方向的推力轴承分别布置在前后两个支承处，如图 3-4c、d 所示。这种方案，当主轴受热伸长后，影响主轴轴承的轴向间隙，常用于短主轴。

4）中间配置。两个方向的推力轴承配置在前支承的后侧，如图 3-4e 所示。这种方案可减少主轴的悬伸量，并使主轴的热膨胀向后伸长，但前支承结构较复杂，温升也可能较高。

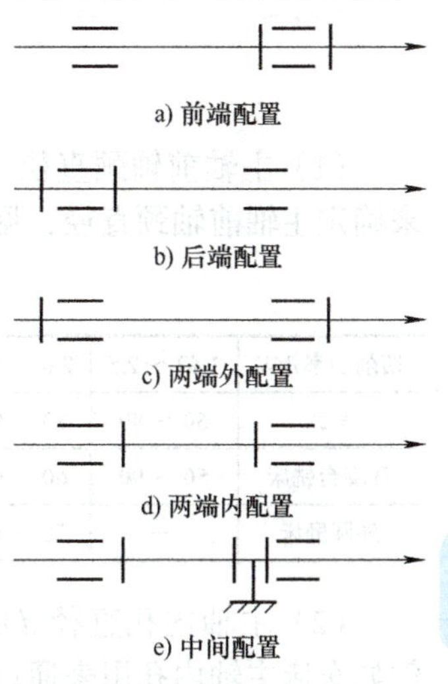

图 3-4　推力轴承配置形式

2. 主轴传动件布置

合理布置传动件在主轴上的轴向位置，应尽量使传动力引起的主轴弯曲变形要小，引起主轴前轴端在影响加工精度敏感方向上的位移要小，这样可以改善主轴的受力情况，减小主轴变形，提高主轴的抗振性。因此，主轴上传动件轴向布置时，应尽量靠近前支承，有多个传动件时，其中最大传动件应靠近前支承。

主轴上传动件的轴向布置方案如图 3-5 所示。图 3-5a 中的传动件放在两个支承中间靠近前支承处，受力情况较好，应用最为普遍；图 3-5b 中的传动件放在主轴前悬伸端，主要用于具有大转盘的机床，如立式车床、镗床等，传动齿轮直接安装在转盘上；图 3-5c 中的传动件放在主轴的后悬伸端，多用于带传动，目的是更换传动带方便，如磨床。

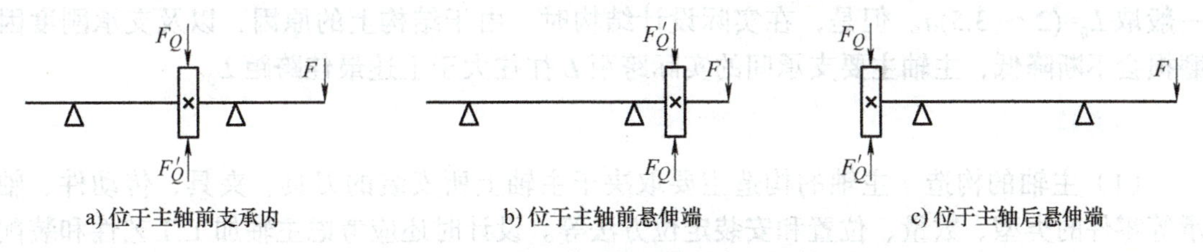

图 3-5　主轴上传动件的轴向布置方案

3. 主轴主要结构参数的确定

主轴的主要结构参数有主轴前轴颈直径 D_1，主轴后轴颈直径 D_2，主轴内孔直径 d，主轴前端悬伸量 a 和主轴主要支承间的跨距 L，如图 3-6 所示。

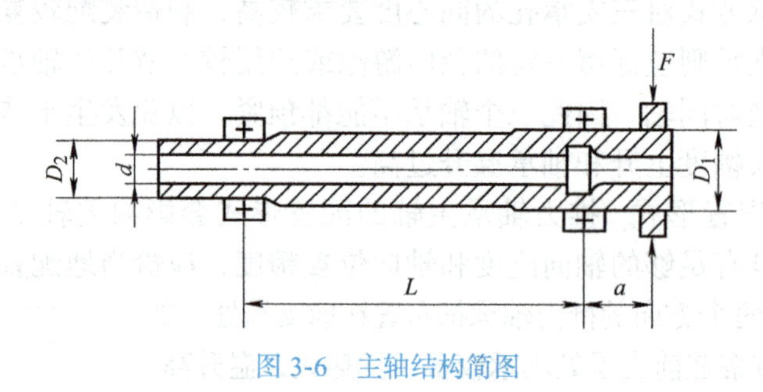

图 3-6 主轴结构简图

（1）主轴前轴颈直径 D_1 的选取 一般按机床类型、主轴传递的功率或最大加工直径来确定主轴前轴颈直径，见表 3-1。

表 3-1 主轴前轴颈的直径 （单位：mm）

切削功率 /kW	1.47 ～ 2.5	2.6 ～ 3.6	3.7 ～ 5.5	5.6 ～ 7.3	7.4 ～ 11	11 ～ 14.7	14.8 ～ 18.4	18.5 ～ 22	22 ～ 29.5
车床	60 ～ 80	70 ～ 90	70 ～ 105	95 ～ 130	110 ～ 145	140 ～ 165	150 ～ 190	200	230
升降台铣床	50 ～ 90	60 ～ 90	60 ～ 90	75 ～ 100	90 ～ 105	100 ～ 115	—	—	—
外圆磨床	—	50 ～ 60	55 ～ 70	70 ～ 80	75 ～ 90	75 ～ 100	90 ～ 100	105	105

（2）主轴内孔直径 d 的确定 很多机床的主轴是空心的，内孔直径与其用途有关。例如车床主轴内孔用来通过棒料或安装送夹料机构；铣床主轴内孔可通过拉杆来拉紧刀杆等。为了不过多地削弱主轴的刚度，卧式车床的主轴孔径 d 通常不小于主轴平均直径的 55% ～ 60%；铣床主轴孔径 d 可比刀具拉杆直径大 5 ～ 10mm。

（3）主轴前端悬伸量 a 的确定 主轴前端悬伸量 a 是指主轴前端面到前轴承径向反力作用中点（或前径向支承中点）的距离。它主要取决于主轴端部的结构、前支承轴承配置和密封装置的形式和尺寸，由结构设计确定。由于前端悬伸量对主轴部件的刚度、抗振性影响很大，因此在满足结构要求的前提下，设计时应尽量缩短悬伸量。

（4）主轴主要支承间跨距 L 的确定 合理确定主轴主要支承间的跨距 L 是获得主轴部件最大静刚度的重要条件之一。支承跨距减小，主轴的弯曲变形也较小，但因支承变形引起主轴前轴端的位移量增大；反之，支承跨距增大，尽管支承变形引起主轴前轴端的位移量减小了，但主轴的弯曲变形增大，也会引起主轴前轴端较大的位移，因此存在一个最佳跨距 L_0，在该跨距下，因主轴弯曲变形和支承变形引起主轴前轴端的总位移量为最小。一般取 $L_0=(2 \sim 3.5)a$。但是，在实际设计结构时，由于结构上的原因，以及支承刚度因磨损会不断降低，主轴主要支承间的实际跨距 L 往往大于上述最佳跨距 L_0。

4. 主轴

（1）主轴的构造 主轴的构造主要取决于主轴上所安装的刀具、夹具、传动件、轴承等零件的类型、数量、位置和安装定位方法等。设计时还应考虑主轴加工工艺性和装配工艺性。主轴一般为空心阶梯轴，前端径向尺寸大，中间径向尺寸逐渐减小，尾部径向尺寸最小。

主轴的前端形式取决于机床类型和安装夹具或刀具的形式。主轴头部的形状和尺寸已经标准化，应遵照标准进行设计。

（2）主轴的材料和热处理　主轴的材料应根据载荷特点、耐磨性要求选择。普通机床主轴可选用中碳钢（如 45 钢），调质处理后，在主轴端部、锥孔、定心轴颈或定心锥面等部位进行局部高频淬硬，以提高其耐磨性。只有载荷大和有冲击时，或精密机床需要减小热处理后的变形时，或有其他特殊要求时，才考虑选用合金钢。当支承为滑动抽承时，轴颈也需淬硬，以提高耐磨性。

机床主轴常用材料及热处理要求见表 3-2。

表 3-2　机床主轴常用材料及热处理要求

钢材	热处理	用途
45	调质 22 ～ 28HRC，局部高频淬硬 50 ～ 55HRC	一般机床主轴、传动轴
40Cr	淬硬 40 ～ 50HRC	载荷较大或表面要求较硬的主轴
20Cr	渗碳、淬硬 56 ～ 62HRC	中等载荷、转速很高、冲击较大
38CrMoAl	氮化处理 850 ～ 1000HV	精密和高精密机床主轴
65Mn	淬硬 52 ～ 58HRC	高精度机床主轴

（3）主轴的技术要求　主轴的技术要求，应根据机床精度标准有关项目制订。首先制订出满足主轴回转精度所必需的技术要求，如主轴前、后轴承轴颈的同轴度，锥孔相对于前、后轴颈中心连线的径向圆跳动，定心轴颈及其定位轴肩相对于前、后轴颈中心连线的径向和轴向圆跳动等，再考虑其他性能所需的要求，如表面粗糙度、表面硬度等，应尽量做到设计、工艺、检测的基准相统一。

图 3-7 所示为车床主轴简图，A 和 B 是主支承轴颈，主轴中心线是 A 和 B 的圆心连线，就是设计基准。检测时以主轴中心线为基准来检验主轴上各内、外圆表面和端面的径向圆跳动和端面圆跳动，所以也是检测基准。主轴中心线既是主轴前、后锥孔的工艺基准，又是锥孔检测时的测量基准。

主轴各部位的尺寸公差、几何公差、表面粗糙度和表面硬度等具体数值应根据机床的类型、规格、精度等级及主轴轴承的类型来确定。

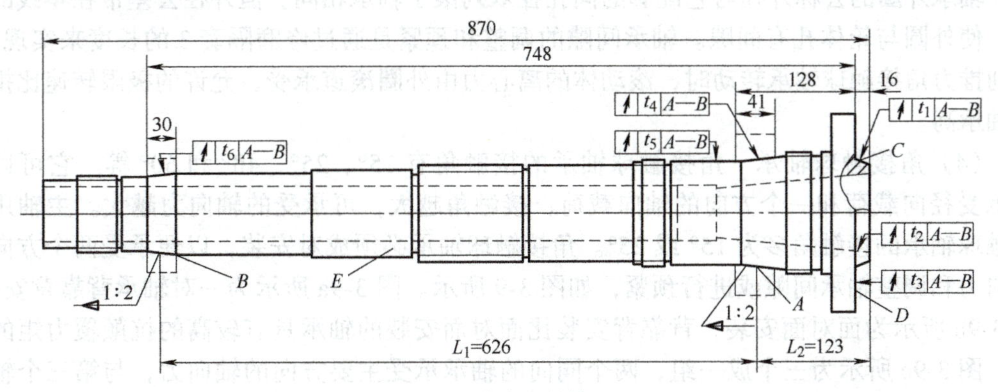

图 3-7　车床主轴简图

3.1.4 主轴滚动轴承

轴承是主轴部件的重要组件。轴承的类型、精度、结构、配置方式、安装调整、润滑和冷却等，都直接影响主轴部件的工作性能。

机床上常用的主轴轴承有滚动轴承、液体动压轴承、液体静压轴承、空气静压轴承等，此外，还有磁悬浮轴承等适应高速加工的新型轴承。

对主轴轴承的要求：回转精度高、刚度高、承载能力强、极限转速高、适应变速范围大、摩擦小、噪声低、抗振性好、使用寿命长、使用维护方便等。因此，在选用主轴轴承时，应根据主轴部件的主要性能要求、制造条件、经济效果综合进行考虑。

1. 主轴部件主支承常用的滚动轴承

（1）双列短圆柱滚子轴承　双列短圆柱滚子轴承的内圈有 1 : 12 的锥孔，与主轴的锥形轴径相匹配，轴向移动内圈，可以把内圈胀大，用来调整轴承的径向间隙和预紧；轴承的滚动体为滚子，能承受较大的径向载荷和较高的转速；轴承有两列滚子交叉排列，数量较多，因此刚度很高；不能承受轴向载荷。双列短圆柱滚子轴承有两种类型，如图 3-8a、b 所示。图 3-8a 中的内圈上有挡边，属于特轻系列；图 3-8b 中的挡边在外圈上，属于超轻系列。同样孔径，后者外径比前者小些。

（2）圆锥滚子轴承　圆锥滚子轴承有单列（见图 3-8d、e）和双列（见图 3-8c、f）两类，每类又有空心（见图 3-8c、d）和实心（见图 3-8e、f）两种。单列圆锥滚子轴承可以承受径向载荷和一个方向的轴向载荷。双列圆锥滚子轴承能承受径向载荷和两个方向的轴向载荷。双列圆锥滚子轴承由外圈 2、两个内圈 1 和隔套 3（也有的无隔套）组成，修磨隔套 3 就可以调整间隙或进行预紧。轴承内圈仅在滚子的大端有挡边，内圈挡边与滚子之间为滑动摩擦，所以发热较多，允许的最高转速低于同尺寸的圆柱滚子轴承。

图 3-8c、d 所示的空心圆锥滚子轴承是配套使用的，双列用于前支承，单列用于后支承。这类轴承滚子是中空的，润滑油可以从中流过，冷却滚子，降低温升，并有一定的减振效果。单列轴承的外圈上有弹簧，用于自动调整间隙和预紧。双列轴承的两列滚子数目相差一个，使两列刚度变化频率不同，有助于抑制振动。

（3）双列推力角接触球轴承　图 3-8g 所示的双列推力角接触球轴承的接触角为 60°，用来承受双向轴向载荷，常与双列短圆柱滚子轴承配套使用。为保证轴承不承受径向载荷，轴承外圈的公称外径与它配套的同孔径双列滚子轴承相同。但外径公差带在零线的下方，使外圆与箱体孔有间隙。轴承间隙的调整和预紧是通过修磨隔套 3 的长度来实现的。双列推力角接触球轴承转动时，滚动体的离心力由外圈滚道承受，允许的极限转速比推力球轴承高。

（4）角接触球轴承　角接触球轴承的接触角有 15°、25°、40° 和 60° 等。它可以同时承受径向载荷和一个方向的轴向载荷，接触角越大，可承受的轴向力越大。主轴用角接触球轴承的接触角多为 15° 或 25°。角接触球轴承必须成对安装，以便承受两个方向的轴向力和调整轴承间隙或进行预紧，如图 3-9 所示。图 3-9a 所示为一对轴承背靠背安装，图 3-9b 所示为面对面安装，背靠背安装比面对面安装的轴承具有较高的抗颠覆力矩的能力。图 3-9c 所示为三个成一组，两个同向的轴承承受主要方向的轴向力，与第三个轴承背靠背安装。

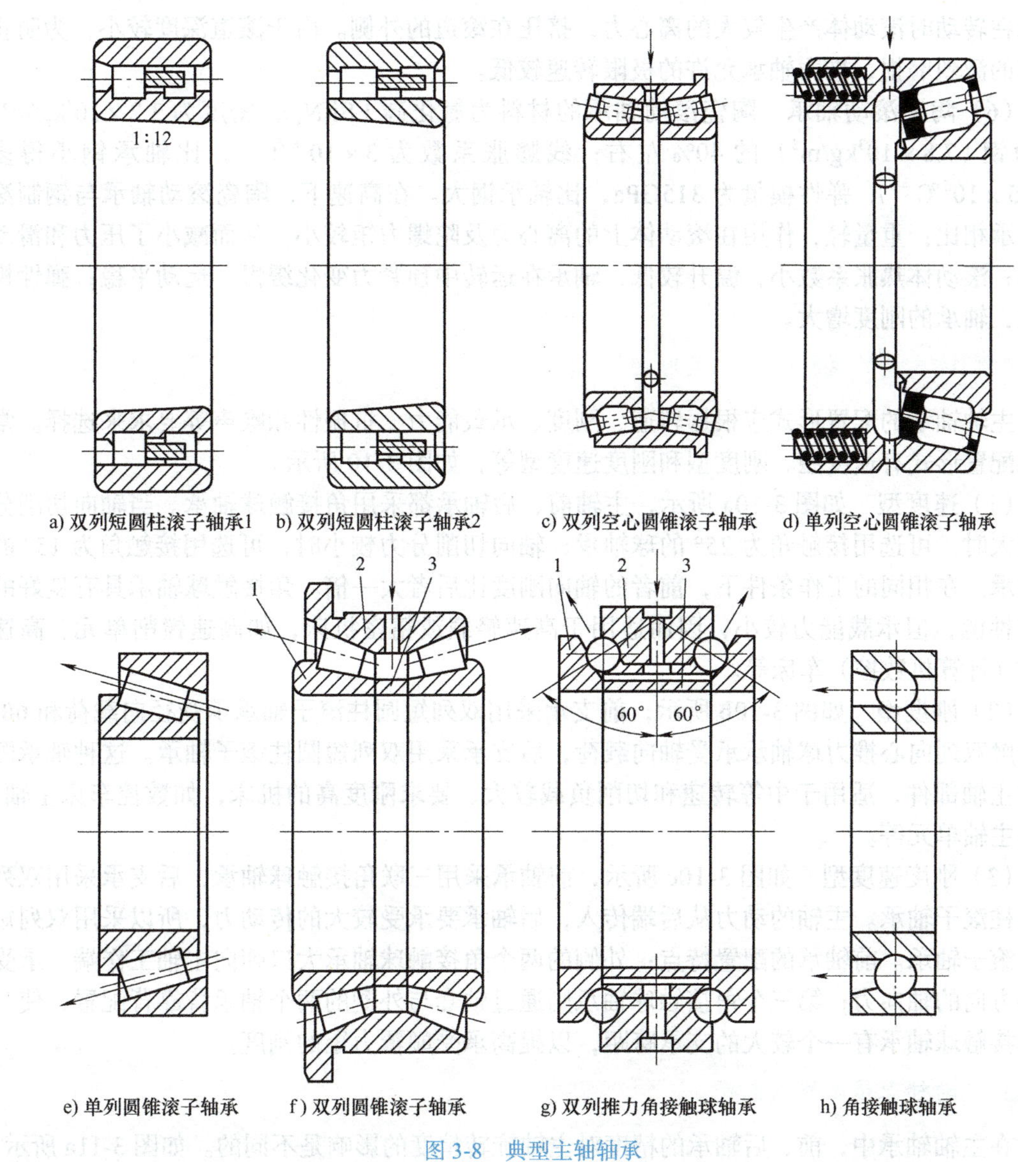

a) 双列短圆柱滚子轴承1　b) 双列短圆柱滚子轴承2　c) 双列空心圆锥滚子轴承　d) 单列空心圆锥滚子轴承

e) 单列圆锥滚子轴承　f) 双列圆锥滚子轴承　g) 双列推力角接触球轴承　h) 角接触球轴承

图 3-8　典型主轴轴承

1—内圈　2—外圈　3—隔套

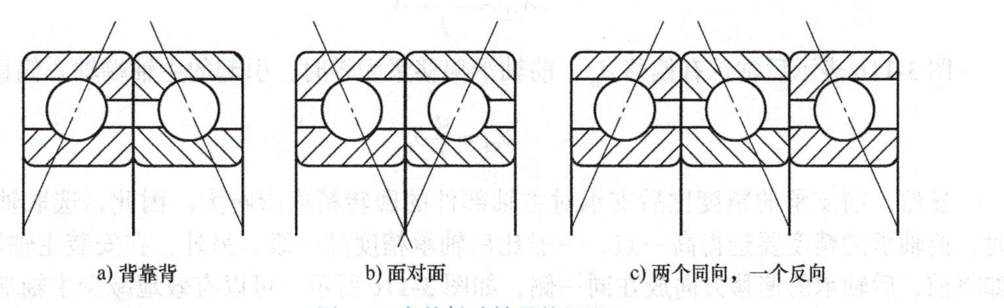

a) 背靠背　b) 面对面　c) 两个同向，一个反向

图 3-9　角接触球轴承的组配

（5）推力轴承　推力轴承只能承受轴向载荷，它的轴向承载能力和刚度较大。推力轴承在转动时滚动体产生较大的离心力，挤压在滚道的外侧。由于滚道深度较小，为防止滚道的激烈磨损，推力轴承允许的极限转速较低。

（6）陶瓷滚动轴承　陶瓷滚动轴承的材料为氮化硅（Si_3N_4），密度为 3.2×10^3kg/m^3，仅为钢（7.8×10^3kg/m^3）的 40% 左右；线膨胀系数为 3×10^{-6}℃$^{-1}$，比轴承钢小得多（12.5×10^{6}℃$^{-1}$），弹性模量为 315GPa，比轴承钢大。在高速下，陶瓷滚动轴承与钢制滚动轴承相比：重量轻，作用在滚动体上的离心力及陀螺力矩较小，从而减小了压力和滑动摩擦；滚动体热胀系数小，温升较低，轴承在运转中预紧力变化缓慢，运动平稳；弹性模量大，轴承的刚度增大。

2. 几种典型的主轴轴承配置形式

主轴轴承的配置形式应根据转速、刚度、承载能力、抗振性和噪声等要求来选择。常见的配置形式有速度型、刚度型和刚度速度型等，如图 3-10 所示。

（1）速度型　如图 3-10a 所示，主轴前、后轴承都采用角接触球轴承。当轴向切削分力较大时，可选用接触角为 25° 的球轴承；轴向切削分力较小时，可选用接触角为 15° 的球轴承。在相同的工作条件下，前者的轴向刚度比后者大一倍。角接触球轴承具有良好的高速性能，但承载能力较小，因而适用于高速轻载或精密机床，如高速镗削单元、高速 CNC（计算机数控）车床等。

（2）刚度型　如图 3-10b 所示，前支承采用双列短圆柱滚子轴承承受径向载荷和 60° 角接触双列向心推力球轴承承受轴向载荷，后支承采用双列短圆柱滚子轴承。这种轴承配置的主轴部件，适用于中等转速和切削负载较大、要求刚度高的机床，如数控车床主轴、镗削主轴单元等。

（3）刚度速度型　如图 3-10c 所示，前轴承采用三联角接触球轴承，后支承采用双列短圆柱滚子轴承。主轴的动力从后端传入，后轴承要承受较大的传动力，所以采用双列短圆柱滚子轴承。前轴承的配置特点：外侧的两个角接触球轴承大口朝向主轴工作端，承受主要方向的轴向力；第三个角接触球轴承则通过轴套与外侧的两个轴承背靠背配置，使三联角接触球轴承有一个较大的支承跨距，以提高承受颠覆力矩的刚度。

3. 滚动轴承精度等级选择

在主轴轴承中，前、后轴承的精度对主轴旋转精度的影响是不同的。如图 3-11a 所示，前轴承轴心有偏移 δ，当后轴承偏移量为零时，由偏移量 δ_A 引起的主轴端轴心偏移为

$$\delta_{A1}=\frac{L+a}{L}\delta_A \tag{3-2}$$

图 3-11b 表示后轴承有偏移 δ_B，前轴承偏移量为零时，引起的主轴端轴心偏移为

$$\delta_{B1}=\frac{a}{L}\delta_B \tag{3-3}$$

显然，前支承的精度比后支承对主轴部件的回转精度影响大。因此，选取轴承精度时，前轴承的精度要选得高一点，一般比后轴承精度高一级。另外，在安装主轴轴承时，如将前、后轴承的偏移方向放在同一侧，如图 3-11c 所示，可以有效地减少主轴端部的偏移，如后轴承的偏移量适当地比前轴承的大，可使主轴端部的偏移量为零。

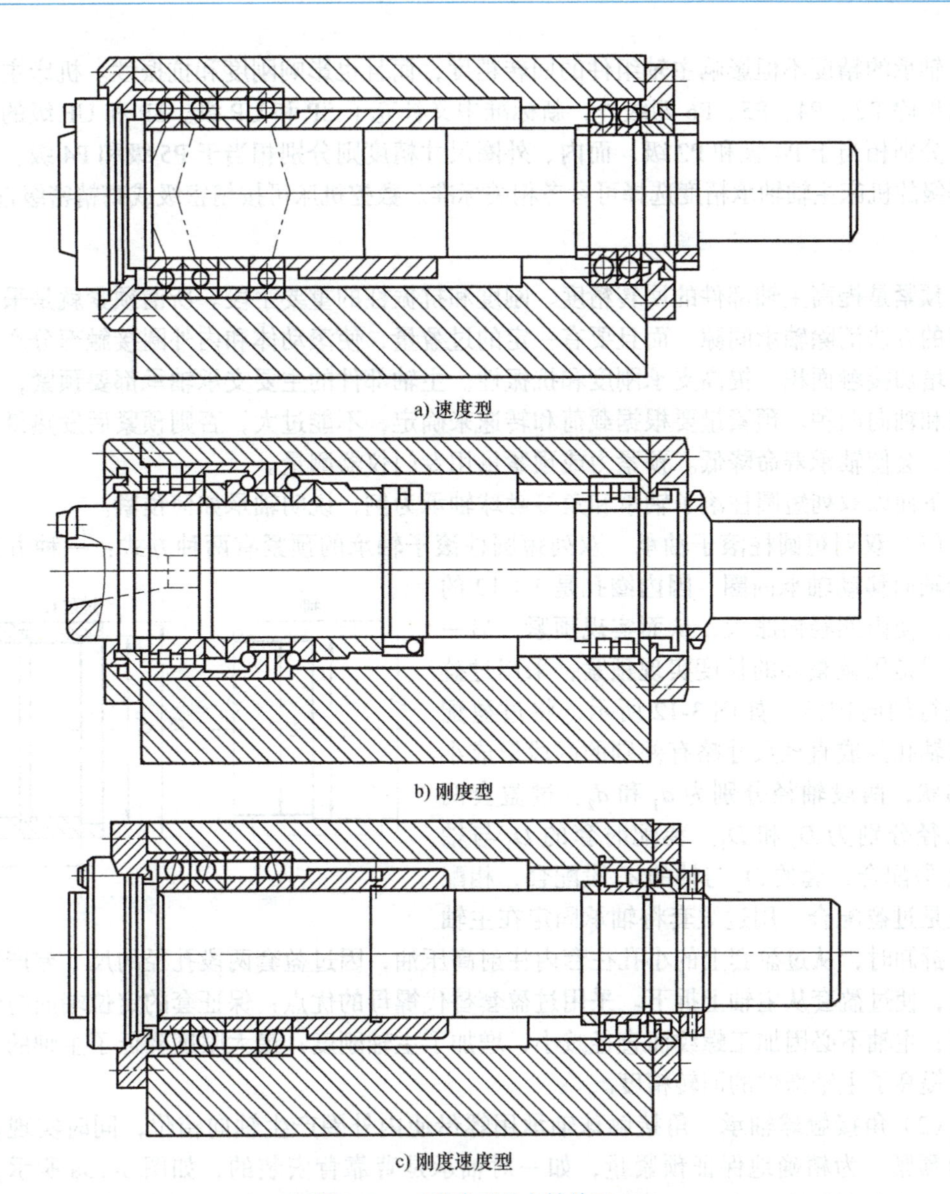

图 3-10　三种类型的主轴单元

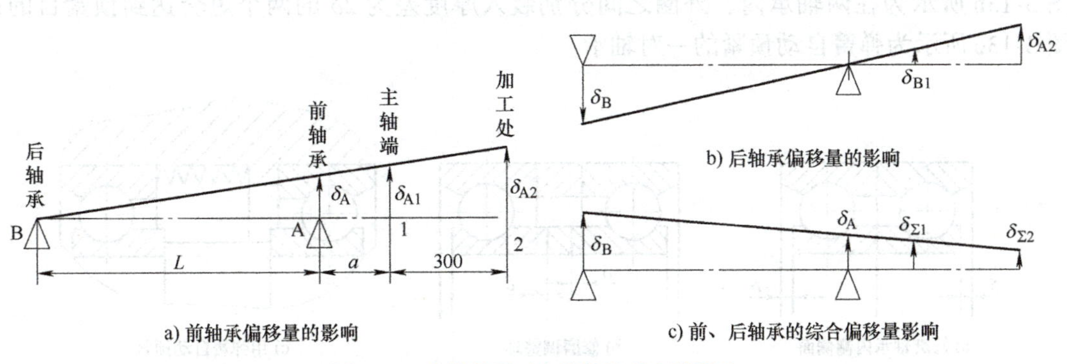

图 3-11　主轴轴承对主轴旋转精度的影响

轴承的精度不但影响主轴组件的回转精度，而且也影响刚度和抗振性。机床主轴轴承的精度除 P2、P4、P5、P6 四级外，新标准中又补充了 SP 和 UP 级。SP 和 UF 级的回转精度，分别相当于 P4 级和 P2 级，而内、外圈尺寸精度则分别相当于 P5 级和 P4 级。不同精度等级的机床主轴轴承精度选择可参考相关标准。数控机床可按精密级或高精密级选择。

4. 主轴滚动轴承的预紧

预紧是提高主轴部件的回转精度、刚度和抗振性的重要手段。所谓预紧就是采用预加载荷的方法消除轴承间隙，而且要有一定的过盈量，使滚动体和内外圈接触部分产生预变形，增加接触面积，提高支承刚度和抗振性。主轴部件的主要支承轴承都要预紧，预紧有径向和轴向两种。预紧量要根据载荷和转速来确定，不能过大，否则预紧后发热量大、温升高，会使轴承寿命降低。预紧力或预紧量用专门仪器测量。

下面以双列短圆柱滚子轴承和角接触球轴承为例，说明轴承如何预紧。

（1）双列短圆柱滚子轴承　双列短圆柱滚子轴承的预紧有两种方式：一种方式是用螺母轴向移动轴承内圈，因内圈孔是 1∶12 的锥孔，使内圈径向胀大，从而实现预紧；另一种方式是用调整环的长度实现预紧，采用过盈套进行轴向固定。如图 3-12 所示，将过盈配合的轴孔制成直径尺寸略有差别的两段形成小阶梯状，两段轴径分别为 d_1 和 d_2。过盈套两段孔径分别为 D_2 和 D_1。装配时套的 D_1 与轴的 d_1 段配合，套的 D_2 与轴的 d_2 段配合，相配处全是过盈配合，用过盈套将轴承固定在主轴上。拆卸时，从过盈套上的小孔往套内注射高压油，因过盈套两段孔径的尺寸差产生轴向推力，使过盈套从主轴上拆下。采用过盈套替代螺母的优点：保证套的定位端面与轴心线垂直；主轴不必因加工螺纹而直径减小，增加了主轴刚度；最大限度降低了主轴的不平衡量，提高了主轴部件的回转精度。

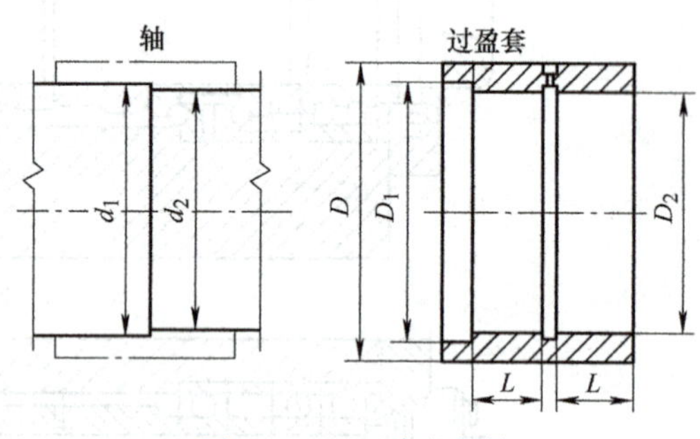

图 3-12　过盈套的结构

（2）角接触球轴承　角接触球轴承用螺母使内外圈产生轴向错位，同时实现径向和轴向预紧。为精确地保证预紧量，如一对轴承是背靠背安装的，如图 3-13a 所示，将一对轴承的内圈侧面各磨去按预紧量确定的厚度 δ，当压紧内圈时即可得到设定的预紧量；图 3-13b 所示为在两轴承内、外圈之间分别装入厚度差为 2δ 的两个短套达到预紧目的；图 3-13c 所示为弹簧自动预紧的一对轴承。

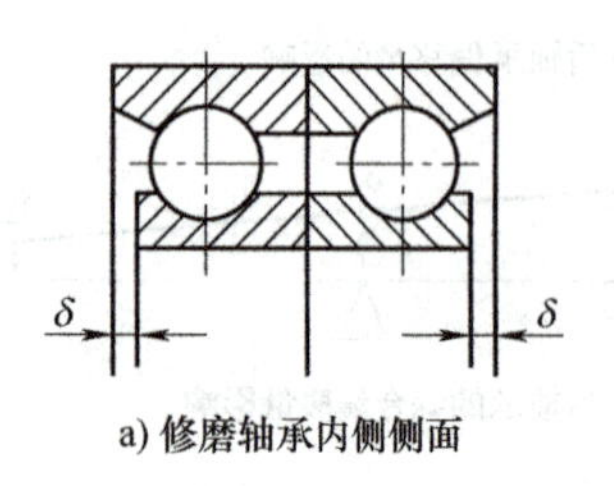

a) 修磨轴承内侧侧面

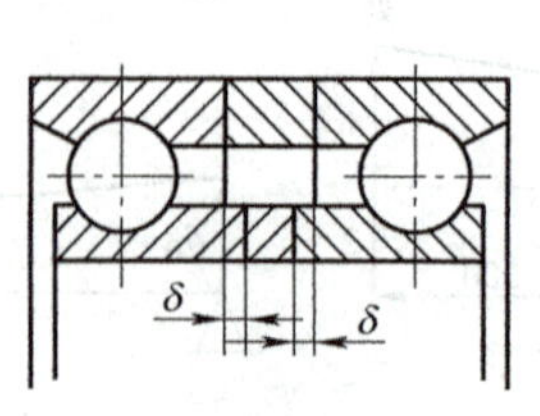

b) 修磨调整环

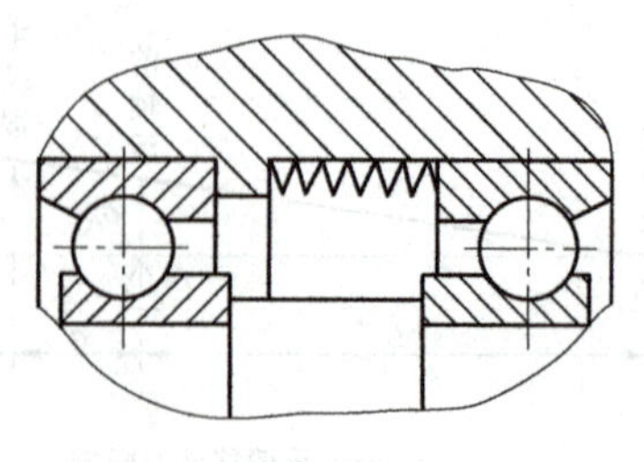
c) 用弹簧自动预紧

图 3-13　角接触球轴承预紧

5. 滚动轴承的润滑和密封

（1）润滑　滚动轴承在运转过程中，滚动体和轴承滚道间会产生滚动摩擦和滑动摩擦，从而产生热量而使轴承温度升高，因热变形改变轴承的间隙，引起振动和噪声。润滑的作用是利用润滑剂在摩擦面间形成润滑油膜，减小摩擦系数和发热量，并带走一部分热量，以降低轴承的温升。润滑剂和润滑方式的选择主要取决于轴承的类型、转速和工作负荷。滚动轴承所用的润滑剂主要有润滑脂和润滑油两种。

1）润滑脂。润滑脂是由基油、稠化剂和添加剂在高温下混合而成的一种半固体状润滑剂，如锂基脂、钙基脂、高速轴承润滑脂等。其特点是黏附力强，油膜强度高，密封简单，不易渗漏，长时间不需更换，维护方便，但摩擦阻力比润滑油略大，因此，常用于转速不太高、又不需冷却的场合，特别是立式主轴或装在套筒内可以伸缩的主轴，如钻床、坐标镗床和加工中心等。

2）润滑油。润滑油的种类很多，其黏度随温度的升高而减小，选择润滑油的黏度应保证其在轴承工作温度（40°C 时）下为 10 ～ 23mm²/s。转速越高，选用润滑油的黏度应越低；负荷越大，黏度应越高。主轴轴承的油润滑方式主要有油浴、滴油、循环润滑、油雾润滑、油气润滑和喷射润滑等。

高速轴承发热大，为控制其温升，希望润滑油同时兼起冷却作用，可采用油气润滑。油气润滑是间隔一定时间由定量柱塞分配器定量输出 0.01 ～ 0.06mL 润滑油，与压缩空气管道中的压力为 0.3 ～ 0.5MPa，流量为 20 ～ 50L/min 的压缩空气混合后经细长管道和喷嘴连续喷向轴承。油气润滑供给轴承的油未被雾化，而且呈滴状进入轴承。因此，采用油气润滑不污染环境，用过可回收，可用于 $dn>10^6$mm · r/min 的高速轴承。

（2）密封　滚动轴承密封的作用是防止切削液、切屑、灰尘、杂质等进入轴承，并使润滑剂无泄漏地保持在轴承内，保证轴承的使用性能和寿命。

密封的类型主要有非接触式密封和接触式密封两大类，非接触式密封又分为间隙式密封、曲路式密封和垫圈式密封。接触式密封可分为径向密封圈和毛毡密封圈。

选择密封形式时，应综合考虑轴的转速、轴承润滑方式、轴端结构、轴承工作温度、轴承工作时的外界环境等。

3.1.5　主轴滑动轴承

滑动轴承具有良好的抗振性、回转精度高、运动平稳等特点，主要应用于精密、高精密机床中。主轴滑动轴承按产生油膜的方式，分为动压轴承和静压轴承两类；按照流体介质不同分为液体滑动轴承和气体滑动轴承。

1. 动压轴承

动压轴承的工作原理：当主轴旋转时，带动润滑油从间隙大处向间隙小处流动，形成压力油楔而产生油膜压力 p，将主轴浮起。

油膜的承载能力与工作状况有关，如速度、润滑油的黏度、油楔结构等。转速越高，间隙越小，油膜的承载能力越大。油楔结构参数包括油楔的形状、长度、宽度、间隙以及油楔入口与出口的间隙比等。

动压轴承按油楔数分为单油楔和多油楔。多油楔轴承因有几个独立油楔，形成的油膜压力在几个方向上支承轴颈，轴心位置稳定性好，抗振动和冲击性能好，因此，机床主轴多采用多油楔轴承。多油楔轴承有固定多油楔滑动轴承和活动多油锲滑动轴承两类。

（1）固定多油楔滑动轴承　在轴承内工作表面上加工出偏心圆弧面或阿基米德螺旋线来实现油楔。图 3-14 所示为用于外圆磨床砂轮架主轴的固定多油锲滑动轴承，轴瓦 1 为外柱（与箱体孔配合）内锥（与主轴颈配合）式，前后两个止推环 2 和 5 是滑动推力轴承。转动螺母 3 可使主轴相对于轴瓦做轴向移动，通过锥面调整轴承间隙，螺母 4 可调整滑动推力轴承的轴向间隙。固定多油楔轴承的油楔形状由主轴工作条件而定，如果主轴旋转方向恒定，不需换向，转速变化很小或不变速时，油楔可采用阿基米德螺旋线；如果主轴转速是变化的，而且要换向，油楔形成采用偏心圆弧面，如图 3-14b 所示，车床主轴轴承采用此方式。

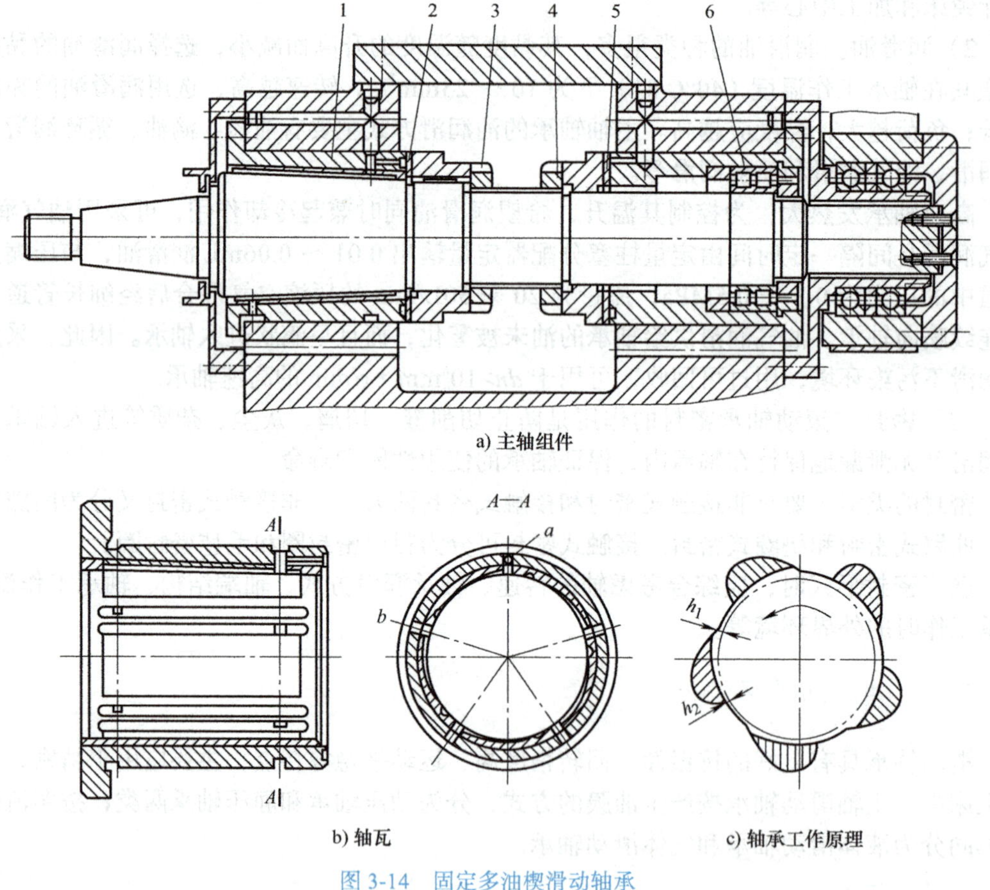

图 3-14　固定多油楔滑动轴承

1—轴瓦　2、5—止推环　3—转动螺母　4—螺母　6—轴承

（2）活动多油楔滑动轴承　活动多油楔滑动轴承利用浮动轴瓦自动调位来实现油楔，如图 3-15 所示。这种轴承由 3 块或 5 块轴瓦组成，各由一球头螺钉支承。可以稍作摆动以适应转速或载荷的变化。瓦块的压力中心 O 离油楔出口处距离 b_0 约等于瓦块宽 B 的 0.4 倍，即 $b\approx0.4B$，也就是该瓦块的支承点不通过瓦块宽度的中心。当主轴旋转时，由于瓦块上压强的分布，瓦块可自动摆动至最佳间隙比 h_1/h_2=2.2（进油口间隙与出油口间隙之

比）后处于平衡状态，这种轴承只能朝一个方向旋转，不允许反转，否则不能形成压力油楔。轴承径向间隙靠螺钉调节。这种轴承的刚度比固定多油楔低，多用于各种外圆磨床、无心磨床和平面磨床中。

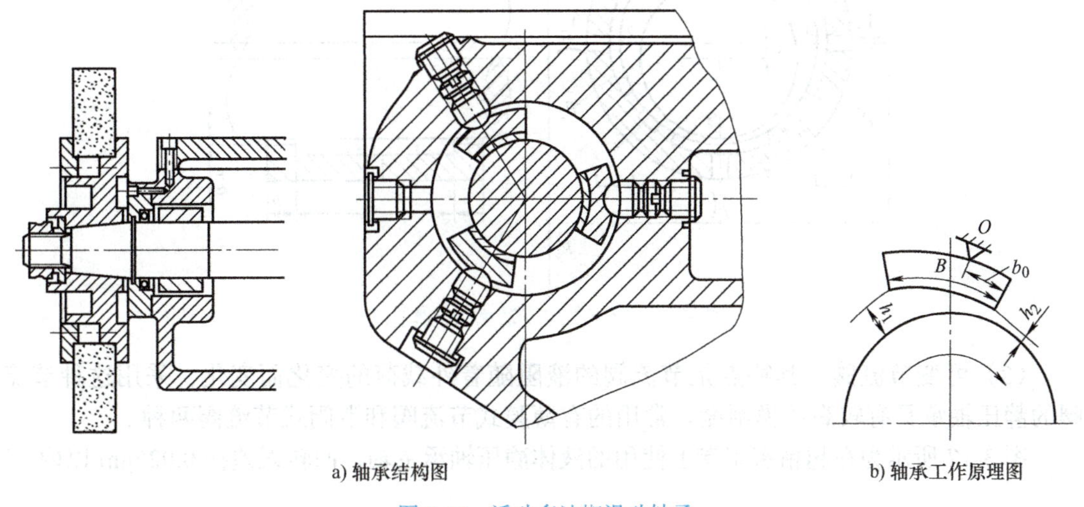

a) 轴承结构图　　b) 轴承工作原理图

图 3-15　活动多油楔滑动轴承

2. 液体静压轴承

液体静压轴承系统由一套专用供油系统、节流阀和轴承三部分组成。静压轴承由供油系统供给一定压力油，输进轴和轴承间隙中，利用油的静压力支承载荷，轴颈始终浮在压力油中。所以，轴承油膜压强与主轴转速无关，承载能力不随转速而变化。静压轴承与动压轴承相比有如下优点：回转精度高，承载能力高，油膜有均化误差的作用，可提高加工精度，抗振性好，摩擦小，运转平稳，既能在极低转速下工作，也能在极高转速下工作，轴承寿命长。

定压式静压轴承的工作原理如图 3-16 所示，在轴承的内圆柱孔上，开有四个对称的油腔 1 ～ 4。油腔之间由轴向回油槽隔开，油腔四周有封油面，封油面的周向宽度为 a，轴向宽度为 b。液压泵输出的油压为定值 p_s 的油液，分别流经节流阀 T_1、T_2、T_3、T_4 进入各个油腔。节流阀的作用是使各个油腔的压力随外载荷的变化自动调节，从而平衡外载荷。当无外载荷作用（不考虑自重）时，各油腔的油压相等，即 $p_1=p_2=p_3=p_4$，这时油腔压力保持平衡，轴在正中央，各油腔封油面与轴颈的间隙相等，即 $h=h_1=h_2=h_3=h_4$，间隙液阻也相等。

当有外载荷 F 向下作用时，轴颈失去平衡，沿载荷方向偏移一个微小位移 e。油腔 3 间隙减小，即 $h_3=h-e$，间隙液阻增大，流量减小，节流阀 T_3 的压力降减小，因供油压力 p_s 是定值，故油腔压力 p_3 随着增大。同理，上油腔 1 间隙增大，即 $h_1=h+e$。间隙液阻减小，流量增大，节流阀 T_1 的压力降增大，油腔压力 p_1 随着减小。两者的压力差 $\Delta p=p_3-p_1$，将主轴推回中心以平衡外载荷 F。

节流阀有两种：

（1）固定节流阀　其特点是节流阀的液阻不随外载荷的变化而变化。常用的有小孔节流阀和毛细管节流阀。

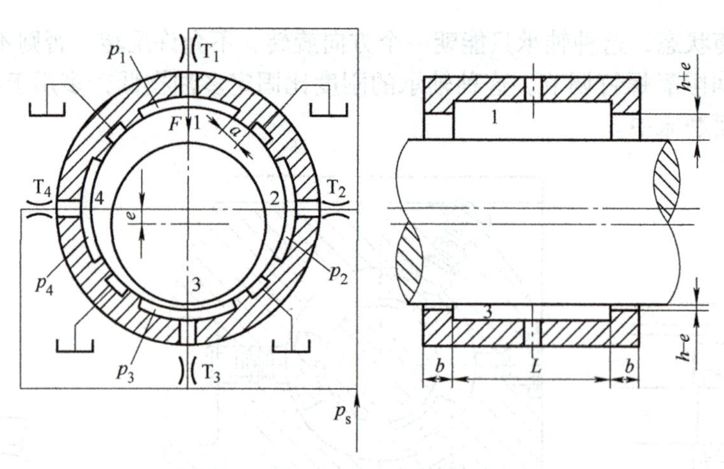

图 3-16　定压式静压轴承的工作原理

（2）可变节流阀　其特点是节流阀的液阻随着外载荷的变化而变化，采用这种节流阀的静压轴承具有较高油膜刚度。常用的有薄膜式节流阀和滑阀式节流阀两种。

图 3-17 所示为在超精密车床上使用的液体静压轴承主轴，回转误差在 0.025μm 以内。

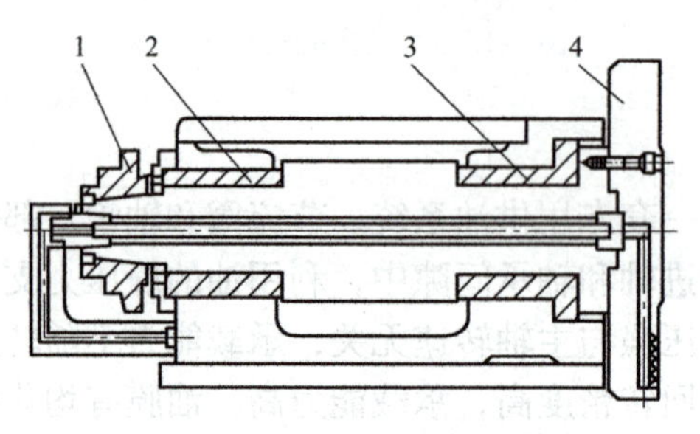

图 3-17　液体静压轴承主轴

1—带轮　2、3—静压轴承　4—真空吸盘

3. 气体静压轴承

用空气作为介质的静压轴承称为气体静压轴承，也称为气浮轴承或空气轴承，其工作原理与液体静压轴承相同。由于空气的黏度比液体小得多，摩擦小，功率损耗小，故气体静压轴承能在极高转速或极低温度下工作，振动小、噪声特别小，回转精度高，寿命长，基本上不需要维护，常用于高速、超高速、高精度机床主轴部件中。具有气体静压轴承的主轴结构形式主要有三种：

1）采用前端为球形、后端为圆柱形或半球形空气静压轴承的主轴，如图 3-18 所示。

2）具有径向圆柱与平面止推型轴承的主轴，如图 3-19 所示的 CUPE（克兰菲尔德超精密工程研究所）高精度数控金刚石车床主轴，它采用内装式电子主轴，电动机转子就是车床主轴。

3）采用双半球形气体静压轴承的主轴，如图 3-20 所示 CUPE 的 PG150S 空气静压轴承。此种轴承的特点是气体轴承的两球心连线就是机床主轴的旋转中心线，它可以自动调心，前后轴承的同心性好，采用多孔石墨，可以保证刚度达 300N/μm 以上，回转误差在 0.1μm 以内。

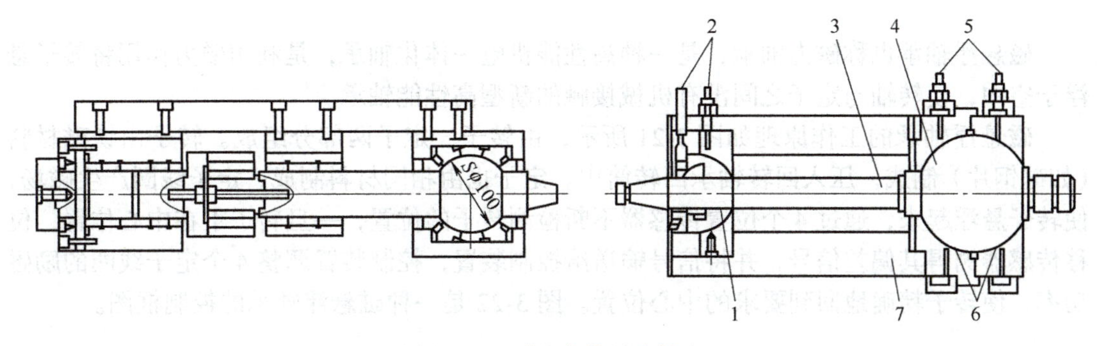

图 3-18　两种空气静压球轴承

1—径向球轴承　2、5—压缩空气　3—轴　4—球体　6—球面轴承　7—球面座

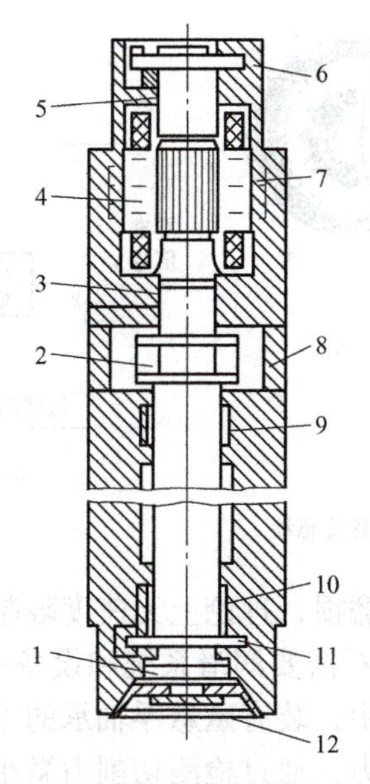

图 3-19　CUPE 高精度数控金刚石车床主轴

1—低膨胀材料　2—联轴器　3、5、9、10—径向轴承　4—驱动电动机　6、11—推力轴承　7—冷却装置　8—热屏蔽装置　12—金刚石砂轮

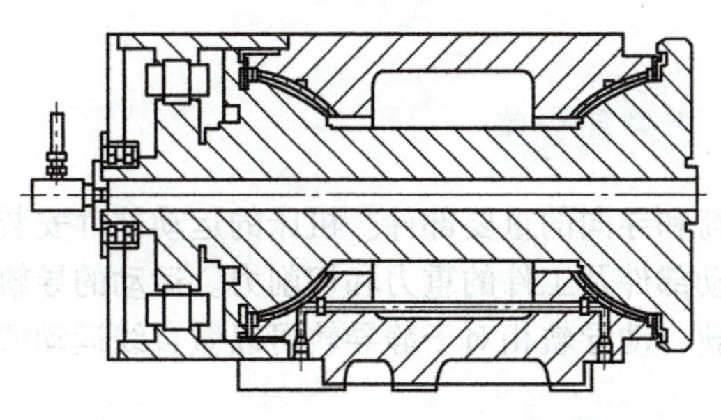

图 3-20　CUPE 的 PG150S 空气静压轴承

3.1.6　磁悬浮轴承

磁悬浮轴承也称磁力轴承，是一种高性能机电一体化轴承，是利用磁力作用将转子悬浮于空中，使转轴与定子之间没有机械接触的新型高性能轴承。

磁悬浮轴承的工作原理如图 3-21 所示，由转子、定子两部分组成。转子由铁磁材料（如硅钢片）制成，压入回转轴承回转筒中。定子也由相同材料制成，定子线圈产生磁场，使转子悬浮起来，通过 4 个位置传感器不断检测转子的位置，一旦转子不在中心位置，位移传感器测得其偏差信号，并将信号输送给控制装置，控制装置调整 4 个定子线圈的励磁功率，使转子精确地回到要求的中心位置。图 3-22 是一种磁悬浮轴承的控制框图。

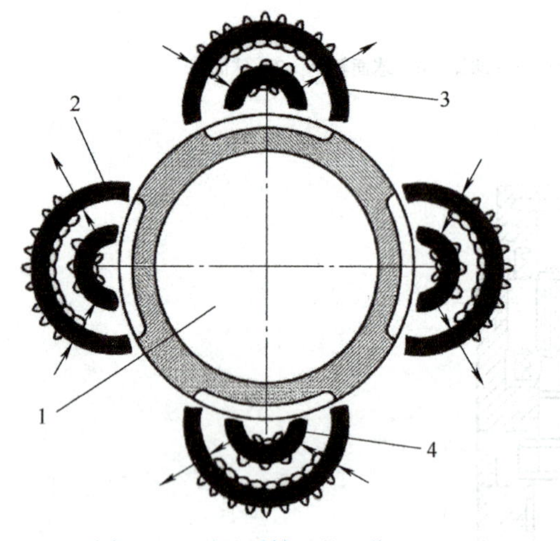

图 3-21　磁悬浮轴承的工作原理

1—转子　2—定子　3—电磁铁　4—位置传感器

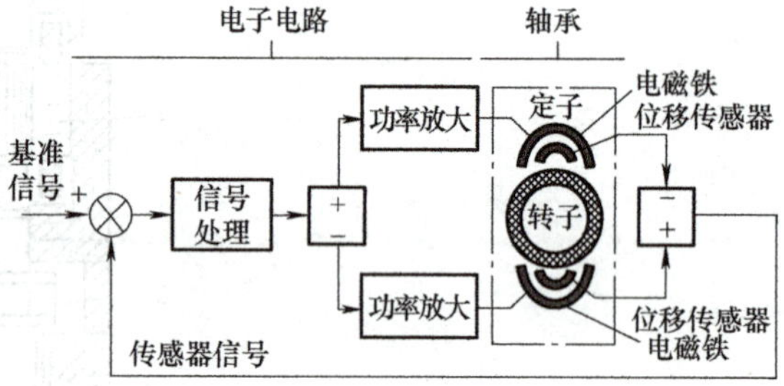

图 3-22　磁悬浮轴承的控制框图

磁悬浮轴承的特点是无机械磨损，理论上无速度限制；运转时无噪声，温升低、能耗小，不需要润滑，不污染环境，不需要润滑系统和设备；能在超低温和高温下正常工作，也可用于真空、蒸汽腐蚀性环境中；装有磁悬浮轴承的主轴可以自适应控制，通过监测定子线圈的电流，灵敏地控制切削力，通过检测切削力微小变化控制机械运动，以提高加工质量。因此，磁悬浮轴承特别适用于高速、超高速加工。

3.2　导轨设计

3.2.1　导轨的功用、要求和分类

导轨是机床承受载荷和导向的重要部件。机床的运动部件安装在导轨上，运动部件沿导轨运动，导轨承受运动部件及工件的重力和切削力。运动的导轨称为动导轨，不动的导轨称为静导轨或支承导轨，动导轨相对于静导轨可以做直线运动或者回转运动。

1. 导轨设计的基本要求

机床导轨对整个机床性能有着决定性的影响，需要满足多方面的要求：导向精度、承

载能力和刚度、精度保持性、低速运动平稳性、结构工艺性和成本等。

1）导向精度。导向精度是导轨副在空载荷或切削条件下运动时，实际运动轨迹与给定运动轨迹之间的偏差。影响导向精度的因素很多，如导轨的精度、导轨的结构形式、导轨和支承件的刚度、导轨和支承件的热变形等。

2）承载能力和刚度。根据导轨承受载荷的性质、方向和大小，合理地选择导轨的截面形状和尺寸，使导轨具有足够的刚度，保证机床的加工精度。

3）精度保持性。精度保持性主要是由导轨的耐磨性决定的，常见的磨损形式有磨料（或磨粒）磨损、黏着磨损或咬焊、接触疲劳磨损等。影响耐磨性的因素有导轨材料及热处理、载荷状况、摩擦性质、润滑和防护条件等。

4）低速运动平稳性。当动导轨做低速运动或微量进给时，应保证运动始终平稳，不出现爬行现象。影响低速运动平稳性的因素有导轨的结构形式，润滑情况，导轨摩擦面的静、动摩擦系数的差值，以及传动导轨运动的传动系刚度。

5）结构工艺性。结构工艺性包括加工工艺性、装配工艺性、维修工艺性，要求加工、装配、调整和维修方便。

6）成本。不同类型导轨的成本（价格）不同，如静压导轨比机械滑动导轨成本高。

2. 导轨的分类

导轨按结构形式可分为开式导轨和闭式导轨。开式导轨是指在部件自重和外载荷的作用下，动导轨和支承导轨的工作面（如图 3-23a 中 c 面和 d 面）始终保持接触、贴合。其结构较简单，不能承受较大的颠覆力矩。

闭式导轨借助于压板使导轨能承受较大的颠覆力矩。例如，车床床身和床鞍导轨，如图 3-23b 所示。当颠覆力矩 M 作用在导轨上时，仅靠自重已不能使主导轨面 e、f 始终贴合，需用压板 1 和 2 形成辅助导轨面 g 和 h，保证支承导轨与动导轨的工作面始终保持可靠的接触。

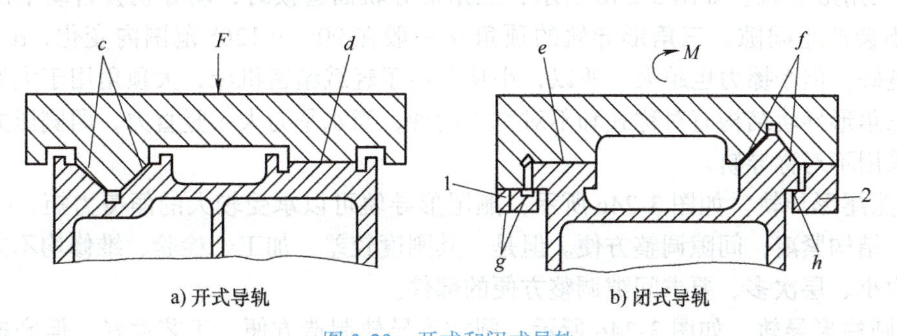

图 3-23　开式和闭式导轨

1、2—压板

导轨副按摩擦性质可分为滑动导轨、静压导轨和滚动导轨。导轨副按运动性质可分为直线导轨和回转导轨，回转导轨还可分为回转角度大于 360° 的旋转导轨和回转角度小于 360° 的弧形导轨。

3.2.2　滑动导轨

从摩擦性质来看，滑动导轨摩擦属于具有一定动压效应的混合摩擦状态。导轨的动压效应主要与导轨的滑动速度、润滑油黏度、导轨面的油沟尺寸和形式等有关。速度较高的主运动导轨，如立式车床的工作台导轨，应合理地设计油沟形式和尺寸，选择合适黏度的润滑油，以产生较好的动压效果。滑动导轨的优点是结构简单、制造方便和抗振性好，缺点是磨损快。

1. 导轨的截面形状

(1) 直线导轨　直线导轨的截面形状有矩形、三角形、燕尾形和圆柱形。

1）矩形导轨。如图3-24a所示，上图是凸型导轨，下图是凹型导轨，凸型导轨容易清除切屑，但不易存留润滑油；凹型导轨则相反。矩形导轨具有承载能力大、刚度高、制造简便、检验和维修方便等优点，但存在侧向间隙，需用镶条调整，导向性差。矩形导轨适用于载荷较大而导向性要求略低的机床。

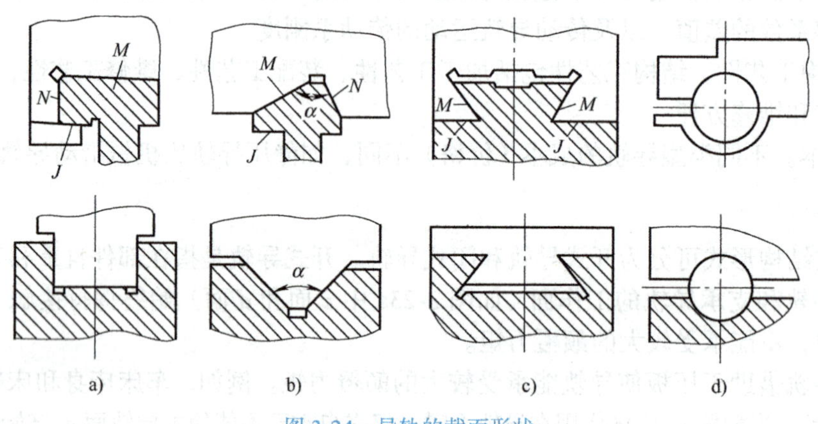

图3-24　导轨的截面形状

2）三角形导轨。如图3-24b所示，三角形导轨面磨损时，动导轨会自动下沉补偿磨损量，不会产生间隙。三角形导轨的顶角 α 一般在90°～120°范围内变化，α 角越小，导向性越好，但摩擦力也越大。所以，小顶角用于轻载精密机床，大顶角用于大型或重型机床。三角形导轨结构有对称式和不对称式两种，当水平力大于竖直力，两侧压力分布不均时，采用不对称导轨。

3）燕尾形导轨。如图3-24c所示，燕尾形导轨可以承受较大的颠覆力矩，导轨的高度较小，结构紧凑，间隙调整方便。但是，其刚度较差，加工、检验、维修均不方便，适用于受力小、层次多、要求间隙调整方便的部件。

4）圆柱形导轨。如图3-24d所示，圆柱形导轨制造方便、工艺性好，但磨损后较难调整和补偿间隙。其主要用于受轴向载荷的导轨。

(2) 回转运动导轨　回转运动导轨的截面形状有：平面环形、锥面环形和双锥面。

1）平面环形导轨。如图3-25a所示，其结构简单，制造方便，能承受较大的轴向力，但不能承受径向力，因而必须与主轴联合使用，由主轴来承受径向载荷。平面环形导轨摩擦小、精度高，适用于由主轴定心的各种回转运动导轨的机床，如高速大载荷立式车床、齿轮机床等。

2）锥面环形导轨。如图3-25b所示，锥面环形导轨除能承受轴向载荷外，还能承受一定的径向载荷，但不能承受较大的颠覆力矩。其导向性比平面环形导轨好，但制造较难。

3）双锥面导轨。如图 3-25c 所示，双锥面导轨能承受较大的径向力、轴向力和一定的颠覆力矩，制造研磨均较困难。

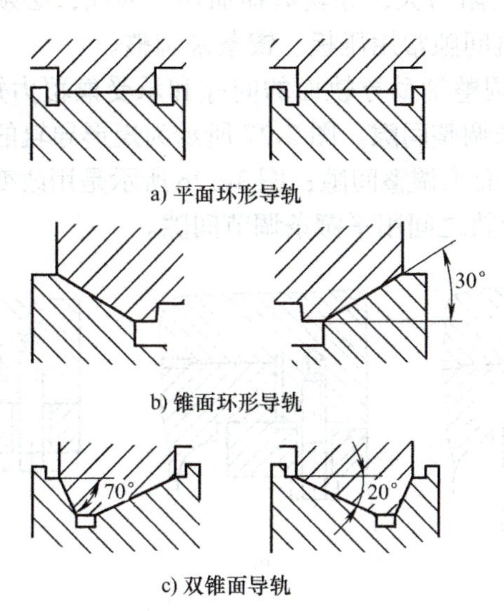

图 3-25　回转运动导轨

（3）导轨的组合形式　机床直线运动导轨通常由两条导轨组合而成。根据不同要求，机床导轨主要有如下形式的组合：

1）双三角形导轨。如图 3-26a 所示，双三角形导轨不需要镶条调整间隙，接触刚度好，导向性和精度保持性好，但是工艺性差，加工、检验和维修不方便，多用在精度要求较高的机床中，如丝杠车床、导轨磨床、齿轮磨床等。

2）双矩形导轨。如图 3-26b、c 所示，双矩形导轨承载能力大，制造简单，多用于普通精度机床和重型机床，如重型车床、升降台铣床等。双矩形导轨的导向方式有两种：由两条导轨的外侧导向时，叫作宽式组合，如图 3-26b 所示；由一条导轨的两侧导向时，叫作窄式组合，如图 3-26c 所示。机床热变形后，宽式组合导轨的侧向间隙变化比窄式组合导轨大，导向性不如窄式组合，无论是宽式还是窄式组合，侧导向面都需要用镶条调整间隙。

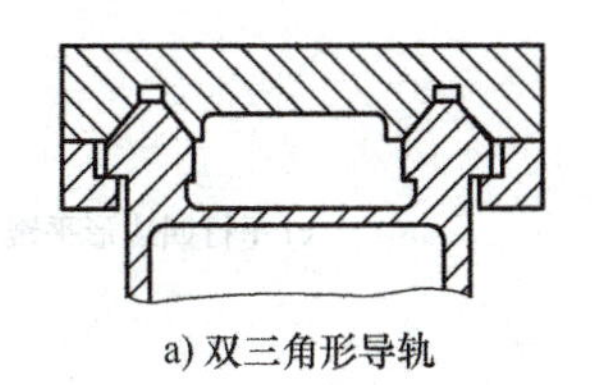

a) 双三角形导轨

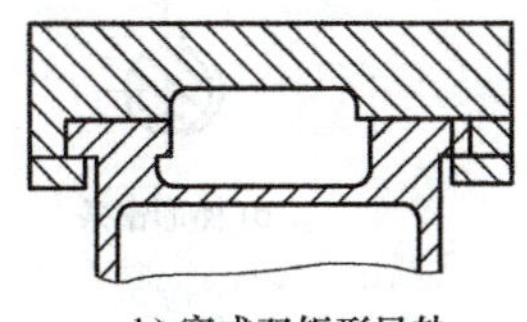

b) 宽式双矩形导轨

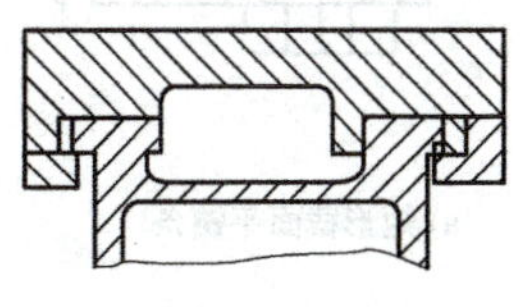

c) 窄式双矩形导轨

图 3-26　导轨的组合

3）矩形和三角形导轨的组合。这类组合的导轨导向性好、刚度高、制造方便、应用最广，如车床、磨床、龙门铣床的床身导轨。

4）矩形和燕尾形导轨的组合。这类组合能承受较大力矩，调整方便，多用在横梁、立柱、摇臂导轨中。

2. 导轨间隙调整

导轨面间的间隙对机床工作性能有直接影响，如果间隙过大，将影响运动精度和平稳性；如果间隙过小，则运动阻力大，导轨磨损加快。因此，必须保证导轨具有合理间隙，磨损后又能方便调整。导轨间隙常用压板、镶条来调整。

（1）压板　压板用来调整辅助导轨面的间隙和承受颠覆力矩。压板用螺钉固定在运动部件上，用配刮、垫片来调整间隙。图 3-27 所示为矩形导轨的三种压板结构。图 3-27a 所示是用压板 3 的 *e* 面和 *d* 面来调整间隙；图 3-27b 所示是用改变垫片的厚度来调整间隙；图 3-27c 所示是在压板和导轨之间用平镶条调节间隙。

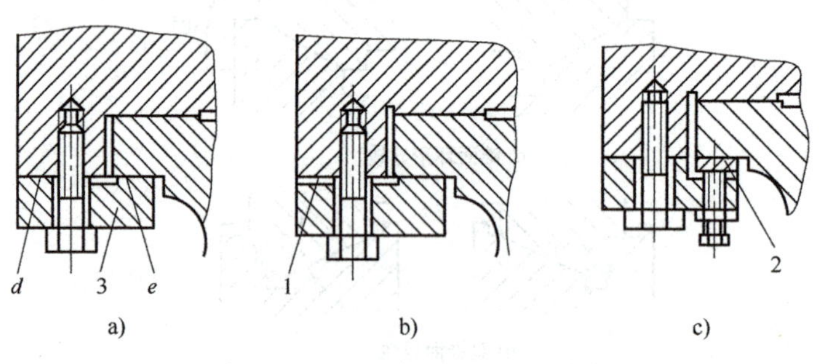

a)　b)　c)

图 3-27　矩形导轨的三种压板结构

1—垫片　2—平镶条　3—压板

（2）镶条　镶条用来调整矩形导轨和燕尾形导轨的侧向间隙，镶条应放在导轨受力较小一侧，常用的镶条有平镶条和斜镶条两种。平镶条横截面为矩形或平行四边形，厚度均匀相等，平镶条由全长上的几个调整螺钉进行间隙调整，因其只在几个点上受力，镶条易变形，刚度较低，如图 3-28 所示。

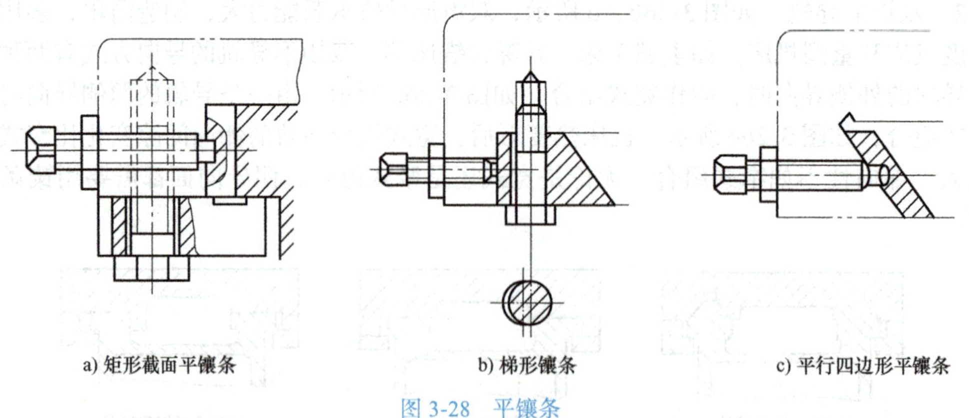

a) 矩形截面平镶条　b) 梯形镶条　c) 平行四边形平镶条

图 3-28　平镶条

斜镶条的斜度为 1∶（40～100）。斜镶条两个面分别与动导轨和静导轨均匀接触，刚度高。通过调节螺钉或修磨垫的方式轴向移动镶条，以调整导轨的间隙，如图 3-29 所示。斜镶条由于厚度不等，在加工后应力分布不均，调整、压紧或在机床工作状态下容易弯曲。对于两端用螺钉调整的镶条，更易弯曲。因此，镶条在导轨间沿全长的弹性变形和比压是不均匀的，当镶条斜度和厚度增加时，不均匀度将显著增加。为了增加镶条的柔度，应选用小的厚度和斜度。当镶条尺寸较大时，可在其上开横向槽，来增加镶条柔度；也可将中部削低，使镶条两端保持良好接触，同时减少刮研长度，如图 3-30 所示。

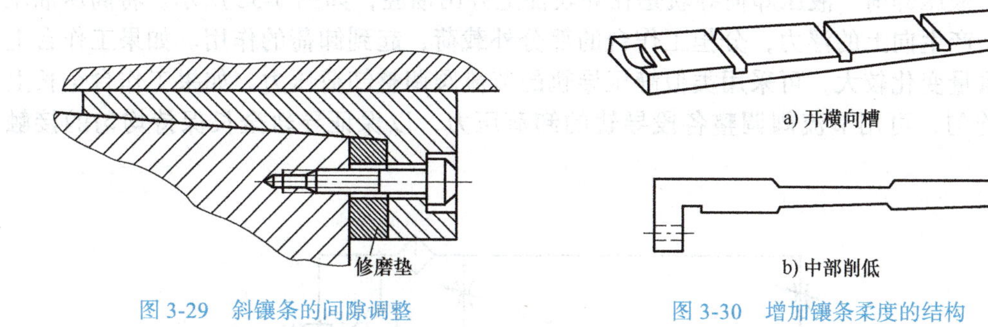

图 3-29　斜镶条的间隙调整

图 3-30　增加镶条柔度的结构

3. 导轨的卸荷装置

卸荷导轨用来降低导轨面的压力，减少摩擦阻力，提高导轨的耐磨性和低速运动的平稳性。尤其是大型、重型机床，工作台和工件的质量很大，导轨面上的摩擦阻力很大，常采用卸荷导轨。导轨的卸荷方式有机械卸荷、液压卸荷和气压卸荷。

（1）机械卸荷　图 3-31 所示为常用的机械卸荷导轨，导轨上的一部分载荷由支承在辅助导轨面 a 上的滚动轴承 3 承受。卸荷力的大小通过螺钉和碟形弹簧调节。卸荷点的数目由动导轨上的载荷和卸荷系数决定。卸荷系数 α_H 表示导轨卸荷量的大小，由下式确定

$$\alpha_H = \frac{F_H}{F_A} \tag{3-4}$$

式中，F_A 是导轨上一个支承所承受的载荷，单位为 N；F_H 是导轨上一个支座的卸荷力，单位为 N。

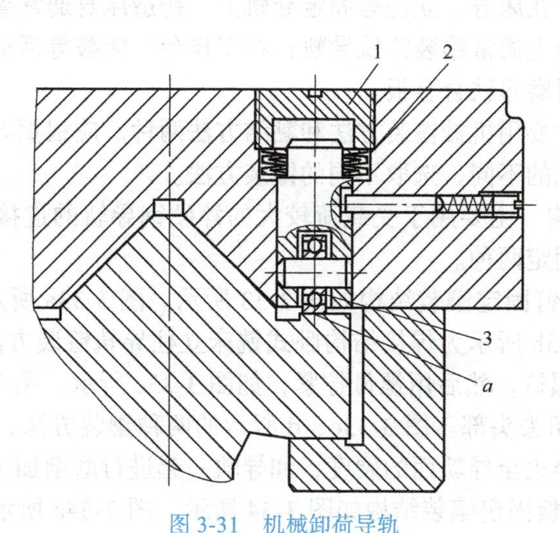

图 3-31　机械卸荷导轨

1—螺钉　2—碟形弹簧　3—滚动轴承

对于大型、重型机床，导轨上承受的载荷较大，卸荷系数 α_H 应取大值，一般取

α_H=0.7；对于精度要求较高的机床，为保证加工精度，防止产生漂浮现象，α_H应取较小值，一般取$\alpha_H \leqslant 0.5$。机械卸荷方式的卸荷力不能随外载荷的变化而变化。

（2）液压卸荷　液压卸荷导轨是在导轨面上开出油腔，如图 3-32 所示。将高压油压入油腔，产生向上的浮力，分担工作台的部分外载荷，起到卸荷的作用。如果工作台上工件的重量变化较大，可采用类似静压导轨的节流阀调整卸荷压力。如果工作台全长上受载不均匀，可用节流阀调整各段导轨的卸荷压力，以保证导轨全长保持均匀的接触压力。

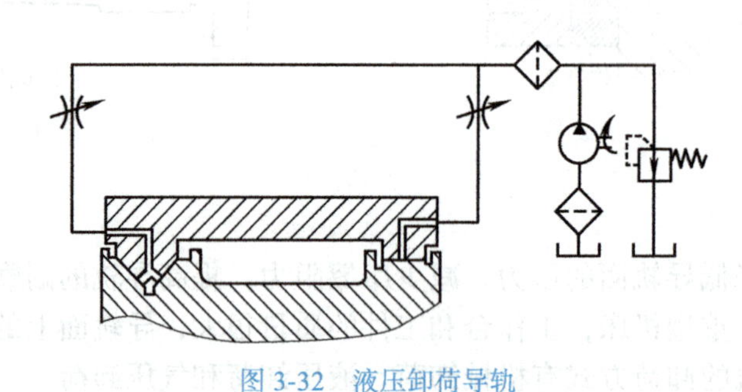

图 3-32　液压卸荷导轨

（3）气压卸荷　气压卸荷导轨的基本原理和液压卸荷相同，气压卸荷导轨以压缩空气作为介质，无污染，无回收问题，且黏度小，动压效应影响小。

4. 镶装导轨结构

在床身等支承件上采用镶装导轨，主要出于如下的需要：

1）提高导轨的耐磨性或改善其摩擦特性。

2）修理时便于迅速地更换已磨损的导轨。

3）购买或定做现存的镶装导轨。

镶装导轨的形式，在床身、立柱等固定导轨上，铸造床身通常镶装淬硬钢块、钢板或钢带；在焊接结构床身上通常镶装铸铁导轨；在工作台、床鞍等活动导轨上，一般镶装塑料导轨、合金铸铁或耐磨非铁合金板。

镶装导轨结构，主要用机械镶装方法和黏结方法两种。应根据导轨的导向精度、荷载大小和导轨材料、形式的不同，选取不同的镶装方法。

（1）机械镶装结构　主要用于受载荷较大的淬硬钢导轨的连接。机械镶装的方法主要有螺钉固定和压板固定两种。

1）螺钉固定。螺钉固定镶装结构如图 3-33 所示。图 3-33a 所示为螺钉从底部固定，不损坏导轨面。图 3-33b 所示为焊接结构卧式铣床立柱导轨镶装方法。当受结构限制时，使用头部无槽的沉头螺钉，然后用螺母拧紧，如图 3-33c 所示。图 3-33d 所示为从导轨面上把螺钉拧紧后，再切去头部。图 3-33c、d 所示的两种镶装方法，所用螺钉的材料应与导轨材料相同，头部淬火至导轨面的硬度，和导轨一起进行磨削加工。

2）压板固定。压板固定镶装结构如图 3-34 所示，图 3-34a 所示为用压板挤紧导轨的结构，图 3-34b 所示为拉紧导轨的结构。虽然压板固定不如螺钉固定，但是压板固定不损坏导轨面，且导轨板的厚度可以减薄。

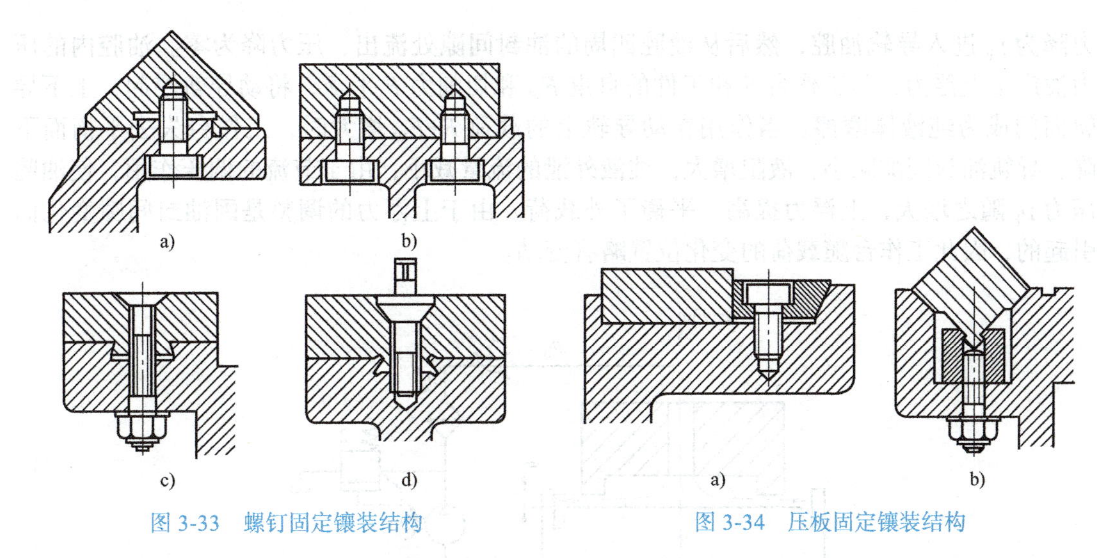

图 3-33　螺钉固定镶装结构　　图 3-34　压板固定镶装结构

（2）黏结导轨结构　黏结导轨一般是为了在铸铁或钢的滑动导轨面上粘贴一层比基体更为耐磨的材料。黏结材料主要有淬硬的钢板、钢带、铝青铜、锌合金和塑料等导轨板。黏结导轨除了可以节省贵重的耐磨材料外，还可以克服螺钉固定时的压紧力不均匀现象。

黏结镶装钢带的导轨结构如图 3-35 所示。用冷轧硬化的钢带作为导轨工作面，主要用在铸造床身上的固定导轨上。图 3-35a 所示为螺钉压板镶装工艺，先把钢带绷紧在床身 5 的导轨面上，再用压板 3 压紧并用螺钉紧固。图 3-35b 是黏结工艺，当压紧钢带时，黏合剂被挤到槽 6 的两侧，使钢带牢固地粘在铸铁导轨面上。多余的一部分黏合剂被挤到沟槽 7 中，以免黏合剂进入钢带的中间部位，影响导轨的精度。

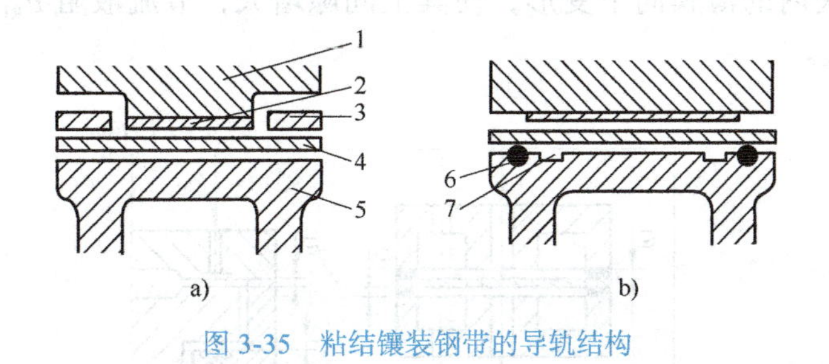

图 3-35　粘结镶装钢带的导轨结构

1—动导轨　2—塑料板　3—压板　4—钢板　5—床身　6—存放黏合剂槽　7—容纳多余黏合剂槽

5. 静压导轨

静压导轨在动导轨面上均匀分布有油腔和封油面，把具有一定压力的液体或气体介质经节流阀送到油腔内，使导轨面间产生压力，将动导轨微微抬起，与支承导轨脱离接触，浮在压力油膜或气膜上。静压导轨摩擦系数小，在起动和停止时没有磨损，精度保持性好。缺点是结构复杂，需要一套专门的液压或气压设备，维修、调整比较麻烦。因此，多用于精密和高精度机床或低速运动机床中。静压导轨按结构形式分为开式和闭式两大类。

图 3-36 所示为定压式开式静压导轨。来自液压泵 1 的压力油 p_s 经节流阀 4 节流后压

力降为 p_b 进入导轨油腔，然后从油腔四周的油封间隙处流出，压力降为零。油腔内的压力油产生上浮力，与工作台 5 和工件的自重 F_W 和切削力 F 平衡，将动导轨浮起，上下导轨面间成为纯液体摩擦。当作用在动导轨上的载荷 $F+F_W$ 增大时，工作台失去平衡而下降，导轨油封间隙减小，液阻增大，油液外泄的流量减小，由于节流的调压作用，使油腔压力 p_b 随之增大，上浮力提高，平衡了外载荷。由于上浮力的调整是因油封间隙变化而引起的，因此工作台随载荷的变化位置略有变动。

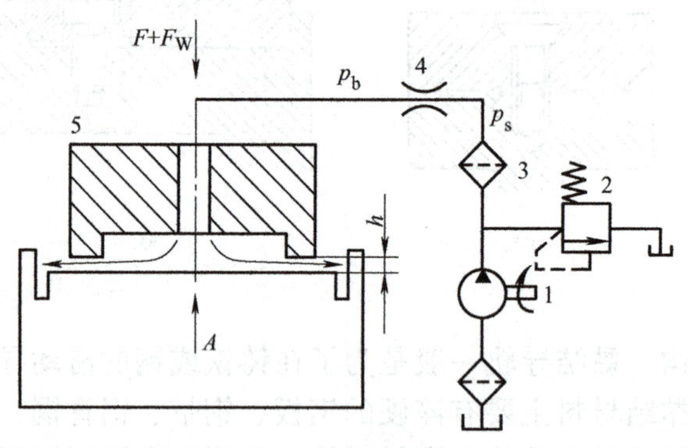

图 3-36　定压式开式静压导轨

1—液压泵　2—溢流阀　3—过滤器　4—节流阀　5—工作台

图 3-37 所示为闭式静压导轨，多采用可调节流阀。当动导轨上受载荷 $F+F_W$ 作用时，平衡破坏，动导轨下降，上油封间隙 h_1 减小，上油封液阻 F_{R1} 增大；下油封间隙 h_2 增大，下油封液阻 F_{R2} 减小，则流经节流阀上腔的流量减小，压力降减小，上油腔 1 中的压力 p_{b1} 升高；流经节流阀下腔的流量增大，压力降增大，使下油腔压力 p_{b2} 降低。因此，$p_{b1}>p_{b2}$ 导致节流阀内的薄膜向下变形，使其上间隙增大，节流液阻 F_{Rj1} 减小；下间隙减小，液阻 F_{Rj2} 增大。

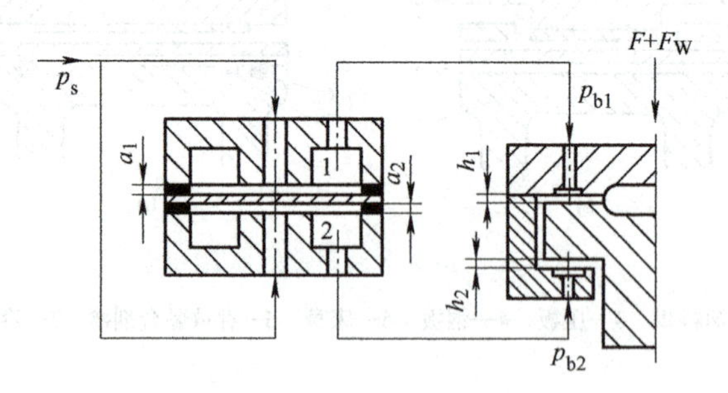

图 3-37　闭式静压导轨

带节流阀的液压卸荷导轨与静压导轨的不同之处为：后者的上浮力足以将工作台全部浮起，形成纯流体摩擦，而前者的上浮力不足以将工作台全部浮起。

3.2.3　滚动导轨

在静、动导轨面之间放置滚动体如滚珠、滚柱、滚针，组成滚动导轨。滚动导轨与滑动导轨相比，具有如下优点：摩擦系数小，动、静摩擦系数很接近，因此，摩擦力小，起动轻便，运动灵敏，不易爬行；磨损小，精度保持性好；具有较高的重复定位精度，运动平稳；可采用油脂润滑，润滑系统简单。滚动导轨同滑动导轨相比，抗振性差，但可以通过预紧方式提高，结构复杂，成本较高，常用于对运动灵敏度要求高的机床。

1. 滚动导轨的类型

（1）按滚动体类型分类　机床滚动导轨常用的滚动体有滚珠、滚柱和滚针三种，如图 3-38 所示。滚珠式为点接触，承载能力差，刚度低。滚珠导轨多用于小载荷。滚柱式为线接触，承载能力比滚珠式高，刚度好，滚柱导轨用于较大载荷。滚针式为线接触，常用于径向尺寸小的导轨中。

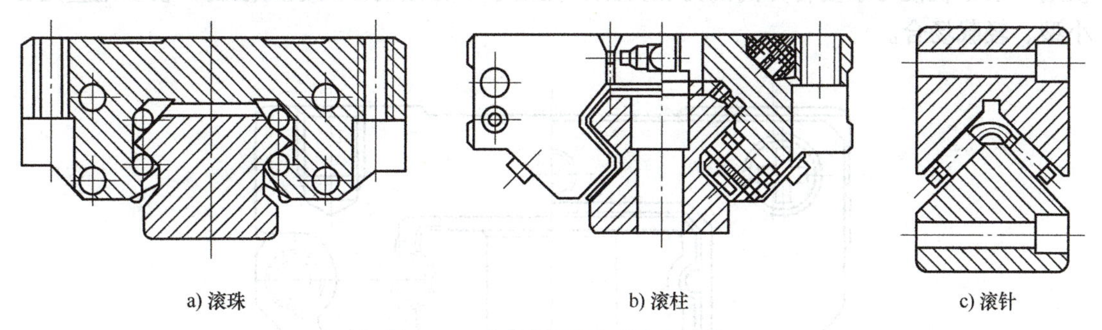

图 3-38　滚动直线导轨副的滚动体

（2）按循环方式分类　按循环方式分为非循环式和循环式。

1）非循环式滚动导轨的滚动体在运行过程中不循环，因而行程有限。运行中滚动体始终同导轨面保持接触，如图 3-39a 所示。

2）循环式滚动导轨的滚动体在传动过程中沿自己的工作轨道和返回轨道做连续循环运动，如图 3-39b 所示。因此，运动部件的行程不受限制。这种结构装配和使用都很方便，防护可靠，应用广泛。

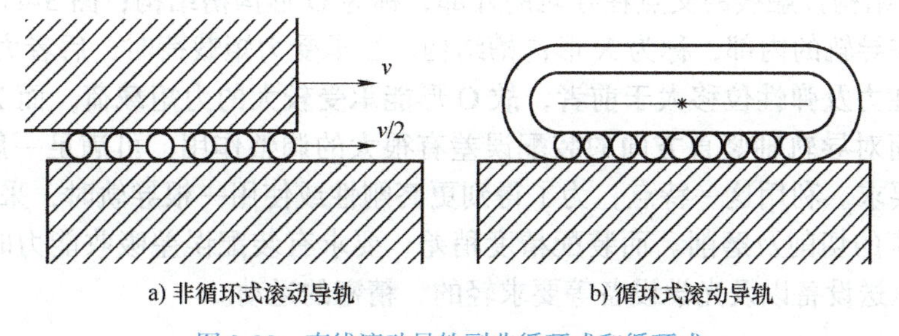

图 3-39　直线滚动导轨副非循环式和循环式

2. 滚动导轨滚道形状和布局方式

滚珠式直线导轨副滚道一般可分为单圆弧滚道、双圆弧滚道和偏位哥德式滚道三种。单圆弧滚道与滚珠之间仅有一对接触点，滚珠回转轴线与接触椭圆长轴平行。双圆弧滚道由两段对称的圆弧组成，滚道与滚珠之间可以有两对接触点。当在两个沟槽的中心取偏位时，可形成偏位哥德式沟槽，此时滚珠与滚道的接触变为与单圆弧沟槽相似的两点接触。

滚道沟槽列数主要为两列和四列，导轨横截面形状主要为矩形和梯形，滚道列数和导轨截面形状的组合主要包括两列矩形结构、四列矩形结构和四列组合结构。其中，四列矩形结构根据其受力特点又分为O形、X形两种，分别适用于不同的场合。

（1）两列矩形沟槽结构　在单圆弧沟槽结构中，钢球的球心位于导轨轴和滑块沟槽圆心的连线上，承受载荷时力沿该直线作用。对于两列矩形断面单圆弧沟槽导轨，在设计状态下，一对沟槽的圆心连线处于水平位置，因此承受竖直载荷的能力较差，作为单独结构应用较少。

双圆弧沟槽结构由4段圆弧组成，钢球与沟槽有4点接触，接触点分别位于4段圆弧圆心构成的四边形对角线与圆弧的交点上。图3-40所示为两列矩形双圆弧沟槽导轨，其仅用一根导轨便可承受各方向的力和力矩，但由于本身滚动体列数的限制，较多地应用在小型、轻载场合。

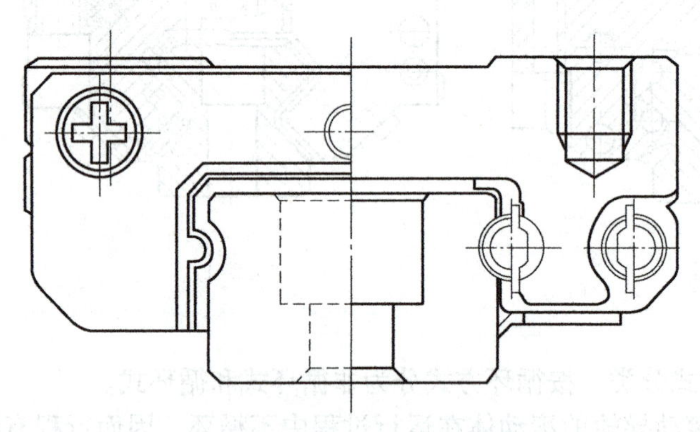

图3-40　两列矩形双圆弧沟槽导轨

（2）四列矩形沟槽结构　四列矩形滚动直线导轨副一般其滚动体与滚道的接触角为45°，因而其承受各个方向载荷的能力相等，称为四方等载型。四列矩形沟槽结构导轨副根据滚珠与滚道接触法线交点位置的不同，可以分为O形沟槽结构和X形沟槽结构。图3-41a中，结构接触线的交点在导轨的外部，称为O形沟槽结构；图3-41b中，结构接触线的交点在导轨的内部，称为X形沟槽结构。当承受力矩载荷时，后者力臂比前者小，因而后者弹性力及弹性位移大于前者，故O形能承受较大的力矩载荷，而X形由于力矩刚性低，从而对导轨轴竖直方向的装配误差有很大的调整作用，可满足一般机械加工范围内的调整要求。利用这一特点，为了得到更高刚性或使用一根导轨时，采用O形设计，例如用于机床的切削及磨削。而装配精度稍差、要求有装配误差吸收能力时，采用X形设计，例如运送设备以及光学设备等要求轻的、精密的运动。

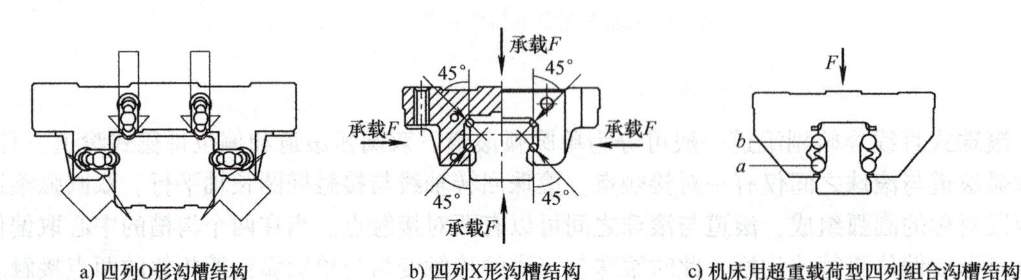

图3-41　四列沟槽结构

（3）四列组合沟槽结构 根据导轨截面形状和沟槽中心布局方式的组合，有矩形截面梯形布置和梯形截面梯形布置两种形式。梯形布置的滚动直线导轨副一般能承受较大的向下载荷及竖直于梯形侧面的载荷，承受力矩载荷的能力较低，对安装基面的误差调整能力较大。图 3-41c 所示为矩形截面梯形布置示意图，这种结构在承受竖直向下载荷和侧向载荷时，钢球传力的作用线与载荷方向平行，因此同样大的向下载荷在钢球上产生的作用力比其他结构的都小，适用于横梁、斜床身等应用场合。

3. 直线滚动导轨副的工作原理

图 3-42 所示为机床中常采用的直线滚动导轨副，它由导轨条 1 和滑块 4 组成。导轨条是支承导轨，一般有两根，安装在支承件（如床身）上，滑块和运动部件连接，它可以沿导轨条做直线运动。每根导轨条上至少有两个滑块。若运动部件较长，可在一根导轨条上装 3 个或更多的滑块。如果运动件较宽，也可用 3 根导轨条。滑块 4 中装有两组滚珠 5，两组滚珠各有自己的工作轨道和返回轨道，当滚珠从工作轨道滚到滑块的端部时，经端面挡板 2 和滑块中的返回轨道孔返回，在导轨条和滑块的滚道内连续地循环滚动。为防止灰尘进入，采用了密封垫 3 密封。

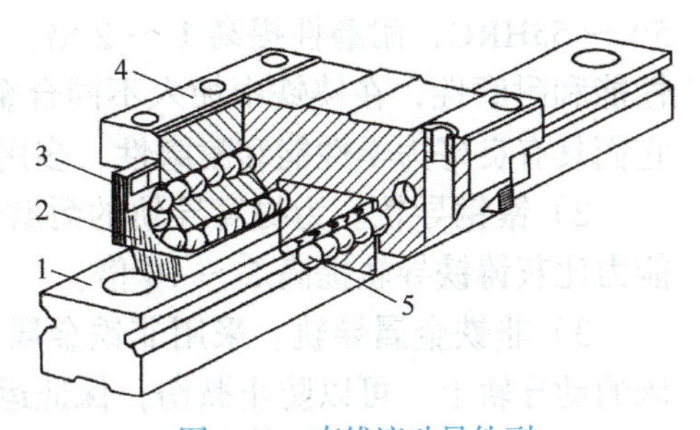

图 3-42 直线滚动导轨副

1—导轨条 2—端面挡板 3—密封垫 4—滑块 5—滚珠

4. 预紧

为了提高承载能力、运动精度和刚度，直线滚动导轨可以进行预紧。直线滚动导轨副的预紧分为四种情况：重预载 F_0，预载力为 $0.1C_d$（C_d 为额定动载荷）；中预载 $F_1=0.05C_d$；轻预载 $F_2=0.025C_d$；无预载 F_3。无预载的滚动导轨常用于机械手、刀库等传送机构。轻预载用于精度要求高、载荷轻的机床，如磨床进给导轨、工业机器人等。中预载用于对刚度和精度均要求较高的场合，如数控机床导轨。重预载多用在重型机床。预加载荷的方法可分为两种，一种是靠调整螺钉、垫块或斜块移动导轨来实现预紧，如图 3-43 所示；另一种是利用尺寸差达到预紧。

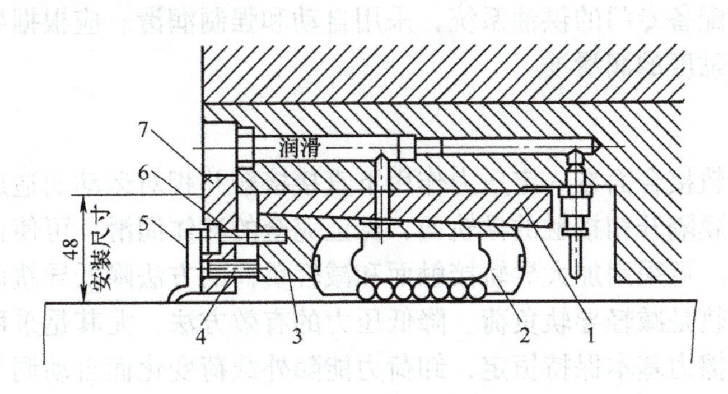

图 3-43 滚动导轨预紧

1—楔块 2—标准导轨块 3—楔块（支承导轨） 4、6—调整螺钉 5—刮屑板 7—楔块调节板

3.2.4 提高导轨精度和耐磨性的措施

1. 合理选择导轨的材料和热处理方法

导轨材料和热处理方法对导轨性能、精度有直接影响，要合理地选择，以便降低摩擦系数，提高导轨的耐磨性。导轨的材料有铸铁、钢、非铁金属、塑料等。

1）铸铁导轨。铸铁导轨有良好的抗振性、工艺性和耐磨性，因此应用最广泛。灰铸铁、孕育铸铁常进行表面淬火来提高硬度，如高频淬火、电接触淬火的硬度为50～55HRC，耐磨性提高1～2倍，常用在车床、铣床、磨床上。为了提高导轨的力学性能和耐磨性，在铸铁中加入不同合金元素，生成高磷铸铁、磷铜钛铸铁、钒钛铸铁等，它们具有良好力学性能和耐磨性，多用在精密机床，如坐标镗床和螺纹磨床上。

2）镶钢导轨。为提高导轨的耐磨性，采用淬火钢和渗氮钢的镶钢支承导轨，抗磨损能力比灰铸铁导轨提高5～10倍。

3）非铁金属导轨。采用非铁金属材料，如锡青铜和铝青铜镶装在重型机床、数控机床的动导轨上，可以防止撕伤，保证运动的平稳性和提高运动精度。

4）塑料导轨。塑料导轨具有摩擦系数低、耐磨性高、抗撕伤能力强、低速不易爬行、运动平稳、工艺简单、化学性能好、成本低等特点，在各类机床都有应用，特别是用在精密、数控、大型、重型机床动导轨上。

为提高导轨耐磨性和防止撕伤，在导轨副中，动导轨和支承导轨应分别采用不同的材料，如果采用相同的材料，也应采用不同的热处理方法，使两者具有不同的硬度。在滑动导轨中，一般动导轨采用粘贴氟塑料软带，支承导轨用淬火钢或淬火铸铁；或者动导轨采用铸铁，不淬火，支承导轨采用淬火钢或淬火铸铁。

2. 导轨预紧

对于精度要求较高、受力大小和方向变化较大的场合，导轨应预紧。合理地将滚动导轨预紧可以提高其承载能力和运动精度。

3. 导轨的良好润滑和可靠防护

导轨的良好润滑和可靠防护，可以降低摩擦力，减少磨损，降低温度和防止生锈，延长寿命。因此，可配备专门的供油系统，采用自动和强制润滑。应根据导轨工作条件和润滑方式，选择合适黏度的润滑油。

4. 减少导轨的磨损

磨损是由于导轨接合面在一定压力作用下直接接触并相对运动而造成的。如采用静压导轨等措施，用油膜隔开相接触的导轨面，保证完全的液体润滑，可使接合面在运动时不接触，实现不磨损。可采用加大导轨接触面和减轻负荷的方法降低导轨面的压力，实现少磨损。采用卸荷导轨是减轻导轨负荷、降低压力的有效方法，尤其是采用自动调节气压卸荷导轨，可以使摩擦力基本保持恒定，卸荷力能随外载荷变化而自动调节。

争取均匀磨损要使摩擦面上压力分布均匀，尽量减少扭转力矩、颠覆力矩，导轨的形状尺寸要尽可能对集中载荷对称。磨损后间隙变大，设计时要考虑如何补偿、调整间隙，如采用可以自动调节间隙的三角形导轨。采用镶条、压板结构，定期调整、补偿。

3.3　机床刀架设计

机床刀架是夹持切削刀具的重要部件，可实现一次装夹，完成多种不同的加工工艺，如车、铣、钻、镗、攻螺纹、铰孔和扩孔等，多工序加工能够大幅提高生产率。刀架既安放刀具，也直接参与切削，承受极大的切削力，容易成为工艺系统中的薄弱环节。

3.3.1　对机床刀架的基本要求

为满足生产加工的需要，机床刀架应满足如下的基本要求：

1）满足工艺要求。机床依靠刀具和工件间相对运动形成零件表面。为了实现在工件的一次安装中完成多工序加工，加工出多种多样的工件表面形状和表面位置，要求刀架上能够布置一定数量的刀具，而且转位准确可靠，工作平稳安全，能够方便正确地加工各工件表面。

2）重复定位精度高。在刀架上安装刀具时应能精确地调整刀具的位置，采用自动交换刀具时，应能保证刀具交换前后都处于正确位置，以保证刀具和工件间准确的相对位置。刀架的运动精度将直接反映到被加工工件的几何精度和表面粗糙度上，这就要求刀架的运动轨迹必须准确，运动平稳，而且精度的保持性要好，以便长期保持刀具的正确位置。

3）具有足够的刚度。刀具在自动转换过程中方向变换较复杂，有些刀架还直接承受切削力，因此刀架要有足够的刚度，能够承受重负荷切削，以保证切削过程和换刀过程平稳。

4）可靠性高。由于刀架和自动换刀装置在机床工作过程中使用次数很多，其可靠性对于自动换刀机床来说尤其重要。

5）换刀时间短。刀架和自动换刀装置是为了提高机床自动化而出现的，换刀时间应尽可能短，以利于提高生产率。

6）操作方便和安全。刀架是工人经常操作的机床部件之一，其操作的方便性和安全性，往往是评价刀架设计好坏的指标。刀架的设计应便于工人装刀和调刀，切屑流出方向不能朝向工人，而且操作调整刀架的手柄（或手轮）要省力，应尽量设置在便于操作的地方。

3.3.2　机床刀架的类型

刀架按结构形式可分为方刀架、转塔刀架、回轮式刀架等；按驱动刀架转位的动力可分为电动刀架、液压刀架、伺服刀架和动力刀架。电动刀架指刀架的转位动力源为电动机，一般指力矩电动机。液压刀架指刀架的转位动力为液压马达或液压缸驱动齿轮齿条。伺服刀架指刀架的转位动力采用伺服电动机。动力刀架泛指刀架刀具具有动力输出的功能，如铣削、钻削和攻螺纹等功能，目前较成熟的形式是在标准刀架的机体上附带刀具动力输出模块。

1. 电动刀架

电动刀架具有传动机械结构，能够实现电气正反转控制、PLC 编程控制，可完成刀盘的转动和刀盘的初定位、定位与夹紧等运动。图 3-44 所示为烟台环球 AK23 系列数控转塔刀架结构简图，它采用了国际上流行的电动机内藏式结构、三联齿盘定位、矩形螺纹锁紧松开，使刀架不必抬起即可转位加工，具有定位精度高、转位可靠、锁紧力大以及密封性能良好等特点。

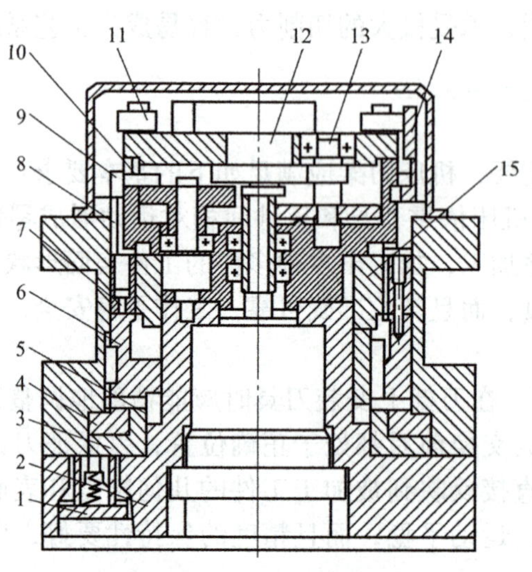

图 3-44　烟台环球 AK23 系列数控转塔刀架结构简图

1—水阀　2—架座　3—定齿盘　4—转动齿盘　5—粗定位盘　6—双联齿盘
7—螺母　8—发信杆　9—发信环　10—正位传感器　11—工位传感器　12—齿轮轴
13—发信块　14—拨盘　15—刀台

该刀架的工作原理为：电动机制动器断电，系统发出转位指令，电动机正转，通过齿轮带动拨盘 14 旋转，螺母 7 带动双联齿盘 6 上升，发信环 9 离开正位传感器 10，传感器复位，刀架松开，拨盘 14 拨动刀台，刀架开始转位，当刀架转至指定工位时，发信块 13 感应相应工位传感器，发出到位信号，电动机反转定位销插入粗定位盘 5 中，螺母 7 带动双联齿盘 6 下降（精确定位），锁紧刀架，正位传感器发出锁紧信号，电动机适当延时，完成转位过程。

2. 液压刀架

液压刀架采用低速大转矩液压马达驱动刀盘转位，液压缸实现刀盘锁紧，位置控制由光电编码器、数控系统和机械定位副齿盘完成。

液压刀架结构简单、动作可靠，且锁紧力比电动刀架大，故刀架刚性好，大部分液压刀架能够双向转位就近换刀，适用于重负荷切削，可用于大型数控车床。液压刀架的缺点是：锁紧力在一定范围内随着压力的上下波动而发生变化；若管路安排不当，易漏油；此外需要液压辅助装置，价格较高。

图 3-45 和图 3-46 分别为液压刀架结构简图及液压控制原理图，其换刀动作包括松开、转位、粗定位、精定位和锁紧五个动作。其工作原理为：主机控制系统发出转位指令，通液压油，锁紧松开电磁阀 SQL1 得电，电磁阀换至左位，粗定位销 12 拔出，同时液压油进入刀架松开腔 9，刀盘逐渐松开，然后松开传感器 11 发信号；延时 50ms 后，转位电磁阀 SQL2 得电，根据就近选刀原则，转位电磁阀 SQL2 控制液压马达正转或反转；当刀台

转至所需工位的前一个工位时，编码器发信，系统延时 80ms 后，电磁阀 SQL1 失电换至右位；液压油进入粗定位销 12 上腔，粗定位销 12 缓慢落下，同时粗定位销上的节流孔对液压马达的回油路进行节流，使液压马达转动速度降低，待粗定位销落到底时，刀架转位停止，同时编码器 7 发信号，电磁阀 SQL2 失电，换至中位。然后，液压油进入刀架锁紧腔 8，刀架锁紧，锁紧传感器 10 发信号，延时 100ms 后，转位结束，主机开始工作。

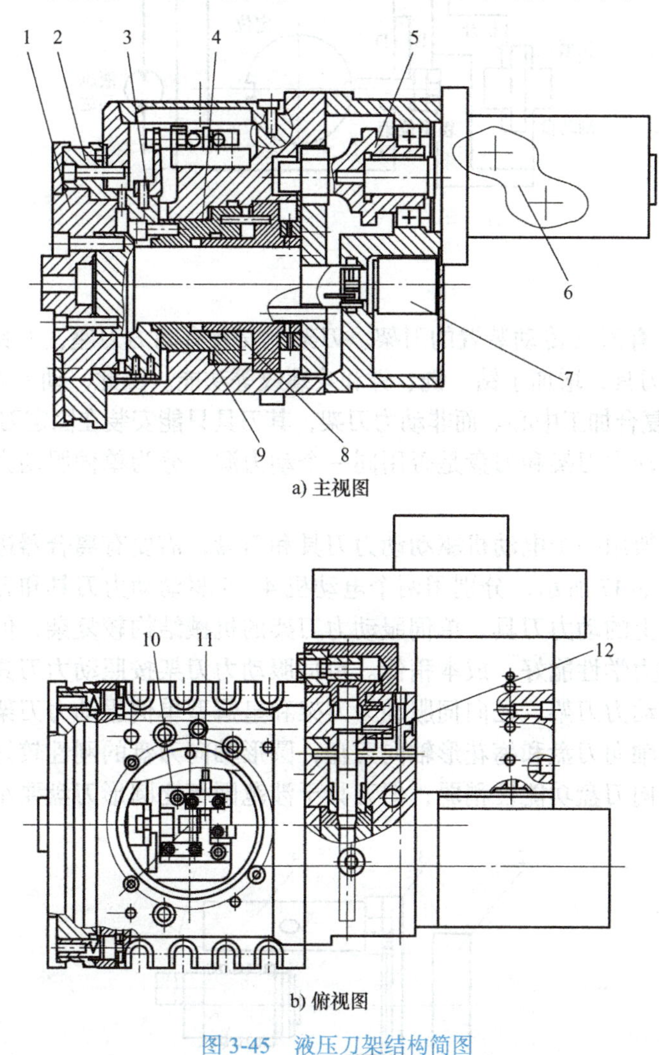

a) 主视图

b) 俯视图

图 3-45 液压刀架结构简图

1—动齿盘 2—定齿盘 3—双联齿盘 4—活塞 5—凸轮 6—液压马达 7—编码器
8—刀架锁紧腔 9—刀架松开腔 10—锁紧传感器 11—松开传感器 12—粗定位销

3. 伺服刀架

伺服刀架采用“伺服电动机 + 减速齿轮”机构来驱动刀架，液压实现刀盘的松开与锁紧。刀架的性能指标（如可靠性、易维修性、刚性、转位速度和转位的平稳性、精度等）有较大提高。但液压伺服刀架受限于传统伺服电动机低频转矩特性比较差，必须使用多级减速齿轮机构来保证低速轴上能够输出足够的转矩。这就使伺服刀架结构较为复杂，其减速齿轮的使用增加了制造成本，且影响了减速部分的布置和加工制造。

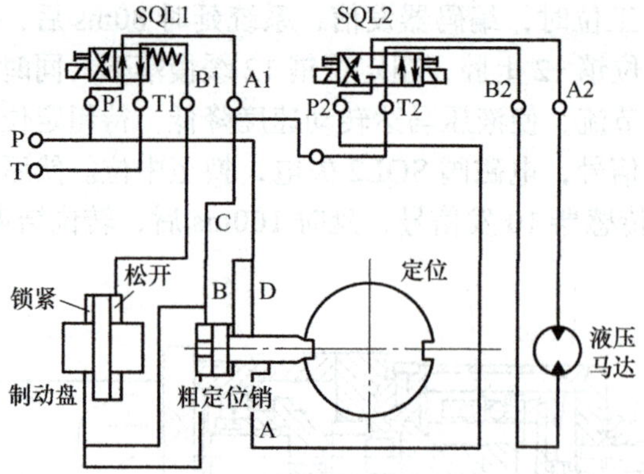

图 3-46　液压刀架液压控制原理图

4. 动力刀架

动力刀架是具有刀具传动装置的刀架。刀架上安装有动力刀座，刀具安装在动力刀座上，能够安装回转刀具，增加了钻、铣、镗和攻螺纹等功能。因此，动力刀架不仅适用于数控车床，也适用于复合加工中心。而非动力刀架，其刀具只能安装在固定刀座进行加工。

动力刀架根据动力刀架和刀盘是否用同一个动力源，分为单伺服动力刀架和双伺服动力刀架。

单伺服动力刀架用一个电动机驱动动力刀具和刀盘，需要有离合器进行动力切换；双伺服动力刀架如图 3-47 所示，分别用两个电动机 4、5 驱动动力刀具和刀盘，通过传动机构驱动动力刀座 1 上的动力刀具。单伺服动力刀架的机械结构较复杂，但是其质量小、动作快、效率高、动力学性能好、成本稍低。单伺服动力刀架按照动力刀具与刀架轴线角度又可分为轴向伺服动力刀架、径向伺服动力刀架和皇冠型单伺服动力刀架。轴向伺服动力刀架一般配置圆形轴向刀盘和梅花形轴向刀盘，圆形轴向刀盘的刚性较好，但刀具干涉范围较大；梅花形轴向刀盘功能性稍弱，但刀具干涉范围相比圆形刀盘要小得多。

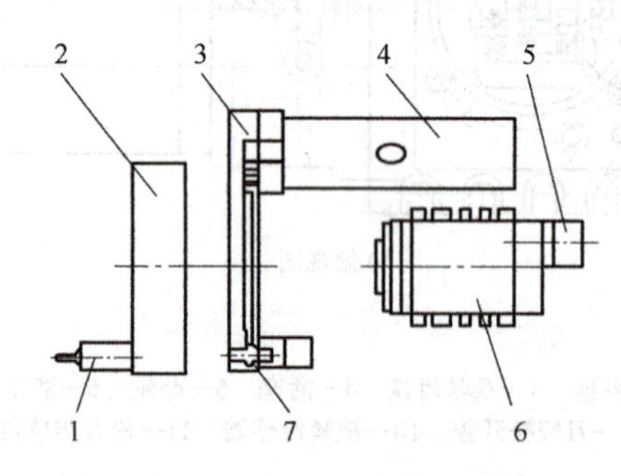

图 3-47　双伺服动力刀架示意图

1—动力刀座　2—刀盘　3—驱动齿轮　4—刀具驱动伺服电动机　5—刀盘驱动伺服电动机
6—刀架本体　7—滑动式联轴器（连接齿轮）

3.3.3　数控刀架的基本结构

数控刀架一般包括驱动机构、分度转位装置、定位机构、松开锁紧机构以及装刀装置等。

1. 驱动机构

数控刀架的驱动装置有力矩电动机、液压马达和伺服电动机。

（1）力矩电动机驱动　力矩电动机属于具有软机械特性和宽调速范围的特种电动机，以恒力矩输出动力。在降低供电电压时电动机转速下降，但输出力矩不变，电流也不变。数控刀架一般采用三相异步力矩电动机。

（2）液压马达驱动　液压马达由液压提供动力，用于液压刀架。液压马达内部换油结构与齿轮泵相似，但速度快、转矩大、平稳性好、结构简单。

（3）伺服电动机驱动　伺服电动机分为直流伺服电动机和交流伺服电动机。直流伺服电动机存在机械换向器，需要更多的维护，转子容易发热。交流伺服电动机结构简单、体积小、质量小，没有机械换向，无须过多维护，克服了直流伺服电动机的缺点。交流伺服电动机有异步伺服电动机和永磁同步伺服电动机之分。异步伺服电动机采用矢量变化控制，控制复杂且电动机低速特性不好，容易发热。所以，在转速很低的伺服系统中，大多数采用同步伺服电动机。

2. 分度转位装置

通常分度、转位和定位机构是同一种机构，只有当定位精度达不到要求时，才需要增加专门的精定位装置，其功能是实现直线分度移动或圆周分度转动，主要的分度转位机构有以下几种。

（1）液压 / 气动驱动的活塞齿条齿轮分度转位机构　液压 / 气动驱动的活塞齿条齿轮分度转位机构常用于数控车床的六角回转刀架，该刀架的全部动作由液压系统通过电磁换向阀和顺序阀进行控制。由液压驱动的转位机构调速范围大、缓冲制动容易、转位速度可调、运动平稳，转位角度大小可由活塞杆上的限位挡块来调整。部分刀架采用气动驱动，气动的优点是机构简单、速度可调，但是运行不平稳、有冲击、结构尺寸大、驱动力小。

（2）凸轮分度转位机构　凸轮分度转位机构具有结构简单、设计方便、可以实现任意的间歇运动以及分度精度高等优点，因而获得了广泛的应用。凸轮分度机构有圆柱凸轮分度机构、弧面分度凸轮机构、平行凸轮分度机构和直移凸轮分度机构等四种结构。圆柱凸轮分度机构示意图如图 3-48 所示。

圆柱凸轮分度机构在刀架分度方面应用广泛，凸轮轴与从动件垂直相错，凸轮轴转一圈，从动盘完成一次分度，其依靠凸轮轮廓强制刀架转位运动，运动规律完全取决于凸轮轮廓形状。其结构简单，但预紧难，设计限制较多，高速性能一般。这种转位机构通过控制系统中的逻辑电路或 PLC 程序来自动选择回转方向，以缩短转位辅助时间。平行共轭凸轮自身可以实现分度转位并锁紧，但是结构过于庞大，不适于普通数控机床的刀架选用。

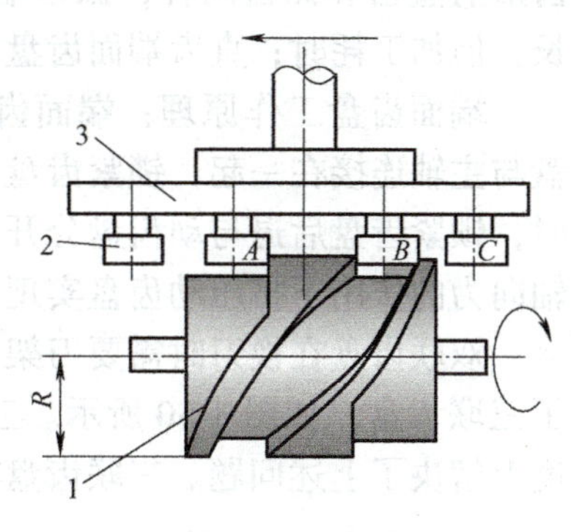

图 3-48　圆柱凸轮分度机构示意图

1—凸轮　2—分度柱销　3—回转盘

（3）力矩电动机和减速齿轮　“力矩电动机 + 减速齿轮”机构形式，刀架夹紧机构采用凸轮滚子，但由于电动机到刀盘需多级齿轮减速且刀盘锁紧时需有初定位部件，如初定位销、初定位盘或初定位杆等，因此该刀架的结构复杂、零部件多，具有定位精度高、转位可靠、锁紧力大及封闭性能良好等特点。

（4）力矩电动机和蜗杆蜗轮 “力矩电动机 + 蜗杆蜗轮”机构形式采用蜗杆传动和螺旋副夹紧、双插销预定位、端齿盘精定位以及霍尔元件发信号。

（5）“伺服电动机 + 齿轮”分度转位机构 随着数控技术的发展，可以采用伺服电动机通过齿轮减速后实现刀盘的分度转位，转动角度由伺服电动机内置的编码器来控制，不需要其他辅助定位机构，转位的速度和角位移均可通过闭环反馈进行精确控制，因而转位精度高，容易实现，但是减速齿轮部分存在反向间隙且结构复杂。此外，可使用专门的电动机来实现分度转位，达到要求的精度，但是需要增加一个驱动装置。

（6）直接传动分度转位机构 直接传动就是取消传动链中的中间传动环节，使用直驱伺服电动机直接驱动从动负载，实现所谓的“零背隙传动”。直接传动能最大限度地消除传统传动模式下由于中间传动环节所产生的大转动惯量、弹性变形、反向间隙、振动噪声、刚度降低以及响应滞后等问题。变频调速技术的发展和不断完善，使得这一技术得到了更广泛的应用。在很多低速传动场合，不再需要减速装置，而是直接通过伺服驱动器直驱伺服电动机来实现设定的转速，使主传动系统的机械结构得到简化。

3. 定位机构

（1）双插销定位 双插销定位（或称为反靠定位），具有较高的定位精度和可靠性，并能在有冲击和振动的情况下稳定工作，磨损少，定位附加冲击小，定位精度保持性强。

插销反靠定位装置的基本定位元件是定位销和定位套或分度盘的定位槽。定位销与固定在转塔上的定位套或分度盘的定位槽配合，使刀架定位，定位结构简单，经济性较好，但长期使用由于磨损，分度、定位精度就会降低，且定位时有冲击力。其定位精度取决于加工时间和安装精度，且对圆销和弧槽耐磨性要求较高，而且只能单向顺序换刀，可应用于刀架转位精度不高、负荷较小的小型数控车床上。

（2）端面齿盘定位 端面齿盘又称为端齿分度盘或鼠齿盘，是由直径、齿数和齿形均相同的一对平面齿盘组成的，其结构形式与多齿端面离合器相似，如图 3-49 所示。端面齿盘是一种精密定位元件，具有自动定心功能，是定位装置的核心部件。端面齿盘按其齿形有直齿和弧齿两种，弧齿端面齿盘具有更好地自动定心功能，且耐磨损，使用寿命长，但加工耗时；直齿端面齿盘加工方便且使用广泛。

端面齿盘工作原理：端面齿盘装置是由齿形和齿数相同的端齿盘对合而成的。动齿盘与主轴连接在一起，锁紧齿盘在其他机构作用下实现与动齿盘的松开与锁紧。分度转位时，锁紧齿盘后退与动齿盘分开，然后动齿盘转位，当转至指定位置时，锁紧齿盘在外加轴向力的作用下挤压动齿盘实现啮合锁紧。

双联齿盘在换刀时需要刀架的外托起，容易出现润滑油泄漏和密封问题，为此，发明了三联齿盘，如图 3-50 所示。三联齿盘由三个相互啮合的齿盘组成，三联齿盘在很大程度上解决了上述问题。三联齿盘在数控刀架定位机构中得到普遍应用。

4. 松开和锁紧装置

刀架的松开和锁紧通过机械机构和液压机构来实现。机械式锁紧有丝杠螺母副、端面凸轮滚子副结构；液压式锁紧有液压直接锁紧、液压间接锁紧。丝杠螺母副机构通过电动机的正、反转来实现刀盘的松开、锁紧，该类数控刀架工作时电动机正、反转频繁，且刀架需要电动机反转延时来锁紧，丝杠螺母副磨损严重，且长时间工作后刀架电动机易发热烧毁，这种结构常用于电动刀架、刀架刚度比较小、切削力小的场合。

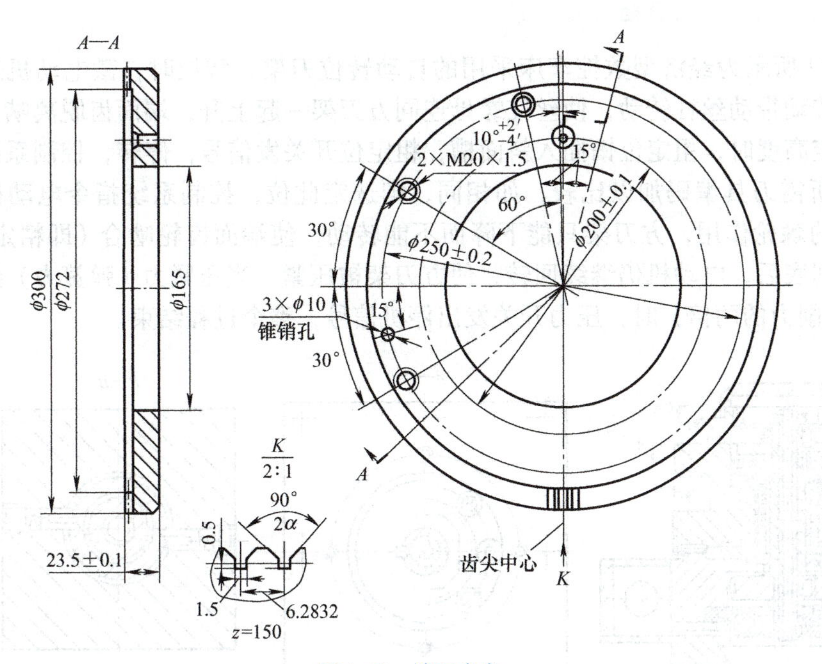

图 3-49　端面齿盘

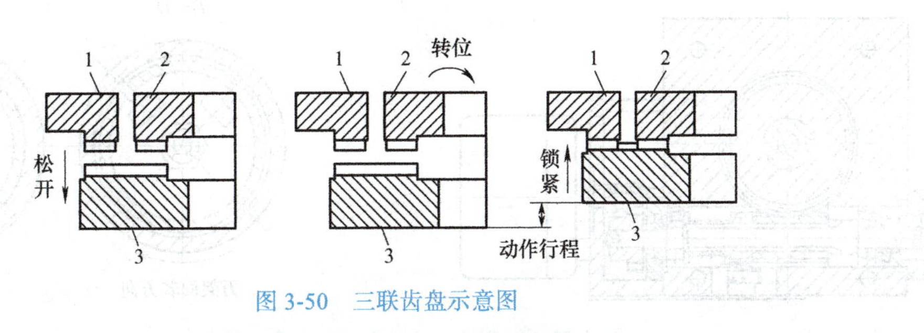

图 3-50　三联齿盘示意图

1—定齿盘　2—动齿盘　3—锁紧齿盘

5. 装刀装置

装刀装置包括刀盘、刀夹及夹刀装置等，国际上普遍采用德国标准的 VDI 式刀盘和日式槽刀盘模式。VDI 式刀盘如图 3-51a 所示，刀具孔分为径向和轴向两种形式，齿形锁紧柱紧固刀座，刀座采用 DIN 69880 标准，分为径向、轴向、组合、圆柱孔、莫氏孔等多种形式刀座，可以根据加工工艺，选择不同形式的

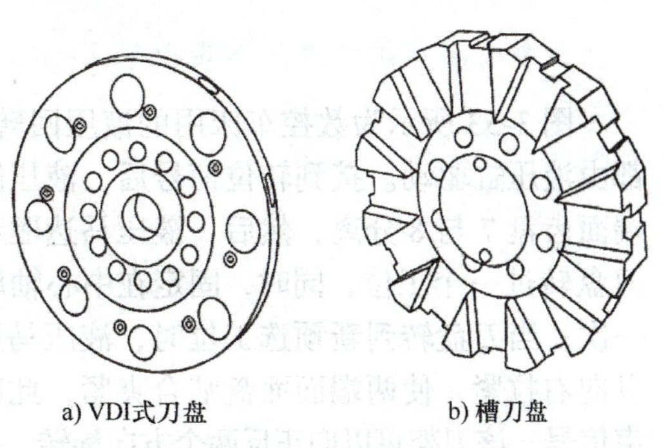

图 3-51　刀盘

刀座。槽刀盘如图 3-51b 所示，刀盘上径向夹刀槽可正、反两边夹刀，端面可安装镗刀夹和轴向车刀夹，刀具选用不如 VDI 式刀盘方便。

3.3.4 典型的机床刀架结构

1. 数控车床采用的自动转位刀架

图 3-52 所示为经济型数控车床采用的自动转位刀架，转位时，微电动机通过齿轮传动、蜗杆传动带动丝杠转动，使丝杠螺母连同方刀架一起上升，端面齿脱离啮合。当螺母上升到一定高度时，粗定位销插入斜面槽，粗定位开关发信号，停转，控制系统将该位置的编码与所需刀具编码加以比较，如相同，则选定此位，控制系统指令电动机反转。由于斜面销的棘轮作用，方刀架只能下降而不能转动，使端面齿轮啮合（即精定位)。当方刀架下降到底后，电动机仍继续回转，使方刀架被压紧。当压紧力（弹簧力）到达预定值（一般为切削力的两倍）时，压力开关发出停机信号，整个过程结束。

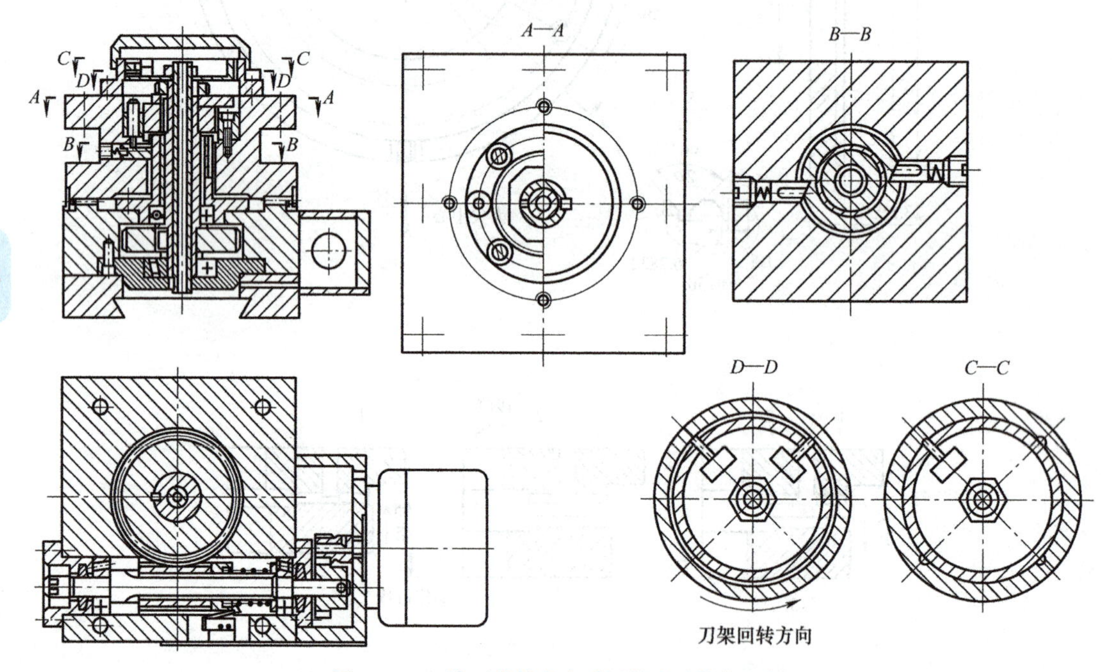

图 3-52 经济型数控车床采用的自动转位刀架

2. 数控车床用的液压回转刀架

图 3-53 所示为数控车床用的液压回转刀架结构，共有 12 个刀位。刀架的夹紧和转位都由液压缸驱动。接到转位信号后，液压缸 1 的右腔进油，将中心轴 5 和刀盘 6 左移，使端面齿盘 7 与 8 分离，然后，液压马达驱动凸轮 2 旋转，凸轮每转一周拨过一个柱销，使刀盘转过一个工位，同时，固定在中心轴尾端的 12 面选位凸轮，压合相应的计数开关 XK_1 一次；当刀盘转到新预选工位时，液压马达制动，然后液压缸 1 前腔进油，将中心轴和刀盘向右拉紧，使两端面面盘啮合夹紧，此时，中心轴尾部平面压下开关 XK_2，发出转位结束信号。该刀架可以向正反两个方向旋转，并可自动选择最近的回转路线，以缩短辅助时间。

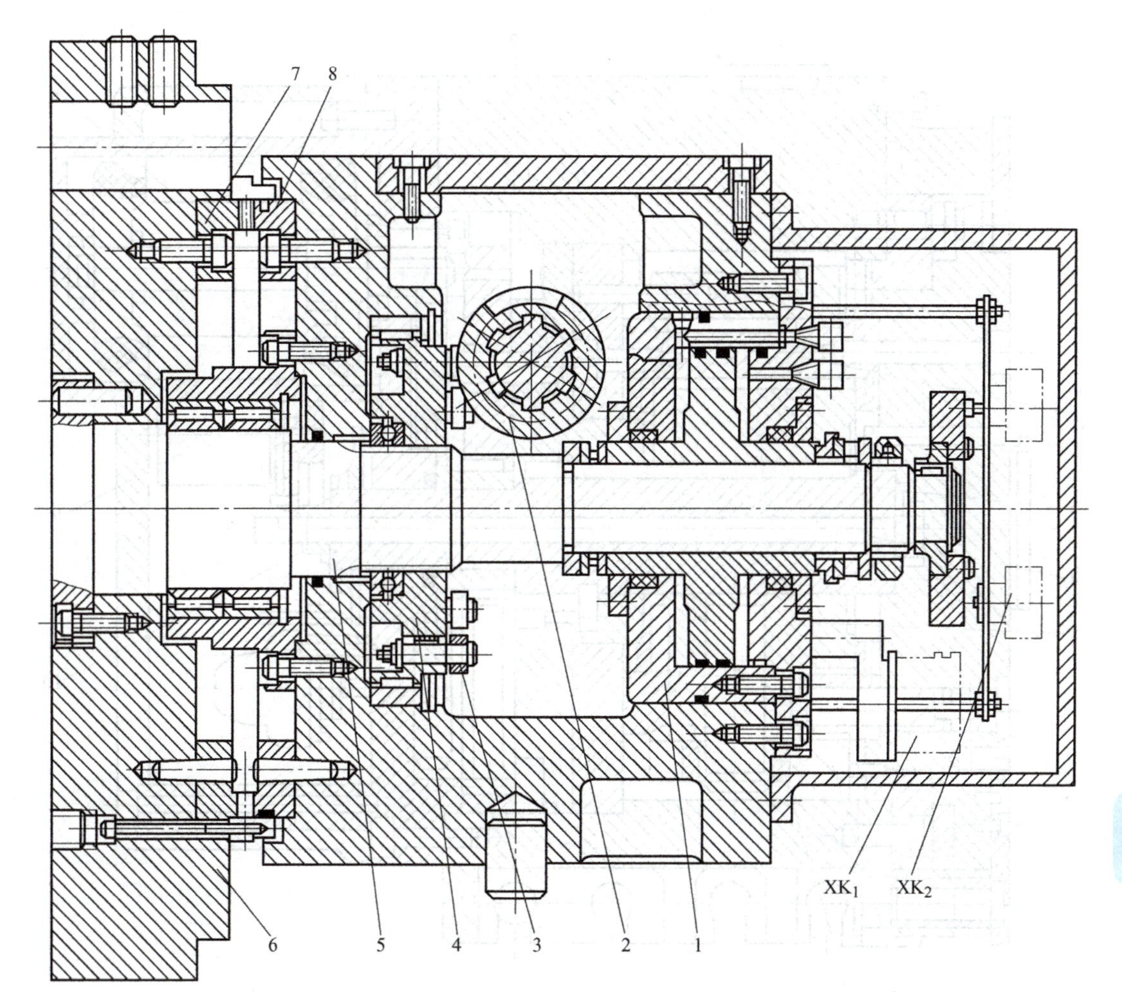

图 3-53　数控车床用的液压回转刀架结构

1—液压缸　2—凸轮　3—柱销　4—柱销盘　5—中心轴　6—刀盘　7、8—端面齿盘　XK_1、XK_2—计数开关

3. 数控车床用的电动回转刀架

图 3-54 所示为数控车床用的电动回转刀架。当转塔刀架接到转位指令后，电动机 8 通过齿轮带动行星轮系杆 7 旋转，再通过轴 5 带动套 3 转动，套 3 沿圆周方向均布 3 个夹紧轮 1。此时，夹紧轮沿着下定位齿盘 2 上的凸轮槽移动，当夹紧轮进入槽中的凹部时，将使下齿盘向右移动，从而使上、下定位齿盘脱离啮合，完成转塔打开动作。接着套 3 带着夹紧轮继续旋转，推动与转塔头连在一起的套 6 同步转动，进行分度转位工作。当达到预选位置时，电磁铁 11 动作，将预定位杆 12 向左推出，使预定位销 13 进入转塔的预定位套 14 中。当预定位销到位后，接近开关发出信号使电动机停止转动，并立即进行反转，即使夹紧套带动夹紧轮反向转动，从而将下定位齿盘 2 向左移动。上下齿盘啮合（精定位），靠下齿盘凸轮槽中的凸起部分夹紧转塔。该转塔刀架的特点是靠移动下端齿盘来完成打开动作的，整个过程转塔不抬起。

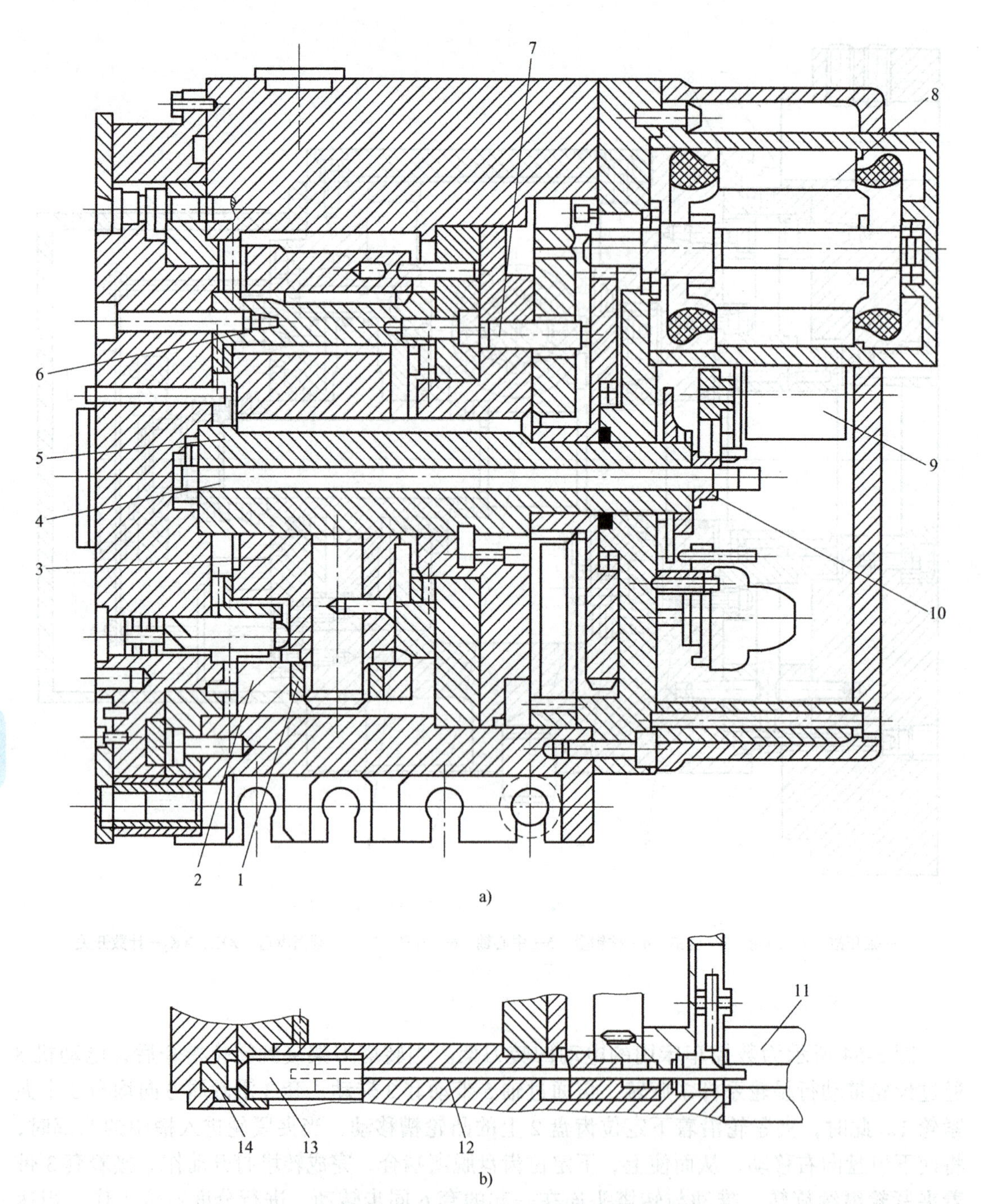

图 3-54 数控车床用的电动回转刀架

1—夹紧轮 2—下定位齿盘 3、6—套 4—轴销 5—轴 7—行星轮系杆 8—电动机 9—定程开关 10—齿轮 11—电磁铁 12—预定位杆 13—预定位销 14—定位套

4. 皇冠式转塔动力刀架结构

皇冠式转塔动力刀架换刀效率高，动力刀具的转速高、力矩大，主要用作专用机床的配套刀架。目前的皇冠式转塔动力刀架，大多数采用直驱式的驱动方式，即伺服电动机与

刀具直接相连接，通过控制动力轴沿轴向的滑移来实现刀架的工作和换刀。这种刀架采用双伺服驱动方式，增加了刀架的质量，影响刀架的运动灵敏性。

图 3-55a 所示为一种数控机床用皇冠式转塔动力刀架结构。刀具轴安装在塔头上，其数量根据实际生产情况而定，可设置 6 或 8 把刀具；锥齿轮安装在刀具轴上；传动齿轮Ⅰ、传动齿轮Ⅲ、支承环及轴承通过花键安装在传动轴上，传动轴通过轴承和支承环及轴承安装在刀架座和塔头上；液压缸壁安装在塔头上，活塞安装在传动轴的一端，由于支承环及轴承与传动轴通过花键连接，使塔头在液压油的作用下，可以沿传动轴滑动；配油盘安装在塔头上；齿轮Ⅱ安装在轴上，轴安装在刀架座上；内齿环安装在塔头上。所有齿轮正确安装后，当转塔刀架的刀具工作时，锥齿轮与齿轮Ⅱ相啮合，齿轮Ⅲ和内齿环彼此分离；转塔刀架在换刀时，齿轮Ⅲ与内齿环相啮合，齿轮Ⅱ与锥齿轮彼此分离。在此过程中，齿轮Ⅱ与齿轮Ⅰ始终啮合。伺服电动机安装在刀架座上，并通过联轴器与传动轴相连接。

该种刀架的定位方式为双联齿盘方式，如图 3-55b 中 *C* 处所示。当转塔刀架在换刀时，液压油通过配油盘作用于在塔头上的液压活塞，塔头沿传动轴向上滑动，使塔头和刀架座上的定位齿盘彼此分离，并且使齿轮Ⅲ与内齿环相啮合（图 3-55b 中 *A* 处），齿轮Ⅱ与锥齿轮彼此分离（图 3-55b 中 *B* 处），在伺服电动机的带动下，通过齿轮Ⅲ、内齿环开始换刀。

当指定刀具进入工位时，在液压活塞的作用下，塔头沿传动轴向下滑动，使塔头和刀架座上的定位齿盘相互啮合，并锁紧。同时，锥齿轮与齿轮Ⅱ重新相啮合，如图 3-55a 中 *B* 处所示，齿轮Ⅲ和内齿环彼此分离，如图 3-55a 中 *A* 处，在伺服电动机的带动下，通过齿轮Ⅰ、齿轮Ⅱ、锥齿轮，刀具开始旋转。

5. 直驱式伺服刀架结构

图 3-56 所示为一种直驱式伺服刀架的整体结构，包括外壳体、力矩电动机、盘形连接件、主轴、动齿盘、定齿盘和锁紧齿盘；外壳体后端设有后端盖；刀架由低速、大转矩、外转子力矩电机直接驱动，力矩电动机位于刀架后端，力矩电动机定子通过螺栓Ⅳ固定在外壳体上，力矩电动机转子通过螺栓Ⅵ与盘形连接件固定；盘形连接件通过螺栓Ⅰ与主轴后端固定，通过主轴的花键实现周向定位，其右端设有角度编码器，用于检测刀盘位置并将信号实时反馈至刀架控制器；动齿盘外侧设有刀盘安装螺纹孔，用于安装刀盘，并通过螺栓Ⅱ与主轴前端固定，动齿盘与主轴通过主轴的花键实现周向定位，动齿盘设置在定齿盘的中心孔内，与定齿盘过渡配合，定齿盘与动齿盘之间安装有滚针推力轴承Ⅱ和调整垫片；滚针推力轴承Ⅱ用于承受轴向载荷，调整垫片用于安装时调整动齿盘与定齿盘的高度；定齿盘通过螺栓Ⅲ固定在外壳体上，锁紧齿盘通过其中心孔套装在主轴上并与动齿盘、定齿盘齿形相对配合安装构成三联齿盘机构，由此实现刀盘的锁紧定位。

力矩电动机定子中心孔内设有冷却水套。冷却水套与主轴的空腔内设有前活塞、后活塞；前活塞与后活塞之间安装有一个定位销，防止前活塞、后活塞相对转动；锁紧齿盘通过螺栓Ⅴ与前活塞固定；前活塞与冷却水套内凸缘形成油腔Ⅰ；后活塞套装于前活塞的凸缘上；两活塞之间形成油腔Ⅱ；前活塞在液压力的推动下可以带动锁紧齿盘前后移动；后活塞与盘形连接件之间设置有滚针推力轴承Ⅰ，用于承受后活塞的轴向载荷。

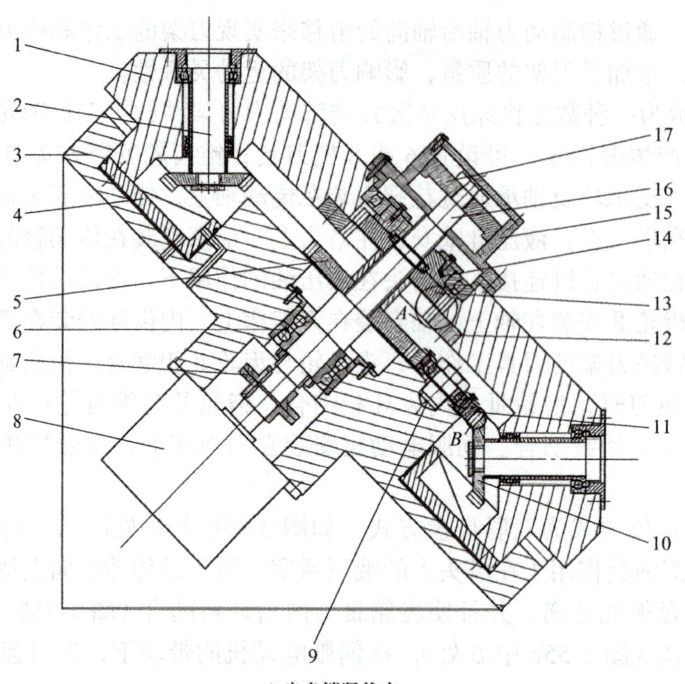

a) 齿盘锁紧状态

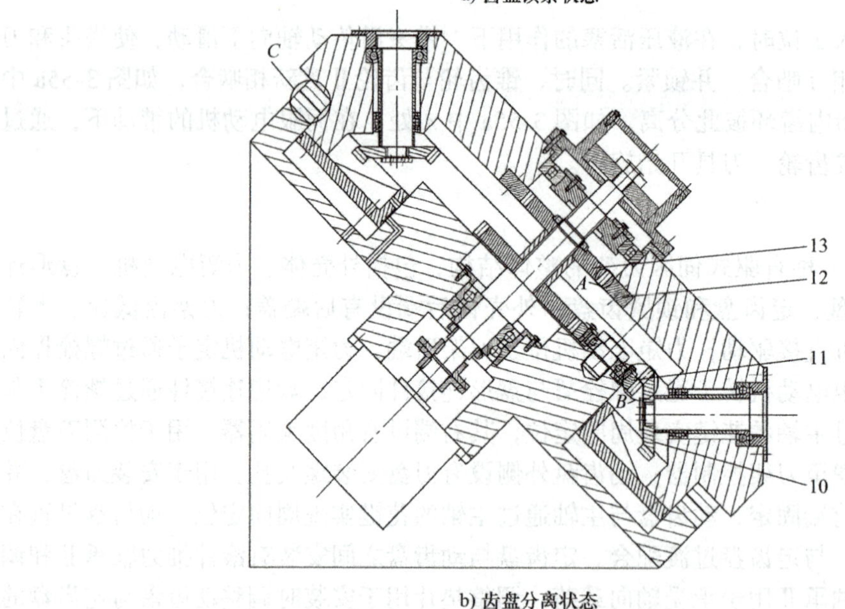

b) 齿盘分离状态

图 3-55　皇冠式转塔动力刀架结构

1—塔头　2—刀具轴　3—刀架座　4—配油盘　5—齿轮Ⅰ　6—轴承　7—联轴器　8—伺服电动机
9—轴　10—锥齿轮　11—齿轮Ⅱ　12—内齿环　13—齿轮Ⅲ　14—支承环及轴承
15—液压缸壁　16—传动轴　17—活塞

开机时，油腔Ⅰ内的油压上升推动前活塞与锁紧齿盘向右运动，同时油腔Ⅱ回油；当三联齿盘分离时，力矩电动机转子驱动盘形连接件、主轴、动齿盘和刀盘旋转。当角度编码器检测到刀盘转到理想位置时，力矩电动机停止转动，刀盘实现了初定位，此时，油腔

Ⅱ内的油压上升推动前活塞与锁紧齿盘向左运动，同时油腔Ⅰ回油；当三联齿盘啮合时，刀盘实现了精确定位，可进行切削动作。

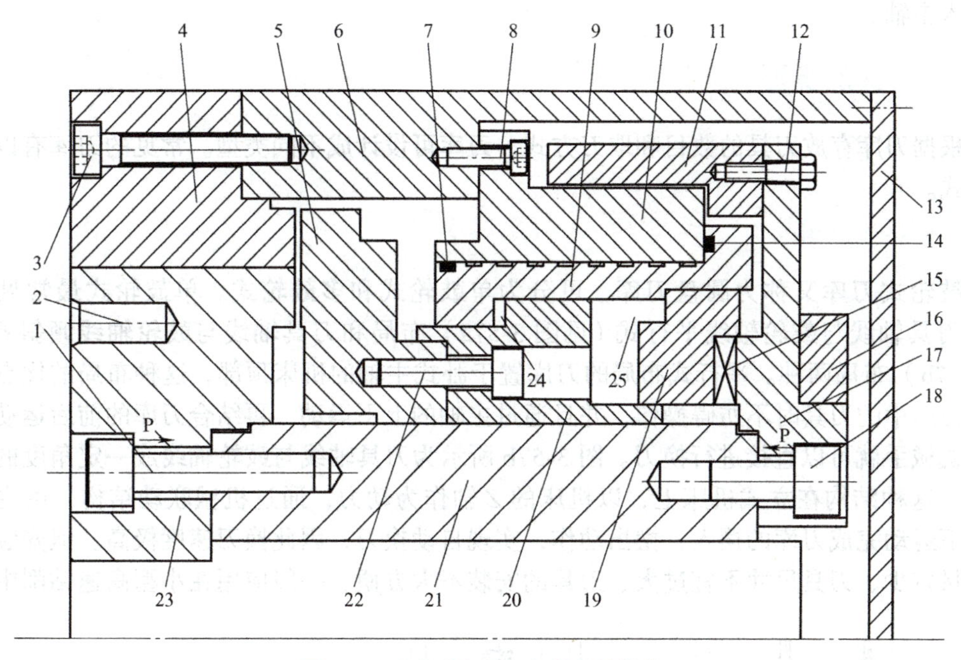

图 3-56　直驱式伺服刀架的整体结构

1—螺栓Ⅱ　2—刀盘安装螺纹孔　3—螺栓Ⅲ　4—定齿盘　5—锁紧齿盘　6—外壳体　7、14—圆形密封圈　8—螺栓Ⅳ　9—冷却水套　10—力矩电动机定子　11—力矩电动机转子　12—螺栓Ⅵ　13—后端盖　15—滚针推力轴承Ⅰ　16—角度编码器　17—盘形连接件　18—螺栓Ⅰ　19—后活塞　20—前活塞　21—主轴　22—螺栓Ⅴ　23—动齿盘　24—油腔Ⅰ　25—油腔Ⅱ

3.4　机床刀库设计

刀库是储存加工刀具及辅助工具的装置，是自动换刀装置的主要部件之一。刀库中可以存放多种规格和型号不同的刀具，因而能够进行复杂零件的多工序加工，大大提高机床的适应性和加工效率。带刀库的数控机床的主轴箱内一般只有一根主轴，设计主轴部件时能充分增强它的刚度，可以满足精密加工的要求。刀库可以安装在机床的立柱、主轴箱或工作台上。当刀库容量大及刀具较重时，可作为一个独立部件，装在机床之外。由于多数加工中心的取送刀具动作都是在刀库中某一固定刀位位置进行的，因此刀库还需要有使刀具运动的机构来保证换刀的可靠性。刀库中安装有刀具定位机构，保证要更换的刀具或刀座能准确地停在换刀位置上。

刀库的容量是刀库性能的一个重要指标。刀库的容量、布局和具体结构随机床结构的不同而差别很大，对机床的设计和使用有很大影响。但在刀库的设计中，不能盲目加大刀库容量。太大的容量会增加刀库的尺寸和占地面积，延长选刀过程的时间，降低刀库的利用率，也会使刀库结构复杂，造成浪费。

带有刀库的加工中心，换刀过程比较复杂。在机床加工前，要把加工过程中要用的全部刀具分别安装在标准的刀柄中。当机床工作时，根据选刀指令先在刀库中选刀，由刀具交换装置从刀库和主轴上取出刀具，进行刀具交换，把用过的刀具放回刀库，将要用的刀具装入主轴。

3.4.1　刀库的类型

根据刀库存放刀具的数目和取刀方式，刀库可设计成不同类型。常见的刀库有以下几种形式。

1. 鼓轮式刀库

鼓轮式刀库又称为圆盘刀库，可分为单鼓轮式和多鼓轮式。单鼓轮式最常见的形式有刀具轴线与鼓轮轴线平行式（见图 3-57a）布局和刀具轴线与鼓轮轴线倾斜式（见图 3-57b）布局两种。平行式布局的刀库置于卧式主轴的机床顶部，这种布局的优点在于安装刀库中的刀具时不妨碍操作，并且通过主轴的上下运动，再结合刀库的前后运动，不需要机械手就可以直接进行换刀。图 3-57b 所示为刀具轴线与鼓轮轴线成一定角度的布局形式。这种结构在立式机床上，以机床的 Z 轴作为动力，通过机械联动结构，由主轴箱的上下运动完成刀库的摆入、摆出动作，实现自动换刀，因此换刀速度极高。但安装刀具的数量较少、刀具尺寸不宜过大、刀具的安装不太方便，一般应用在小型高速钻削中心。

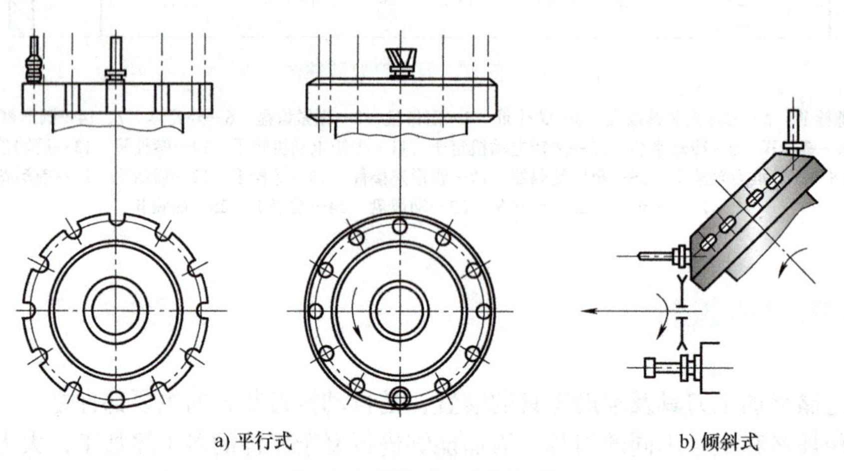
a) 平行式　　b) 倾斜式

图 3-57　鼓轮式刀库布局图

2. 直线刀库

刀具在刀库中直线排列，如图 3-58 所示。其结构较为简单，存放刀具数量有限，一般存储十几把左右，主要用于刀库容量小的场合。

3. 格子箱刀库

格子箱刀库具有纵横排列整齐的许多格子，每个格子中有一个刀座，可储存一把刀具，如图 3-59 所示。格子箱刀库可单独安置于机床之外，由机械手进行选刀或换刀。格子箱刀库空间利用率高，刀库容量大，但布局不灵活，应用较少，主要用于需要刀库容量比较大的场合。

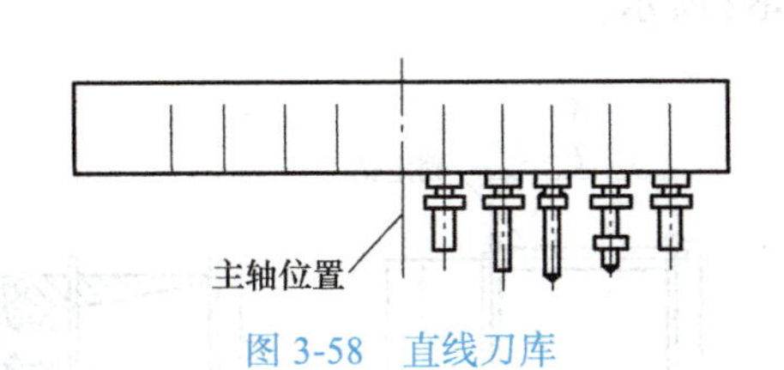

图 3-58　直线刀库

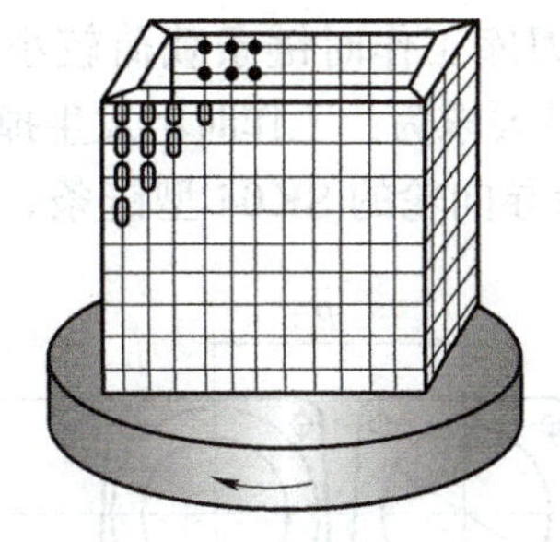

图 3-59　格子箱刀库

4. 链式刀库

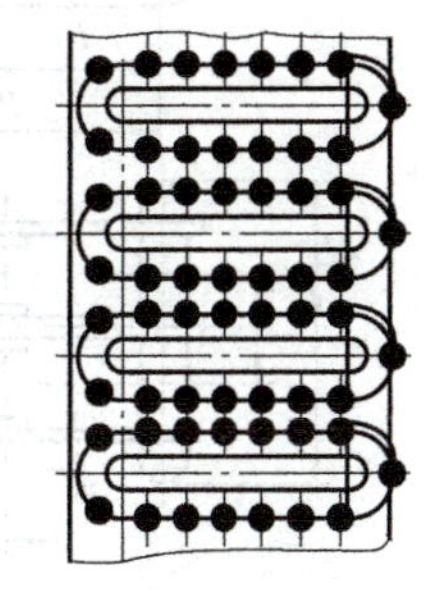

图 3-60　链式刀库

链式刀库是在环形链条上装上刀座，在刀座孔中装夹各种刀具的刀库布局形式，如图 3-60 所示。链式刀库有单环链式和多环链式两种类型。链式刀库的刀库容量比较大，结构上有较大的灵活性，可以实现刀具的“预选”，并且换刀时间短。当需要增加存储刀具数目时，不用增加链轮的直径，只需增加链条的长度。

3.4.2　链式刀库的构成

1. 链式刀库的形式

由于链式刀库机械结构简单，刀库容量大，运行可靠，可以在换刀位置不变的情况下改变刀库容量，因此在大、中型加工中心中得到了广泛的应用，是目前用得最多的一种刀库形式。

链式刀库是一个独立于机床的链输送系统。图 3-61 所示为方形链式刀库的典型结构示意图。它由一个主动链轮带动装有刀座的链条进行刀具交换。主动链轮由伺服电动机驱动，导向轮是光轮，圆周表面经过硬化处理。左侧两个导向轮兼起张紧轮作用，其轮座带导向槽，以免松开螺钉时轮座位置歪扭，从而给张紧调节带来麻烦。调整回零开关的位置，可使刀座准确地停在机械手抓刀位置上，回零撞块可装在链条的任意位置，但回零开关应装在便于调节的位置上。刀库可以逆时针回零，也可以顺时针回零，但一种刀库只能从一个方向回零。从刀座的定位刚性考虑，链式刀库的换刀位置应设在主动链轮上，或者尽可能靠近主动链轮的刀座处。

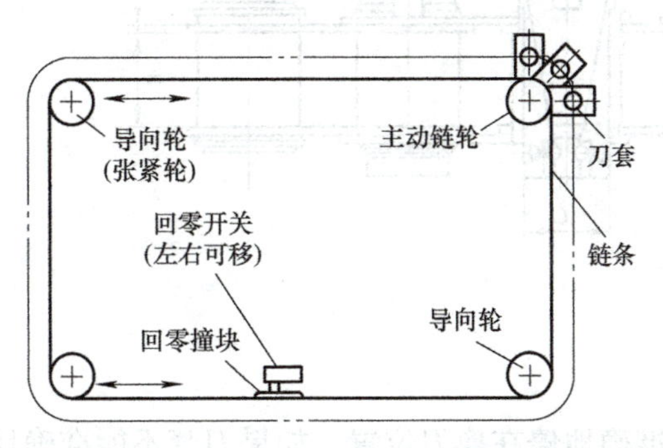

图 3-61　方形链式刀库的典型结构示意图

链式刀库工作时链条载荷较小，受力均匀，运动速度比较低，输送系统为断续工作，其基本设计要求为：工作时不发生掉刀故障，输送刀具到换刀位置精度要高，运动应流畅。

1）带导向轮的 SK04 型链条，其形式如图 3-62 所示。

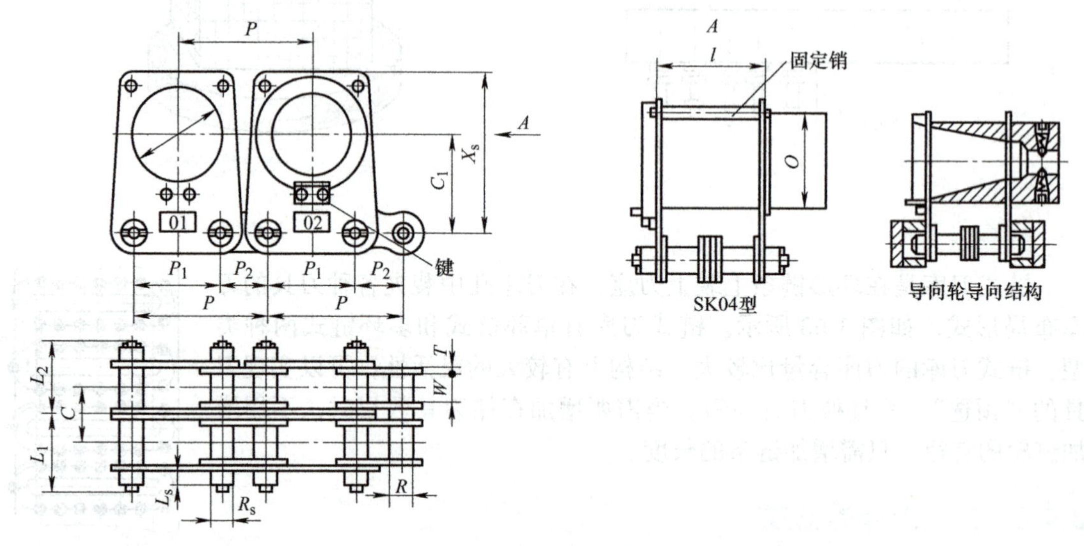

图 3-62　SK04 型链条形式

由于受链条结构的限制，采用 SK04 型悬挂式链条组成的链式刀库，只能是刀座“外转型”，组成方形刀库时，不能充分利用中间空间。

2）HP 型链条，它是一种套筒式链条，其辊子本身就是刀套，该链条的形式如图 3-63 所示。采用 HP 型套筒式链条组成的刀库，刀套在“内转”时，不发生刀套之间的干涉，故刀库空间利用率比悬挂式高。

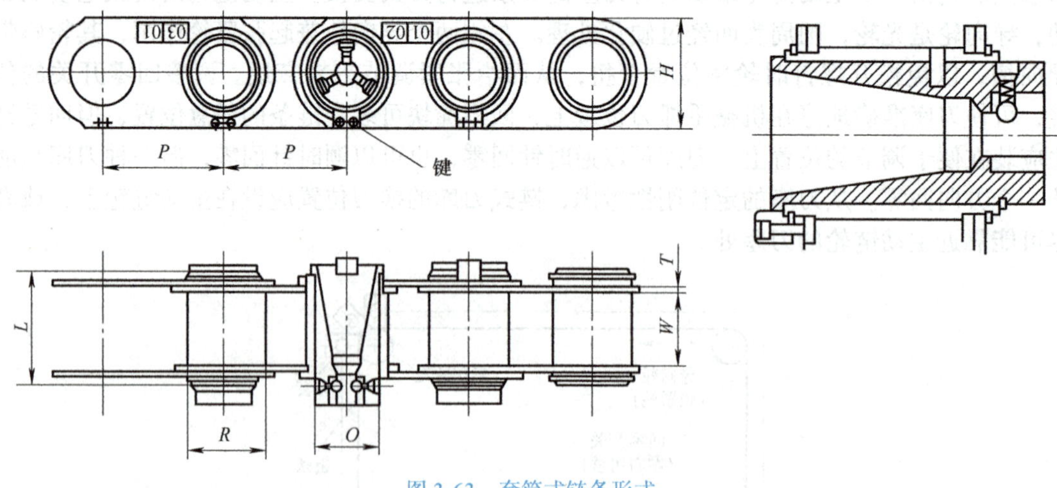

图 3-63　套筒式链条形式

2. 换刀的准停与回零

换刀时，刀套必须准确地停在换刀位置，如果刀套不能准确地停在换刀位置，将会使换刀机械手抓刀不准，导致在换刀时容易发生掉刀现象。因此，刀套的准停问题，将是影响换刀动作可靠性的重要因素之一。为了确保刀套准确地停在换刀位置上，通常采取如下措施：

1）定位盘准停。图 3-64 所示为链式刀库采用定位盘准停方式的示意图。这种准停方式由液压缸推动定位销 1，插入定位盘 2 的定位槽内来实现刀套的准停。为了保证刀套的准停精度和刀套定位的刚性，链式刀库的换刀位置一般设在主动链轮上，或者尽可能设置在靠近主动链轮的刀套处。定位盘上的定位槽（或定位孔）的节距要一致，每个定位槽（或定位孔）都对应一个相应的刀套。

2）链式刀库应选用节距精度较高的套筒滚子链和链轮，而且在把刀套装在链条上时，需要采用专用夹具来定位，确保刀套间距一致。

3）尽量减小刀套孔径和轴向尺寸的分散度，以保证刀柄槽在换刀位置上的轴向位置精度。

4）要消除反向间隙的影响。链式刀库的传动间隙随机械磨损和使用时间增长而增大，这将会影响刀套的准停精度。对采用定位盘准停方式的刀库来说，过大的间隙将会影响定位盘的正常工作，因此，必须消除反向间隙。

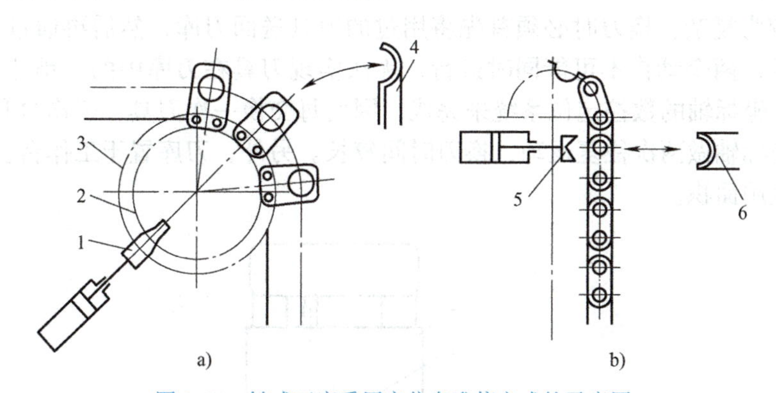

图 3-64　链式刀库采用定位盘准停方式的示意图

1—定位销　2—定位盘　3—链轮　4、6—手爪　5—定位块

为了保证刀库的第 1 号刀套准确地停在初始位置上，刀库上必须安装回零撞块。回零撞块可以装在链条的任意位置上，回零开关则通常安装在便于调整的地方。通过调整回零开关位置，使刀套准确地停在换刀机械手上。这时，处于机械手抓刀位置的刀套，就设定为 1 号刀套，其他的刀套则按顺序依次编排。刀库回零时，只能从一个方向回零，至于是顺时针回转回零还是逆时针回转回零，可由机电设计人员根据实际情况决定。为了保证刀套准确地回到零点，在零点前设置减速行程开关，使快速移动的刀套在接近零点时减速，防止由于惯性造成过冲。

3.4.3　自动换刀装置的形式

自动换刀装置初期曾采用转塔头自动换刀，这种装置按其结构形式可分为水平转轴式和竖直转轴式。图 3-65 所示为具有 8 根主轴的水平转轴式转塔头自动换刀装置，只有处于最下端的主轴进行切削加工，该刀具加工完毕后，由数控系统控制转塔头转一个或几个位置，实现自动换刀，转入下一工步加工。这种换刀装置结构简单、紧凑，换刀迅速，但每把刀具都需一根主轴，而且变速箱工作时的振动和热量都直接传到转塔上来，所以它的尺寸、结构以及储存刀具的数量都受到限制，一般为6～8把刀具，仅适用于简单工件加工。

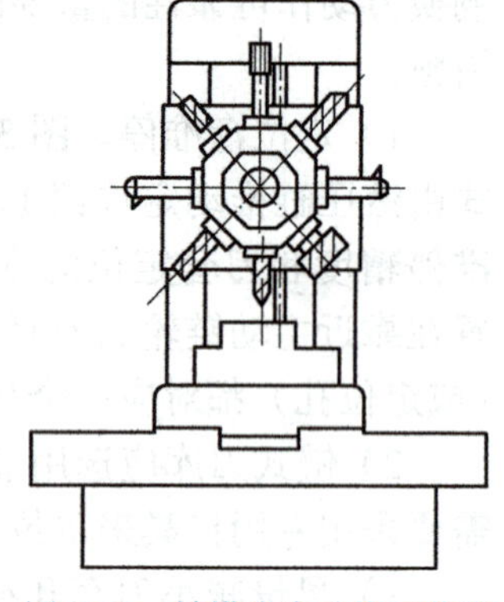

图 3-65　转塔头自动换刀装置

采用单独存储刀具的刀库，刀具数量可以增加，能够满足加工复杂零件的需要，这时的加工中心只需要一个夹持刀具进行切削的主轴，所以制造难度也比转塔刀架低，因此这种换刀方式在加工中心上得到了广泛的应用。带刀库的自动换刀装置由刀库和刀具交换机构组成，实现刀库与机床主轴间传递和装卸刀具的装置称为刀具交换装置，它分为无机械手自动换刀（由刀库与机床主轴的相对运动实现刀具交换）和有机械手自动换刀两种形式。

（1）无机械手自动换刀　图3-66所示为立式数控机床无机械手自动换刀装置。它的刀库安放在机床工作台的一端，当某一把刀具加工完毕从工件上退出后，即开始换刀。这种自动换刀装置只有一个刀库，不需要其他装置，结构比较简单，动作也可靠。然而它的换刀过程却较为复杂，换刀时必须首先将用过的刀具送回刀库，然后再通过刀库的旋转，选择新的刀具，两个动作不可能同时进行，无法实现刀具在刀库中的“预选”。它的选刀和换刀由三个坐标轴的数控定位系统来完成，因而每交换一次刀具，工作台和主轴箱就必须沿着三个坐标轴做两次往复运动，换刀时间较长。另外，刀库置于工作台上，减少了工作台的有效使用面积。

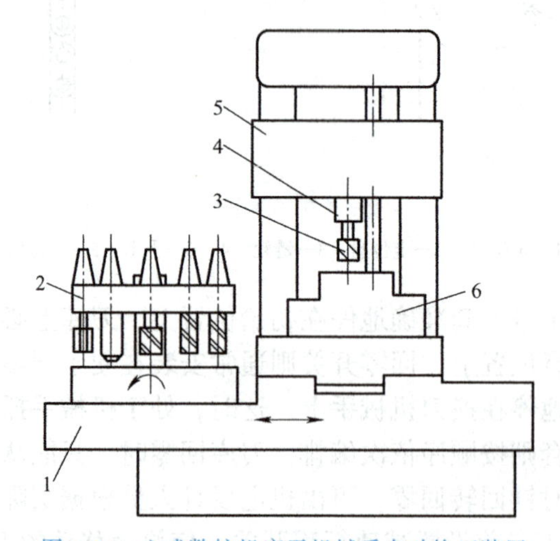

图 3-66　立式数控机床无机械手自动换刀装置

1—工作台　2—刀库　3—刀具　4—主轴　5—主轴箱　6—工件

（2）机械手自动换刀　大多数加工中心采用机械手自动换刀方式，这是因为机械手换刀在刀库的布局和刀具数量的增加上有很大的灵活性，而且可以通过刀具预选择，减少换刀时间。由于加工中心有卧式、立式、龙门式等，因此也就存在各式各样的换刀机械手。图3-67所示为单臂双爪式机械手自动换刀装置。盘形刀库1倾斜安装在机床立柱上，其最下方的刀具为换刀位置。自动换刀时，刀库回转，将下一步需要的刀具提前转到换刀位置；主轴准停，主轴箱向上退回原点；然后机械手由水平位置逆时针回转 90°，同时抓住主轴上和刀库中需要更换的刀具；主轴松开，机械手沿轴向向外伸，将主轴上的刀具和刀库中的新刀拔出；然后机械手顺时针回转 180°，沿轴向向里退回，将交换的刀具分别插入刀库和主轴，主轴夹紧刀具；机械手逆时针回转 90°，返回到初始位置，整个换刀过程结束。

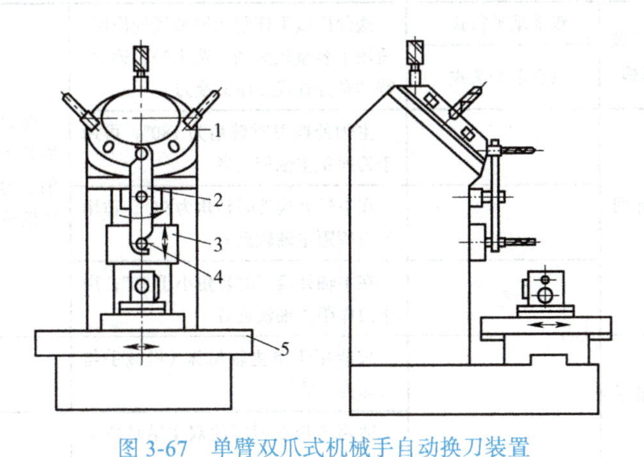

图 3-67　单臂双爪式机械手自动换刀装置

1—刀库　2—机械手　3—主轴箱　4—主轴　5—工作台

3.4.4　换刀机械手

换刀机械手是自动换刀装置中交换刀具的主要工具，它把刀库上的刀具送到主轴上，再把主轴上用过的刀具返送回刀库中。采用机械手进行刀具的交换，刀库的布置和刀具数量不受结构限制，具有很大的灵活性，同时还可以通过刀具预选择，缩短换刀时间，提高换刀速度，因此，大部分加工中心都采用机械手换刀。机械手的形式和结构种类繁多，它们的类型、特点和适用范围见表 3-3。

表 3-3　换刀机械手的类型、特点与适用范围

<table>
<tr><th colspan="3">类型</th><th colspan="2">特点与适用范围</th></tr>
<tr><td rowspan="3">单臂单手爪机械手</td><td colspan="2">机械手只做往复直线运动</td><td>用于刀具主轴与刀库刀座的轴线平行的场合
机械手的插、拔刀运动和传递刀具的运动都是直线运动，因而无回转运动所产生的离心力，所以机械手的握刀部分可以比较简单，只需两个弹簧卡销卡住刀柄</td><td rowspan="3">结构较简单
换刀各动作均需顺序进行，时间不能重合，故换刀时间较长
在转塔头带刀库的换刀系统中，不工作主轴的换刀时间与工作主轴的加工时间重合，故可用这类机械手
这类机械手亦可在刀库与主轴头上的换刀机械手之间传递刀具</td></tr>
<tr><td rowspan="2">机械手做往复摆动</td><td>机械手摆动轴线与刀具主轴平行</td><td>用于刀库换刀位置刀座的轴线与主轴轴线相平行的场合</td></tr>
<tr><td>机械手摆动轴线与刀具主轴垂直</td><td>用于刀库换刀位置刀座的轴线与主轴轴线相垂直的场合</td></tr>
</table>

（续）

类型			特点与适用范围	
回转式单臂双手爪机械手	两手爪部成180°角	固定式双手爪	这类机械手可以同时抓住和拔、插位于主轴和刀库（或运输装置）里的刀具。与单臂单手爪式机械手相比，可以缩短换刀时间。应用最广泛，形式也较多	
		可伸缩式双手爪		
		剪式双手爪		
	两手爪部不成180°角			
双手爪式机械手	机械手只做往复直线运动	双手爪平行式	这种机械手还起运输装置的作用，适用于容量较大的、距主轴较远的，特别是分置式刀库的换刀	向刀库还回用过的刀具和选取新刀具时，均可在主轴正在加工时进行，故换刀过程时间可较短
		双手爪交叉式		
	机械手有回转运动		主轴处换刀时转角为180°，可用于刀库距主轴较远者	
			在主轴处换刀时转角为90°，适用于刀库距主轴较近者	
			在主轴处换刀时转角小于90°，用于刀库距主轴较近者	
多手爪式机械手	各个机械手顺次使用		只能用于单主轴机床（机械手与刀库为一体）	—
			适用于带双刀库的双主轴转塔头机床	—

（1）单臂单爪摆动式机械手　单臂单爪摆动式机械手的手臂上只有一个夹爪，手臂可以回转不同角度，进行自动换刀，如图 3-68 所示，刀库和主轴上的刀具只靠一个夹爪进行装刀与卸刀。这种换刀机械手结构简单，换刀动作需按顺序进行，时间不能重叠，换刀时间长，适合于刀座轴线与主轴轴线平行的场合。

（2）单臂双爪型机械手　单臂双爪型机械手也称扁担式机械手，它是目前加工中心上用得较多的一种。单臂双爪型机械手如图 3-69 所示，这种机械手的拔刀、插刀动作都由液压缸动作来完成，根据结构要求，可以采取液压缸动活塞固定，或活塞活动液压缸固定的结构形式。而手臂的回转动作，则通过活塞的运动带动齿轮传动来实现。机械手臂的不同回转角度，是由活塞的可调行程挡块来保证的。这种液压缸活塞的密封松紧要适当，否则会影响机械手的正常动作，要保证液压缸既不漏油又使机械手能灵活动作。这种液压缸活塞驱动的机械手，每个动作结束之前均需设置缓冲机构，确保机械手的工作平稳、可靠。缓冲结构可以是小孔节流、针阀、楔形斜槽，也可是外接节流阀或缓冲阀等。

为了使机械手工作平稳可靠，除了需设置缓冲机构外，还要考虑尽可能减小机构的惯量。圆柱体围绕旋转中心运动的惯量为

$$J = J_0 + \frac{WR^2}{9.8} \tag{3-5}$$

式中，J_0 是圆柱体绕其自身中心的惯量，单位为 $kg \cdot m^2$；W 是圆柱体的质量，单位为 kg；R 为旋转半径，单位为 m。

从式（3-5）中可以看出，惯量与物体质量、旋转半径的平方成正比。为了减小机构的惯量，要尽可能采用密度小、重量轻的材料制造有关零件，并尽可能减小机械手的回转半径。

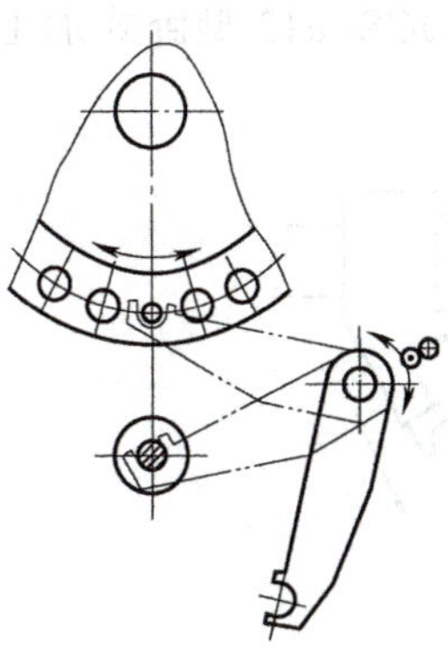

图 3-68　单臂单爪摆动式机械手

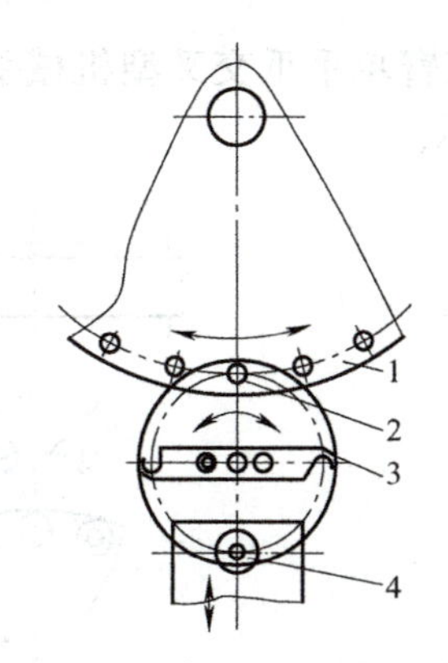

图 3-69　单臂双爪型机械手

1—刀库　2—换刀位置的刀座　3—机械手　4—机床主轴

鉴于液动驱动的机械手需要采用严格的密封和复杂的缓冲机构，且控制机械手动作的电磁阀都有一定的时间常数，因而换刀速度较慢，故近年来出现凸轮联动式单臂双爪机械手。其工作原理如图 3-70 所示。这种机械手的优点是由电动机驱动，不需要复杂的液压系统及其密封、缓冲机构，没有漏油现象，结构简单、工作可靠，同时机械手的手臂回转和插刀、拔刀的分解动作是联动的，部分时间常数可重叠，从而大大缩短了换刀时间，一般约为 2.5s。

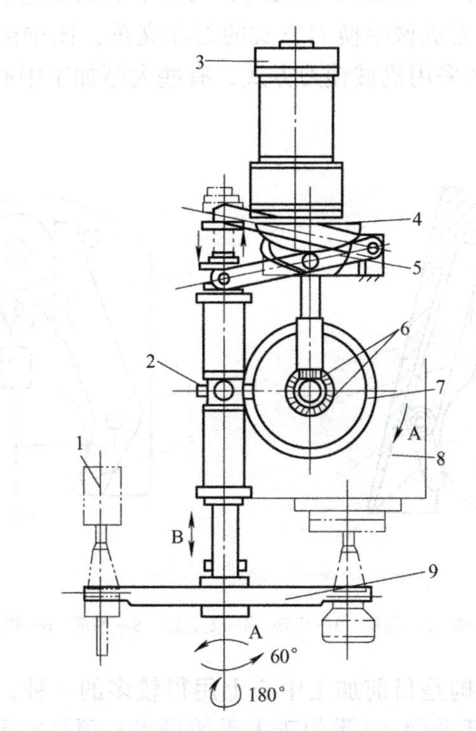

图 3-70　凸轮联动式单臂双爪机械手的工作原理

1—刀座　2—十字轴　3—电动机　4—圆柱槽凸轮（手臂上下）　5—杠杆　6—锥齿轮
7—凸轮转子（手臂旋转）　8—主轴箱　9—换刀手臂

注：A、B 为运动方向。

（3）双臂单手爪交叉型机械手　这类机械手应用于 JCS–013 型卧式加工中心上，如图 3-71 所示。

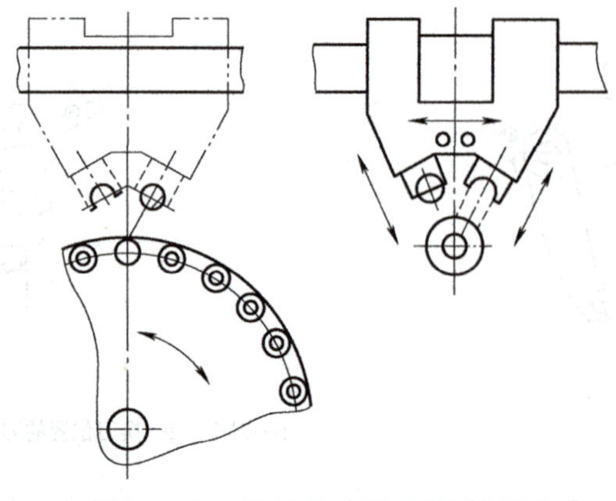

图 3-71　双臂单手爪交叉型机械手

（4）单臂双爪且手臂回转轴与主轴成 45° 角的机械手　这种机械手换刀动作可靠，换刀时间短，但对刀柄精度要求高，结构复杂联机调整的相关精度要求较高，机械手离加工区较近。

（5）手爪的结构　机械手的手爪在抓住刀具后，还必须具有锁刀功能，以防止在换刀过程中掉刀或刀具被甩出。当机械手松刀时，刀库的夹爪既起着刀套的作用，又起着手爪的作用。图 3-72 所示为无机械手换刀方式的刀库夹爪，图中弹簧 3 为拉簧。对于单臂双爪无机械手的手爪，大多采用机械锁刀方式，有些大型加工中心，还采用机械加液压锁刀方式。

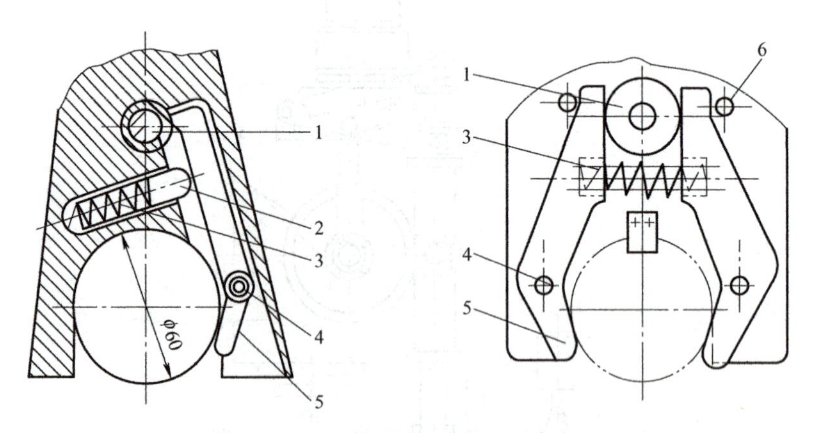

图 3-72　无机械手换刀方式的刀库夹爪

1—锁销　2—顶销　3—弹簧　4—支点轴　5—手爪　6—挡销

图 3-73 所示的手爪结构是目前加工中心上用得较多的一种，手臂的两端各有一个手爪，刀具被由弹簧 2 推着活动销 4（类似于人手的母指）顶靠在手爪 5 中。锁紧销 3 被弹簧 1 顶起，使活动销 4 被锁住，不能后退，这就保证了机械手在换刀过程中手爪中的刀具不会被甩出。当手柄处于抓刀位置时，锁紧销 3 被设置在主轴伸出端或被刀库上的撞块压下，活动销 4 就可以活动，使得机械手可以抓住（或放开）主轴或刀库刀座中的刀具。

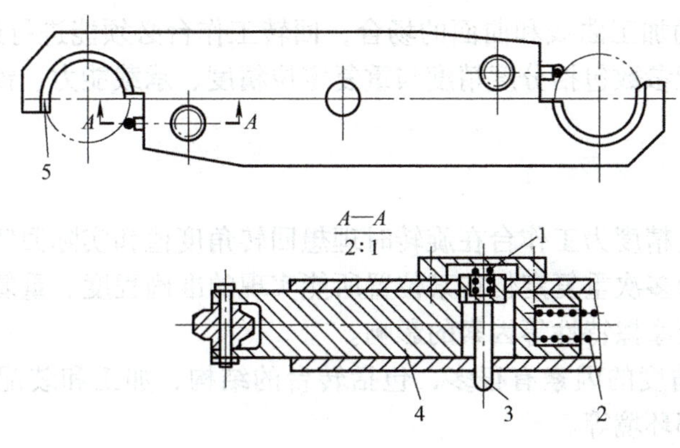

图 3-73　手爪结构

1、2—弹簧　3—锁紧销　4—活动销　5—手爪

此外，钳形杠杆机械手也用得较普遍，图 3-74 中的锁紧销 2 在弹簧作用下，其大直径外圈顶着止退销 3，杠杆手爪 6 就不能摆动张开，手爪中的刀具就不会被甩出。当抓刀或还刀时，锁紧销 2 被装在刀库或主轴端处的撞块压回，止退销 3 和杠杆手爪 6 就能够摆动、张开，刀具就能装入或取出。

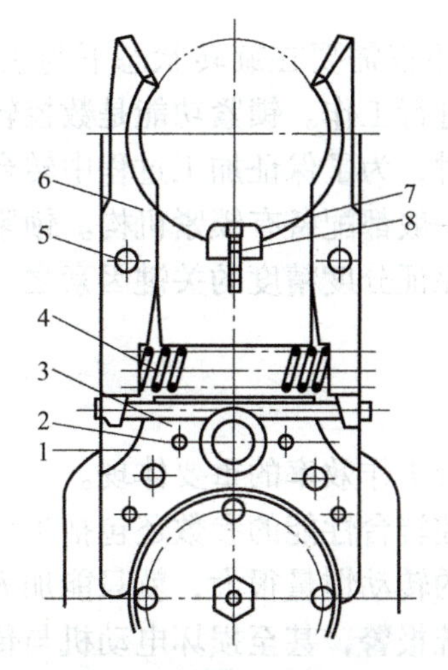

图 3-74　钳形杠杆机械手

1—手臂　2—锁紧销　3—止退销　4—弹簧　5—支点轴　6—杠杆手爪　7—键　8—螺钉

3.5　机床回转工作台设计

回转工作台能够实现角度的等分、不等分的分度或连续的回转，与机床其他直线轴、回转轴运动配合，实现复杂形状的多自由度联动加工，满足不同零件的加工要求，对拓展机床的适用范围、保证加工精度、提高生产率等方面起着重要作用。

3.5.1　回转工作台的基本要求和主要性能参数

机床对回转工作台的基本要求是分辨率小、定位精度高、运动平稳、刚性好。同时，在需要进行多轴联动加工曲线和曲面的场合，回转工作台必须能进行连续圆周进给运动。数控转台的主要性能参数包括分度精度与重复定位精度、承载能力、锁紧力矩及数控转台的转速等。

1. 分度精度与重复定位精度

数控转台的分度精度为工作台在旋转时理想回转角度值和实际回转角度值的差值，重复定位精度为工作台多次重复定位在某位置所能实现的准确程度。重复定位精度受进给系统的间隙与刚性以及摩擦特性等因素的影响。

影响转台分度精度的因素有很多，包括转台的结构、加工和装配精度、伺服系统性能、工艺参数及外部环境等。

2. 承载能力

数控转台的承载能力与数控机床的加工能力和精度水平直接相关，转台的最大承载能力即机床可以加工的最大工件质量和工装质量。数控转台承载能力主要由支承元件决定。由于数控转台主轴有水平工作方式和竖直工作方式，承载能力包含水平承载能力及立式承载能力，通常水平承载能力要大于立式承载能力。

3. 锁紧力矩

在实际生产中，数控转台不仅需要在旋转状态下与主机形成复合运动加工零件，还需要在工作台处于锁紧状态下进行工作。锁紧功能是数控转台必备的功能之一，当数控转台不参与角度分度或圆弧插补时，为了保证加工过程中转台不出现角位移，以提高其承受转矩冲击或周向载荷的能力，一般都配备有锁紧机构。锁紧力矩表征了锁紧机构的制动能力。数控转台的锁紧可靠性是保证分度精度的关键因素之一，将直接影响数控转台的整体性能以及工件的加工质量。

4. 数控转台的转速

数控转台的转速是数控转台工作效率的重要体现。

除了上述参数外，表征数控转台性能的参数还包括工件的最大允许转动惯量、最大驱动力矩等。如果整个转动系统的转动惯量很大，就只能加大电动机的加减速时间，否则可能造成转台定位不准或引起系统报警，甚至损坏电动机与传动机构。如果要求转台响应速度快，那就要增加电动机的转动惯量与之匹配，或者设法减小工件的转动惯量。

3.5.2 回转工作台的类型

1. 分度类型

转台按分度类型可分为分度工作台和数控回转工作台。

1）分度工作台。分度工作台的功能是完成回转分度运动，在加工中自动实现工件一次安装完成几个面的加工。分度工作台只能完成分度运动而不能实现连续圆周进给，它的分度和定位按照控制系统的指令自动进行。由于结构上的原因，分度工作台的分度运动只限于某些规定的角度（如 90°、60°、45°、30° 等），不能实现 0° ～ 360° 范围内任意角度的分度。为了保证加工精度，满足分度精度的要求，分度工作台使用专门的定位元件，由夹紧装置保证机床工作时的安全可靠。常用的定位元件有插销定位、钢球定位、反靠定位和齿盘定位等几种。

2）数控回转工作台。数控回转工作台可以按照数控系统的指令，连续回转，实现工作台的连续圆周进给，以完成切削工作，也能完成0°～360°范围内任意角度的分度定位。数控回转工作台既能作为数控机床的一个回转坐标轴，用于加工各种圆弧或与直线坐标轴联动加工曲面，又能作为分度头完成工件的转位换面。数控回转工作台一般采用伺服电动机驱动系统来实现回转、分度和定位，其定位精度由控制系统决定。根据控制方式，数控回转工作台可分为开环数控回转工作台和闭环数控回转工作台。

2. 回转轴轴数

转台按回转轴轴数可分为单轴转台、两轴联动转台和多轴转台。

1）单轴转台。单轴转台在转台产品中应用最广泛，只包含一个回转轴进行回转定位。

2）两轴联动转台。两轴联动转台也称为可倾式转台，包括可倾旋转轴和回转轴，其结构形式分为耳轴式和摇篮式两类，如图 3-75 所示。可倾回转工作台是五轴联动加工中心的重要附件之一。

3）多轴转台。多轴转台可以同时装夹多个工件，实现同步运动，提高加工效率。

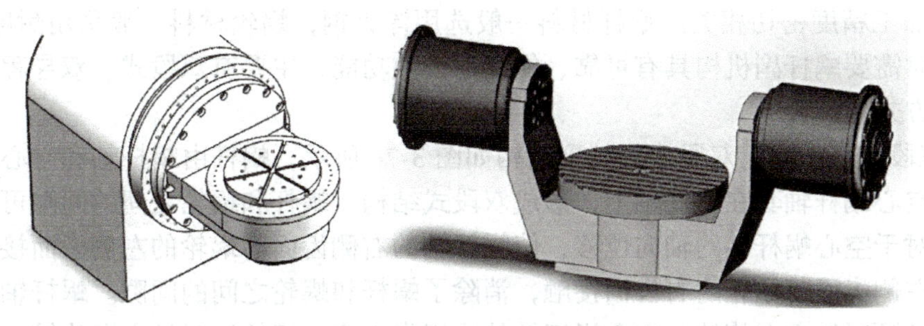

图 3-75　两轴联动转台

3.5.3　转台的构成

转台主要由驱动装置、传动机构、分度定位机构、锁紧机构和工作台五个部分组成。

1. 驱动装置

驱动装置为转台提供动力源，分为电动机驱动和液压驱动。电动机驱动方式为经传动机构驱动蜗杆副实现工作台的回转运动，其主要特点是控制简单、自动化程度高、响应快。

液压驱动方式可分为三种：①采用往复式直线运动的液压缸推动齿条，齿条带动回转轴上的齿轮转位；②采用回转液压缸直接或间接驱动工作台转位，回转液压缸的转子叶片做往复回转或单向间歇回转；③液压马达通过传动机构带动工作台转位，结构简单，起动和制动平稳。

2. 传动机构

传动机构是实现高精度分度定位功能和低速大转矩回转进给运动功能的关键，也是影响转台分度精度和重复定位精度的主要因素之一，其结构形式决定了转台在整机结构中的布局方式及转台的动静态性能。常用的转台传动机构见表 3-4。

表 3-4　常用的转台传动机构

序号	传动机构类型	适用场合
1	齿轮副 + 蜗杆副	连续分度转台和等分转台
2	蜗杆副	连续分度转台和等分转台
3	同步带 + 蜗杆副	等分转台
4	齿轮副	等分转台
5	蜗杆副 + 齿轮副	等分转台
6	齿条副	等分转台

3. 分度定位机构

为了保证加工精度，对转台的分度精度与重复定位精度要求较高，需要采用专门的分度定位元件来保证。转台中常见的分度定位机构有蜗杆副分度、双电动机消隙分度、端齿盘分度及凸轮分度等。

（1）蜗杆副分度机构　采用蜗杆副分度的转台可实现任意角度分度，分度精度与蜗杆蜗轮的加工精度密切相关。蜗杆材料一般选用淬火钢，蜗轮材料一般采用耐磨铜合金。实际使用时需要蜗杆副机构具有可靠、便捷的消隙功能，主要有双段式、双导程式和双蜗杆式三种方式。

1）双段式蜗杆副。双段式蜗杆副结构如图 3-76 所示，蜗杆由蜗杆轴和空心蜗杆轴两段组成，空心蜗杆轴套在蜗杆轴上，形成双段式结构，蜗杆和蜗轮之间的间隙可通过调整蜗杆轴相对于空心蜗杆轴的轴向位移，使蜗杆轴的右侧齿面与蜗轮的左侧齿面接触，空心蜗杆轴的左侧齿面与蜗轮的右齿面接触，消除了蜗杆和蜗轮之间的间隙。蜗杆轴的作用齿面驱动蜗轮顺时针方向旋转，空心蜗杆轴的作用齿面驱动蜗轮逆时针方向旋转。双段式蜗杆传动机构具有消隙简单、结构紧凑的特点，同时非作用齿面相对作用齿面具有更大的牙型角，使结构的传动刚性更好。

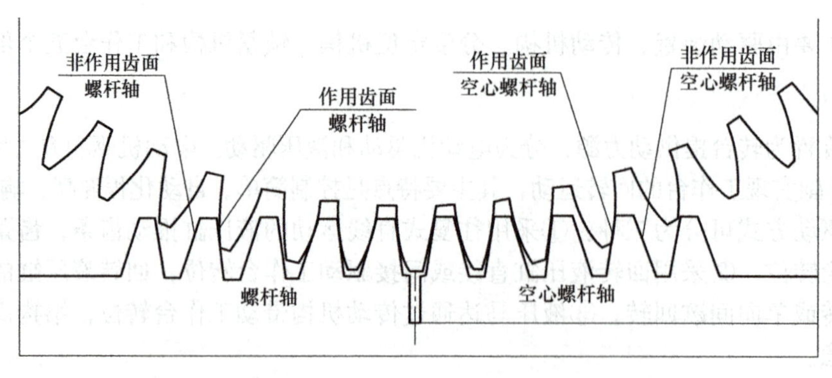

图 3-76　双段式蜗杆副

2）双导程蜗杆副。双导程蜗杆左、右两侧的齿面具有不同的导程，但相同侧的齿面导程则相等，如图 3-77 所示。由于导程差，这种蜗杆的轴向齿厚沿其轴线从一端到另一端逐渐增厚或减薄，故又称变齿厚蜗杆，而与它啮合的蜗轮所有齿的齿厚均相等。因此，当蜗杆沿轴线移动时，理论上蜗杆在某一位置上一定会调整蜗杆副的啮合侧隙达到最佳值，即使在使用过程中由于磨损等原因造成蜗杆副的间隙值变大，也可以重新调整蜗杆的轴向位置。

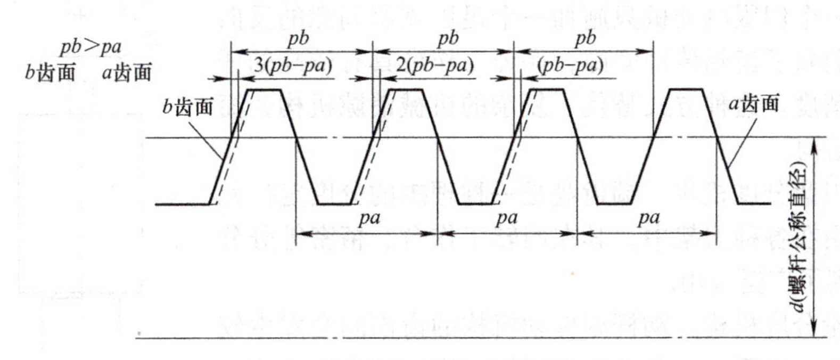

图 3-77　双导程蜗杆

双导程蜗杆副的啮合原理与一般蜗杆副的啮合原理相同。蜗杆的轴向截面相当于基本齿条，蜗轮则相当于与其啮合的齿轮。虽然蜗杆齿左右侧面具有不同的齿距（即不同的模数），但同一侧面的齿距相同，故没有破坏啮合条件，当轴向移动蜗杆后，也能保证良好啮合。

双导程蜗杆是通过蜗杆的轴向移动来对啮合侧隙进行调整，因而传动副的中心距保持不变，保证了蜗杆副的传动精度，如图 3-78 所示。而普通蜗杆采用蜗杆沿蜗轮径向移动的方式来调整啮合侧隙，改变了传动副的中心距，不利于保持蜗杆副的精度。双导程蜗杆副可通过修磨调整环来控制消除间隙的调整量，这样的方法调整准确，方便可靠。因此，双导程蜗杆副在转台中应用广泛。

3）双蜗杆副传动。双蜗杆副传动也是一种常用的消隙方式，该传动方式在同一回转进给机构中设置双蜗杆传动机构，如图 3-79 所示。其消隙方式是调整其中一根蜗杆沿轴向方向移动，推动回转轴微量转动，使蜗轮正反方向旋转时分别能和蜗杆的两个不同齿面相接触，从而达到消除回转轴反向间隙的目的。双蜗杆传动方式消隙简单，且两套蜗杆机构可以对称布置，具有传动稳定、精度保持性好等优点。但此类传动方式会加大机构制造成本，而且结构复杂，占用空间较大，不利于回转进给机构的紧凑型要求。

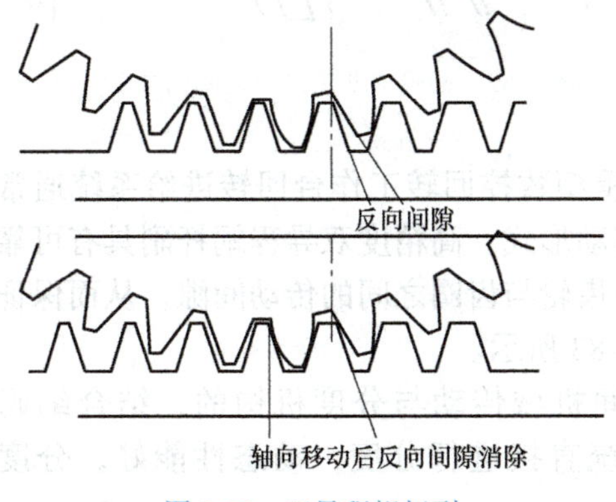

图 3-78　双导程蜗杆副

图 3-79　双蜗杆副传动

（2）双电动机消隙分度机构　双电动机消隙分度机构主要由两套相同的电动机－齿轮箱－小齿轮，通过机械结构连接，同时与齿圈啮合，两个单元由同一个驱动器控制，如图 3-80 所示。双电动机消隙分度机构是利用频带响应很宽的双伺服电动机驱动，在工作进给时，其中一个伺服电动机只施加一个足以克服间隙的反向力矩，从而消除了齿轮传动间隙，保证工作台具有较高的任意角度分度精度。这种方式替代了复杂的机械消隙机构，简化了进给箱结构。

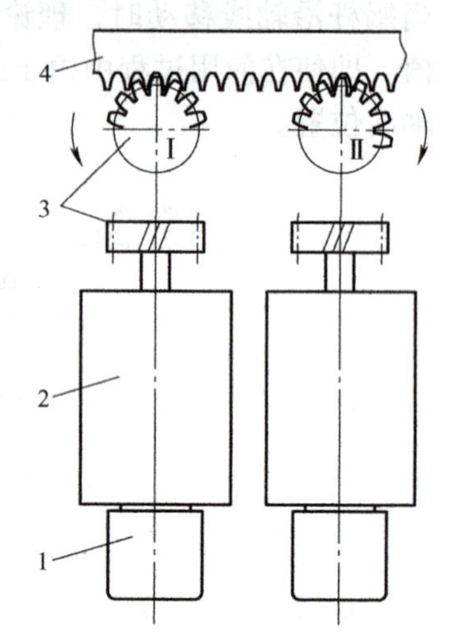

图 3-80　双电动机消隙分度机构

1—伺服电动机　2—减速机
3—输出齿轮　4—齿圈

（3）端齿盘分度机构　端齿盘是一种理想的分度定位元件，除了应用在各种刀架中，其在回转工作台、精密等分分度台中也得到了广泛应用。

（4）凸轮分度机构　蜗杆副传动机构的齿面间会发生较大的相对滑动，且不可避免地存在磨损。当回转进给机构正常使用一段时间后，啮合侧隙将会变大，一旦啮合侧隙超过设计值，回转机构的传动精度就会降低。因此，国外一些企业在设计工作台的过程中为避免出现这种缺陷，采用了凸轮式传动机构，如图 3-81 所示。凸轮式传动机构由凸轮、凸轮滚子和回转件三部分组成。

凸轮滚子在回转件圆周方向径向排列，凸轮为主动轮，整体呈涡旋状，并与回转件上的凸轮滚子相啮合，从而带动回转件做快速进给运动，且在啮合过程中，凸轮滚子与两侧曲面存在预载，如图 3-82 所示。此方式消除了反向间隙，实现了机构的高回转精度和高传动刚度。同时，凸轮滚子采用滚针支承，代替滑动摩擦，避免了磨损对精度带来的影响，运动平稳，使传动机构具有较高的可靠性。

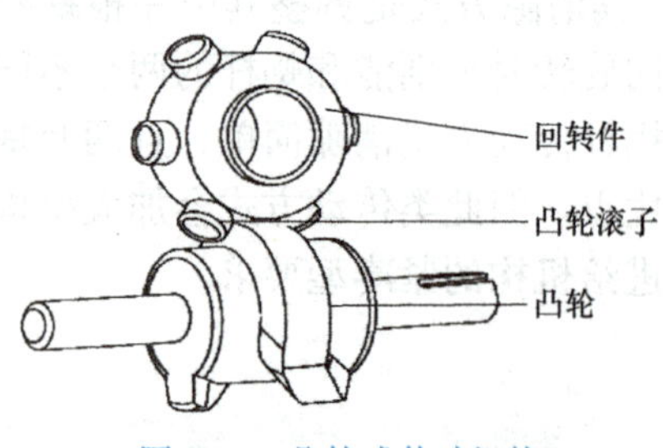

图 3-81　凸轮式传动机构

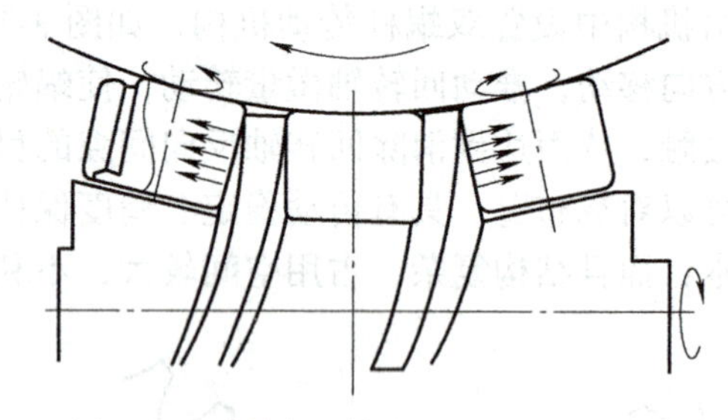

图 3-82　凸轮与凸轮滚子之间的预载方式

（5）蜗杆副双齿轮齿圈分度机构　静压式重型数控回转工作台回转进给系统通常采用高精度双导程蜗杆副与双小齿轮齿圈组合的传动形式。高精度双导程蜗杆副具有可靠的消除传动间隙功能，同时采用碟簧预载消除双小齿轮与齿圈之间的传动间隙，从而保证了整个传动链的无间隙传动，增加随动性，如图 3-83 所示。

（6）伺服分度系统　直驱转台是没有中间机械传动与分度机构的，结合编码器等角度测量元件，由直驱电动机伺服控制系统直接进行分度，动态性能好，分度精度高。

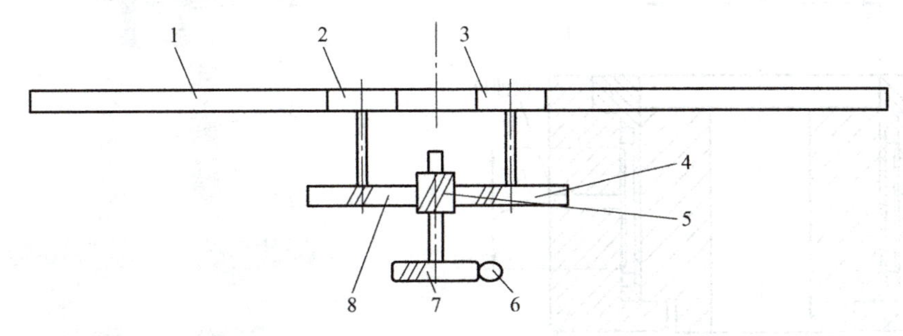

图 3-83　蜗杆副双齿轮齿圈分度机构结构示意图

1—大齿圈　2、3—直齿齿轮　4、8—斜齿轮　5—小齿轮　6—蜗杆　7—蜗轮

4. 锁紧机构

锁紧机构是加工过程中回转工作台在静止状态下承受转矩冲击或轴向载荷时，保证转台不出现角位移的机构。数控转台的锁紧主要有气压与液压两种方式。常用的液压锁紧主要有片式与环形胀套式等结构。

1）片式锁紧机构。片式锁紧是通过活塞推动锁紧片，锁紧片与数控转台底座产生摩擦力，使工作台保持锁紧状态，如图 3-84 所示。片式锁紧机构可以增加锁紧片数量来增加锁紧力。

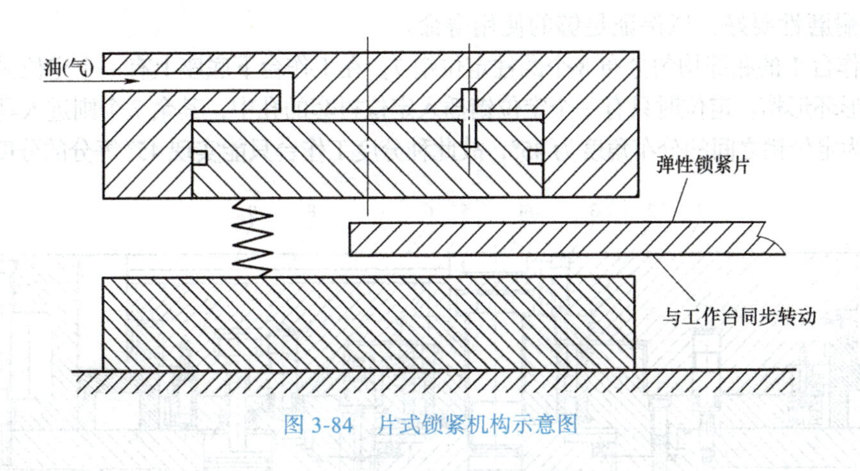

图 3-84　片式锁紧机构示意图

2）薄壁套式锁紧机构。薄壁套式锁紧机构通入压力油，迫使薄壁套受压变形。锁紧回转轴，如图 3-85 所示。因其锁紧面是整个回转轴的圆周面，锁紧面积比片式锁紧机构大，刚性好。

3）斜面锁紧机构。斜面锁紧机构主要是为了解决传统回转工作台锁紧机构锁紧力小、可靠性低、系统油压大的问题，提出的一种斜面静态锁紧技术。利用斜面力的放大原理，用较小的油压可达到同样的锁紧力矩，同时楔块的楔角设计为小于摩擦角，使楔块具有自锁功能，避免了因油路问题导致的锁紧失效。不仅提高了锁紧可靠性，还减小了系统油压，简化了结构，如图 3-86 所示。

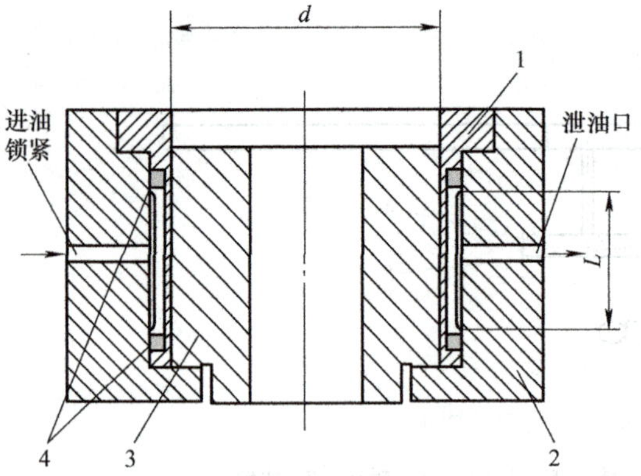

图 3-85　薄壁套式锁紧机构示意图

1—薄壁套　2—箱体　3—回转轴　4—O 形密封圈

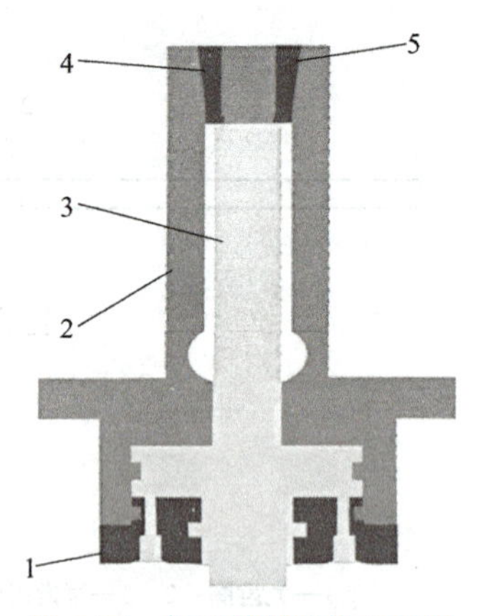

图 3-86　斜面锁紧机构示意图

1—法兰盘　2—夹紧体　3—活塞拉杆　4—楔块　5—夹紧块

3.5.4　典型的转台结构

1. 插销定位的分度工作台

这种工作台的定位元件由定位销和定位套孔组成，图 3-87 所示为定位销式分度工作台结构。该类型分度工作台的定位精度取决于定位销和定位孔的位置精度和配合间隙，最高可达 ±5″。因此，定位销和定位孔衬套的制造和装配精度要求都很高，需要具有很高的硬度，耐磨性要好，以保证足够的使用寿命。

在工作台 1 的底部均匀分布 8 个圆柱定位销 7，在工作台下底座上有一个定位衬套 6 以及一个马蹄形环形槽。定位时只有一个定位销插入定位衬套的孔中，其余 7 个则进入马蹄形环形槽中，因为定位销之间的分布角度为 45°，故此种分度工作台只能实现 45° 等分的分度定位。

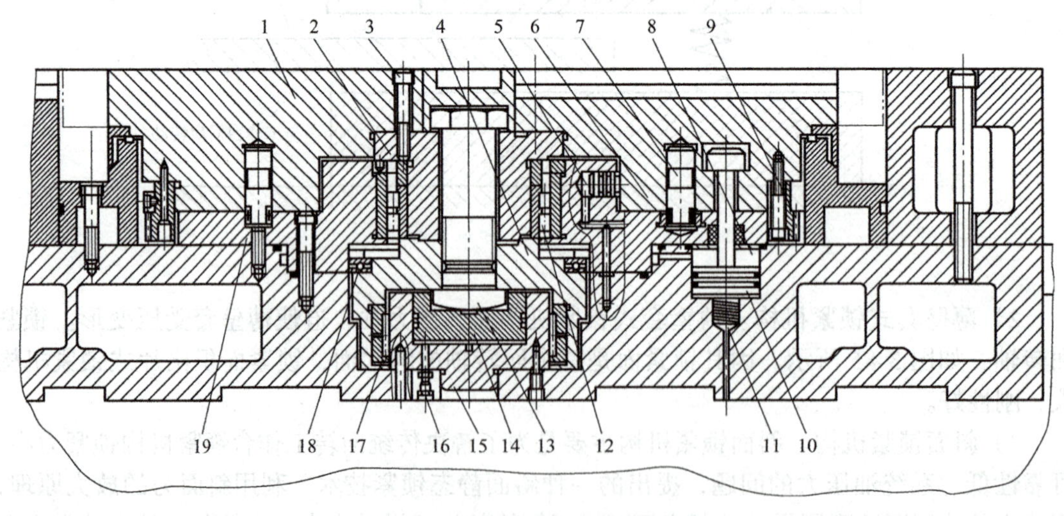

图 3-87　定位销式分度工作台结构

1—工作台　2—转台轴　3—六角头螺钉　4—轴套　5、10、14—活塞　6—定位衬套　7—定位销　8、15—液压缸　9—齿轮　11—弹簧　12、17、18—轴承　13—止推螺钉　16—管道　19—转台座

2. 闭环数控回转工作台

闭环数控回转工作台采用直流或交流伺服电动机驱动，有转动角度的测量元件（圆光栅、圆感应同步器、脉冲编码器等），所测量的结果经反馈与指令值进行比较，按闭环原理进行工作，使转台分度精度更高。

图 3-88 所示为闭环数控回转台结构。直流伺服电动机 15 通过减速齿轮 14、16 及蜗杆 12、蜗轮 13 带动工作台 1 回转，工作台的转角位置用圆光栅 9 测量。测量结果发出反馈信号与数控装置发出的指令信号进行比较，若有偏差经放大后控制伺服电动机向消除偏差的方向转动，使工作台精确运动或定位。工作台静止时，必须处于锁紧状态。台面的锁紧用均布的 8 个小液压缸来完成，当控制系统发出夹紧指令时，液压缸上腔进压力油，活塞 6 下移，通过钢球 8 推开夹紧瓦 3 和 4，从而把蜗轮 2 夹紧。当工作台需要回转时，液压缸 5 上腔的压力油流回油箱，在弹簧 7 的作用下，钢球 8 抬起，夹紧瓦松开。然后按数控系统的指令，由直流伺服电动机 15 通过传动装置实现工作台的回转进给运动或分度、定位、夹紧。

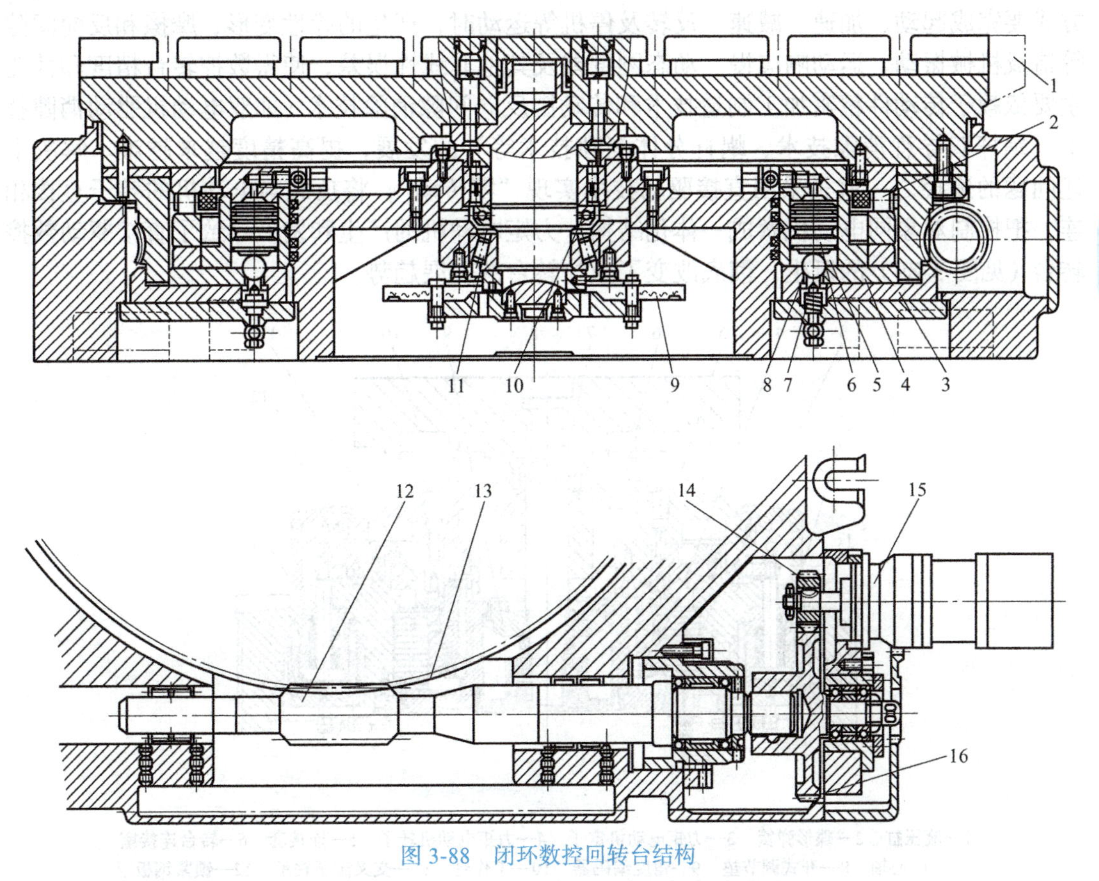

图 3-88　闭环数控回转台结构

1—工作台　2、13—蜗轮　3、4—夹紧瓦　5—液压缸　6—活塞　7—弹簧　8—钢球
9—光栅　10、11—轴承　12—蜗杆　14、16—齿轮　15—电动机

转台的中心回转轴采用圆锥滚子轴承 11 及双列圆柱滚子轴承 10，并预紧消除其径向和轴向间隙，以提高工作台的刚度和回转精度。工作台支承在镶钢滚柱导轨上，运动平稳

且耐磨。蜗杆 12 的两端均采用双列滚针轴承作为径向支承，右端装有两个止推轴承承受轴向力，左端轴向可以自由伸缩，以保证运转平稳。

当控制系统发出回转加工指令后，首先松开蜗轮，然后回转电动机按照指令要求的回转方向、速度、角度回转，实现回转轴的进给运动，进行多轴联动或带回转轴联动的加工。用于分度定位时，回转工作台动作和进给运动相似，但其回转速度为快速，而且一般都具有自动捷径选择功能，使回转距离小于或等于 180°，定位完成后，夹紧蜗轮，保证定位精度和刚度。

蜗杆 12 采用了双导程变齿厚蜗杆，主要优点为：啮合间隙可调整得很小，根据实际经验，侧隙调整可以小至 0.01 ～ 0.015mm。而普通蜗杆副一般只能达 0.03 ～ 0.08mm，因此，双导程蜗杆副能在较小的侧隙下工作，这对提高数控回转工作台的分度精度非常有利。

3. 直驱式工作台

常规的数控转台由于存在着机械传动链，虽具有较好的静态刚度，但是，这种进给方式要完成起动、加速、减速、反转及停机等运动时，产生的弹性变形、摩擦和反向间隙等造成机械振动、运动响应慢、动态刚度差及其他非线性误差，使得数控转台精度和性能主要依赖于传动件精密加工制造技术和传动链反向间隙消除技术（如双电动机驱动消隙技术、蜗杆双导程消隙技术、蜗杆分体消隙技术等）的发展，提高精度越来越难。解决上述问题的途径之一就是采用直接驱动技术实现“零传动”，将负载与电动机的转子直接相连，把控制对象同电动机做成一体化结构。力矩电动机的产生和发展导致了直接驱动数控转台（见图 3-89）的诞生，彻底改变了数控转台的发展趋势。

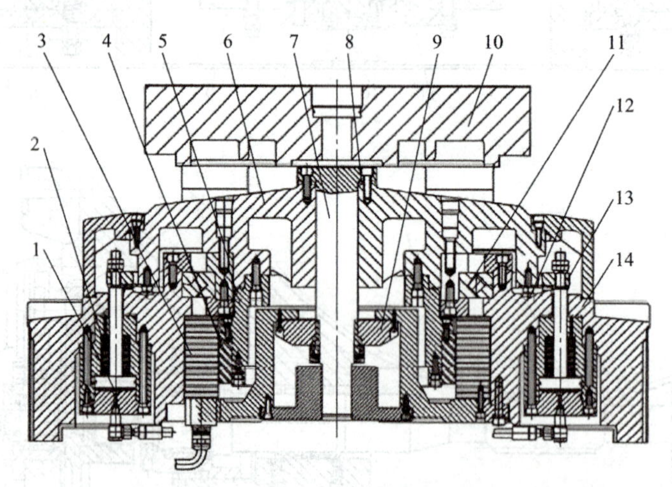

图 3-89　直接驱动数控转台

1—液压缸　2—碟形弹簧　3—力矩电动机定子　4—力矩电动机转子　5—连接套　6—转台连接座　7—中心轴　8—开式调节垫　9—角度编码器　10—工作台　11—交叉滚子轴承　12—锁紧钢板　13—锁紧机构　14—转台底座

力矩电动机大多采用扁平和内部中空的结构，与普通伺服电动机相比具有以下特点：

1）长径比小，轴向长度短。

2）极对数多，转子上安排有大量永磁体以提供大转矩。

力矩电动机的大直径内部中空可用来排布回转进给机构的心轴、配油环和编码器等零部件，以缩短整体高度、使结构更为紧凑。力矩电动机在对外输出大转矩的同时，其线圈会产生很多的热量，因此往往需要设计专门的冷却系统用于散热，这也是其异于普通伺服电动机的一个方面。水冷套散热是力矩电动机较为常用的散热方式，将水冷套与力矩电动机定子贴合，通过热交换的方式、让循环流动的冷却水将线圈产生的热量带走。如此，不仅可以防止线圈过热损毁、保证有效转矩的输出，还可以减少机器整体温升对精度的影响。实践证明，相对于自然冷却，水冷系统可将力矩电动机允许的连续转矩提高 30% ～ 50%。

习题与思考题

3-1　主轴部件应满足哪些基本要求？

3-2　主轴轴向定位方式有哪几种？各有什么特点？各适用于哪些场合？

3-3　试述主轴静压轴承的工作原理。

3-4　试分析图 3-90 所示三种主轴轴承配置形式的特点和适用场合。

3-5　按图 3-91 所示的主轴部件，分析轴向力如何传递？间隙如何调整？

3-6　试检查图 3-92 所示主轴部件中有否错误，如有，请指出错在哪里，应怎样改正。用另画的正确简图表示出来。

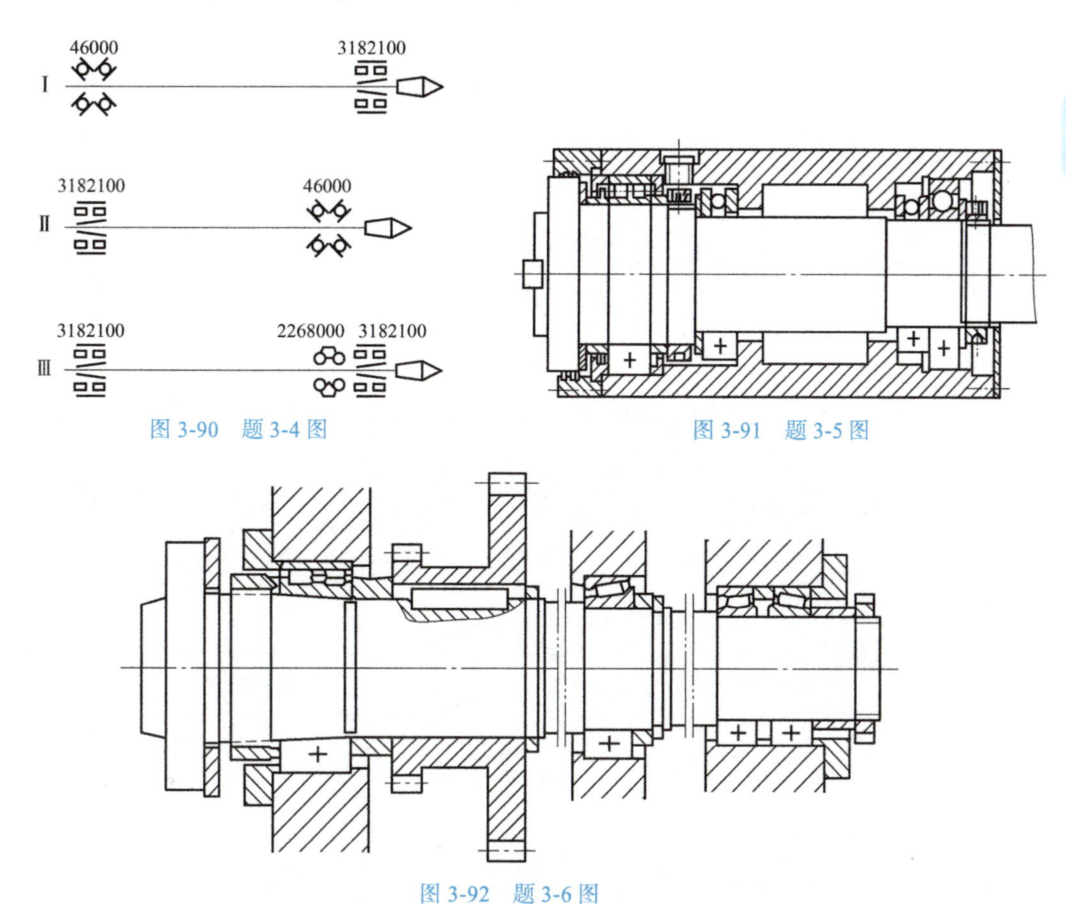

图 3-90　题 3-4 图

图 3-91　题 3-5 图

图 3-92　题 3-6 图

3-7 试设计一主轴部件，前支承用两个圆锥滚子轴承承受径向力和双向轴向力，后支承用一个双列圆柱滚子轴承，绘出前、后支承部分的结构简图。

3-8 导轨设计中应满足哪些要求？

3-9 镶条和压板有什么作用？

3-10 导轨的卸荷方式有哪几种？各有什么特点？

3-11 提高导轨耐磨性的措施有哪些？

3-12 数控机床的刀架和卧式车床的刀架有什么不同？为什么？

3-13 何谓端面齿盘定位？有何特点？

3-14 加工中心的自动换刀装置包括些什么？

3-15 加工中心上刀库的类型有哪些？各有何特点？

3-16 典型换刀机械手有几种？各有何特点？其使用范围如何？

3-17 机床回转工作台有哪些类型？在结构上各有何特点？试述其工作原理。

第 4 章　机床夹具设计

4.1　概述

4.1.1　夹具功能及组成

夹具是一种装夹工件的工艺装备，广泛应用于机械制造的切削加工、焊接、装配、检测、热处理等工艺过程中。夹具的作用是在机床上确定工件相对刀具的正确位置，从而保证加工时工件相对于机床的正确位置。夹具主要功能如下：

1）工件定位。确定工件在夹具中占有准确位置的过程称为定位。定位是通过工件的定位基准面与夹具定位元件的定位面接触或相配合实现的。准确地定位可以保证工件加工面的尺寸和位置精度。

2）工件夹紧。夹紧是工件定位后将其固定，使其在加工过程中保持定位位置不变，夹紧为工件提供了安全和可靠的加工条件。

3）夹具在机床上的定位。夹具与机床连接，以确定夹具位置，保证夹具在机床上占有准确的位置。

4）对刀。对刀是指调整刀具相对工件或夹具的准确位置。

5）导向。导向的作用是确保刀具相对于夹具的准确位置。

机床夹具对机械加工的主要作用表现为：

1）缩短辅助时间，提高劳动生产率。使用夹具能够快捷地装夹工件，可显著地减少辅助时间。工件在夹具中装夹后提高了工件的刚性，可加大切削用量，提高加工效率；可使用多件、多工位夹具，并采用自动夹紧机构，可以进一步提高劳动生产率。

2）保证工件的加工精度。工件相对于刀具及机床的位置精度由夹具保证，因此，工件在加工过程中位置精度不会受到各种主观因素以及操作者的技术水平影响，工件加工精度易于保证，加工质量稳定。

3）减轻工人的劳动强度，保证安全生产。用夹具装夹工件方便、省力、安全。当采用气压、液压、电动等夹紧动力装置时，可减轻工人的劳动强度，改善劳动条件，保证安全生产。

4）降低生产成本。在批量生产中使用夹具，由于劳动生产率的提高，可降低生产成本。

机床夹具由定位元件及定位装置、夹紧装置、夹具体、连接元件、对刀导向元件以及其他元件或装置组成。图 4-1 所示为某零件钻孔夹具。

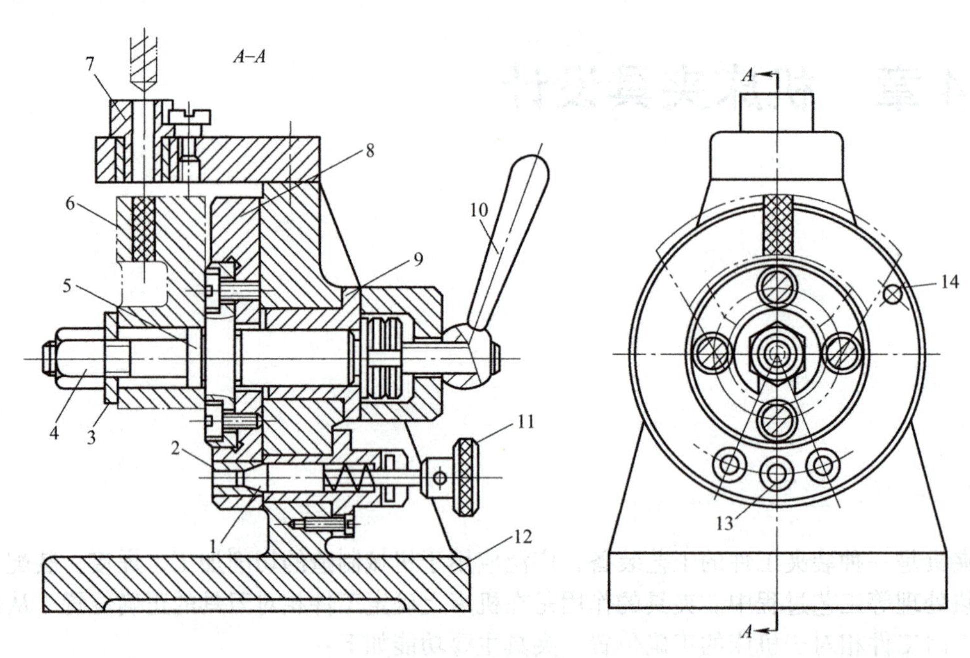

图 4-1 钻孔夹具

1—分度定位销 2、13—分度定位套 3—开口垫圈 4—螺母 5—定位销 6—工件 7—钻套 8—转盘 9—衬套 10—手柄 11—手扭 12—夹具体 14—挡销

定位元件及定位装置用于确定工件的正确位置，定位元件按工件定位基准面的形状设计，如图 4-1 中的定位销 5 和挡销 14。当工件的定位基准面与定位元件的工作面接触或配合时，就实现了工件的定位，定位元件的定位精度直接影响工件的加工精度。夹紧元件及装置用于将工件固定于已获得的正确位置，如图 4-1 中的螺母 4 和开口垫圈 3。夹具体是夹具的基体，通过它将夹具所有元件装配成一个整体，如图 4-1 中的夹具体 12。定位元件及定位装置、夹紧装置和夹具体是夹具的基本组成部分。

4.1.2 夹具分类

1. 按夹具的通用特性分类

这是一种基本的分类方法，主要反映夹具在不同生产类型中的通用特性，是选择夹具的主要依据。常用夹具有通用夹具、专用夹具、可调夹具、组合夹具和自动化生产线夹具等五大类，其中，组合夹具和自动化生产线夹具为特种夹具。

1）通用夹具。通用夹具是指不需调整就可适应多种工件的安装和加工，其结构、尺寸已标准化，且具有一定通用性的夹具。这类夹具大部分已商品化，可作为机床附件使用，例如车床上的卡盘、顶尖、中心架，铣床上的平口虎钳、分度头，平面磨床上的电磁吸盘等。也有一部分非商品化的通用夹具，可由企业按产品特点自行设计和制造，其特点是适应性强，不需调整或稍加调整即可装夹一定形状和尺寸范围内的各种工件。采用通用夹具可缩短生产准备周期，减少夹具品种，从而降低生产成本。其缺点是夹具的加工精度有限，生产率较低，且较难装夹形状复杂的工件，适用于单件和小批量生产。

2）专用夹具。专用夹具是针对某一工件或者某一工序的加工要求而专门设计和制造的夹具。在大批量生产中，常采用专用夹具，可获得较高的生产率和加工精度。专用夹具对保证零件的加工精度起到重要作用，其特点是针对性强。

3）可调夹具。该类夹具有一定的可调性，夹具部分元件可更换，部分装置可调整，以适应不同工件的加工。可调夹具适用于同类产品不同品种的生产。对于不同类型和尺寸的工件，只需调整或更换原有夹具上的个别元件便可使用，扩大了加工范围。因此，在多品种、小批量生产中多使用可调夹具。按可调夹具的结构特点，可调夹具又可分为通用可调夹具和专用可调夹具两种，前者具有更好的通用性，后者则能扩大原专用夹具的加工范围。

4）组合夹具。组合夹具是一种模块化夹具，它由一系列的标准化元件组装而成，标准元件有不同的形状、尺寸和功能，其配合部分有良好的互换性和耐磨性。根据被加工工件的结构和工序要求，选用适当元件进行组合连接，形成专用夹具，它适合单件小批生产中位置精度要求较高的工件加工。

5）自动化生产线夹具。该夹具是一类在自动化生产线和柔性制造系统中使用的夹具，包括自动化生产线夹具和数控机床夹具两种。自动化生产线夹具分为固定式夹具和生产线随行夹具。

2. 按照夹具所属机床分类

按夹具所属的机床分类是专用夹具设计所用的分类方法，如车床、铣床、刨床、钻床、镗床、磨床、齿轮加工机床、拉床等所用夹具。设计专用夹具时，所用机床型号和规格均已确定，不同设备具有不同的特点。机床的切削成形运动不同，夹具与机床的连接方式不同；机床的功率和规格不同，机床的加工精度和加工表面粗糙度不同。

3. 按照夹具动力源分类

按照夹具夹紧动力源，可将夹具分为手动夹具和机动夹具两大类。为减轻劳动强度和确保安全生产，手动夹具应具有扩力机构与自锁性能。常用机动夹具有气动夹具、液压夹具、气液夹具、电动夹具、电磁夹具、真空夹具和离心力夹具等。

4.1.3　夹具设计要求

机床夹具必须满足下列基本要求：

1. 保证工件的加工精度

保证加工精度的关键，首先在于正确地选择定位基准、定位方法和定位元件，计算分析定位误差。此外，夹具应有足够的刚度，相关元件具有一定的强度和耐磨性，确保夹具能满足工件的加工精度要求。

2. 提高生产率

专用夹具的复杂程度应与生产纲领相适应，应尽量采用高效的夹紧机构，保证操作方便，缩短辅助时间，提高生产率。

3. 工艺性能好

专用夹具的结构要求简单，便于制造、装配、调整、检验、维修等。

4. 使用性能好

专用夹具要求操作简便、省力、安全可靠，尽量采用气动、液压等夹紧装置，以减轻操作者的劳动强度。

5. 经济性好

专用夹具应尽可能采用标准元件和标准结构，以降低夹具的制造成本。

工艺人员根据生产任务，按照以下步骤设计夹具。

1. 明确夹具设计要求

工艺设计人员在接到夹具设计任务之后，在开展夹具结构设计之前，必须先明确夹具设计要求，做好以下工作：

1）仔细阅读零件工序图、毛坯图及其技术要求。

2）了解零件的生产纲领、投产批量及生产组织等有关信息。

3）明确工件的工艺规程和本工序的具体工艺要求。

4）了解本工序所使用量具、刀具和辅助工具等型号规格。

5）了解加工零件机床的技术参数、性能、规格、精度及其与夹具连接部分结构等。

2. 确定夹具设计方案

在广泛收集有关资料的基础上，拟定夹具结构设计方案。根据夹具设计的一般规则，机床夹具结构设计过程分解如下：

1）确定定位方案。

2）确定夹紧方案。

3）确定加工刀具导向方案。

4）确定夹紧动力源。

5）设计夹具体及连接元件。

3. 绘制夹具图

1）绘制夹具装配图。

2）绘制夹具零件图。

4.2 工件定位

4.2.1 工件定位原理

在装夹工件时，为了保证零件在某一工序的加工精度，在加工前就必须使工件相对刀具及切削成形运动处于准确位置，才能满足该工序加工精度的要求。对单个工件来说，工件定位就是使工件准确占据定位元件所规定的位置。对一批加工工件来说，则是使它们在夹具中占有一致的位置。在设计夹具时，如何保证一批工件位置的一致性是工件在夹具中定位的根本问题。

因此，夹具保证加工精度的基本要求需要满足三个条件：①工件在夹具中占据正确的位置；②夹具在机床上的正确位置；③刀具相对夹具的正确位置。

1. 六点定位原理

一个物体在三维空间中可能具有的运动，称为自由度。在 $OXYZ$ 坐标系中，物体可以沿 X 轴、Y 轴和 Z 轴移动及绕 X 轴、Y 轴和 Z 轴转动，共有六个独立的运动，即有六个自由度。工件定位就是采取适当的约束措施，限制工件六个自由度，以实现工件的定位。图 4-2 所示为长方体工件的定位，图 4-3 所示为圆盘工件的定位，图 4-4 所示为轴类工件的定位。

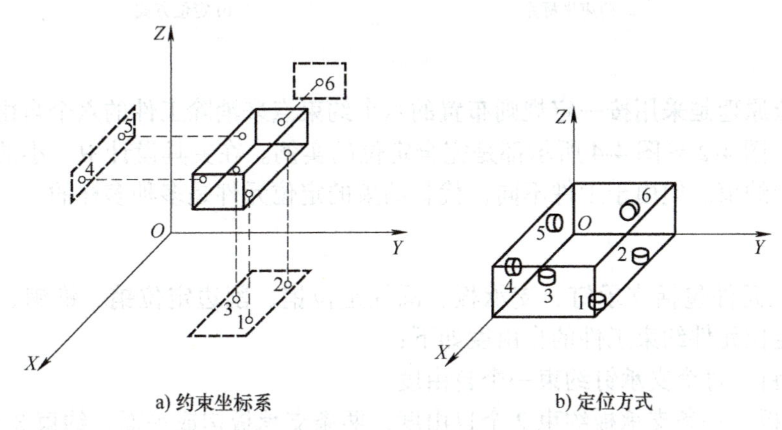

图 4-2　长方体工件的定位

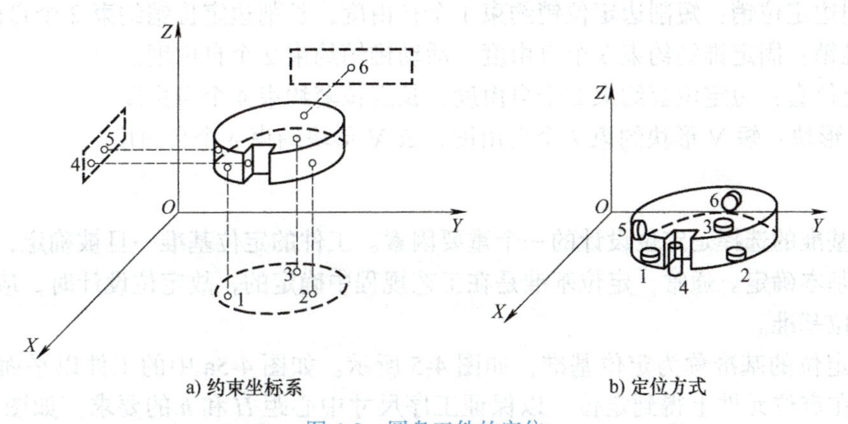

图 4-3　圆盘工件的定位

六点定位原理是工件定位的基本法则，可应用于任何形状、任何类型的工件。在实际定位中，定位支承点并不一定就是一个真正直观的点，在实际生产中起支承作用的是有一定形状的几何体，这些用于限制工件自由度的几何体称为定位元件。工件定位的实质就是限制工件的自由度，在空间需要有固定点与工件表面保持接触。用来限制工件自由度的固定点，称为定位支承点。

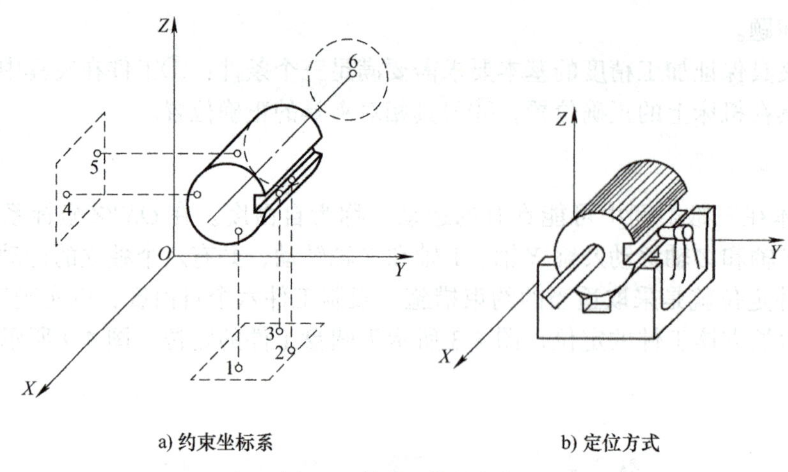

a) 约束坐标系　　　　b) 定位方式

图 4-4　轴类工件的定位

六点定位原理是采用按一定规则布置的六个约束点来消除工件的六个自由度，以实现工件的定位。图 4-2 ～图 4-4 所示都是完全定位的实例。在夹具设计中，小的支承钉可以直接作为一个约束。但由于工件不同，代替约束的定位元件是多种多样的。

2. 定位元件

常用定位元件包括支承钉、支承板、圆柱定位销、削边定位销、锥销、定位套和 V 形块，各种定位元件约束工件的自由度如下：

1）支承钉：每个支承钉约束一个自由度。

2）支承板：一条支承板约束 2 个自由度，两条支承板构成平面，约束 3 个自由度。

3）圆柱定位销：短圆柱定位销约束 2 个自由度，长圆柱定位销约束 4 个自由度。

4）削边定位销：短削边定位销约束 1 个自由度，长削边定位销约束 2 个自由度。

5）锥销：固定锥销约束 3 个自由度，活动锥销约束 2 个自由度。

6）定位套：短定位套约束 2 个自由度，长定位套约束 4 个自由度。

7）V 形块：短 V 形块约束 2 个自由度，长 V 形块约束 4 个自由度。

3. 定位基准

定位基准的选择是定位设计的一个重要因素。工件的定位基准一旦被确定，则其定位方案也就基本确定。通常，定位基准是在工艺规程中确定的，故定位设计时，应按工艺规程选择定位基准。

用作定位的基准称为定位基准，如图 4-5 所示。如图 4-5a 中的工件以平面 A 和平面 B 为基准在定位元件上得到定位，以保证工序尺寸中心距 H 和 h 的要求。如图 4-5b 中的工件以圆柱面和定位元件的切线 C 和 F 作为定位基准，保证加工尺寸为 h。定位基准除了可以是工件上的实际表面要素（如面、线、点等）外，也可以是中心要素，如几何中心线、对称中心线或对称中心平面等。如图 4-5c 所示，定位接触点在 D、E 上，而定位基准则为几何中心 O，这种定位称为中心定位。

设计夹具时，应遵循基准重合原则，即从减小加工误差考虑，应尽可能选用工序基准作为定位基准。因为工序基准是工序尺寸的起始基准，若不重合，则会产生定位误差。

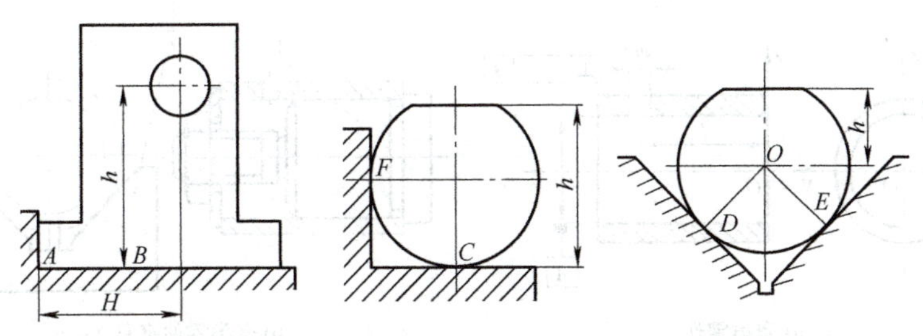

a) 定位基准为轮廓要素　b) 定位基准为轮廓要素　c) 定位基准为表面的几何中心

图 4-5　定位基准

当用多个表面进行定位时，应选择其中一个较大的表面作为主要定位基准，其他表面为第二定位基准、第三定位基准。

4. 完全定位与不完全定位

正确的定位形式有完全定位和不完全定位两种。这两种定位形式都能满足工件的加工精度要求。

（1）完全定位　完全定位即限制了工件的六个自由度，使工件在夹具上的位置完全确定。通常，这些工件在六个自由度方向上都有加工要求。完全定位是常见的定位形式，其特点是工件的加工要求较高，且工件的定位基准也较多，定位设计较复杂。完全定位适用于较复杂工件的加工。

如图 4-6a 所示为在一法兰套的外圆上铣一键槽的工序简图。为了满足工序加工精度要求，采用图 4-6b 所示带有小台肩的长轴和一个削边销定位。对此工序加工的工件定位进行分析时，则长轴限制了沿 Y、Z 轴移动和绕 Y、Z 轴转动共四个自由度；小台肩和削边销则分别限制沿 X 轴移动和绕 X 轴转动自由度，实现了完全定位。

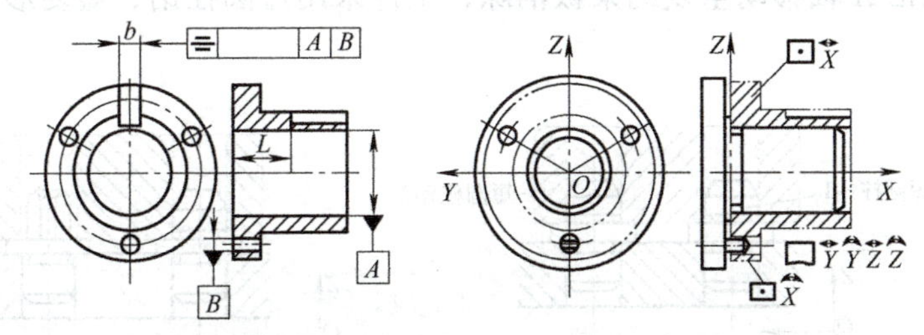

a) 法兰套的外圆上铣键槽的工序简图　b) 小台肩的长轴和一个削边销定位

图 4-6　铣键槽工序及工件定位分析

（2）不完全定位　不完全定位是工件在部分自由度方向上有加工要求，夹具只限制工件相关部分的自由度，使工件不完全定位，以满足工件加工精度要求。不完全定位也是常见的定位形式。

图 4-7a 所示为某套类零件，在其上钻 ϕD 孔工序，该孔对套的端面及内孔中心线有尺寸及位置精度要求。套类零件夹具如图 4-7b 所示，在加工定位时，限制了 X 轴和 Y 轴的移动、X 轴和 Z 轴的转动共四个自由度，但是，Z 轴移动和 Y 轴转动的自由度没有被约束。

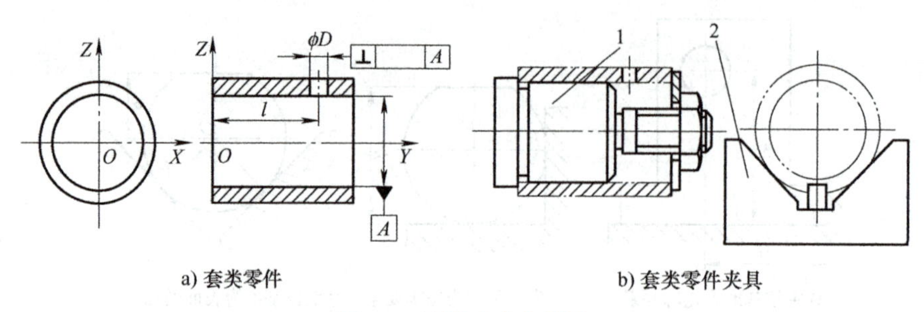

a) 套类零件　　b) 套类零件夹具

图 4-7　不完全定位示例

1—长轴　2—长 V 形块

5. 欠定位与过定位

工件在夹具中定位时，若实际定位支承点或实际限制的自由度个数少于工序加工要求应该限制的自由度个数，则工件定位不足，称为欠定位。

工件在夹具中定位时，若几个定位支承点重复限制同一个或几个自由度，则称为过定位。在设计夹具时，是否允许重复定位，应根据工件的不同情况进行分析。一般来说，工件上用形状精度和位置精度很低的毛坯表面作为定位表面时，是不允许出现过定位的；用已加工过的工件表面或精度较高的毛坯表面作为定位表面时，为了提高工件定位的稳定性和刚度，在一定的条件下是允许采用过定位的。

如图 4-8a 所示，采用两个短圆柱销和底面定位方式，短圆柱销 1 限制了沿 X 轴和 Y 轴移动的两个自由度，短圆柱销 2 限制沿 X 轴移动和绕 Z 轴转动的两个自由度，底面限制了沿 Z 轴移动、绕 X 轴和 Y 轴转动三个自由度，显然，沿 X 轴移动被重复约束了，因此，图 4-8a 所示的工件定位是过定位。图 4-8b 所示是改进后的工件定位方式，用菱形销替换短圆柱销 2，则沿 X 轴移动重复约束被消除，工件采用短圆柱销、短菱形销和底面定位方式是完全定位。

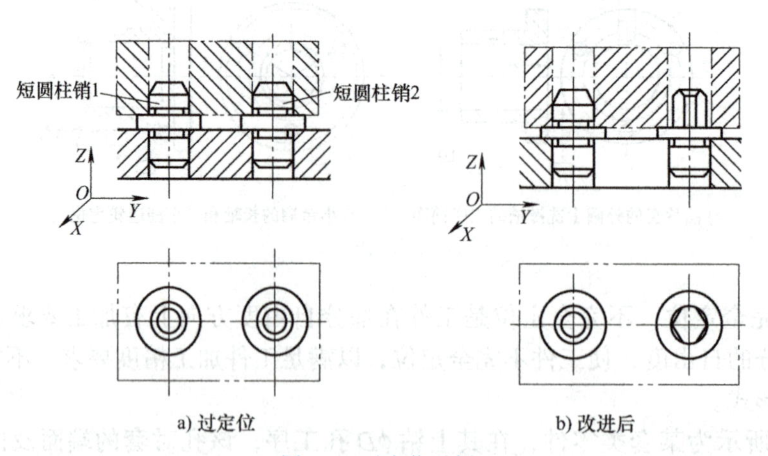

a) 过定位　　b) 改进后

图 4-8　过定位示例

在分析研究定位方案是否合理时，如果只考虑满足六点定位原理是不够的，还要认真分析本工序加工表面的位置精度要求。图 4-9 所示为在工件上铣槽的两种定位方案，

图 4-9a 方案中产生了过定位是不合理的。图 4-9b 方案中将定位销加工成短圆柱销，似乎符合六点定位原理。但是，进一步分析此方案能否保证槽对 A 面的平行度要求时，可知该方案不完全合理。本工序应选工件底面为第一定位基准（装置基准），A 面为第二定位基准（导向基准），才能保证平行度要求。因此，A 面应按图 4-9a 方案用两个支承钉，孔为第三定位基准（定程基准），为避免 Y 方向过定位，圆柱销 1 应改为在 Y 方向削扁的菱形销。

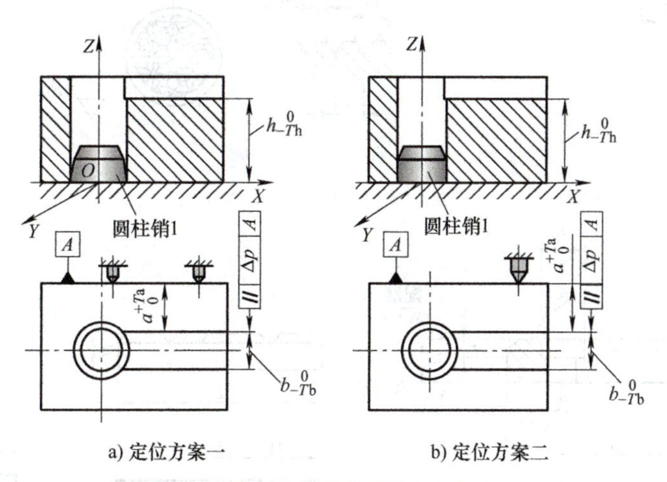

图 4-9　在工件上铣槽的两种定位方案

4.2.2　定位元件设计

以下为典型的定位方式。

（1）工件以平面定位　在机械加工中，有很多工件是以平面作为主要定位基准的，如箱体、机体、支架、圆盘、盖板等。工件在第一道工序加工时，通常使用粗基准平面定位，在进入后续加工工序时，使用精基准平面定位。常用的定位元件有固定支承钉、可调支承钉、支承板、浮动支承等。

1）支承钉与支承板。支承钉结构如图 4-10 所示，分为平头（A 型）、圆头（B 型）和花头（C 型）三种。一个支承钉限制工件的一个自由度。常用是 B 型和 C 型支承钉。圆头支承钉容易保证它与工件定位基准面间的点接触，位置相对稳定，但易磨损，多用于粗基准定位。平头支承钉可以减少磨损，避免压坏定位表面，常用于精基准定位。花头支承钉摩擦力大，常用于侧面粗定位。支承钉的尾柄与夹具体上的基体孔配合为过盈配合，压入夹具体的孔中，多选用 H7/n6 或 H7/m6。

工件的基准平面经切削加工后，可直接放在平面上定位。经过精加工的平面具有较小的表面粗糙度值和平面度误差，可获得较精确的定位，定位元件是呈面接触的支承板。支承板如图 4-11 所示，图 4-11a 所示为 A 型光面支承板，用于竖直布置的定位场合；图 4-11b 所示为 B 型带斜槽的支承板，用于水平布置的定位场合，其凹槽可防止细小切屑停留在定位面上。

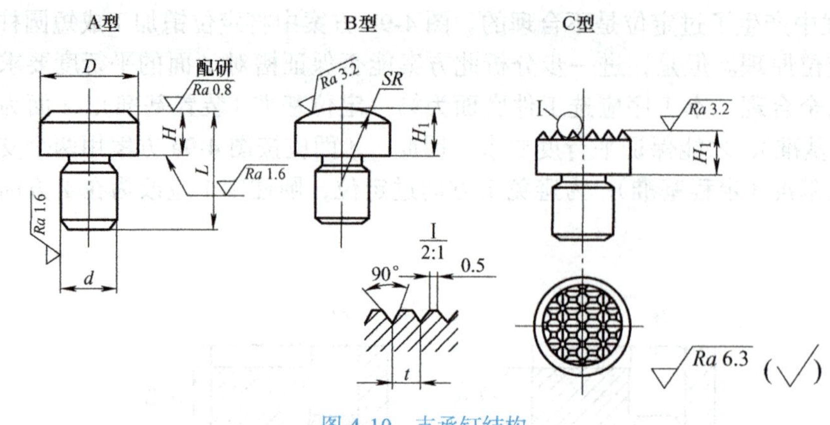

图 4-10　支承钉结构

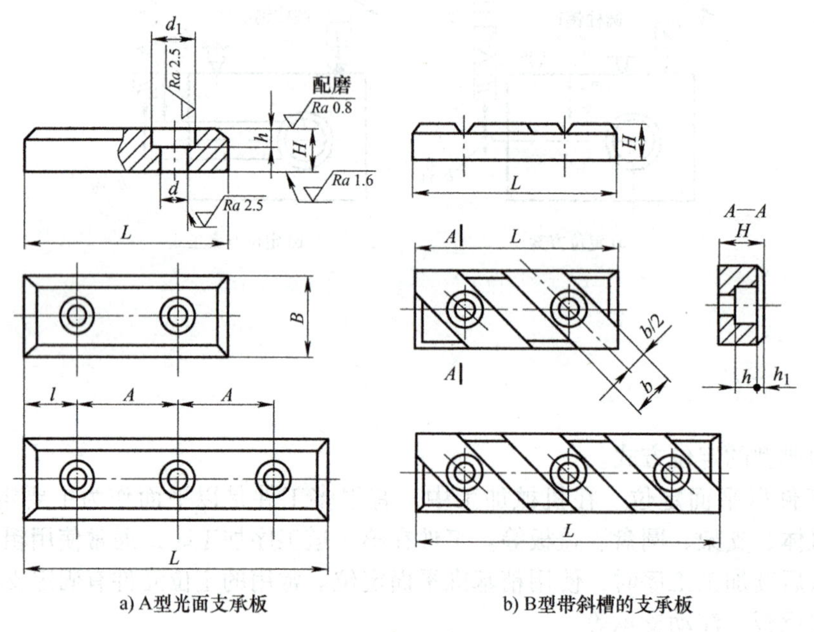

图 4-11　支承板

支承钉和支承板作为固定支承，定位元件表面要求耐磨，常用非合金工模具钢 T8 制作，经热处理后硬度达 55 ～ 60HRC。对于支承板，要保证固定支承在同一平面内，装配后需要精磨，因此，其渗碳层深度大一些，一般为 0.8 ～ 1.2mm。

2）可调支承。一个可调支承可以限制工件一个自由度，其定位点是可调整的，顶端有一个调整范围，调整好后用螺母锁紧。当工件的定位基面形状复杂时，可以采用可调支承，如图 4-12 所示，多用于毛坯定位，每批调整一次，以补偿各批次之间可能的误差。可调支承适用于毛坯分批制造，及形状和尺寸变化较大的粗基准定位。亦可用于同一夹具加工形状相同而尺寸不同的工件，或用于专用可调整夹具和成组夹具中。在一批工件加工前调整一次，调整后用锁紧螺母锁紧。可调支承用优质碳素结构钢 45 钢制作，经热处理后硬度达 40 ～ 50HRC。

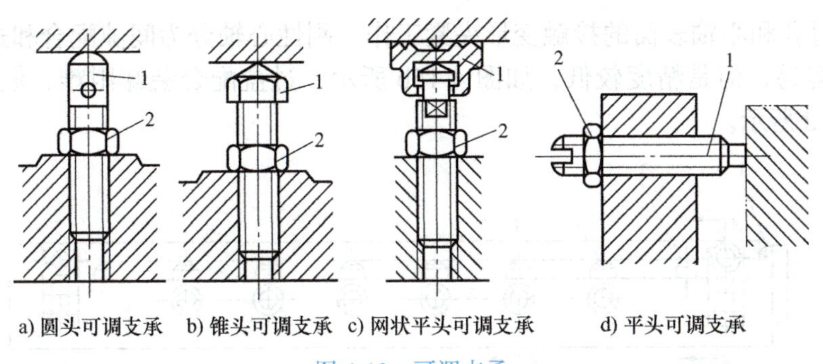

a) 圆头可调支承　b) 锥头可调支承　c) 网状平头可调支承　d) 平头可调支承

图 4-12　可调支承

1—支承钉　2—锁紧螺母

3）浮动支承。当工件的定位基面不连续，或为台阶面，或基面有角度误差时，或为了使两个或多个支承的组合只限制一个自由度，避免过定位时，常采用浮动支承。浮动支承的特点是增加与定位工件的接触点，而不发生过定位。使用浮动支承可提高工件的定位刚度。

浮动支承的工作原理是使过定位的定位元件在干涉方向上浮动。例如，图 4-13a、b 所示的浮动支承均可在一个方向浮动；图 4-13c 所示的浮动支承可在两个方向上浮动。它们都只限制工件一个自由度。

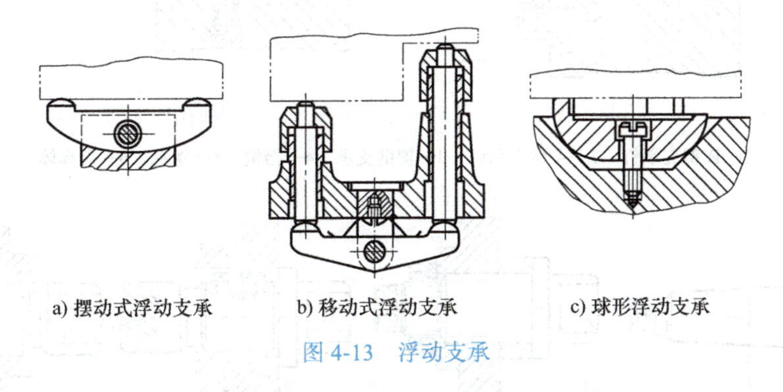
a) 摆动式浮动支承　b) 移动式浮动支承　c) 球形浮动支承

图 4-13　浮动支承

4）辅助支承。在加工大型机体和箱体零件时，为了克服因支承面的不足而引起的变形和振动，通常需要考虑提高工件的定位刚度。在加工刚度较低的零件时，也要考虑定位刚度的问题。提高工件定位刚度常用的方法是采用辅助支承，以减小工件的变形和振动。

图 4-14 所示为辅助支承在平面磨床夹具上的应用。工件的主要定位基准面在三个 A 型支承钉上定位，再由六个辅助支承支承，可提高工件刚度，减少薄片工件的变形。

辅助支承中的有些结构与可调支承相似，从功能上讲，可调支承起定位作用，而辅助支承不起定位作用。从操作上讲，可调支承是先调整，而后定位，最后夹紧工件；辅助支承则是先定位，夹紧工件，最后调整辅助支承。

（2）工件以孔定位　当工件上的孔为定位基准时，采用孔定位。其特点是定位孔和定位元件之间处于配合状态，常用心轴和定位销。

1）心轴定位。心轴分为锥度心轴、刚性心轴、弹性心轴、液塑心轴、定心心轴等。锥度心轴的特点是定心精度高，轴向定位精度低，如图 4-15a 所示。工件安装是将工件轻轻压入，通过孔和心轴表面的接触变形夹紧工作。刚性心轴分为间隙配合和过盈配合，间隙配合装卸容易，但是精度较低，如图 4-15b 所示；过盈配合装卸困难，但是精度较高，如图 4-15c、d 所示。

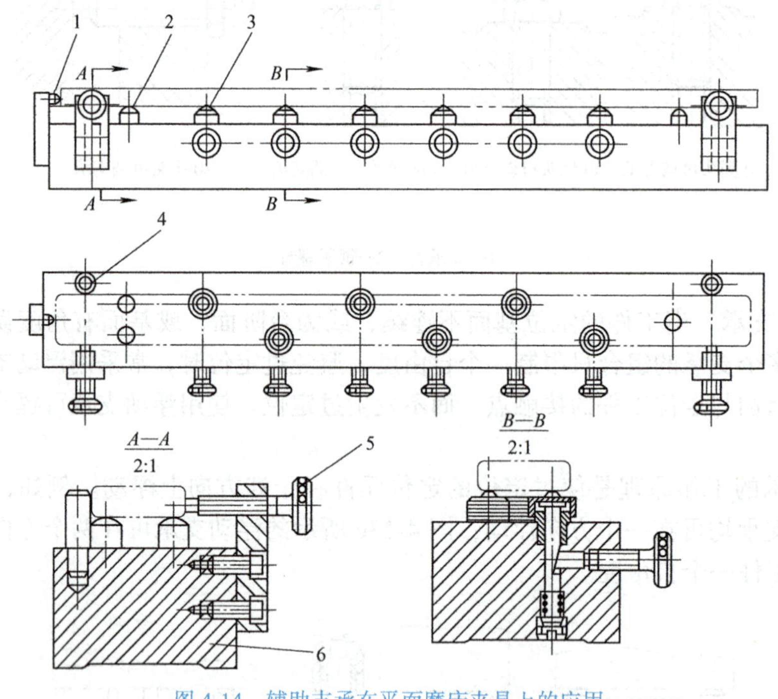

图 4-14 辅助支承在平面磨床夹具上的应用

1—B 型支承钉 2—A 型支承钉 3—辅助支承 4—挡销 5—螺钉 6—夹具体

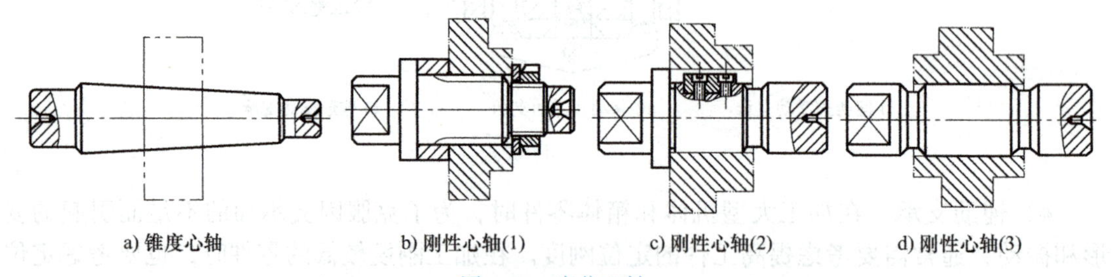

图 4-15 定位心轴

2）定位销定位。定位销是多个定位基准定位中常用的定位元件之一，图 4-16 所示为标准化的圆柱定位销，上端部有较长的倒角，便于工件装卸。定位销与定位孔配合是按基孔制 g5 或 g6、f6 或 f7 配合制造的，其尾柄部分一般与夹具体孔过盈配合。

长圆柱定位销可限制四个自由度，短圆柱定位销只能限制端面上两个自由度。有时为了避免过定位，可将圆柱销在过定位方向上削扁成菱形销，如图 4-17a 所示。如果工件还需限制轴向自由度，可采用圆锥销，如图 4-17b 所示。短菱形定位销只能限制工件的一个自由度，如图 4-17c 所示。

（3）工件以外圆柱面定位 工件以外圆柱面定位有两种形式，一种是定心定位，另一种是支承定位。工件以外圆柱面定位是一种中心定位，工件的定位基准为中心要素。常用的定位方式有 V 形块定位、定位套定位、外圆定心定位等。

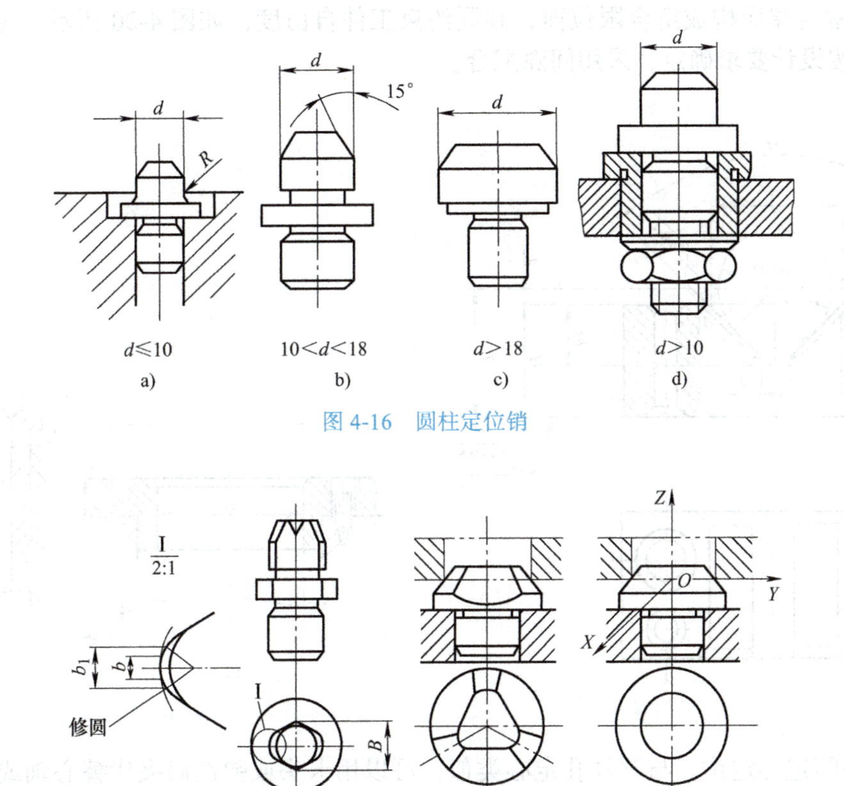

图 4-16　圆柱定位销

图 4-17　菱形销和圆锥销

1）V 形块定位。V 形块有多种结构，主要有长 V 形块、短 V 形块和活动 V 形块等，分别可实现四点定位、二点定位、一点定位。V 形块的特点是能实现较精确的中心定位，装卸工件方便。V 形块能用于粗基准或精基准的定位。V 形块结构尺寸已标准化，斜面夹角有 60°、90°、120° 三种，如图 4-18 所示，其中夹角为 90° 的 V 形块应用最广泛，其兼有定位精度和定位稳定性。V 形块有长、短之分，长的限制四个自由度，短的限制两个自由度，如图 4-19 所示。V 形块的材料用 20 钢，渗碳淬硬至 58 ～ 64HRC。

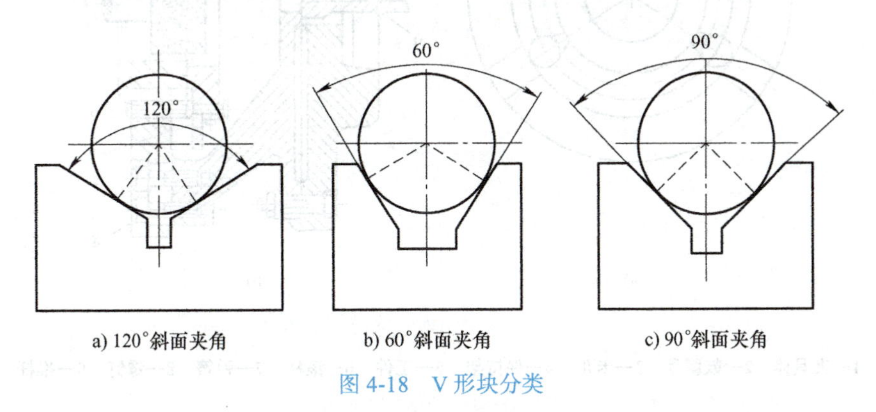

图 4-18　V 形块分类

2）定位套定位。定位套定位结构简单，主要用于精基准定位。定位套有长、短之分，其定位孔常与端面构成组合限位面，共同约束工件自由度，如图 4-20 所示。主要参数 D 的公差带按设计要求确定，采用间隙配合。

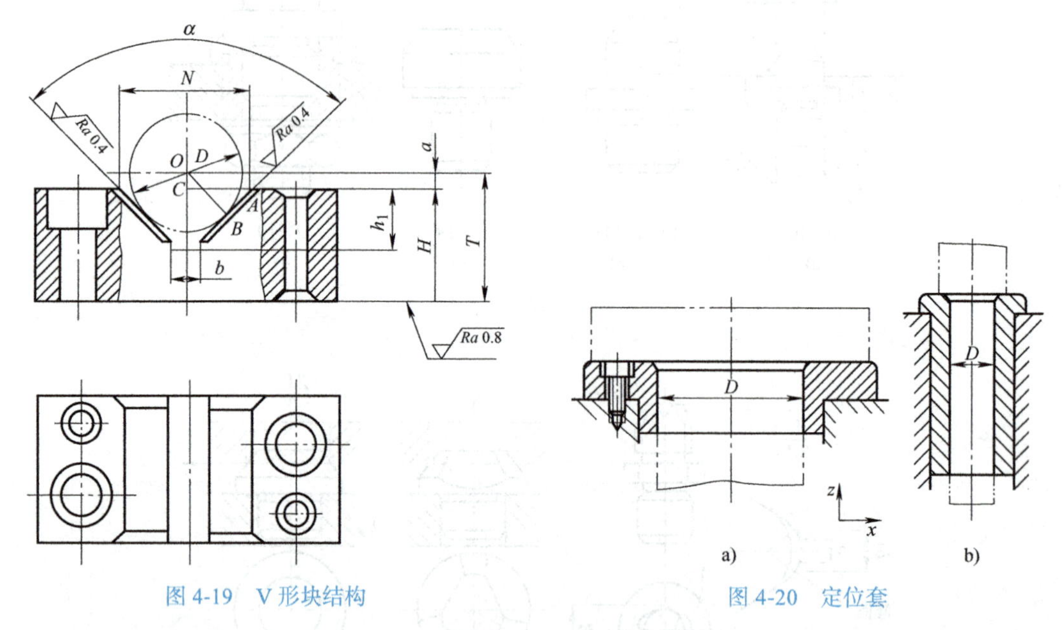

图 4-19　V 形块结构　　　　图 4-20　定位套

3）外圆定心定位。与圆柱孔定心类似，可以用卡头或弹性筒夹代替心轴或柱销来定位和夹紧工件的外圆，如图 4-21 所示。淬火齿轮要对孔及齿面进行磨削，为保证齿侧余

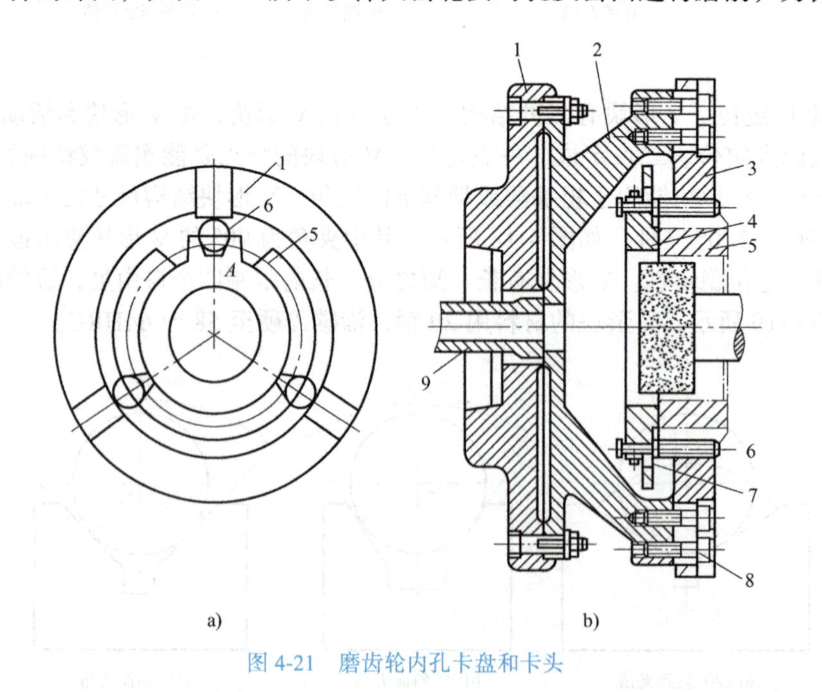

图 4-21　磨齿轮内孔卡盘和卡头

1—夹具体　2—鼓膜盘　3—卡爪　4—保持架　5—工件　6—滚柱　7—弹簧　8—镙钉　9—推杆

量均匀，以齿轮分度圆定位磨内孔，再以孔定位磨齿面（见图 4-21a）。在齿槽内均布三个精度很高的滚柱 6，套上保持架 4 放入图 4-21b 所示的膜片卡盘里。当气缸推杆 9 右移时，卡盘上的薄壁弹性变形，使卡爪 3 张开，以便装卸工件。推杆左移时，卡盘弹性恢复，工件 5 被定位、夹紧。

（4）一面两销定位　在箱体类零件加工中，常采用一面两销定位。平面限制了三个自由度，两销中一个销是圆柱销，限制两个自由度，另一个是菱形销（或削扁销），限制一个自由度，实现了零件完全定位。如图 4-22 所示，已知条件为工件上两圆柱孔的尺寸及中心距，即 D_1、D_2、L_g 及其公差。

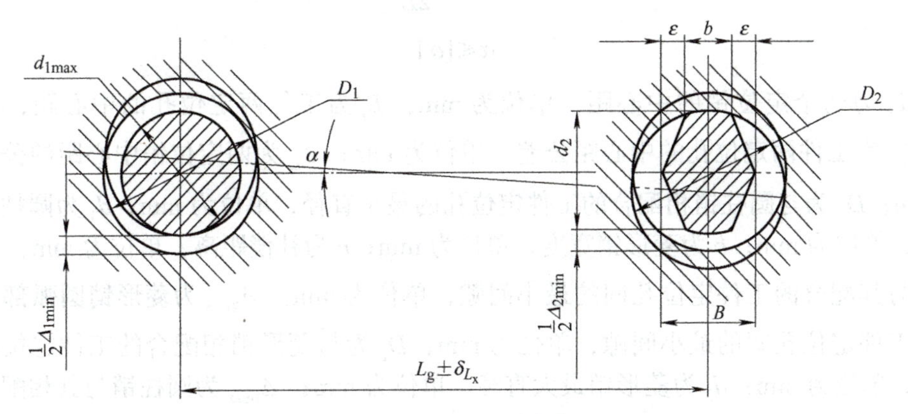

图 4-22　一面两销定位

在设计夹具时，一面两销定位的设计步骤如下：

1）确定两定位销的中心距离

$$L_x = L_g \tag{4-1}$$

2）两定位销中心距的公差

$$\delta_{L_x} = \pm\left(\frac{1}{5} \sim \frac{1}{3}\right)\delta_{L_g} \tag{4-2}$$

3）圆柱销直径公称值

$$d_1 = D_1 \tag{4-3}$$

4）菱形销尺寸见表 4-1。

表 4-1　菱形销尺寸

定位孔直径 D_2	3 ~ 6	>6 ~ 8	>8 ~ 20	>20 ~ 25	>25 ~ 32	>32 ~ 40	>40 ~ 50
b	2	3	4	5		6	8
B	D_2−0.5	D_2−1	D_2−2	D_2−3	D_2−4	D_2−5	

5）补偿距离

$$\varepsilon = \delta_{L_x} + \delta_{L_g} - \frac{1}{2}\Delta_{1\min} \tag{4-4}$$

6）菱形销圆弧部分与其配合的工件定位孔间的最小间隙

$$\Delta_{2\min}=\frac{2\varepsilon b}{D_2} \tag{4-5}$$

7）菱形销最大直径

$$d_2=D_2-\Delta_{2\min} \tag{4-6}$$

8）两定位销所产生的最大角度定位误差

$$\tan\alpha=\frac{\Delta_{1\max}+\Delta_{2\max}}{2L} \tag{4-7}$$

$$\alpha\leqslant[\alpha] \tag{4-8}$$

式中，L_x 为两个定位销的中心距，单位为mm；L_g 为工件两定位孔的中心距，单位为mm；δ_{L_g} 为工件两定位孔的中心距公差，单位为mm；δ_{L_x} 为两定位销中心距的公差，单位为mm；D_1 为与圆柱销相配合的工件定位孔的最小直径，单位为mm；d_1 为圆柱销直径公称值，单位为mm；b 为菱形销宽度，单位为mm；ε 为补偿距离，单位为mm；$\Delta_{1\min}$ 为圆柱销与其配合的工件定位孔间的最小间隙，单位为mm；$\Delta_{2\min}$ 为菱形销圆弧部分与其配合的工件定位孔间的最小间隙，单位为mm；D_2 为与菱形销相配合的工件定位孔的最小直径，单位为mm；d_2 为菱形销最大直径，单位为mm；$\Delta_{1\max}$ 为圆柱销与其相配合的工件定位孔间的最大间隙，单位为mm；$\Delta_{2\max}$ 为菱形销与其配合的工件定位孔间的最大间隙，单位为mm；α 为两定位销所产生的最大角度定位误差，单位为（°）；$[\alpha]$ 为工件允许的最大倾斜角度，单位为（°）。

4.2.3 定位误差分析与计算

1. 定位误差定义

由定位引起的同一批工件的工序基准在加工尺寸方向上的最大变动量，称为定位误差。以 Δ_D 表示定位误差。定位误差影响加工的工序尺寸精度及位置精度，因此，定位误差是判断夹具设计方案和精度的重要指标。为了保证工件的加工精度，在定位设计时要仔细分析和研究定位误差。通常认为，当定位误差小于或等于工件工序尺寸公差的1/3时，定位误差是符合要求的。

2. 定位误差产生的原因

造成定位误差的原因是定位基准与工序基准不重合以及定位基准的位移误差导致的。基准不重合误差是工件在夹具上定位时，由于所选择的定位基准与工序基准不重合而引起的，同批工件的工序基准相对于定位基准在该工序尺寸方向的最大位移量称为基准不重合误差，以 Δ_B 表示。基准位移误差是指工件的定位基准在加工尺寸方向上的变动量，由工件定位面和夹具定位元件的制造误差以及两者之间的间隙所引起，以 Δ_Y 表示。

3. 定位误差计算

（1）基准不重合误差的计算　基准不重合误差可通过计算定位尺寸公差（δ_C）在工

序尺寸方向上的投影分量得到基准不重合误差（Δ_B）的大小。定位尺寸是指工序基准与定位基准之间的联系尺寸。基准不重合误差的计算式为

$$\Delta_B = \delta_C \cos\beta \tag{4-9}$$

式中，Δ_B 为基准不重合误差，单位为 mm；β 为工序基准的变动方向与工序（加工）尺寸方向间的夹角，单位为（°）；δ_C 为定位基准与工序基准间的尺寸公差，单位为 mm。

基准不重合误差仅与基准的选择有关，故在设计夹具时遵循基准重合原则。图 4-23a 所示为一工件的铣削加工工序简图，图 4-23b 所示为其定位简图。加工尺寸 h_1 的工序基准是 E，定位基准则是 A。显然，该定位基准与工序基准不重合，两个基准之间的尺寸公差给工序尺寸 $h_1^{\delta_{h_1}}$ 造成定位误差，计算式如下

$$\Delta_B = h_{max} - h_{min} = \delta_{h_2} \tag{4-10}$$

式中，Δ_B 为基准不重合误差，单位为 mm；h_{max} 为加工工序尺寸的上极限偏差，单位为 mm；h_{min} 为加工工序尺寸的下极限偏差，单位为 mm；δ_{h_2} 为加工工序尺寸的公差，单位为 mm。

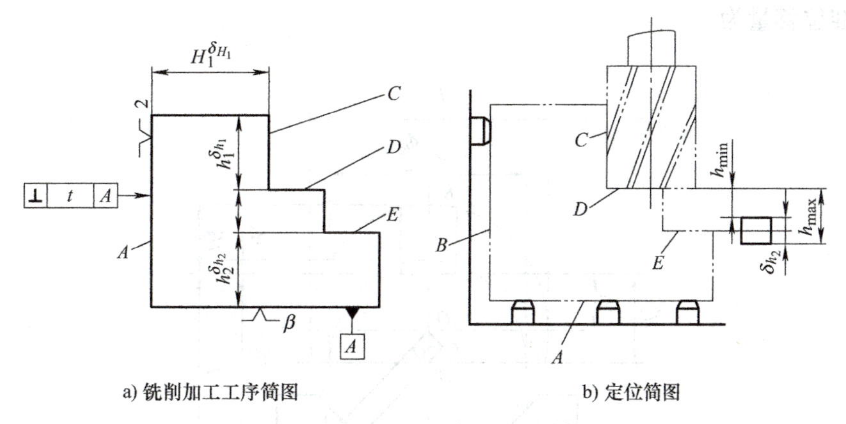

图 4-23　基准不重合误差的计算

当基准不重合误差受多个尺寸影响时，应将其在工序尺寸方向上合成。基准不重合误差的计算式为

$$\Delta_B = \sum_{i=1}^{n} \delta_i \cos\beta \tag{4-11}$$

式中，Δ_B 为基准不重合误差，单位为 mm；δ_i 为定位基准与工序基准间的尺寸链第 i 个组成环的公差，单位为 mm；n 为定位基准与工序基准间的尺寸链的个数；β 为误差方向与加工尺寸方向的夹角，单位为（°）。

（2）基准位移误差的计算　不同的定位方式，其基准位移误差的计算方法不同。

采用圆柱定位销和圆柱心轴中心定位时，由于定位配合间隙的影响，轴和定位孔在圆周任意位置上都能接触，使工件的中心发生偏移，产生基准位移误差。如图 4-24 所示，工件中心的偏移量即为最大配合间隙，基准位移误差计算式为

$$\Delta_Y = X_{max} = D_{max} - d_{min} = \delta_D + \delta_d + X_{min} \tag{4-12}$$

式中，X_{max} 为定位最大配合间隙，单位为 mm；δ_D 为工件定位基准孔的直径公差，单位为 mm；δ_d 为圆柱定位销或圆柱心轴的直径公差，单位为 mm；X_{min} 为定位所需最小间隙，由设计时确定，单位为 mm。

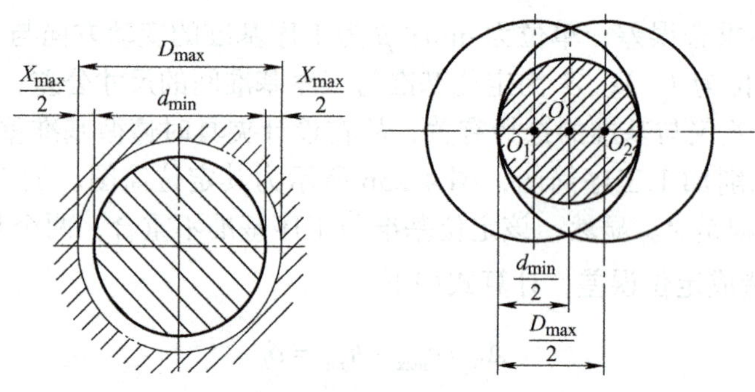

图 4-24　定位孔和轴任意边接触

如图 4-25 所示，用 V 形块定心定位时，工件直径为 D，直径公差为 δ_D，若不计 V 形块的误差而仅有工件基准面的圆度误差，其工件的定位中心会发生偏移，产生基准位移误差。基准位移量为

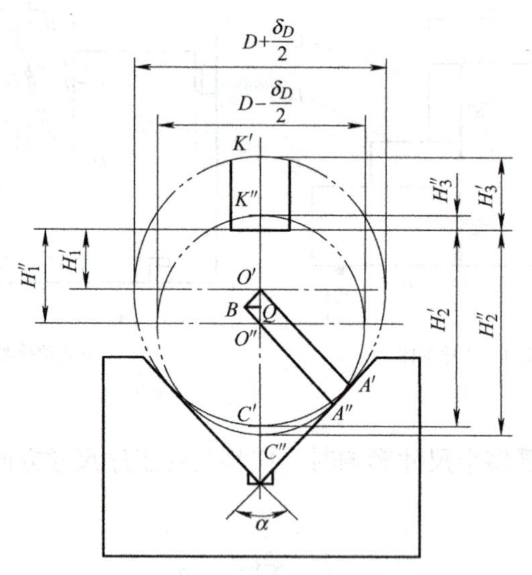

图 4-25　V 形块定位基准位移误差

$$\delta_Y = H_2'' - H_2' = O'O''$$

$$O'O'' = \frac{O''B}{\sin\dfrac{\alpha}{2}}$$

$$O''B = O'A' - O''A'' = \frac{D + \dfrac{\delta_D}{2}}{2} - \frac{D - \dfrac{\delta_D}{2}}{2} = \frac{\delta_D}{2}$$

$$\delta_Y = \frac{\delta_D}{2\sin\frac{\alpha}{2}} \tag{4-13}$$

式中，δ_D 为直径公差，单位为 mm；α 为 V 形块角度，单位为（°）。

（3）定位误差的合成　定位误差是由基准不重合误差以及基准位移误差所造成的。因此，定位误差由这两项误差组合而成。计算定位误差时，先分别计算基准不重合误差与基准位移误差，然后再将两项误差组合后得出定位误差，即：

$$\varDelta_D = \varDelta_B \pm \varDelta_Y \tag{4-14}$$

1）当 $\varDelta_B=0$，$\varDelta_Y \neq 0$ 时，则 $\varDelta_D=\varDelta_Y$。

2）当 $\varDelta_B \neq 0$，$\varDelta_Y=0$ 时，则 $\varDelta_D=\varDelta_B$。

3）当 $\varDelta_B \neq 0$，$\varDelta_Y \neq 0$ 时，

① 如果工序基准不在定位基面上（产生定位误差的原因是相互独立因素），则：

$$\varDelta_D = \varDelta_B + \varDelta_Y \tag{4-15}$$

式中，$\varDelta_D$ 为定位误差，单位为 mm；$\varDelta_B$ 为基准不重合误差，单位为 mm；$\varDelta_Y$ 为基准位移误差，单位为 mm。

② 如果工序基准落在定位基面上，则：

$$\varDelta_D = \varDelta_B \pm \varDelta_Y \tag{4-16}$$

式（4-16）中"±"号的确定方法如下：

① 首先分析定位基面直径由大到小时，定位基准的变动方向。

② 然后设定定位基准的位置不变，再分析工序（设计）基准的变动方向。

③ 如果在上述判断中两者的变动方向相同，取"+"号；如果两者的变动方向相反，取"–"号。

如图 4-26a 所示，定位基准与设计基准变化方向相同，则定位误差计算时取"+"号；如图 4-26b 所示，定位基准与设计基准变化方向相反，则定位误差计算时取"–"号。

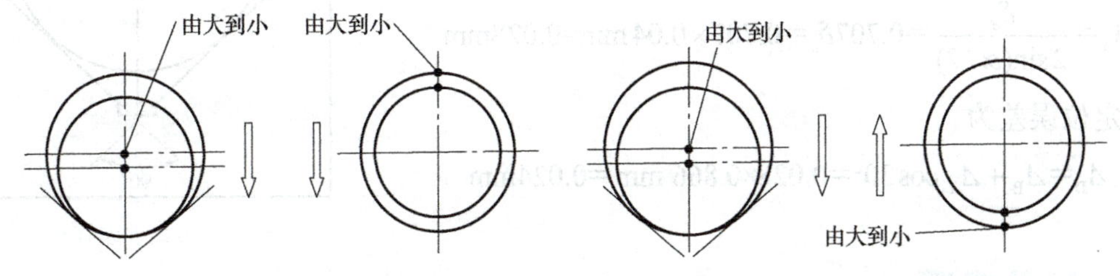

图 4-26　定位基准与设计基准变化方向

如图 4-27 所示，在 V 形块上定位铣键槽，工件外圆直径公差为 δ_D，V 形块的夹角为 α。

H_1 的定位误差为

$$\frac{\delta_D}{2\sin(\alpha/2)} \tag{4-17}$$

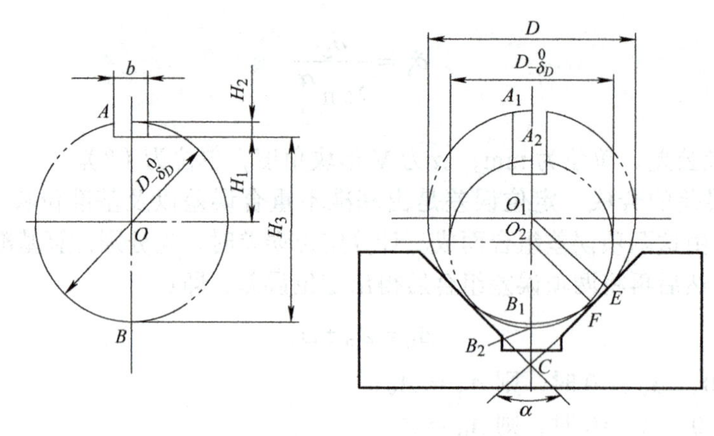

图 4-27　V 形块定位误差

H_2 的定位误差为

$$\frac{\delta_D}{2}\left[\frac{1}{\sin(\alpha/2)}+1\right] \tag{4-18}$$

H_3 的定位误差为

$$\frac{\delta_D}{2}\left[\frac{1}{\sin(\alpha/2)}-1\right] \tag{4-19}$$

式中，δ_D 为直径公差，单位为 mm；α 为 V 形块角度，单位为（°）。

（4）定位误差计算示例

【例】 如图 4-28 所示，用铣刀铣削斜面，求加工尺寸（39 ± 0.04）mm 的定位误差。

解：从图 4-28 可知，定位基准与工序基准重合，则基准不重合误差为 $\Delta_B=0$。

基准位移误差为

$$\Delta_Y=\frac{\delta_d}{2\sin(\alpha/2)}=0.707\delta_d=0.707\times0.04\,\text{mm}=0.028\text{mm}$$

定位误差为

$$\Delta_D=\Delta_B+\Delta_Y\cos30°=0.028\times0.866\text{ mm}=0.024\text{mm}$$

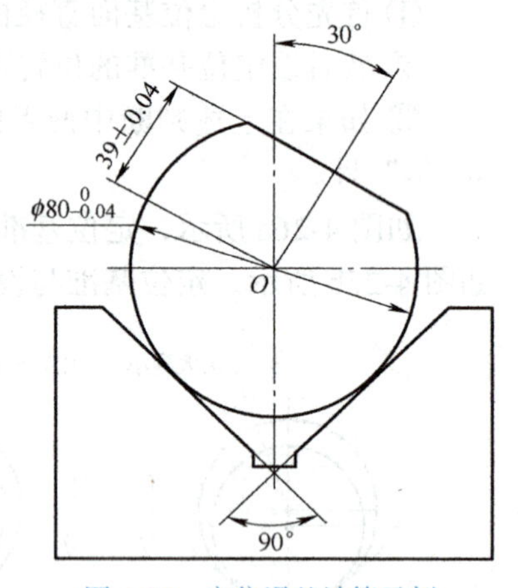

图 4-28　定位误差计算示例

4.3　工件夹紧

4.3.1　夹紧机构设计

1. 夹紧机构设计的基本要求

在进行夹紧机构设计时，对夹紧力、夹紧机构的结构及性能等方面都有一定的要求，以使夹具能满足工艺要求，满足加工精度和劳动生产率的需求。

（1）具有合适的夹紧力　对夹紧力的要求主要有以下几点：

1）在夹紧过程中，不得改变工件定位后所占据的准确位置，以免影响加工精度。

2）在加工时，工件不得松动或脱落。

3）减小夹紧变形对加工精度的影响。

4）防止工件在加工时发生振动。

（2）具有一定的增力比　增力比是夹紧机构的重要特性指标。夹紧力与原始作用力之比称为增力比，可以表示为

$$i_F = \frac{F_W}{F_Q} \tag{4-20}$$

式中，i_F 为增力比；F_W 为夹紧力，单位为 N；F_Q 为原始作用力，单位为 N。

增力比越大，夹紧装置的性能就越佳。原始作用力是指作用在夹紧机构元件上的力，为人力或动力装置所输入的力。

（3）具有自锁性　自锁性是指在夹紧工件且原始力消失后，夹紧机构在摩擦力作用下，仍能保持对工件夹紧的性能。夹紧机构的自锁性是满足夹紧可靠性要求的特性，故自锁性是夹紧机构的安全特性指标。

自锁与摩擦力有关，摩擦力的计算公式为

$$F = F_N f = F_N \tan\varphi \tag{4-21}$$

$$\tan\varphi = f \tag{4-22}$$

式中，F 为摩擦力，单位为 N；F_N 为正压力，单位为 N；f 为摩擦系数；φ 为摩擦角，单位为（°）。

故夹紧机构的自锁可用摩擦角判断。当原始力由动力装置输入时，可使用安全装置，实现夹紧与机床互锁，以确保加工的安全。

（4）操作方便、省力　装卸工件方便、省力，有利于降低工人的劳动强度；有利于缩短辅助时间，提高劳动生产率。

2. 夹紧力确定原则

在确定夹紧力的方向、作用点和大小时，应遵循以下原则：工件不移动、工件不变形、工件不振动、安全可靠、经济实用。根据工件的形状、尺寸、重量和加工要求、定位元件的结构、加工过程中工件所受到的外力等因素确定夹紧力，包括正确地选择夹紧力的大小、方向和作用点。

（1）夹紧力方向应在定位支承面内，使定位稳定　夹紧力的方向应有利于工件的准确定位，而不能破坏定位。一般要求主夹紧力应垂直于第一定位基准面。如图 4-29 所示的夹具，用于对直角支座零件进行镗孔，要求孔与端面 A 垂直。因此，应选 A 面为第一定位基准面，夹紧力 F_{j1} 应垂直压向 A 面。若采用夹紧力 F_{j2}，由于工件 A 面与 B 面的垂直度误差，则镗孔只能保证孔与 B 面的平行度，而不能保证孔与 A 面的垂直度。

（2）夹紧力的方向应有利于减小所需夹紧力　工件在加工时受切削力的作用，需要处理好夹紧力方向与切削力方向的关系，可减小所需夹紧力。夹紧力的作用方向应尽量和切削力、工件重力方向一致，使所需夹紧力最小。如图 4-30a 所示，当夹紧力与切削力

方向一致时，所需夹紧力小；如图 4-30b 所示，当夹紧力与切削力方向相反时，所需夹紧力大。

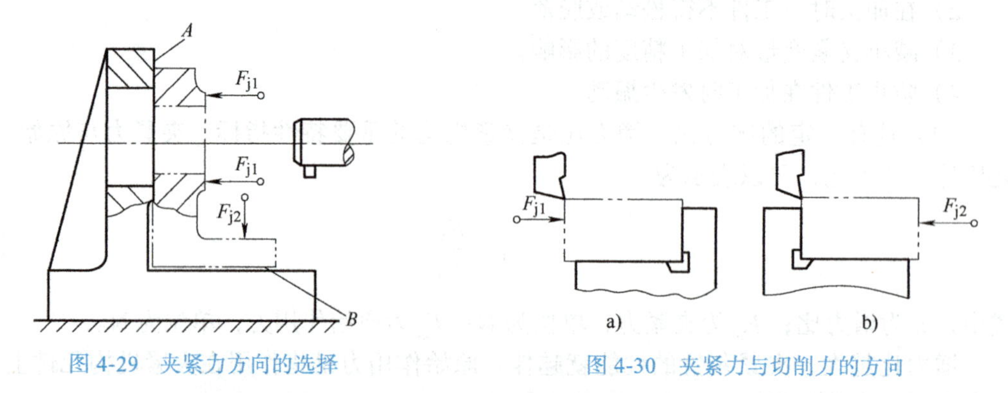

图 4-29 夹紧力方向的选择　　图 4-30 夹紧力与切削力的方向

（3）减小工件夹紧变形对加工精度的影响　夹紧力的作用方向尽量与工件刚度最大方向相一致，以使工件变形尽可能小。应选择在工件刚度较大的部位夹紧。当刚度较低的部位需辅助夹紧时，也应注意减小夹紧力，防止夹紧变形。如图 4-31 所示的薄壁套筒工件，它的轴向刚度比径向刚度大，应沿轴向均匀施加夹紧力。图 4-31a 所示为采用自定心卡盘夹紧，此方式易引起工件的夹紧变形。图 4-31b 所示为改进后的夹紧方式，采用端面夹紧，可避免产生圆度误差。

（4）确定夹紧力作用点的原则　夹紧力作用点应正对支承元件或位于支承元件形成的支承面内，以保证工件已获得定位不变及稳定可靠，如图 4-32a、b 所示，夹紧力作用点是合理的，而图 4-32c 中的夹紧力作用点不合理。

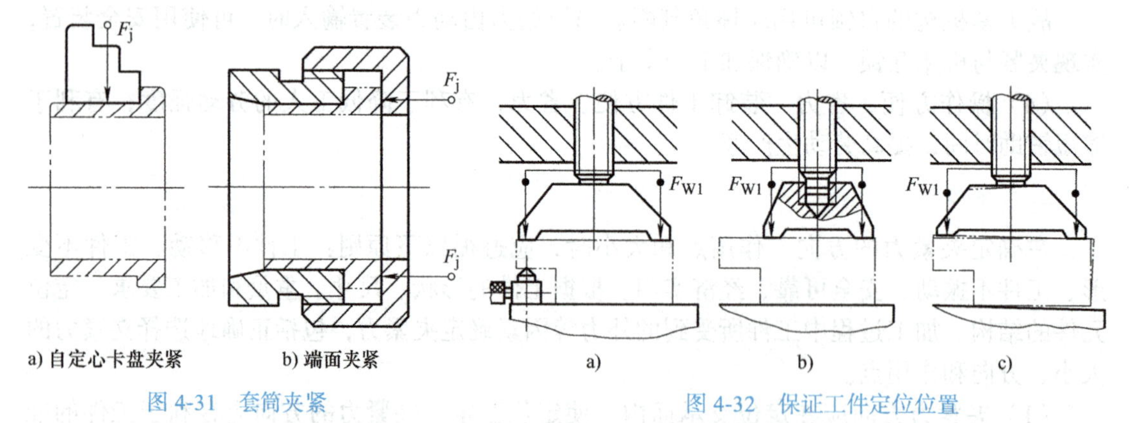

图 4-31 套筒夹紧　　图 4-32 保证工件定位位置

避免支承反力与夹紧力构成力偶。夹紧力的作用点应落在定位元件上或支承元件所形成的支承平面内，否则夹紧力与支承反力构成力矩，夹紧时工件将发生偏转。如图 4-33a、c 所示，夹紧力作用点是合理的；如图 4-33b、d 所示，其夹紧力作用点是不合理的。

夹紧力的作用点和支承点尽可能靠近切削部位，以提高工件切削部位的刚度和抗振性。如图 4-34 所示，在切削部位增加了辅助支承和辅助夹紧，不但能提高刚度，还能减少振动。

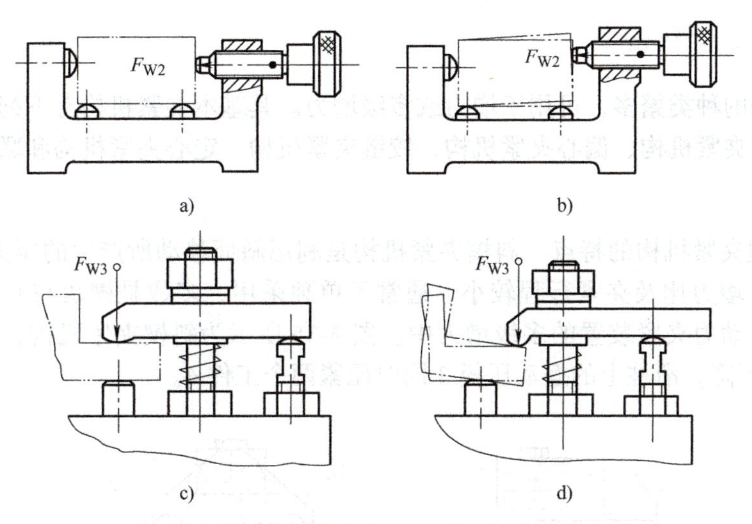

图 4-33　避免支承反力与夹紧力构成力偶

3. 夹紧力估算

夹紧力大小保证了定位稳定和夹紧可靠。理论上，夹紧力大小应与作用在工件上的其他力（或力矩）相平衡。但是，在实践中，夹紧力大小还与工艺系统刚度、夹紧机构的传递效率等相关。因此，夹紧力计算常采用估算法、类比法、试验法等方法来确定。

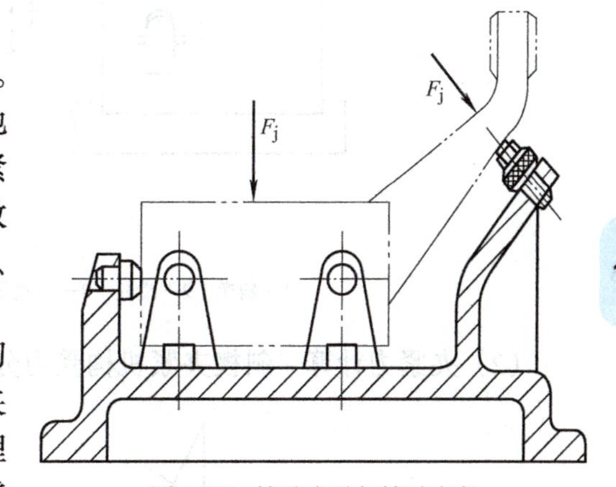

图 4-34　辅助支承与辅助夹紧

夹紧力有多种计算方法。根据工件所受切削力、夹紧力作用情况，找出加工过程中对夹紧最不利的状态，按照静力平衡原理计算出理论夹紧力，最后再乘以安全系数作为实际所需夹紧力，计算式如下

$$F_{WK} = KF_W \tag{4-23}$$

式中，F_{WK} 为实际所需夹紧力，单位为 N；F_W 为在一定条件下由静力平衡计算得到的理论夹紧力，单位为 N；K 为安全系数。

安全系数的计算式如下

$$K = K_0K_1K_2K_3K_4K_5K_6 \tag{4-24}$$

式中，K_0 为基本安全系数，一般取 1.5；K_1 为加工状态系数，粗加工时 K_1 =1.2，精加工时 K_1 =1.0；K_2 为刀具钝化系数，K_2 =1.0 ～ 1.9；K_3 为切削特点系数，连续时 K_3 =1.0，断续时 K_3 =1.2；K_4 为考虑夹紧动力稳定性系数，手动夹紧时 K_4 =1.3，机动夹紧时 K_4 =1.0；K_5 为考虑手动夹紧时手柄位置系数，当手柄操作方便，手柄偏转角度范围小时，K_5 =1.0，当手柄操作不方便，手柄偏转角度范围大（>90°）时，K_5 =1.2；K_6 为仅在有力矩企图使工件回转时，才应考虑支承面接触情况系数，当工件安装在支承钉上，接触面积小时，K_6 =1.0；当工件安装在支承板或者其他接触面积较大元件上时，K_6 =1.5。

4.3.2 基本夹紧机构

夹紧机构的种类繁多，可用于增力或多级增力。其基本夹紧机构有下列几种：斜楔夹紧机构、螺旋夹紧机构、偏心夹紧机构、铰链夹紧机构、定心夹紧机构和联动夹紧机构。

1. 斜楔夹紧机构

（1）斜楔夹紧机构的特点　斜楔夹紧机构是利用斜面移动所产生的压力来夹紧工件，其结构简单，增力比及夹紧行程较小。通常不单独采用，多数是楔块与其他机构联合使用，主要用于动力夹紧装置的多级增力中。图 4-35 所示为斜楔夹紧机构，向右推动斜楔 1，使滑柱 2 下降，滑柱上的摆动压板 3 同时压紧两个工件 4。

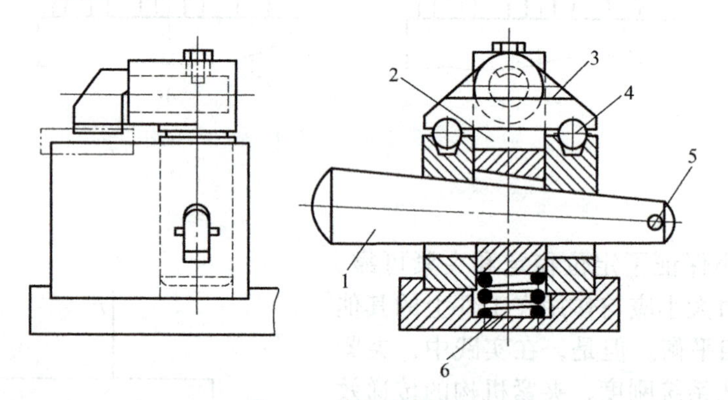

图 4-35　斜楔夹紧机构

1—斜楔　2—滑柱　3—摆动压板　4—工件　5—挡销　6—弹簧

（2）夹紧力计算　斜楔夹紧机构受力分析如图 4-36 所示。

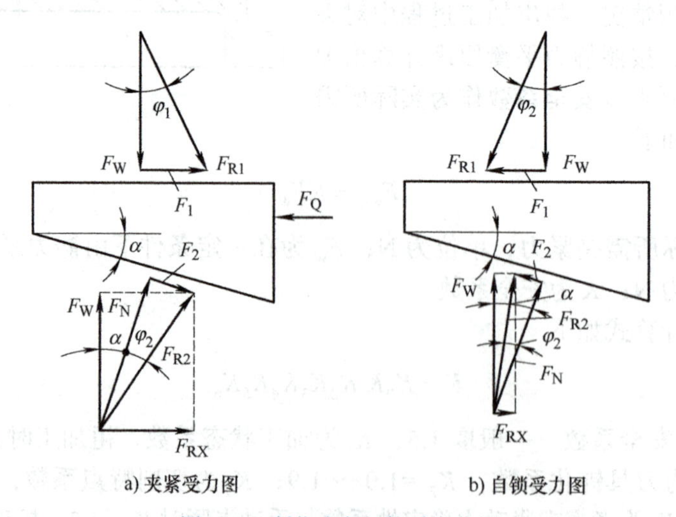

图 4-36　斜楔夹紧机构受力分析

以斜楔为研究对象，夹紧时，根据静力平衡原理，得到下面方程

$$F_Q = F_1 + F_{RX} \tag{4-25}$$

$$F_1 = F_W \tan\varphi_1 \tag{4-26}$$

$$F_{RX} = F_W \tan(\alpha + \varphi_2) \tag{4-27}$$

$$F_Q = [\tan\varphi_1 + \tan(\alpha + \varphi_2)]F_W \tag{4-28}$$

式中，F_W 为斜楔的夹紧力，单位为 N；F_Q 为原始作用力，单位为 N；α 为斜面升角，单位为（°）；φ_1 为平面摩擦角，单位为（°）；φ_2 为斜面摩擦角，单位为（°）。

（3）传力比计算　斜楔夹紧机构的传力比为

$$F_Q = i_Q F_W \tag{4-29}$$

$$i_Q = \tan\varphi_1 + \tan(\alpha + \varphi_2) \tag{4-30}$$

式中，i_Q 为传力比。

（4）自锁条件　如图 4-36b 所示，当原始作用力为零时，斜楔受到 F_1 和 F_{RX} 作用，实现自锁必须满足下式

$$F_1 > F_{RX} \tag{4-31}$$

$$F_1 = F_W \tan\varphi_1 \tag{4-32}$$

$$F_{RX} = F_W \tan(\alpha - \varphi_2) \tag{4-33}$$

$$\tan\varphi_1 > \tan(\alpha - \varphi_2) \tag{4-34}$$

$$\varphi_1 > \alpha - \varphi_2$$

$$\alpha < \varphi_1 + \varphi_2 \tag{4-35}$$

因此，斜楔自锁条件为，$\alpha < \varphi_1 + \varphi_2$，一般取 α=6° ～ 8°。

2. 螺旋夹紧机构

（1）螺旋夹紧机构的特点　螺旋夹紧机构指采用单个螺旋直接夹紧或与其他元件组合实现夹紧工件的机构，其利用螺纹升角增力，结构简单，增力比及夹紧行程大。同时，普通螺纹的标准化和良好的自锁性，使螺旋夹紧机构具有良好的夹紧性能，故在机床夹具中得到广泛应用。其缺点是夹紧和松开工件时比较费工费时。

（2）夹紧力计算　螺旋夹紧机构的夹紧力计算与斜楔夹紧机构相似。在夹紧状态下螺旋夹紧受力如图 4-37 所示。

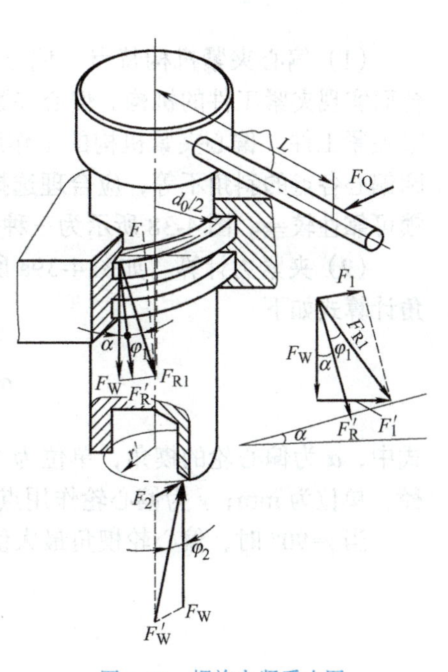

图 4-37　螺旋夹紧受力图

原始作用力为 F_Q，力臂为 L。工件对螺杆的反作用力为竖直方向的反作用力 F_W，工件对其产生的摩擦力为 $F_W\tan\varphi_2$，其产生的摩擦力矩为 $F_W r' \tan\varphi_2$。

螺母对螺杆作用力为垂直于螺旋面的作用力 F_R 及摩擦力 F_1，其合力为 F_{R1}，其在螺杆轴向分力 F_W 和周向分力 F_1，作用点在螺纹中径上，产生力矩为 $F_W d_0/2\ \tan(\alpha+\varphi_1)$。

螺杆上力矩平衡计算式为

$$F_Q L - F_W \frac{d_0}{2}\tan(\alpha+\varphi_1) - F_W r'\tan\varphi_2 = 0 \tag{4-36}$$

$$F_W = \frac{F_Q L}{\dfrac{d_0}{2}\tan(\alpha+\varphi_1) + r'\tan\varphi_2} \tag{4-37}$$

式中，F_W 为夹紧力，单位为 N；F_Q 为原始作用力，单位为 N；L 为作用力臂，单位为 mm；d_0 为螺纹中径，单位为 mm；α 为螺纹升角，单位为（°）；φ_1 为螺母处摩擦角，单位为（°）；φ_2 为螺杆端部与工件摩擦角，单位为（°）；r' 为螺杆端部与工件当量摩擦半径，单位为 mm。

（3）传力比计算　螺旋夹紧机构的传力比为

$$i_Q = \frac{\dfrac{d_0}{2}\tan(\alpha+\varphi_1) + r'\tan\varphi_2}{L} \tag{4-38}$$

式中，i_Q 为传力比。

（4）自锁条件　螺旋夹紧机构的自锁条件与斜楔夹紧机构相似，简化为 $\alpha < \varphi_1 + \varphi_2$。

标准普通螺纹一般螺旋角 $\alpha<4°$，因此自锁性能很好。设计螺旋夹紧机构时，应按自锁条件，校核螺旋升角，满足自锁性要求。

3. 偏心夹紧机构

（1）偏心夹紧机构特点　偏心夹紧机构是指由偏心件直接夹紧工件或与其他元件组合而实现夹紧工件的机构。偏心夹紧机构是靠偏心轮回转时其半径逐渐增大而产生夹紧力来夹紧工件。偏心夹紧机构的工作原理与斜楔夹紧机构相似，只是以圆弧楔代替平面楔。圆偏心各点的斜角不等，应合理选择工作段。偏心夹紧机构操作方便，但夹紧行程小，自锁可靠性较差。图 4-38 所示为三种偏心夹紧机构。

（2）夹紧力计算　如图 4-39a 所示的偏心轮，展开后如图 4-39b 所示，不同位置的楔角计算式如下

$$\alpha = \arctan\left(\frac{e\sin\gamma}{R - e\cos\gamma}\right) \tag{4-39}$$

式中，α 为偏心轮的楔角，单位为（°）；e 为偏心轮偏心距，单位为 mm；R 为偏心轮半径，单位为 mm；γ 为偏心轮作用点与起始点之间的夹角，单位为（°）。

当 γ=90° 时，偏心轮楔角最大值为

$$\alpha = \arctan\frac{e}{R} \tag{4-40}$$

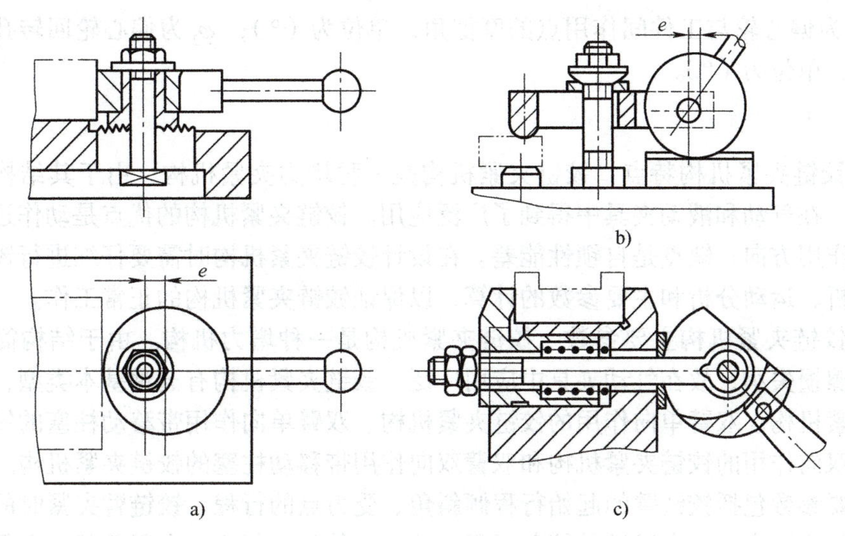

图 4-38　偏心夹紧机构

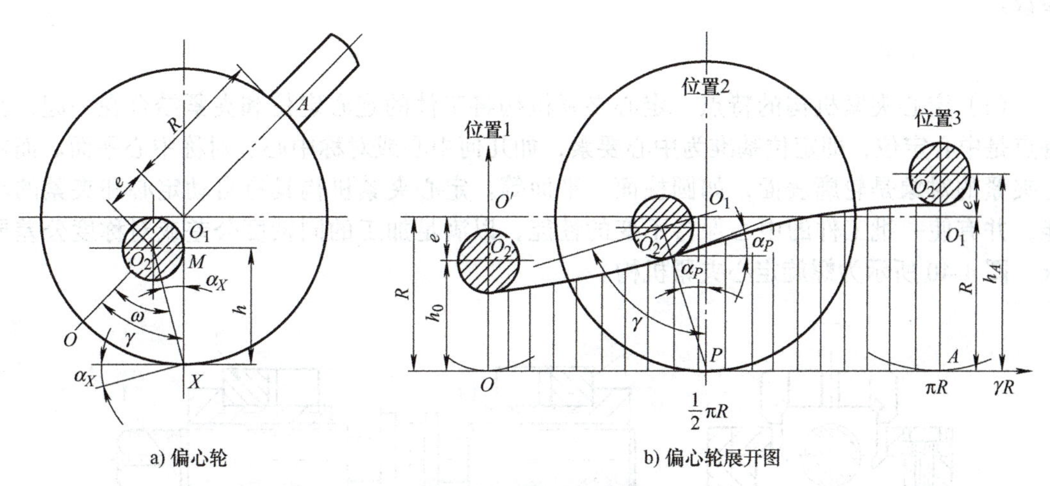

a) 偏心轮　　b) 偏心轮展开图

图 4-39　偏心夹紧原理

偏心夹紧机构的夹紧力计算式为

$$F_W = \frac{F_Q L}{\rho[\tan(\alpha_P + \varphi_2) + \tan\varphi_1]} \tag{4-41}$$

式中，F_W 为夹紧力，单位为 N；F_Q 为原始作用力，单位为 N；L 为作用力臂，单位为 mm；ρ 为转动中心到作用点距离，单位为 mm；α_P 为 P 点的夹紧楔角，单位为（°）。

（3）传力比计算　偏心夹紧机构传力比为

$$i_Q = \frac{\rho[\tan(\alpha_P + \varphi_2) + \tan\varphi_1]}{L} \tag{4-42}$$

式中，i_Q 为传力比。

（4）自锁条件　根据斜楔自锁条件，偏心轮工作在任一点（P 点）产生自锁的条件为

$$\alpha_P \leqslant \varphi_1 + \varphi_2 \tag{4-43}$$

式中，φ_1为偏心轮与工件间作用点的摩擦角，单位为（°）；φ_2为偏心轮回转孔与转轴间的摩擦角，单位为（°）。

4. 铰链夹紧机构

（1）铰链夹紧机构特点　铰链夹紧机构是一种增力夹紧机构，由于其结构简单，增力倍数大，在气动和液动夹具中得到了广泛应用。铰链夹紧机构的优点是动作迅速，易于改变力的作用方向；缺点是自锁性能差。在设计铰链夹紧机构时需要仔细进行铰链、杠杆的受力分析、运动分析和主要参数的计算，以保证铰链夹紧机构的正常工作。

（2）铰链夹紧机构主要参数　铰链夹紧机构是一种增力机构。由于结构简单、增力比大、摩擦损失小，故在气动夹具中应用广泛。铰链夹紧机构有五种基本类型，分别为单臂铰链夹紧机构、双臂单向作用的铰链夹紧机构、双臂单向作用带移动柱塞的铰链夹紧机构、双臂双向作用的铰链夹紧机构和双臂双向作用带移动柱塞的铰链夹紧机构。铰链夹紧机构的主要参数包括铰链臂的起始行程倾斜角、受力点的行程、铰链臂夹紧时的起始倾斜角、铰链机构增力比、夹紧端的储备行程、装卸工件的空行程、夹紧行程、夹紧储备角等参数。

5. 定心夹紧机构

（1）定心夹紧机构的特点　定心夹紧机构将工件的定心定位和夹紧结合在一起，其特点是中心定位，即定位基准为中心要素，如几何中心或对称中心、对称中心平面。而定心夹紧的对象是轮廓表面，如圆柱面、平面等。定心夹紧机构具有自动定心和夹紧的功能，并有使一批工件的中心保持不变的性能，以满足加工的同轴度公差或对称度公差要求。图 4-40 所示为螺旋定心夹紧机构。

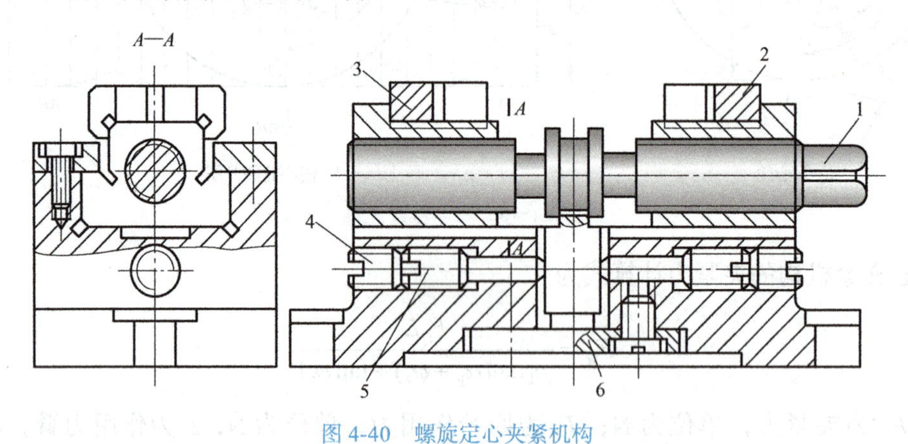

图 4-40　螺旋定心夹紧机构

1—夹紧螺杆　2、3—钳口　4—锁紧螺钉　5—钳口对中调节螺钉　6—钳口定心叉

（2）定心夹紧机构分类　按照定心夹紧机构的工作原理，定心夹紧机构分为等速移动的定心夹紧机构和均匀弹性小变形的定心夹紧机构两类。等速移动的定心夹紧机构是利用定心夹紧元件对中心等速移动，实现定心夹紧。例如自定心卡盘，它利用丝盘的阿基米德螺线，使卡爪沿着卡盘槽对中心等速移动，实现定心夹紧，并能使三个卡盘的夹紧点至中心的距离保持不变，满足加工的同轴度要求。均匀弹性小变形的定心夹紧机构是利用弹性元件受力后的均匀小弹性变形实现定心的。典型的弹性元件有：弹簧套、弹性模片、波

纹套、薄壁套、弹簧夹头等，定心精度较高。

6. 联动夹紧机构

（1）联动夹紧机构的特点　在工件的装夹过程中，有时需要夹具同时有几个点对工件进行夹紧，而有时又需要同时夹紧几个工件。联动夹紧机构是指只需操作某一个手柄就能同时从各个方向均匀地夹紧一个工件，或同时夹紧若干个工件。前者称为单件联动夹紧机构，后者称为多件联动夹紧机构。

联动夹紧机构的优点是在一个原始作用力下，可同时夹紧多个工件或同时在几处夹紧同一工件，其浮动环节能满足夹紧力按需传至各夹紧点的需求。采用联动夹紧机构可获得较高的生产率，还可以使各点夹紧力保持相对稳定，夹紧变形小。其缺点是机构复杂，夹紧可靠性较差。

（2）浮动环节的设置　联动夹紧机构在两个夹紧点之间必须设置浮动环节，该浮动环节应具有足够的浮动量，必须要保证夹紧力能传输至各夹紧点。常见浮动元件有滑柱、滑块、滑杆、连杆、杠杆、转动块等。

（3）联动夹紧的形式　按夹紧工件的数量分类，联动夹紧分为单件联动夹紧机构和多件联动夹紧机构两大类。

1）单件联动夹紧机构。单件联动夹紧机构的设计类同于基本夹紧机构的设计，不同之处是设置了浮动环节，以实现多点联动夹紧。如图 4-41a 所示，螺旋压板四点联动夹紧，具有三个浮动元件，当夹紧过程中只有一个夹紧点接触时，浮动元件能摆动使四个夹紧点都接触，直到最后均衡夹紧。如图 4-41b 所示的浮动元件，能两点夹紧工件。

2）多件联动夹紧机构。多件装夹是提高劳动生产率的主要方法之一，应用广泛。图 4-42 所示为多件联动夹紧机构，可同时夹紧四个工件。

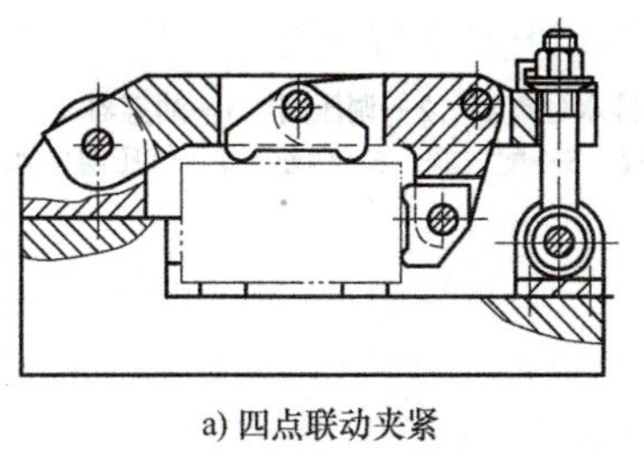

a) 四点联动夹紧

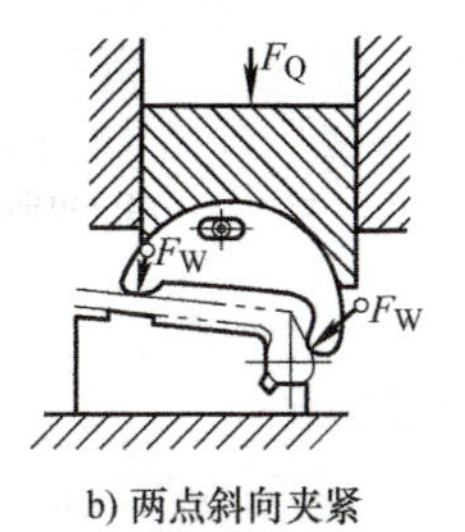

b) 两点斜向夹紧

图 4-41　单件联动夹紧机构

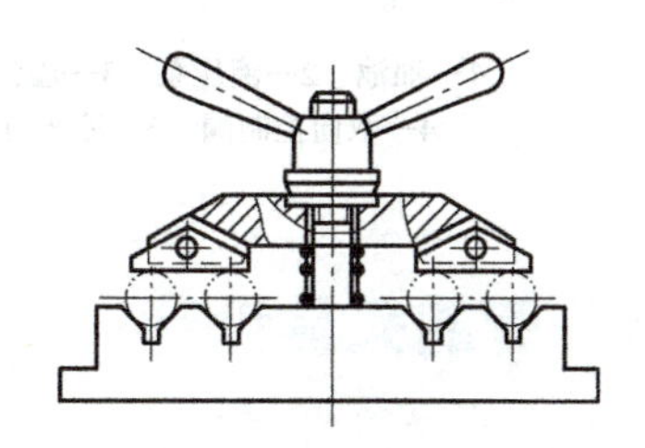

图 4-42　多件联动夹紧机构

4.3.3　夹紧机构动力装置

手动夹紧机构在各种生产规模中都有广泛应用，但动作慢、劳动强度大、夹紧力波动大。在大批量生产中往往采用动力装置夹紧，如气动、液动、电磁和真空夹紧等。机动夹紧可以克服手动夹紧的缺点，提高生产率，有利于实现自动化。

1. 液压夹紧装置

（1）液压装置的特点

1）液压油压力高，传动力大。在原始作用力相同条件下，液压缸的尺寸比气压缸小。

2）油液的不可压缩性使夹紧刚度高，工作平稳。

3）液压传动噪声小。

4）液压元件制造精度要求高，导致夹具成本较高。

（2）液压夹具的液压系统组成　图 4-43 所示为液压夹具的液压夹紧系统原型，包括液压泵、液压缸、溢流阀、双向控制阀等。

2. 气压夹紧装置

气压夹紧装置采用压缩空气作为夹紧装置的动力源。压缩空气具有黏度小、无污染、传送分配方便等优点。其缺点是夹紧力小、结构尺寸较大、有噪声。气压夹具需要气源和气压系统，典型的气压传动系统如图 4-44 所示。

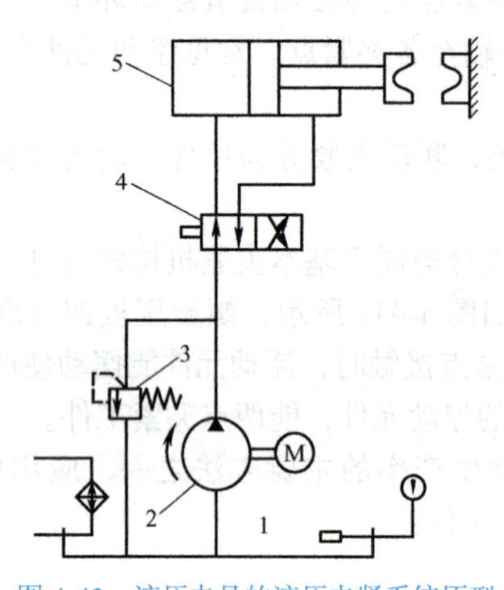

图 4-43　液压夹具的液压夹紧系统原型

1—油池　2—液压泵　3—溢流阀
4—双向控制阀　5—液压缸

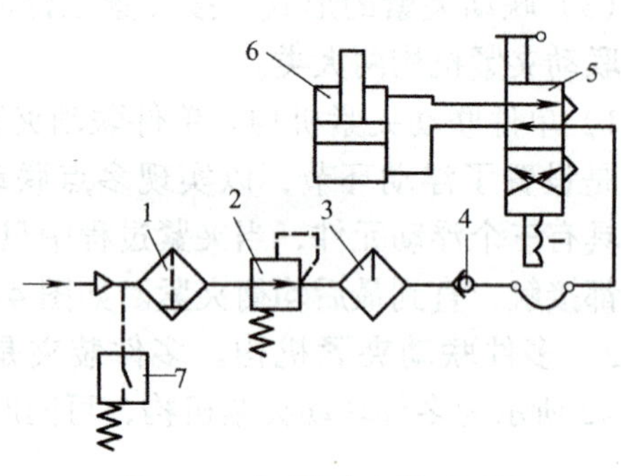

图 4-44　典型的气压传动系统

1—排水分离器　2—调压阀　3—油雾器
4—单向阀　5—配气阀　6—气缸　7—气压继电器

4.4　智能夹具设计

4.4.1　零点定位系统

在制造资源不变的条件下，工装的快速准备已成为提高制造能力和解决产能瓶颈的有效途径。零点定位系统是一个独特的定位和锁紧装置，能保持工件从一个工位到另一个工位，或从一个工序到另一个工序，或从一台机床到另一台机床，零点始终保持不变。因此，零点定位系统能够节省重新找正零点的辅助时间，保证工作的连续性，提高工作效率。

1. 零点定位原理

零点定位原理是采用特殊的定位结构和夹紧结构，通过一面两销的定位方式实现快速换产，具有重复定位精度高的定位装夹技术。零点定位系统是利用零点定位销将不同类型的产品坐标系转化为唯一的坐标系，再通过机床上的标准化夹具接口进行定位和夹紧。它能够直接得到工件在不同机床间统一的位置关系，消除了多工序间的累积误差，使设计基准、工艺基准和检测基准实现统一。

零点定位系统属于常锁机构，通气打开，断气锁死。当给零点定位系统通液体或气体时，压力会通过活塞压缩下面的弹簧，钢珠会往两侧散开，此时拉钉可取出。当把动力源切断时，弹簧会往上顶活塞，活塞把钢珠向中间收，从而夹紧钢珠，锁住拉钉，如图 4-45 所示。

零点定位系统管路一部分集成于卡盘内，一部分设置于基板中，如图 4-46 所示。当卡盘安装后，对应孔位重合，管路直接相连。零点定位系统具有控制锁紧和释放两个管路，在夹紧力要求不高的情况下，可以不设置夹紧管路，只依靠弹簧力锁紧。此外，还包括一系列辅助管路，如活塞开关状态感知管路、工件辅助卸载管路和清理碎屑管路等。感知状态的管路通过静压原理实现，即管路前端卸载后导致压力下降，管路后端也会产生压力变化，从而被传感器检测出来。辅助卸载管路可使工件从卡盘表面上分离。清理管路位于轴线上，通过气动力把拉钉孔中的切屑吹出。

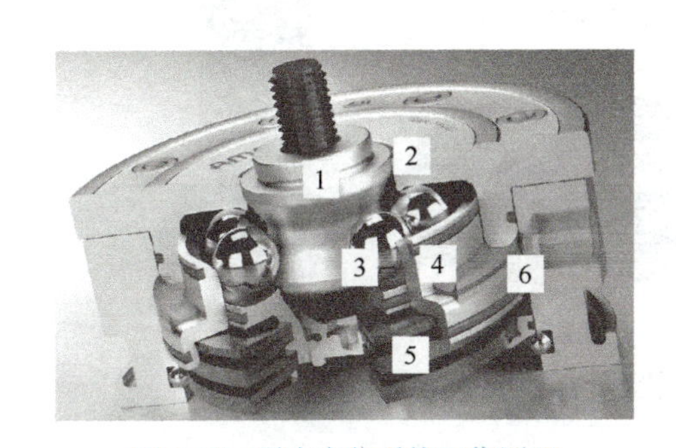

图 4-45　零点定位系统工作原理

1—拉钉　2—定位面　3—钢珠
4—活塞　5—碟簧　6—液压管

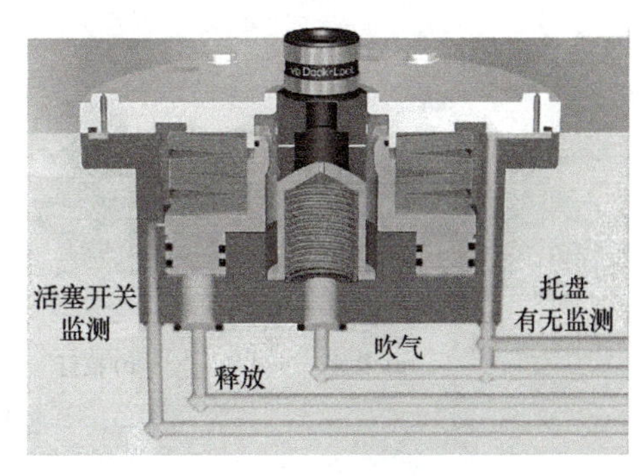

图 4-46　零点定位系统管路布局

2. 零点定位系统结构

零点定位系统是由零点定位拉钉和零点定位器组成的。零点定位系统按照结构形式分为：钢球锁紧和钢球定位、卡舌锁紧和短锥定位、夹套锁紧和夹套定位三种类型，如图 4-47 所示。零点定位器的开锁是通过气源或液压源的动力将锁紧结构打开，实现零点定位拉钉的松开动作。锁紧是机械自动锁紧，依靠自锁结构的弹簧恢复自然状态卡舌、钢球或夹套等锁紧定位销。

如图 4-48 所示，零点定位系统主要部件包含卡盘、拉钉、基板、托盘、附属的气压及液压部件等，在卧式加工中心应用场景中还用到基石。

零点定位系统的核心是卡盘，其外形为圆盘形，是实现定位和夹紧功能的主体。中心孔用来放入拉钉，进行锁紧，周向均匀分布的孔位用来将卡盘安装在基板上。一些独立式的卡盘由于自带管路接头，可以不通过基板直接安装在机床工作台上，提供了更多的灵活性。基板和基石属于同一类部件，是安装多个卡盘的基础，内部集成气、液管路，在无须外部管道的情况下和卡盘的管路直连，并把多个管路汇合至同一个接口引出到外部管路。拉钉为零点定位系统的专用接头，负责卡盘内部锁紧装置的快速锁紧和释放，拉钉外轮廓的独特形状使之能与锁紧机构配合，实现可靠锁紧且不产生松动。拉钉上端通过螺纹与托盘或工件紧固，下端带有圆台和短锥实现高精度定位。根据定位方案的不同功能，拉钉有精确定位、单向浮动和全浮动三种类型。

a) 卡舌锁紧+短锥定位

b) 钢球锁紧+钢球定位

c) 夹套锁紧+夹套定位

图 4-47　零点定位系统结构形式

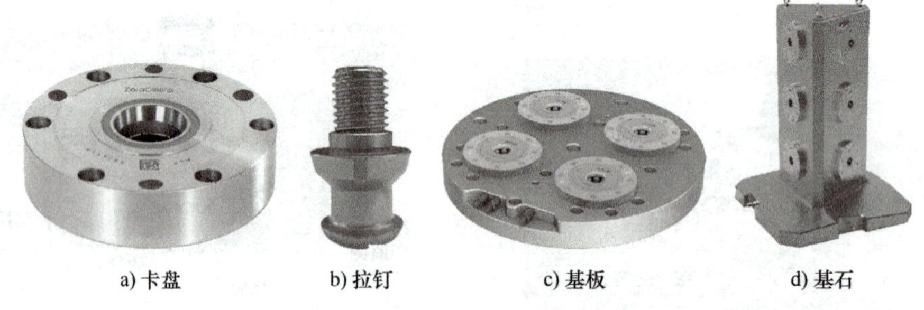

a) 卡盘　b) 拉钉　c) 基板　d) 基石

图 4-48　零点定位系统主要部件

3. 零点定位系统的应用

采用零点定位系统，定位装置具有下列优势：

1）实现不同设备或工位的快速换装。应用零点定位系统可以在不同设备或工位上采用统一接口实现定位，通过托盘或者零点定位夹具实现机外预调，不同设备机内快速换装，也可以实现同一设备间不同工位或者不同工装的快速换装。

2）实现不同零件加工的快速切换。夹具或者托盘根据零点定位系统设计统一的接口，实现不同零件加工的快速切换。托盘可以选择槽系、孔系或专用工艺托盘。托盘上的夹具可以是专用夹具，也可以是通用夹具，实现不同零件加工的快速切换。

3）实现零件加工工艺优化。采用零点定位系统，可以实现工件定位和夹紧一体化，实现一次装夹，多工序集中加工，避免了换装夹具产生的定位误差，提高了加工精度。在一个托盘上安装不同的夹具或者不同的零件，使用同一把刀具加工几个工件的不同特征或者采用同一把刀具加工几个工件，减少换刀次数，提高了加工效率。

4）可实现夹具的模块化和标准化，节约夹具成本。

零点定位系统在加工机床、检测设备、自动化生产线、机器人末端抓取等方面得到广泛应用，如图 4-49 所示。

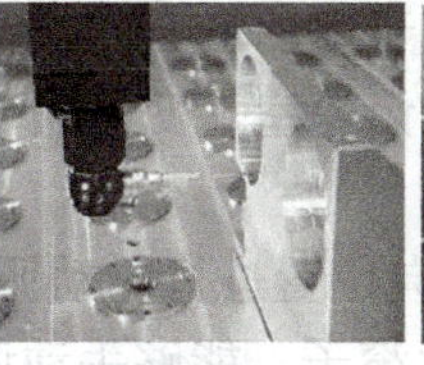
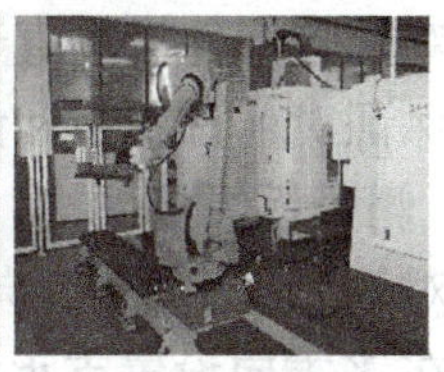

a) 铣床　b) 车床　c) 测量设备　d) 自动化生产线

图 4-49　零点定位系统的应用场景

4.4.2　智能夹具设计实例

以某装甲车体集成柔性焊接工装为例介绍智能夹具设计。装甲车体型号多，尺寸变化范围大，不同车型之间工装不能共用，导致车间内工装多，资源浪费；同时，由于焊接工艺基准与夹具定位基准不一致，产生定位误差，影响焊接精度，降低动力输出轴功率，影响装甲性能。因此，迫切需要设计集成的、柔性的车体焊接工装。

集成性要求新工装将车体前首各部件、底甲板总成、扭杆支架、侧甲板、诱导轮支架、后侧甲板等传动及车体关键部件的定位、夹紧、装配、焊接集成到统一平台，通过合理设计执行机构和控制系统软、硬件，实现所集成零部件定位、夹紧的过程自动化。柔性要求新工装适用于企业目前生产的所有主要车型，通过不同车型关键尺寸数据统计，借助三维建模及虚拟装配技术，校核运动关系，确保装备满足不同车型的使用要求，并实现输入车体型号后的一键式自动平台参数设定，自动调整工装满足车型生产。

1. 焊接工装功能要求

（1）底甲板焊接

1）利用底甲板压型设计工装对底甲板 X、Y 方向分别划中心线，底甲板 Y 方向中心线在 X 方向前后各一条。

2）以六孔同轴线为基准对底甲板前端 Y 方向中心线在 X 方向进行调整定位。

3）对整个底甲板在 X、Y 方向进行位置调整和定位，以保证底甲板 X、Y 方向的中心线在误差允许范围内，并在 Y 方向进行夹紧。

4）扭杆支架工装空运行一遍，对底甲板位置进行相应调整，以保证后续扭杆支架焊接。

5）在底甲板中间设有 Z 向支承装置，以避免焊接过程中引起的底甲板变形。

6）底甲板四周布有 Z 向的微调装置，以保证底甲板焊接。

（2）扭杆支架焊接

1）第一扭杆支架以六孔同轴线为基准进行 X、Y、Z 三个方向的调整定位。

2）后续扭杆支架按设计尺寸进行调整定位，误差由电动机及传动装置保证，保证扭杆支架的各项误差在允许范围内。

3）扭杆支架到位后允许在误差范围内进行微调。

（3）传动支架焊接

1）对齿轮室在 Y 方向进行位置调整和定位。

2）对前首部件在 X、Y 方向进行位置调整和定位。

3）对前首部件绕 Y 方向进行角度调整和定位。

4）对前首部件沿垂直于斜面的方向进行调整和定位。

5）保证对前首甲板和齿轮室、变速箱支架的定位焊接。

（4）侧甲板焊接

1）对侧甲板 Y、Z 方向位置进行电动调整和定位。

2）在 X 方向设置支承滚子，能够手动调整侧甲板 X 方向位置。

3）在 Y 方向利用顶杆及胀杆对侧甲板进行 Y 方向夹紧，以及部分位置微调，从而保证焊接。

4）保证侧甲板和底甲板的焊接。

5）保证侧甲板和前首的焊接。

（5）诱导轮支架总成焊接　诱导轮支架以齿轮室小孔的轴心为基准沿着 X、Y 和 Z 三个方向进行位置调整和定位。

2. 焊接工装总体设计方案

车体焊接工装设计方案如图 4-50 所示。工装平台能够实现包括车体前首部件、底甲板总成、扭杆支架、侧甲板、诱导轮支架、后侧甲板在内的整个车体的定位、夹紧及装配。过齿轮室小孔轴线的竖直面与平台上平面的交线作为 X 轴的定位基准。齿轮室工装实现齿轮室沿着 Y 轴方向的运动并对齿轮室夹紧。车型完成齿轮室工装定位后，将固定有变速箱支架的伸缩轴系统调整到缩回状态，并放置到齿轮室工装上，再将伸缩轴伸开，并通过齿轮室内侧的大孔作为轴向定位基准，实现伸缩轴与变速箱支架的夹紧与定位。为了保证在车体焊接过程中变速箱支架与齿轮室六孔同心的精度，减少因为焊接过程引起的相对位置改变，车体焊接过程中不拆除伸缩轴系统。在确保前首六孔同心后，前首甲板被吊装到相应位置，并通过平台左侧的斜支承固定其 X 轴方向位置，通过斜支承斜面上两侧的滑道定位其 Y 轴方向位置，并通过平台上电缸定位支承组件的向上运动，实现其下侧弧面与变速箱支架的配合、焊接。

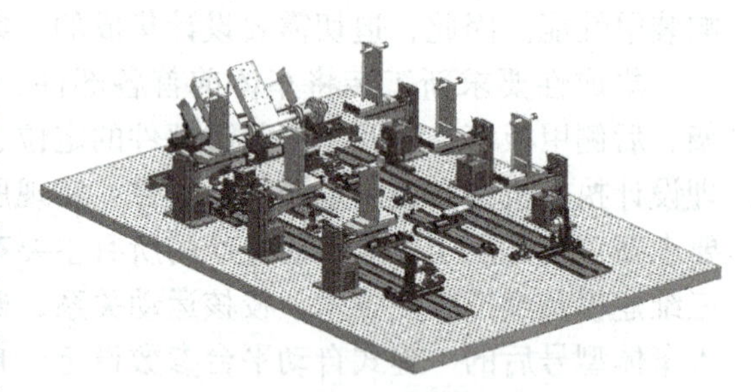

图 4-50　车体焊接工装设计方案

在完成车体前首部件的夹紧、定位、焊接后，底甲板被吊装到工装平台的四个 L 形支承上，通过四个 L 形支承的 X 和 Y 方向同步运动实现整个底甲板的支承、定位及夹紧，确保整个底甲板上与 X 轴平行的中心线与前侧甲板中心线的对齐。

两侧的扭杆支架工装带动扭杆支架空运行到各个扭杆支架的安装孔处，检验底甲板的定位位置是否合适，若不合适，则可通过手操盒进行微调。确认各个扭杆支架能按照定位要求安装到对应的孔后，底甲板定位完成，其与前首之间的电缸定位支承组件向下缩回，并用过渡板将前侧甲板与底甲板焊接成为一体。

最后，两侧甲板被吊装放置到侧甲板支承柱上，由于齿轮室的工装在整个焊接过程中不能取下，因此，两侧甲板需要从平台外侧向内运动实现其“葫芦”形缺口与齿轮室的装配。为了方便实现侧甲板沿 X 轴方向的运动，在侧甲板与支承柱接触的平面上加入圆柱滚子。为了满足不同车型不同尺寸侧甲板的柔性工装，定位侧甲板的两侧各三个支承立柱都可以实现 Y、Z 两个方向的调整运动。在侧甲板定位焊接完成后，第一扭杆支架被夹紧放置到侧甲板的扭杆支架孔内，并在定位完成后实现其与车体的焊接。

3. 焊接工装结构设计

（1）前首部件工装设计　如图 4-51 所示，传动支架总成焊接工装主要由齿轮室固定支承组件、前首定位支承组件、前首斜支承组件以及轴组件组成。其中，齿轮室固定支承组件的作用为对齿轮室的 X 方向位置及角度进行定位，夹紧固定齿轮室，实现齿轮室 Y 轴位置的调整。前首定位支承组件的作用为对前首三个方向进行定位，及对 Z 方向起支承作用，并实现前首在 X 轴方向位置限定以及 Z 轴方向的位置调整。前首斜支承座的作用为对前首斜面板进行支承，及对前首板进行导向。轴的作用主要为对减速器支架进行支承定位，保证齿轮室与减速器支架的同轴度。

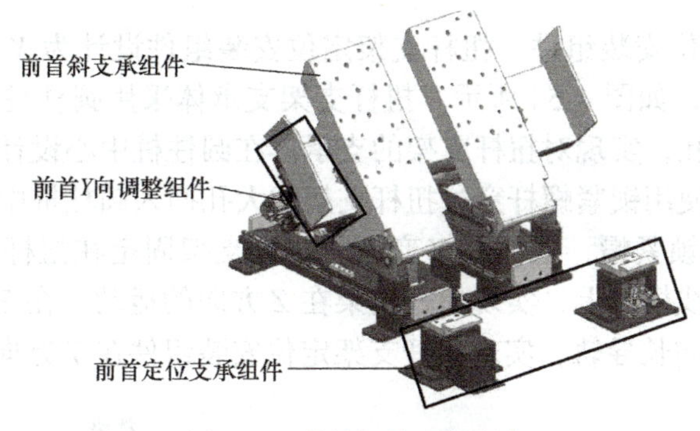

图 4-51　前首部件工装设计

（2）底甲板工装设计　如图 4-52 所示，底甲板夹紧定位组件能够实现底甲板在 X 方向及 Y 方向自由度运动。在将五块底甲板焊接为一个整体后，底甲板作为一个整体进入工装，由四个 L 形支架夹紧并定位。每个 L 形支架放置在直线模组上，实现在 Y 轴方向的运动；直线模组放置在大导轨滑块上，实现在 X 轴方向的运动。底甲板进入工装后，由 4 个 L 形支架从两侧在 Y 轴方向夹紧，采用定位装置使底甲板压型中心线与前首六孔同轴中心基准线对齐，确保底甲板在 Y 轴方向定位准确。然后，四个 L 形支架带动整块底甲板向前移动，直至第一块底甲板 Y 方向压型线与前首六孔同心轴符合指定尺寸，并通过最后一块底甲板压型线验证，确保底甲板在 X 轴方向定位准确。底甲板夹紧定位组件设计如图 4-53 所示。

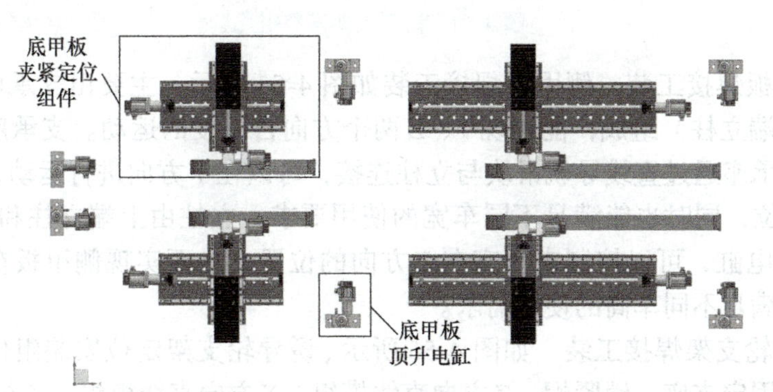

图 4-52　底甲板工装设计

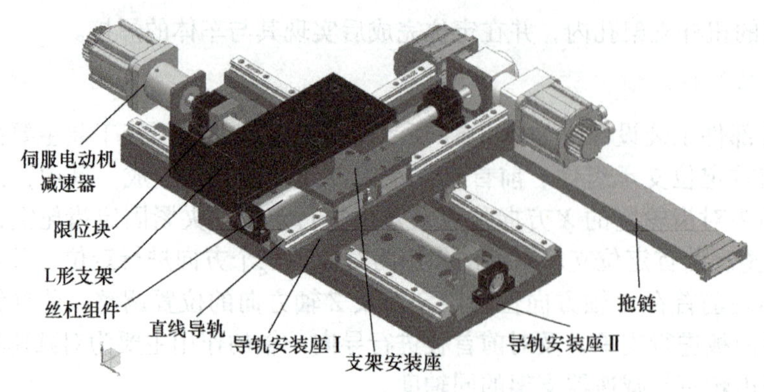

图 4-53　底甲板夹紧定位组件设计

（3）扭杆支架定位安装组件　扭杆支架定位安装组件设计为 *X*、*Y*、*Z* 三个方向均可运动的三自由度机构，如图 4-54 所示。扭杆支架支承体采用圆柱桩和菱形销分别支承扭杆支架的大孔的和小孔，实现对扭杆支架的支承。在圆柱桩中心设计螺纹孔，在扭杆支架放置到支承体上后，使用锁紧螺杆穿过扭杆支架的大孔插入圆柱桩中心的螺纹孔，然后在锁紧螺杆另一头拧上锁紧帽，从而在 *Y* 方向将扭杆支架固定在扭杆支架支承体上。扭杆支架安装在 *Z* 方向直线模组上，实现扭杆支架在 *Z* 方向的运动。在 *Z* 方向模组下布置有 *Y* 方向直线模组和 *X* 方向长导轨，实现扭杆支架定位安装组件在 *Y* 方向和 *X* 方向的运动。

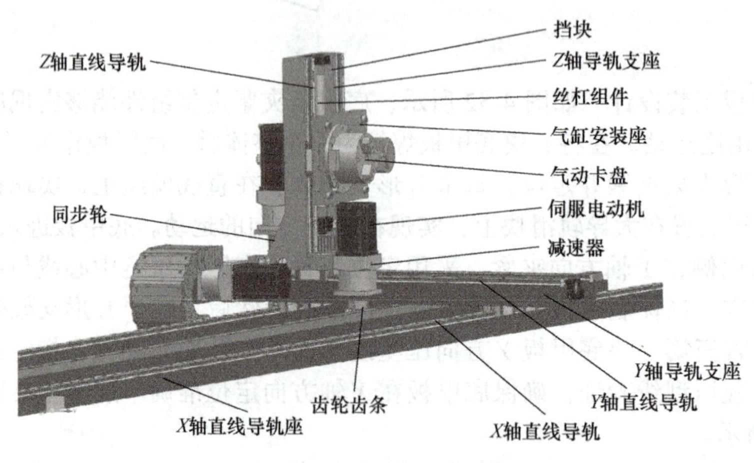

图 4-54　扭杆支架安装组件

（4）侧甲板焊接工装　侧甲板焊接工装如图 4-55 所示，主要由支承座、立柱（包括上端立柱和下端立柱）组成，能实现 *Y*、*Z* 两个方向自由度的运动。支承座用于支承和定位侧甲板，支承座通过直线导轨滑块与立柱连接，可以在 *Y* 方向进行运动，可以对侧甲板 *Y* 方向进行定位，同时也能满足不同车宽的使用要求。立柱由上端立柱和下端立柱组成，中间连有伺服电缸，可以控制支承座在 *Z* 方向的位置，从而实现侧甲板在 *Z* 轴方向的定位，同时也能满足不同车高的使用需求。

（5）诱导轮支架焊接工装　如图 4-56 所示，诱导轮支架定位安装组件主要由诱导轮支架支承座、固定支座、锁紧帽、*Z* 方向直线模组、*Y* 方向直线模组、*Y* 方向箱式导轨、*X* 方向大导轨组成，可实现诱导轮支架支承座在 *X*、*Y*、*Z* 三个方向运动。

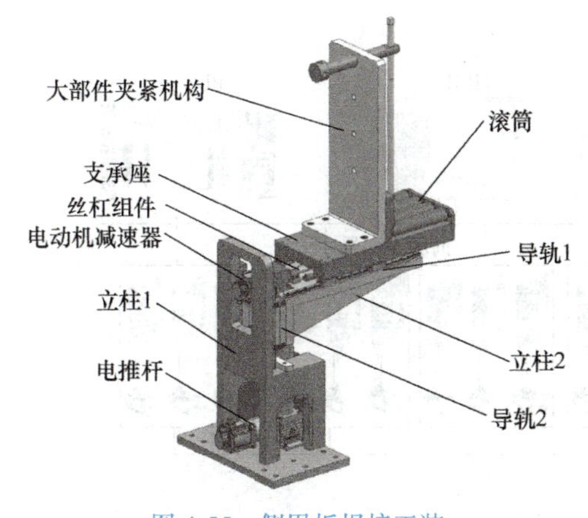

图 4-55　侧甲板焊接工装

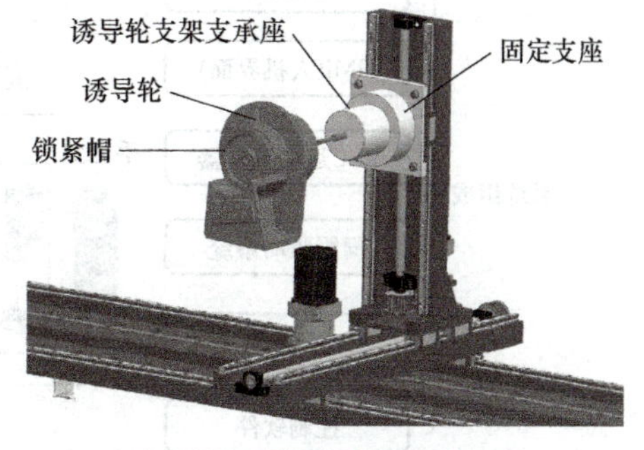

图 4-56　诱导轮支架焊接工装

诱导轮支架支承座使用圆柱桩支承座导轮支架中心圆孔。诱导轮支架支承座通过安装板安装在 Z 方向直线模组上，Z 方向直线模组固定安装在固定支座上。每个固定支座下面分别放置一个 Y 方向直线模组和一个 Y 方向箱式导轨，使固定立座实现 Y 方向运动。安装诱导轮支架时，首先将诱导轮支架支承座运动到车体指定诱导轮安装的 X 方向和 Z 方向位置，然后固定立座沿 Y 方向由车体外侧向车体内侧运动至诱导轮支架安装位置。诱导轮支架从车体内部放置到诱导轮支架支承座上，并在另一侧拧上锁紧帽，完成诱导轮支架的安装。

4. 焊接工装控制系统设计

装甲车体焊接工装的控制系统主要是将车体前首各部件、底甲板总成、扭杆支架、侧甲板、诱导轮支架、后侧甲板等传动及车体关键部件的定位、夹紧、装配、焊接集成到统一平台，通过合理设计执行机构和控制系统软、硬件，实现所集成零部件定位、夹紧的过程自动化。通过实现工装平台的自动运动控制和手动调整控制，可以实现对各个部件的定位和夹紧，便于后续焊接工序。建立车型数据库，将车型对应的结构参数实现输入到数据库中，在焊接时选择该车型，可以实现工装控制参数的一键式自动载入。

（1）焊接工装控制系统组成　在整个系统上电后，在软件中选择某一车型，各个工装运动部件按照先后顺序自动运动到与该车型各个部件几何参数所对应的位置；当车体的零部件安装到位后，再通过手操盒实现对各个工装运动部件的手动微调实现定位夹紧。装甲车体工装自动化控制系统的功能主要由硬件和软件两大部分实现，如图 4-57 所示。

（2）控制系统软件　软件分为主从两级，主机和从机中运行的软件功能及各个功能之间的关系如图 4-58 所示。HMI 上实现的主要功能分为四个方面：设置工装平台控制参数、控制各部件运行、监控各部件运行状态、记录工装过程数据。公共机（PC）上实现的功能包括记录工装过程数据和处理工装过程数据。PLC 上实现的功能主要包括在 PLC 中定义伺服轴、在 NC（数字控制）中配置伺服轴、向各个伺服轴发送命令和从各个伺服轴反馈位置等。HMI 根据设置的工装平台控制参数，生成控制命令，经过 HMI 和 PLC 之间的接口发送到 PLC 中，由 PLC 实现对相应伺服轴的控制。同时，伺服轴的运动位置、速度、电流等状态由该接口实时反馈到 HMI 中。

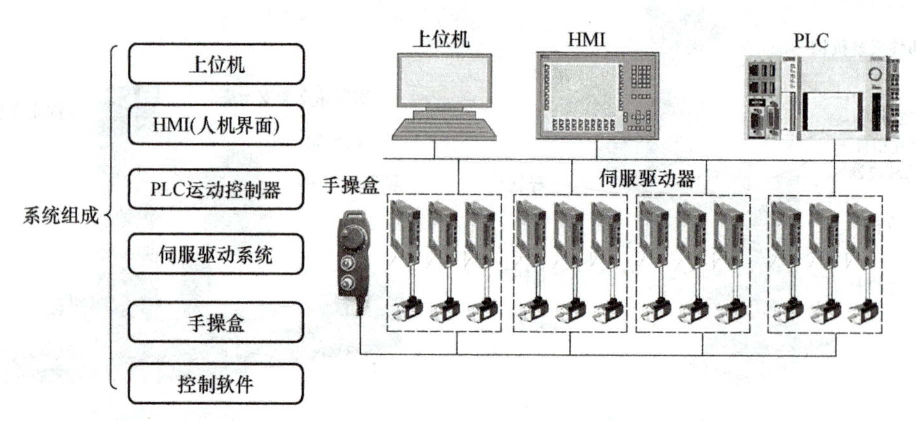

图 4-57　焊接工装控制系统组成

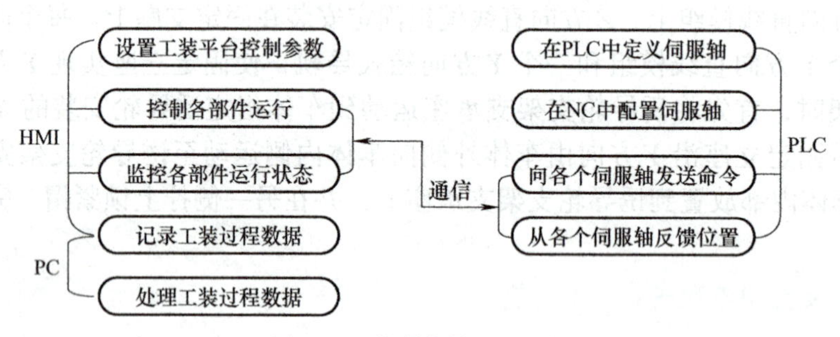

图 4-58　控制软件主要功能

上位机 HMI 运行于昆仑通态触摸屏中，按照模块化设计分为车型选择模块、装配模式选择模块、前首工装自动运行模块、前首工装手动运行模块、底甲板工装自动运行模块、底甲板工装手动运行模块、侧甲板工装自动运行模块、侧甲板工装手动运行模块、扭杆支架工装自动运行模块、扭杆支架工装手动运行模块、诱导轮支架工装自动运行模块、诱导轮支架工装手动运行模块、车型参数修改模块等。图 4-59 所示为车型选择模块，图 4-60 所示为前首工装自动运行模块。

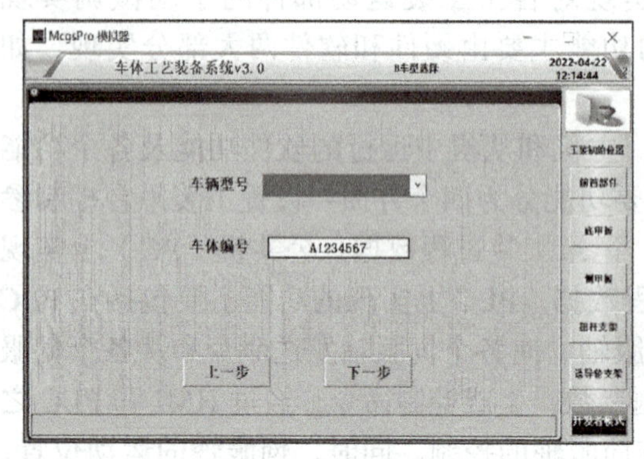

图 4-59　车型选择模块

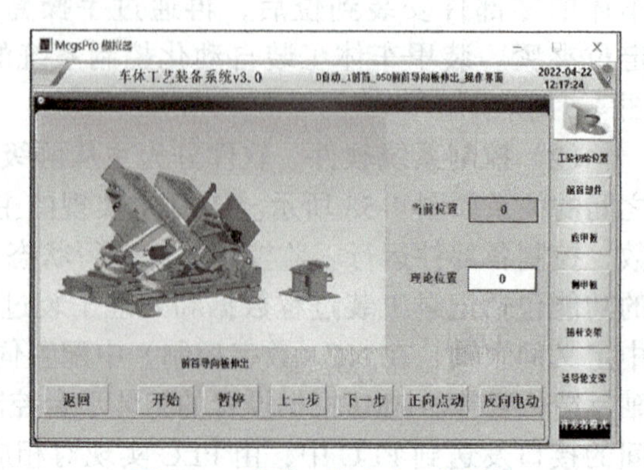

图 4-60　前首工装自动运行模块

习题与思考题

4-1　定位与夹紧的区别是什么？

4-2　何为六点定位原理？

4-3　什么叫完全定位、不完全定位、过定位、欠定位？

4-4　确定夹具的定位方案时，需要考虑哪些方面的要求？

4-5　何谓定位误差？定位误差是由哪些因素引起的？

4-6　设计夹紧机构时，对夹紧力的三要素有何要求？

4-7　何谓可调整夹具？调整方式有几种？可调整夹具适用于何种场合？

4-8　如图 4-61 所示，工件以 d_1 外圆定位，V 形块角度为 90°，加工 ϕ10H8 孔。求加工尺寸（40 ± 0.15）mm 的定位误差。已知：

$$d_1=\phi 30_{-0.01}^{\ 0}\text{mm},\ d_2=\phi 55_{-0.056}^{-0.010}\text{mm}$$

$$H=(40\pm 0.15)\text{mm},\ t=\phi 0.03\text{mm}$$

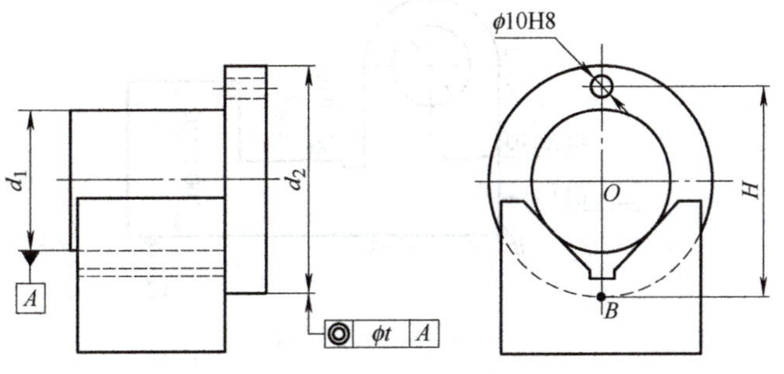

图 4-61　题 4-8 图

4-9　图 4-62a 所示的夹具用于三通管中心 O 处加工一孔，应保证孔轴线与管轴线 OX、OZ 垂直相交；图 4-62b 所示为车床夹具，应保证外圆与内孔同轴；图 4-62c 所示为车阶梯轴；图 4-62d 所示为在圆盘零件上钻孔，应保证孔与外圆同轴；图 4-62e 所示用于钻铰连杆小头孔，应保证大、小头孔的中心距精度和两孔的平行度。试分析图 4-62 中各图的定位方案，指出各定位元件所限制的自由度，判断有无欠定位或过定位，对方案中不合理处提出改进意见。

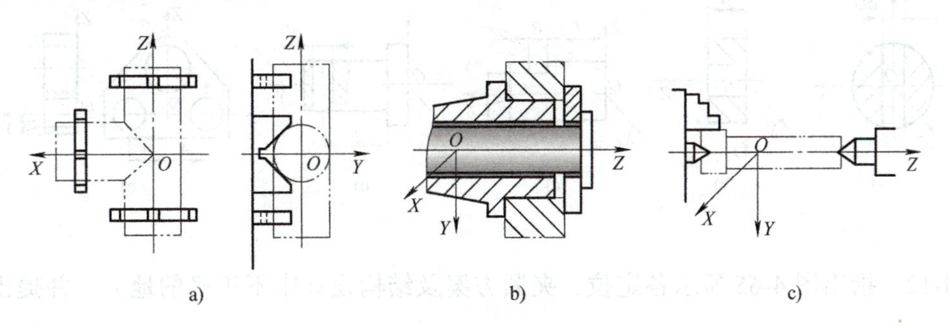

图 4-62　题 4-9 图

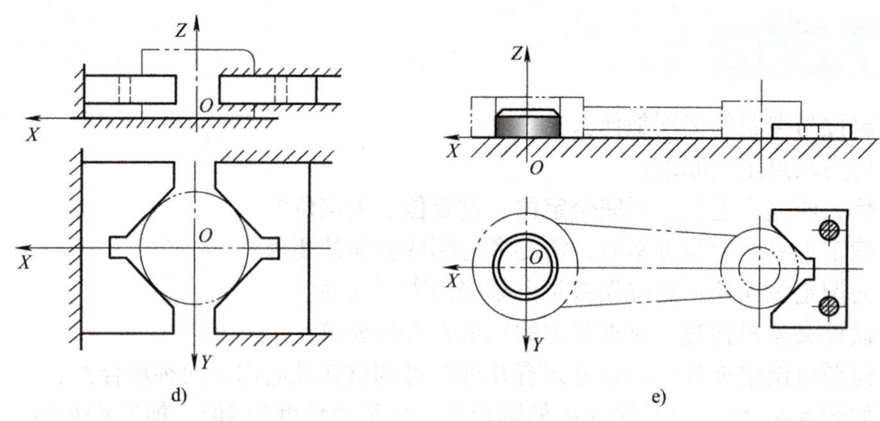

图 4-62　题 4-9 图（续）

4-10　图 4-63 所示为镗削 ϕ30H7 孔时的定位，试计算定位误差。

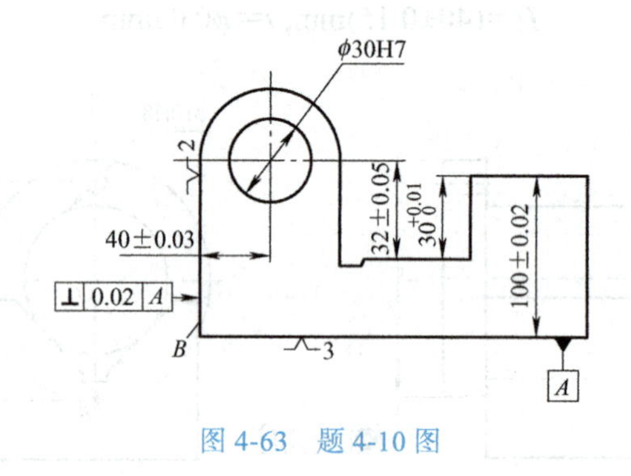

图 4-63　题 4-10 图

4-11　图 4-64a 所示为过工件球心钻孔；图 4-64b 所示为加工齿环两端面，要求保证尺寸 A 及两端面与孔的垂直度；图 4-64c 所示为在小轴上铣槽，要求保证尺寸 H 和 L；图 4-64d 所示为过轴心钻通孔，要求保证尺寸 L；图 4-64e 所示为在支座零件上加工两孔，要求保证尺寸 A 和 H。试分析图 4-64 中所列加工零件必须限制的自由度；选择定位基准和定位元件，在图中示意画出；确定夹紧力的作用点和方向，在图中示意画出。

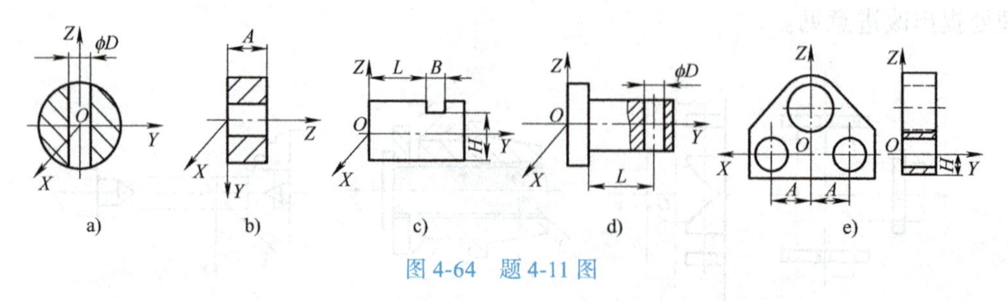

图 4-64　题 4-11 图

4-12　指出图 4-65 所示各定位、夹紧方案及结构设计中不正确的地方，并提出改进意见。

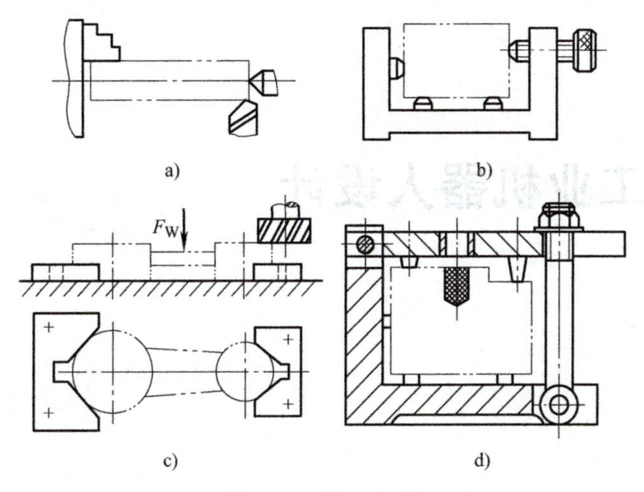

图 4-65　题 4-12 图

4-13　图 4-66b 所示的钻模用于加工图 4-66a 所示工件的两个 $\phi 8^{+0.036}_{0}$ 孔。试指出该钻模设计中的不当之处，并提出改进意见。

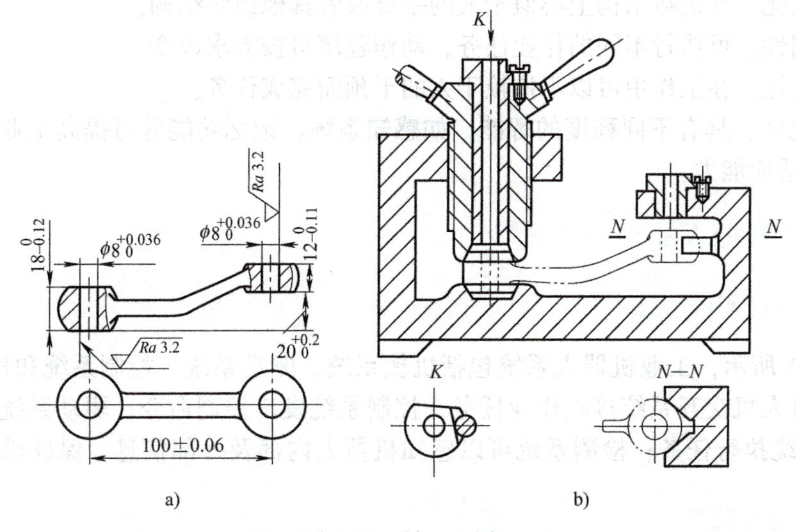

图 4-66　题 4-13 图

第 5 章　工业机器人设计

5.1　概述

工业机器人是实现数字化转型和智能制造的重要载体。它是一种能自动控制，可重复编程，具有多功能、多自由度的操作机。工业机器人具有以下特点：

1）拟人化。在机械结构上类似于人的手臂或者其他组织结构。

2）通用性。可执行不同的作业任务，动作程序可按需求改变。

3）独立性。在工作中可以不依赖于人的干预而完成任务。

4）智能性。具有不同程度的智能，如感知系统、记忆功能等可提高工业机器人对周围环境的自适应能力。

5.1.1　工业机器人的结构及分类

1. 工业机器人的结构

如图 5-1 所示，工业机器人系统包括机械系统、驱动系统、控制系统和检测系统等。机器人[⊖]通过人机交互系统接收作业任务，控制系统发出控制命令；驱动系统接收命令后驱动机械系统执行任务；检测系统可以感知机器人内部及外部信息，保证机器人的正确作业。

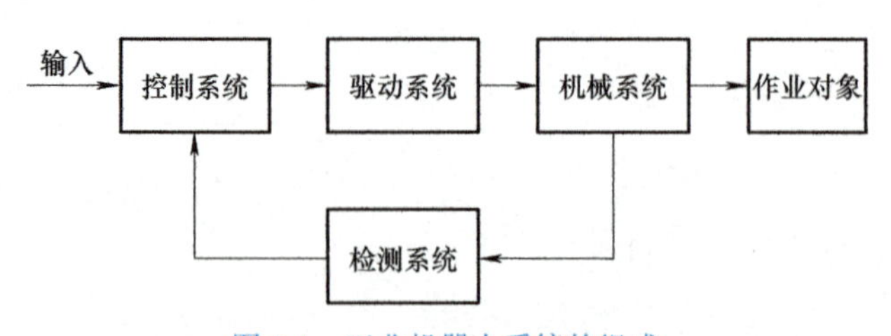

图 5-1　工业机器人系统的组成

1）控制系统。该系统的任务是根据机器人的作业指令及从传感器反馈回来的信号，控制机器人的执行机构，使其完成规定的运动和操作。如果机器人不具备信息反馈环节，则该控制系统称为开环控制系统；如果机器人具备信息反馈特征，则该控制系统称为闭环

⊖ 指工业机器人，全书同。

控制系统。控制系统由硬件和软件组成，软件主要由人机交互系统和控制算法等组成。

2）驱动系统。该系统主要指机械系统的动力装置。根据动力源的不同，驱动系统可分为电气、液压和气压等驱动方式，以及把它们结合起来应用的综合驱动方式。

3）机械系统。该系统包括机身、臂部、手腕、末端操作器、行走机构等部分，每一部分都有若干自由度，构成一个多自由度的机械系统。若机器人具备行走机构，则构成行走机器人；若机器人不具备行走机构，则构成固定式机器人。末端操作器是装在手腕上的一个重要部件，它可以是两手指或多手指的手爪，也可以是喷涂枪、焊枪等作业工具。

4）检测系统。该系统由内部传感器和外部传感器等组成，其作用是获取机器人内部和外部环境信息，并把这些信息反馈给控制系统。内部状态传感器用于检测各关节的位置、速度等信息。外部状态传感器用于检测机器人与周围环境之间的一些状态信息，如距离、接近程度和接触情况等，用于引导机器人，便于其识别物体并做出相应处理。

2. 工业机器人的分类

（1）按照坐标形式分类　机器人机身、臂部、手腕和末端操作器等通过一系列关节顺序串联而成，关节决定两相邻部件之间的连接关系，称为运动副。机器人常用的两种关节是移动关节和转动关节。

机器人操作臂的关节通常为单自由度主动运动副，即每一个关节均由一个驱动器驱动。机器人臂部关节的种类决定了操作臂工作空间的形式。按照臂部关节沿坐标轴的运动形式，即按移动和转动的不同组合，可将机器人分为直角坐标型、圆柱坐标型、球（极）坐标型、关节坐标型和平面关节型等五种类型。机器人的结构形式由用途决定，即由所完成工作的性质选取。

1）直角坐标型机器人。直角坐标型机器人如图 5-2a 所示，其 3 个关节都是移动关节，关节轴线之间相互垂直，相当于笛卡儿坐标系的 X 轴、Y 轴和 Z 轴。其优点是刚度好、位置精度高、运动学求解简单、控制无耦合，大多做成大型龙门式或框架式结构；但其结构较庞大、动作范围小、灵活性差，并且占地面积较大。因其稳定性好，适用于大负载搬运作业。

2）圆柱坐标型机器人。圆柱坐标型机器人具有 2 个移动关节和 1 个转动关节，如图 5-2b 所示。其特点是位置精度高、运动直观、控制方便、结构简单、占地面积小和价格低廉，因此应用广泛。

3）球（极）坐标型机器人。球坐标型机器人具有 1 个移动关节和 2 个转动关节，如图 5-2c 所示。其优点是结构紧凑、动作灵活、占地面积小，但其结构复杂。

4）关节坐标型机器人。关节坐标型机器人由立柱、大臂和小臂组成。其具有拟人的机械结构，即大臂与立柱构成肩关节，大臂与小臂构成肘关节，具有 3 个转动关节，如图 5-2d 所示。

5）平面关节型机器人。该机器人有 3 个转动关节，其轴线相互平行，可在平面内进行定位和定向，如图 5-2e 所示。手腕中心的位置由 2 个转动关节及 1 个移动关节来决定，手爪的方向由转动关节的角度来决定。该类机器人的特点是在垂直平面内具有很好的刚度，在水平面内具有较好的柔顺性。

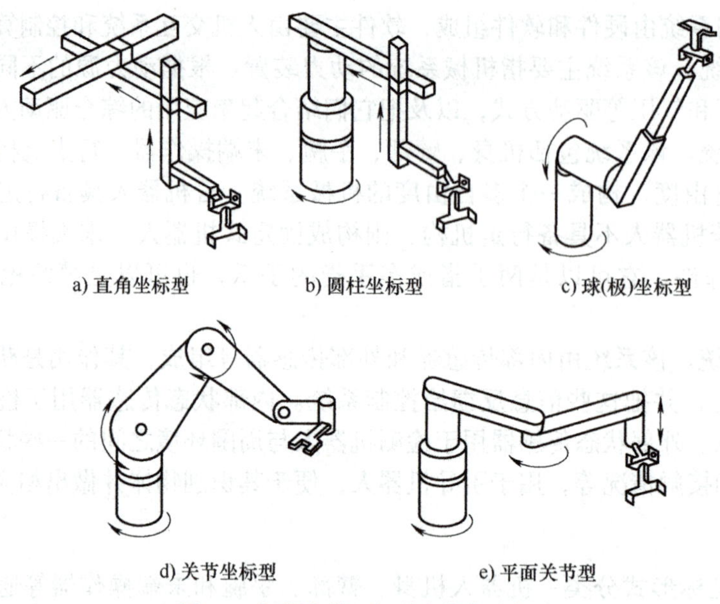

图 5-2　机器人按坐标形式分类示意图

（2）按照用途分类

1）焊接机器人。在汽车制造行业中焊接机器人得到广泛应用，分为弧焊机器人和点焊机器人两种。

2）搬运机器人。搬运机器人在各个行业都得到应用，对其运动轨迹要求不高，但对搬运起点和终点的位置及姿态要求严格。

3）喷涂机器人。喷涂机器人用于喷漆作业，在汽车生产中应用广泛。

4）装配机器人。装配机器人多用于机电产品的装配作业，要求手腕具有较好的柔性、位置精度较高，速度快。

（3）按照控制方式分类　按控制方式机器人可分为操作机器人、程序机器人、示教再现机器人、智能机器人和综合机器人。

（4）按照驱动方式分类

1）气动式机器人。机器人的动力来源于压缩空气，气缸作为执行机构。优点是气源方便、动作迅速、结构简单。

2）液动式机器人。机器人动力源为液压缸或液压马达，相对气动式机器人，液动式机器人有较大的抓举力。

3）电动式机器人。电力驱动的驱动力大，控制方式灵活，应用最为广泛。

5.1.2　工业机器人的主要特性表示方法

1. 关节和连杆

关节即运动副，是允许工业机器人机械臂各零件之间发生相对运动的机构，是两构件直接接触并能产生相对运动的可动连接。

连杆是机器人机械臂上相邻两关节之间连接部分，保持了关节间固定关系。

2. 坐标系

机器人坐标系采用笛卡儿右手坐标系。关节坐标系是设定在机器人关节中的坐标系，如图 5-3 所示。在关节坐标系中，机器人各轴可实现单独正向或反向运动。世界坐标系是机器人系统的绝对坐标系，建立在固定机身或工作站上。基坐标系是机器人工具和工件坐标系的参照基础，是机器人示教与编程时使用的坐标系。工具坐标系是用来定义工具中心点的位置和工具姿态的坐标系。

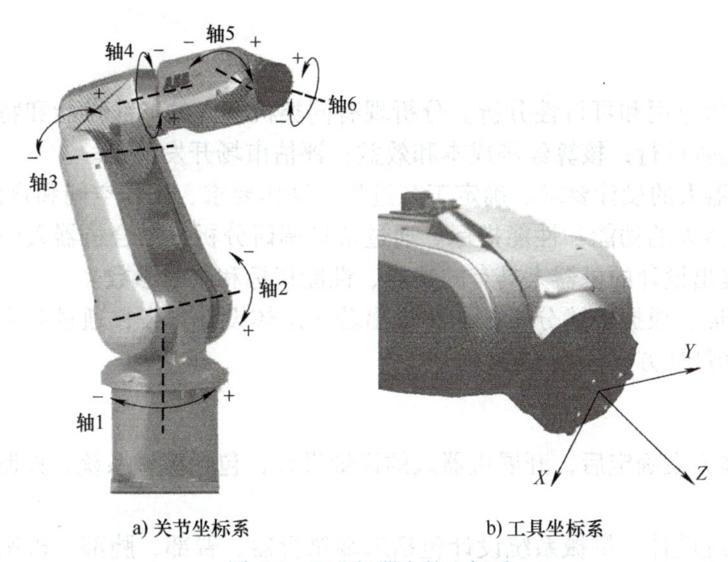

图 5-3　工业机器人的坐标系

3. 自由度

机器人的自由度是机器人相对坐标系能够进行独立运动的数目，不包括末端执行器的动作，自由度越多，通用性越好；但是自由度越多，结构越复杂。

采用空间开链连杆机构的机器人每个关节仅有一个自由度，其自由度数就等于它的关节数。从运动学上分析，具有 6 个旋转关节的开链式机器人能以最小的结构尺寸获得最大的工作空间，且位置精度高。因此，关节机器人在工业领域得到了广泛应用。

4. 机器人的技术参数

（1）额定负载　额定负载也称为有效负荷，是在正常作业条件下，机器人在规定性能范围内，手腕末端所能承受的最大载荷。

（2）工作空间　工作空间是机器人作业时，手腕参考中心所能到达的空间区域。工作空间的形状和大小反映了机器人工作能力的大小。它不仅与机器人各连杆的尺寸有关，还与机器人的总体结构有关。由于末端执行器的形状和尺寸是多种多样的，为真实反映机器人的特征参数，机器人工作空间一般是指不安装末端执行器时可以达到的区域。

（3）分辨率　分辨率是机器人每根轴能够实现的最小移动距离或最小转动角度，由系统设计参数决定，并受到位置反馈检测单元性能的影响。

（4）工作精度

1）定位精度。定位精度是机器人的末端执行器实际到达位置与目标位置之间的差距。

2）重复定位精度。重复定位精度是在相同的运动命令下，机器人多次定位其末端执行器于同一目标位置的偏离程度，以实际位置值的最大偏差来表示。

（5）最大工作速度　最大工作速度是在机器人各轴联动的情况下，机器人手腕中心所能达到的最大线速度。最大工作速度越高，工作效率就越高。

5.1.3　工业机器人总体设计

1. 总体方案设计

1）机器人的应用和可行性分析。分析现有同类机器人的产品性能和特点，论证技术上是否先进，是否可行；核算经济成本和效益；评估市场开发前景。

2）明确机器人的设计要求。确定工艺过程、动作要求、工作空间和自由度等。

3）明确机器人的功能和性能指标。通过市场调研分析，结合机器人的工作条件和功能要求，明确提出设计的机器人具有的功能、性能指标和技术参数。

4）方案论证。根据上述分析，初步提出若干总体设计方案，通过对生产工艺、技术和价值分析选择最佳方案。

2. 子系统设计

机器人总体方案确定后，开展机器人的详细设计，包括机械系统、控制系统、检测系统等。

1）机械系统设计。机械系统设计包括末端执行器、臂部、腕部、机座和行走机构等设计。

2）控制系统设计。根据总体功能要求，选择合适的控制方案。然后，选择和设计控制系统硬件和软件。

5.2　工业机器人运动功能设计

5.2.1　工业机器人的位姿描述

机器人操作臂由一系列连杆和运动副组成，可以实现复杂的运动，完成规定的操作。在描述机器人位置和姿态时，首先建立坐标系，在该坐标系中，机器人位姿可用齐次变换来描述。在位姿控制中，首先要描述各连杆的位置，为此，需要先定义一个固定坐标系。一旦建立了坐标系，就能用一个 3×1 的位置矢量对坐标系中的任何一点进行定位。在直角坐标系中，空间任一点 P 的位置可用 3×1 的位置矢量 $\boldsymbol{p}$ 表示

$$\boldsymbol{p}=\begin{pmatrix} a_x \\ b_y \\ c_z \end{pmatrix} \tag{5-1}$$

其中，a_x、b_y、c_z 是点 P 的三个位置坐标分量。

为了描述空间物体的姿态，需在物体上建立一个坐标系，并且给出此坐标系相对于参考坐标系的表达。在图 5-4 中，已知坐标系 $\{B\}$ 以某种方式固定在刚体 B 上，则 $\{B\}$ 相对于固定参考坐标系 $\{A\}$ 的描述，可以表示出物体相对固定参考坐标系 $\{A\}$ 的姿态。

点的位置可用矢量描述。同样，物体的姿态可用固定在物体上的坐标系来描述。设 $\{B\}$ 中的单位主矢量为 $\boldsymbol{n}$、$\boldsymbol{o}$、$\boldsymbol{a}$，当用坐标系 $\{A\}$ 的坐标来表达时，它们写成 ${}^A\boldsymbol{n}$、${}^A\boldsymbol{o}$、${}^A\boldsymbol{a}$。则这三个单位矢量可排列组成一个 3×3 矩阵，称这个矩阵为旋转矩阵，用符号 ${}^A_B\boldsymbol{R}$ 来表示

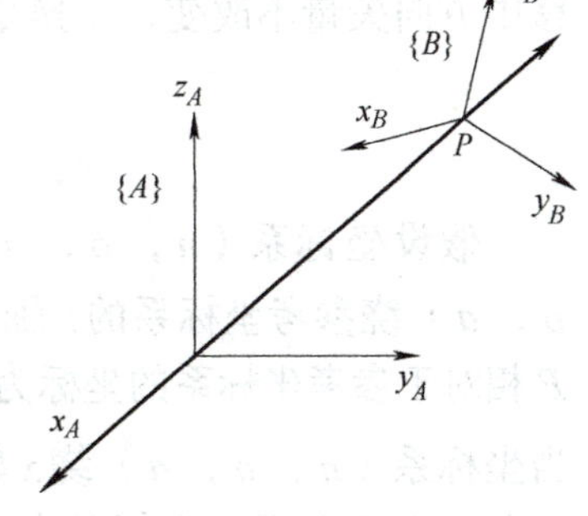

图 5-4　物体姿态的描述

$$
{}^A_B\boldsymbol{R}=\begin{pmatrix}{}^A\boldsymbol{n} & {}^A\boldsymbol{o} & {}^A\boldsymbol{a}\end{pmatrix}=\begin{pmatrix}n_x & o_x & a_x\\ n_y & o_y & a_y\\ n_z & o_z & a_z\end{pmatrix} \tag{5-2}
$$

旋转矩阵 ${}^A_B\boldsymbol{R}$ 是单位正交的，并且 ${}^A_B\boldsymbol{R}$ 的逆与它的转置相同，其行列式的值等于 1，即 ${}^A_B\boldsymbol{R}^{-1}={}^A_B\boldsymbol{R}^T$ 且 $\left|{}^A_B\boldsymbol{R}\right|=1$。

在运动学分析中，经常用到的旋转变换矩阵是绕 x 轴、绕 y 轴或绕 z 轴旋转某一角度 θ 的变换矩阵，分别可以用式（5-3）～式（5-5）表示

$$
\boldsymbol{R}(x,\theta)=\begin{pmatrix}1 & 0 & 0\\ 0 & \cos\theta & -\sin\theta\\ 0 & \sin\theta & \cos\theta\end{pmatrix} \tag{5-3}
$$

$$
\boldsymbol{R}(y,\theta)=\begin{pmatrix}\cos\theta & 0 & \sin\theta\\ 0 & 1 & 0\\ -\sin\theta & 0 & \cos\theta\end{pmatrix} \tag{5-4}
$$

$$
\boldsymbol{R}(z,\theta)=\begin{pmatrix}\cos\theta & -\sin\theta & 0\\ \sin\theta & \cos\theta & 0\\ 0 & 0 & 1\end{pmatrix} \tag{5-5}
$$

相对参考坐标系 $\{A\}$ 用位置矢量 $\boldsymbol{p}$ 来描述坐标系 $\{B\}$ 原点的位置，而用旋转矢量 ${}^A_B\boldsymbol{R}$ 来描述坐标系 $\{B\}$ 的姿态，因此坐标系 $\{B\}$ 可由 $\boldsymbol{p}$ 和 ${}^A_B\boldsymbol{R}$ 来描述

$$
\{B\}=({}^A_B\boldsymbol{R},\boldsymbol{p}) \tag{5-6}
$$

矩阵 $[{}^A_B\boldsymbol{R},\boldsymbol{p}]$ 本身是非齐次的，为了方便位姿矩阵在坐标转换中的计算，可以采用齐次方阵来描述刚体 B 在坐标系 $\{A\}$ 中的位姿，表示为

$$
{}^A\boldsymbol{T}_B=\begin{pmatrix}{}^A_B\boldsymbol{R} & \boldsymbol{p}\\ 0 & 1\end{pmatrix} \tag{5-7}
$$

如果坐标系在空间中以不变的姿态运动，那么该坐标系就是做平移运动。在这种情况下，它的方向单位矢量保持同一方向不变，改变的只是坐标系原点相对于参考坐标系的变

化。相对于参考坐标系的新坐标系的位置可以用原来坐标系的原点位置矢量加上表示位移的矢量求得。若用矩阵形式表示，新坐标系可以通过坐标系左乘变换矩阵得到。由于在平移中方向矢量不改变，变换矩阵 $\boldsymbol{T}$ 可以表示为平移算子 Trans($\boldsymbol{p}$)，即

$$\mathrm{Trans}(\boldsymbol{p})=\begin{pmatrix}\boldsymbol{I}_{3\times3} & \boldsymbol{p}\\ 0 & 1\end{pmatrix} \tag{5-8}$$

假设坐标系（n，o，a）初始位置和参考坐标系（x，y，z）重合，坐标系（n，o，a）绕参考坐标系的 x 轴旋转一个角度 θ；再假设旋转坐标系（n，o，a）上有一点 P 相对于参考坐标系的坐标为（P_x，P_y，P_z），相对于运动坐标系的坐标为（P_n，P_o，P_a）。当坐标系（n，o，a）绕 x 轴旋转时，该坐标系上的点 P 也随坐标系一起旋转。在旋转之前，点 P 在两个坐标系中的坐标是相同的。旋转后，该点坐标（P_n，P_o，P_a）在旋转坐标系（x，y，z）中保持不变，但在参考坐标系中（P_x，P_y，P_z）却改变了。为了得到在参考坐标系中的坐标，旋转坐标系中点 P 的坐标通过左乘旋转矩阵得到，表示为

$$\mathrm{Rot}(K,\theta)=\begin{pmatrix}{}^{A}_{B}\boldsymbol{R}(K,\theta) & 0\\ 0 & 1\end{pmatrix} \tag{5-9}$$

式中，$\mathrm{Rot}(K,\theta)$ 为旋转算子；K 为源旋转轴；θ 为旋转角度。

齐次变换矩阵可用这两种算子表示，即

$${}^{A}\boldsymbol{T}_{B}=\mathrm{Trans}(\boldsymbol{p})\,\mathrm{Rot}(K,\theta) \tag{5-10}$$

5.2.2 工业机器人的运动学方程

机器人运动学包括正向运动学和逆向运动学。正向运动学即给定机器人各关节变量，计算机器人末端的位置姿态。逆向运动学即已知机器人末端的位置姿态，计算机器人各关节变量的值。一般情况下，正向运动学的解是唯一的，而逆向运动学往往有多个解。

给每个关节定义一个参考坐标系，然后确定从一个关节到下一个关节进行变换的步骤。如果从基座到第一个关节，再从第一个关节到第二个关节，直至最后一个关节的所有变换结合起来，就得到了机器人的总变换矩阵。多自由度机器人的位姿分析通常采用 D–H 参数法。

图 5-5a 中表示了三个关节，每个关节可以是转动或平移的。第一个关节定义为关节 n，第二个关节为 $n+1$，第三个关节为 $n+2$。连杆也如此定义，连杆 n 位于关节 n 与关节 $n+1$ 之间，连杆 $n+1$ 位于关节 $n+1$ 与关节 $n+2$ 之间。在图 5-5a 中，θ 角表示绕 z 轴的旋转角；a 表示每一条公垂线的长度（即为连杆长度）；d 表示在 z 轴上两条相邻的公垂线之间的距离（即为连杆间距离）；角 α 表示两个相邻 z 轴之间的角度（也称为连杆扭角）。因此，每个连杆可由四个参数来描述，其中 a 和角 α 是连杆尺寸参数，另两个参数表示连杆与相邻连杆的连接关系。当连杆 n 旋转时，θ_n 随之改变，为关节变量，其他三个参数不变；当连杆进行平移运动时，d_n 随之改变，为关节变量，其他三个参数不变。因此，只有 θ 和 d 是关节变量。在确定了连杆的运动类型，同时根据关节变量，即可设计关节运动副，从而进行整个机器人的结构设计。如果已知各个关节变量的值，便可从基座固定坐标系通过连杆坐标系的传递，推导出手部坐标系的位姿。

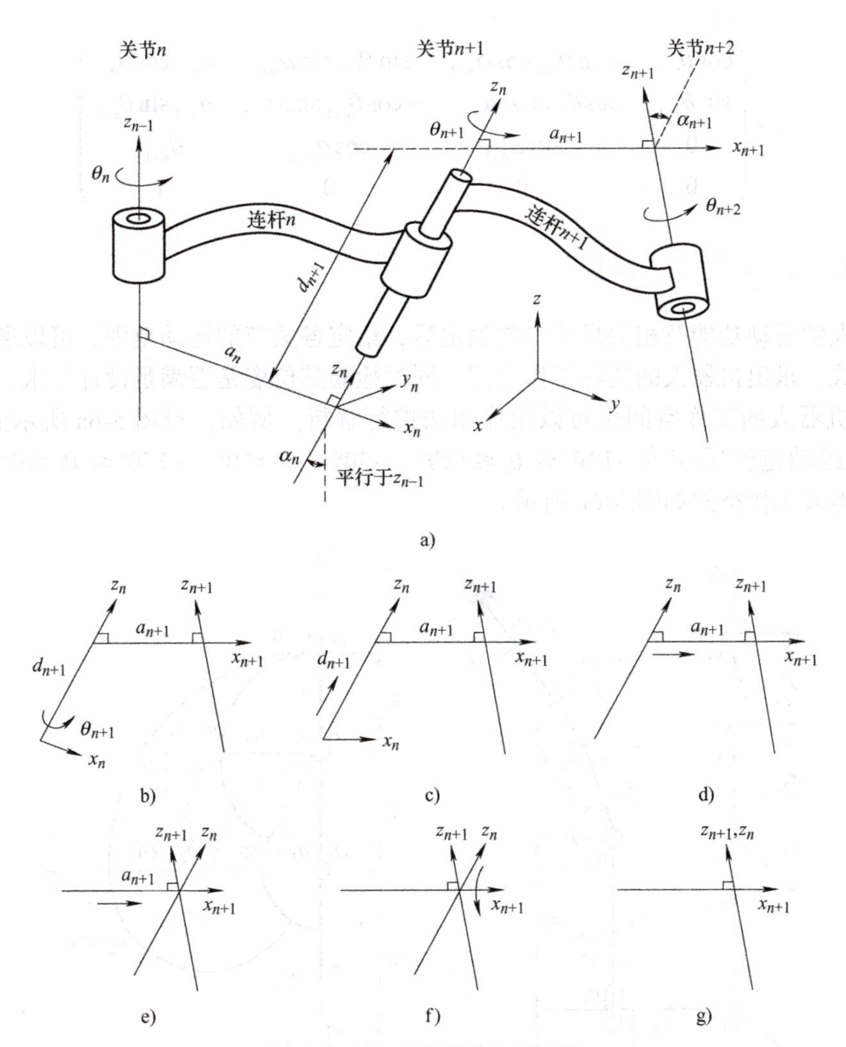

图 5-5　连杆坐标系建立示意图

假设，现在位于本地坐标系 { $x_n - z_n$ }，将一个参考坐标系变换到下一个参考坐标系，那么通过以下四步可到达下一个本地坐标系 { $x_{n+1} - z_{n+1}$ }。

1）绕 z_n 轴旋转 θ_{n+1} 角（见图 5-5a、b），使得 x_n 和 x_{n+1} 互相平行。因为 a_n 和 a_{n+1} 都是垂直于 z_n 轴的，因此绕 z_n 轴旋转 θ_{n+1} 使它们平行。

2）沿 z_n 轴平移 d_{n+1} 距离，使得 x_n 和 x_{n+1} 共线（见图 5-5c）。因为 x_n 和 x_{n+1} 已经平行并且垂直于 z_n，沿着 z_n 移动则可使它们互相重叠在一起。

3）沿 x_n 轴平移 a_{n+1} 距离，使得 x_n 和 x_{n+1} 的原点重合（见图 5-5d、e）。这使得两个参考坐标系的原点处在同一位置。

4）将 z_n 轴绕 x_{n+1} 轴旋转 α_{n+1}，使得 z_n 轴与 z_{n+1} 轴在同一直线上（见图 5-5f）。这时坐标系 $\{n\}$ 和 $\{n+1\}$ 完全重合（见图 5-5g）。

通过上述变换步骤，可以得到总变换矩阵 $\boldsymbol{A}_{n+1}$。由于所有的变换都是相对于当前坐标系的，因此所有的矩阵都是右乘，得到齐次变换矩阵为

$$ {}^{n}\boldsymbol{T}_{n+1} = \boldsymbol{A}_{n+1} = \mathrm{Rot}(z,\theta_{n+1})\mathrm{Trans}(0,0,d_{n+1})\,\mathrm{Trans}(a_{n+1},0,0)\mathrm{Rot}(x,\alpha_{n+1}) $$

$$
=\begin{pmatrix}
\cos\theta_{n+1} & -\sin\theta_{n+1}\cos\alpha_{n+1} & \sin\theta_{n+1}\sin\alpha_{n+1} & a_{n+1}\cos\theta_{n+1} \\
\sin\theta_{n+1} & \cos\theta_{n+1}\cos\alpha_{n+1} & -\cos\theta_{n+1}\sin\alpha_{n+1} & a_{n+1}\sin\theta_{n+1} \\
0 & \sin\alpha_{n+1} & \cos\alpha_{n+1} & d_{n+1} \\
0 & 0 & 0 & 1
\end{pmatrix} \tag{5-11}
$$

5.2.3 工业机器人的工作空间分析

机器人的运动功能及相关尺寸参数确定后，给定各关节的运动范围，可以通过解位姿运动方程式，求出机器人的实际工作空间，同时检验其位姿是否满足设计要求。

此外机器人的工作空间也可以用作图法进行解析。例如，对图 5-6a 所示的机器人，若其关节运动范围限定为 $-120°\leqslant\theta_1\leqslant 120°$，$-90°\leqslant\theta_2\leqslant 0°$，$-150°\leqslant\theta_3\leqslant 0°$，则用作图法可求得其工作空间如图 5-6b 所示。

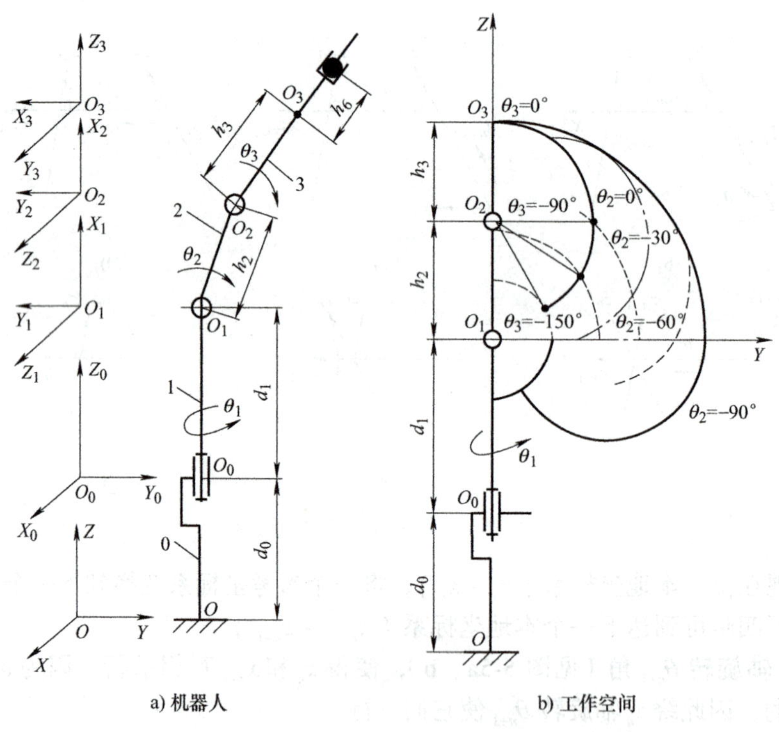

图 5-6 工作空间的图解法

5.2.4 工业机器人的轨迹规划

机器人轨迹是指操作臂在运动过程中的位移、速度和加速度。路径是机器人位姿的一定序列，而不考虑机器人位姿参数随时间变化的因素。如图 5-7 所示，如果机器人从点 A 运动到点 B，再到点 C，那么这中间位姿序列就构成了一条路径。而轨迹则与何时到达路径中的每个部分有关，强调的是时间。因此，

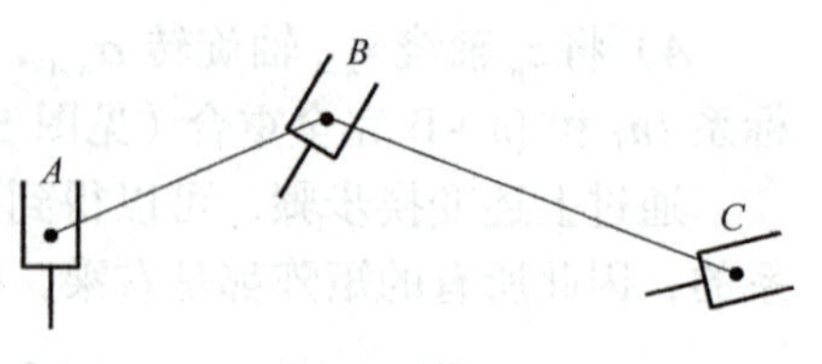

图 5-7 机器人轨迹图

图 5-7 中不论机器人何时到达点 B 和点 C，其路径一样，而轨迹则依赖于速度和加速度，如果机器人抵达点 B 和点 C 的时间不同，则相应的轨迹也不同。

轨迹规划是指根据作业任务要求确定轨迹参数并实时计算和生成运动轨迹。轨迹规划需要解决以下三个问题：

1）对机器人的任务进行描述，即运动轨迹的描述。

2）根据已经确定的轨迹参数，在计算机上模拟所要求的轨迹。

3）对轨迹进行计算，即在运行时间内按一定的速率计算出位置、速度和加速度，从而生成运动轨迹。

在轨迹规划中，不仅要规定机器人的起始点和终止点，而且要给出中间点（路径点）的位姿及路径点之间的时间分配，即给出两个路径点之间的运动时间。

轨迹规划可在关节空间中进行，即将所有的关节变量表示为时间的函数，用其一阶、二阶导数描述机器人的预期动作，也可在直角坐标空间中进行，即将手部位姿参数表示为时间的函数，而相应的关节位置、速度和加速度由手部位姿导出。

5.2.5　工业机器人的速度和加速度

1. 速度定义

以图 5-8 所示两自由度平面关节型工业机器人为例，其端点位置 x 、y 与关节变量 θ_1 、θ_2 的关系为

$$\begin{cases} x = x(\theta_1, \theta_2) \\ y = y(\theta_1, \theta_2) \end{cases} \tag{5-12}$$

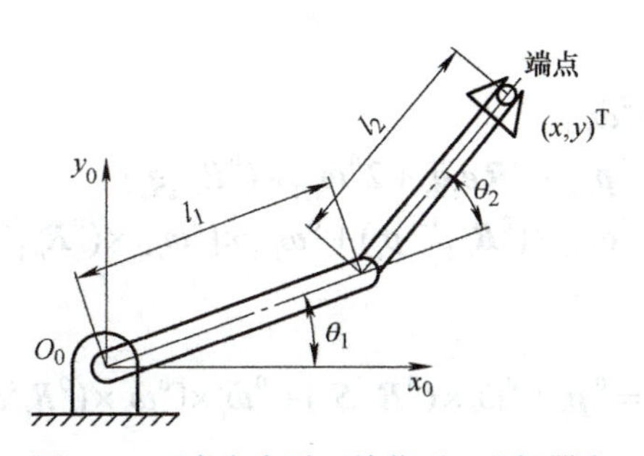

图 5-8　两自由度平面关节型工业机器人

对式（5-12）微分，得

$$\begin{cases} \mathrm{d}x = \dfrac{\partial x}{\partial \theta_1}\mathrm{d}\theta_1 + \dfrac{\partial x}{\partial \theta_2}\mathrm{d}\theta_2 \\ \mathrm{d}y = \dfrac{\partial y}{\partial \theta_1}\mathrm{d}\theta_1 + \dfrac{\partial y}{\partial \theta_2}\mathrm{d}\theta_2 \end{cases} \tag{5-13}$$

将其写成矩阵形式为

$$\begin{pmatrix} \mathrm{d}x \\ \mathrm{d}y \end{pmatrix} = \begin{pmatrix} \dfrac{\partial x}{\partial \theta_1} & \dfrac{\partial x}{\partial \theta_2} \\ \dfrac{\partial y}{\partial \theta_1} & \dfrac{\partial y}{\partial \theta_2} \end{pmatrix} \begin{pmatrix} \mathrm{d}\theta_1 \\ \mathrm{d}\theta_2 \end{pmatrix} \tag{5-14}$$

令雅可比矩阵 $\boldsymbol{J}$ 为

$$\boldsymbol{J} = \begin{pmatrix} \dfrac{\partial x}{\partial \theta_1} & \dfrac{\partial x}{\partial \theta_2} \\ \dfrac{\partial y}{\partial \theta_1} & \dfrac{\partial y}{\partial \theta_2} \end{pmatrix} \tag{5-15}$$

式（5-14）可简写为

$$\mathrm{d}\boldsymbol{X} = \boldsymbol{J}\mathrm{d}\boldsymbol{\theta} \tag{5-16}$$

式中，$\mathrm{d}\boldsymbol{X} = \begin{pmatrix} \mathrm{d}x \\ \mathrm{d}y \end{pmatrix}$；$\mathrm{d}\boldsymbol{\theta} = \begin{pmatrix} \mathrm{d}\theta_1 \\ \mathrm{d}\theta_2 \end{pmatrix}$。

$\boldsymbol{J}$ 为图 5-8 所示的两自由度平面关节型工业机器人的速度雅可比矩阵，它反映了关节空间微小运动 $\mathrm{d}\boldsymbol{\theta}$ 与手部作业空间微小位移 $\mathrm{d}\boldsymbol{X}$ 之间的关系。

2. 加速度定义

对于回转关节，有

$$\begin{gathered} {}^0\dot{\boldsymbol{\omega}}_i = {}^0\dot{\boldsymbol{\omega}}_{i-1} + {}^0\boldsymbol{R}_i e_z \dot{\boldsymbol{q}}_i + {}^0\dot{\boldsymbol{\omega}}_{i-1} \times ({}^0\boldsymbol{R}_i e_z \ddot{\boldsymbol{q}}_i) \\ {}^0\ddot{\boldsymbol{p}}_i = {}^0\ddot{\boldsymbol{p}}_{i-1} + {}^0\dot{\boldsymbol{a}}_{i-1} \times ({}^0\boldsymbol{R}_{i-1}{}^{i-1}\boldsymbol{p}_i) + {}^0\boldsymbol{\omega}_{i-1} \times [{}^0\boldsymbol{\omega}_{i-1} \times ({}^0\boldsymbol{R}_{i-1}{}^{i-1}\boldsymbol{p}_i)] \end{gathered} \tag{5-17}$$

对于移动关节，有

$$\begin{aligned} {}^0\dot{\boldsymbol{\omega}}_i &= {}^0\dot{\boldsymbol{\omega}}_{i-1} \\ {}^0\dot{\boldsymbol{p}}_i &= {}^0\ddot{\boldsymbol{p}}_{i-1} + {}^0\boldsymbol{R}_i e_z \ddot{\boldsymbol{q}}_i + 2\,{}^0\dot{\boldsymbol{\omega}}_{i-1} \times ({}^0\boldsymbol{R}_i e_z \dot{\boldsymbol{q}}_i) + \\ &\quad {}^0\dot{\boldsymbol{\omega}}_{i-1} \times ({}^0\boldsymbol{R}_{i-1}{}^{i-1}\boldsymbol{p}_i) + {}^0\dot{\boldsymbol{\omega}}_{i-1} \times [{}^0\boldsymbol{\omega}_{i-1} \times ({}^0\boldsymbol{R}_{i-1}{}^{i-1}\boldsymbol{p}_i)] \end{aligned} \tag{5-18}$$

则质心加速度为

$${}^0\ddot{\boldsymbol{S}}_i = {}^0\ddot{\boldsymbol{p}}_i + {}^0\dot{\boldsymbol{\omega}}_i \times ({}^0\boldsymbol{R}_i{}^i\boldsymbol{S}_i) + {}^0\dot{\boldsymbol{\omega}}_i \times [{}^0\dot{\boldsymbol{\omega}}_i \times ({}^0\boldsymbol{R}_i{}^i\boldsymbol{S}_i)] \tag{5-19}$$

式中，${}^0\boldsymbol{S}_i$ 表示第 i 杆质心的加速度在 $\Sigma 0$ 中度量；${}^i\boldsymbol{S}_i$ 表示第 i 杆质心到 Σi 坐标原点的矢量在 Σi 中度量。加速度用于机器人动力学分析。

5.2.6 工业机器人的静力学与动力学

1. 静力学分析

以操作臂中单个杆件为例分析受力情况，如图 5-9 所示，杆 i 通过关节 i 和 $i+1$ 分别与杆 $i-1$ 和杆 $i+1$ 相连接。两个坐标系 $\{i-1\}$ 和 $\{i\}$ 如图 5-9 所示。

$\boldsymbol{f}_{i-1,i}$ 及 $\boldsymbol{M}_{i-1,i}$ 分别表示杆 $i-1$ 通过关节 i 作用在杆 i 上的力和力矩。

$\boldsymbol{f}_{i,i+1}$ 及 $\boldsymbol{M}_{i,i+1}$ 分别表示杆 i 通过关节 $i+1$ 作用在杆 $i+1$ 上的力和力矩。

$-\boldsymbol{f}_{i,i+1}$ 及 $-\boldsymbol{M}_{i,i+1}$ 分别表示杆 $i+1$ 通过关节 $i+1$ 作用在杆 i 上的反作用力和反作用力矩。

$\boldsymbol{f}_{n,n+1}$ 及 $\boldsymbol{M}_{n,n+1}$ 分别表示工业机器人手部端点对外界环境的作用力和力矩。

$-\boldsymbol{f}_{n,n+1}$ 及 $-\boldsymbol{M}_{n,n+1}$ 分别表示外界环境对工业机器人手部端点的作用力和力矩。

$\boldsymbol{f}_{0,1}$ 及 $\boldsymbol{M}_{0,1}$ 分别表示工业机器人底座对杆 1 的作用力和力矩。

$m_i g$ 表示连杆 i 的重量作用在质心 C_i 上。

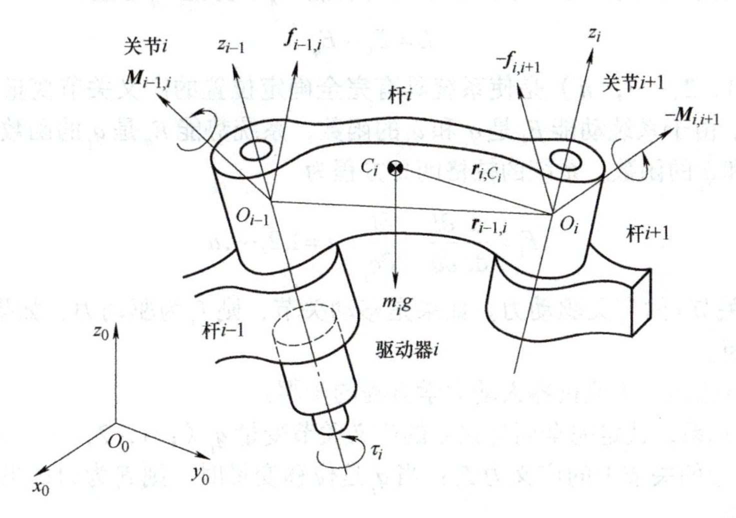

图 5-9　杆 i 上的力和力矩

连杆 i 的静力学平衡条件为其上所受的合力和合力矩为零，因此力和力矩平衡方程式为

$$\boldsymbol{f}_{i-1,i}+(-\boldsymbol{f}_{i,i+1})+m_i g=0 \tag{5-20}$$

$$\boldsymbol{M}_{i-1,i}+(-\boldsymbol{M}_{i,i+1})+(\boldsymbol{r}_{i-1,i}+\boldsymbol{r}_{i,C_i})\boldsymbol{f}_{i-1,i}+(\boldsymbol{r}_{i,C_i})(-\boldsymbol{f}_{i,i+1})=0 \tag{5-21}$$

式中，$\boldsymbol{r}_{i-1,i}$ 为坐标系 $\{i\}$ 的原点相对于坐标系 $\{i-1\}$ 的位置矢量；$\boldsymbol{r}_{i,C_i}$ 为质心相对于坐标系 $\{i\}$ 的位置矢量。

假如已知外界环境对工业机器人最末端的作用力和力矩，那么可以由最后一个连杆向第零号连杆（机座）依次递推，从而计算出每个连杆上的受力情况。

为了便于表示机器人手部端点对外界环境的作用力和力矩（简称端点力 $\boldsymbol{F}$），可将 $\boldsymbol{f}_{n,n+1}$ 和 $\boldsymbol{M}_{n,n+1}$ 合并写成一个 6 维矢量

$$\boldsymbol{F}=\begin{pmatrix}\boldsymbol{f}_{n,n+1}\\ \boldsymbol{M}_{n,n+1}\end{pmatrix} \tag{5-22}$$

各关节驱动器的驱动力或力矩可写成一个 n 维矢量的形式，即

$$\boldsymbol{\tau}=\begin{pmatrix}\tau_1\\ \tau_2\\ \vdots\\ \tau_n\end{pmatrix} \tag{5-23}$$

式中，n 为关节的个数；$\boldsymbol{\tau}$ 为关节力矩（或关节力）矢量，简称广义关节力矩，对于转动关节，τ_i 表示关节驱动力矩，对于移动关节，τ_i 表示关节驱动力。

2. 动力学分析

分析机器人动力学的方法有：牛顿－欧拉方法、拉格朗日法、高斯法、凯恩法和旋量对偶数方法等。常用牛顿－欧拉方法和拉格朗日法。

拉格朗日函数 L 的定义是一个机械系统的动能 E_k 和势能 E_q 之差，即

$$L = E_k - E_q \tag{5-24}$$

令 q_i（i =1，2，…，n）是使系统具有完全确定位置的广义关节变量，$\dot{q}_i$ 是相应的广义关节速度。由于系统动能 E_k 是 q_i 和 $\dot{q}_i$ 的函数，系统势能 E_q 是 q_i 的函数，因此拉格朗日函数也是 q_i 和 $\dot{q}_i$ 的函数。系统的拉格朗日方程为

$$F_i = \frac{\mathrm{d}}{\mathrm{d}t}\frac{\partial L}{\partial \dot{q}_i} - \frac{\partial L}{\partial q_i},\ i = 1,2,\cdots,n \tag{5-25}$$

式中，F_i 称为关节 i 的广义驱动力。如果是移动关节，则 F_i 为驱动力；如果是转动关节，则 F_i 为驱动力矩。

用拉格朗日法建立工业机器人动力学方程的步骤：

1）选取坐标系，选定完全而且独立的广义关节变量 q_i（i=1，2，…，n）。

2）选定相应的关节上的广义力 F_i：当 q_i 是位移变量时，则 F_i 为力；当 q_i 是角度变量时，则 F_i 为力矩。

3）求出工业机器人各构件的动能和势能，构造拉格朗日函数。

4）代入拉格朗日方程求得工业机器人系统的动力学方程。

5.2.7 工业机器人的运动与动力学设计举例

1. 运动学实例

对四自由度机器人 SCARA 的正 / 逆运动学分析。如图 5-10 所示，建立 SCARA 型机器人的坐标系：

1）z_n 轴沿着第 n 个关节的运动轴基坐标系的选择为：当第一关节变量为零时，{0} 坐标系与 {1} 坐标系重合。

2）x_n 轴垂直于 z_n 轴并指向离开 z_n 轴的方向。

3）y_n 轴的方向按右手定则确定。

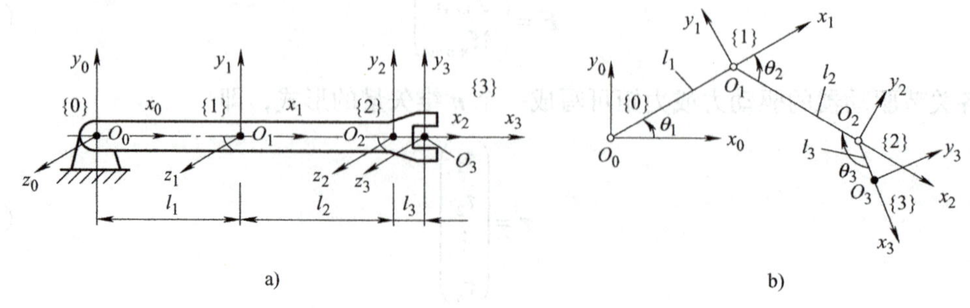

图 5-10 SCARA 型机器人的坐标系

θ_n、d_n 为关节变量。按照下列顺序来建立相邻两连杆 $n-1$ 和 n 之间的相对关系：①绕 x_{n-1} 轴转 α_{n-1} 角；②沿 x_{n-1} 轴移动 a_{n-1}；③绕 z_n 轴转 θ_n 角；④沿 z_n 轴移动 d_n。这种关系可由表示连杆 n 对连杆 $n-1$ 的相对位置齐次变换矩阵 ${}^{n-1}\boldsymbol{T}_n$ 来表征，即

$$
{}^{n-1}\boldsymbol{T}_n=\boldsymbol{T}_r(x_{n-1},\alpha_{n-1})\boldsymbol{T}_t(x_{n-1},a_{n-1})\boldsymbol{T}_r(z_n,\theta_n)\boldsymbol{T}_t(z_n,d_n) \tag{5-26}
$$

由于 ${}^{n-1}\boldsymbol{T}_n$ 描述第 n 个连杆相对于第 $n-1$ 个连杆的位姿，对于 SCARA 机器人，机器人末端装置即为连杆 4 的坐标系，它与基座的关系为

$$
{}^{0}\boldsymbol{T}_4={}^{0}\boldsymbol{T}_1{}^{1}\boldsymbol{T}_2{}^{2}\boldsymbol{T}_3{}^{3}\boldsymbol{T}_4
$$

如图 5-10 所示的坐标系，可写出连杆 n 相对于连杆 $n-1$ 的变换矩阵 ${}^{n-1}\boldsymbol{T}_n$：

$$
{}^{0}\boldsymbol{T}_1=\begin{pmatrix}\cos\theta_1 & -\sin\theta_1 & 0 & 0\\ \sin\theta_1 & \cos\theta_1 & 0 & 0\\ 0 & 0 & 1 & 0\\ 0 & 0 & 0 & 1\end{pmatrix},\ {}^{1}\boldsymbol{T}_2=\begin{pmatrix}\cos\theta_2 & -\sin\theta_2 & 0 & l_1\\ \sin\theta_2 & \cos\theta_2 & 0 & 0\\ 0 & 0 & 1 & 0\\ 0 & 0 & 0 & 1\end{pmatrix}
$$

$$
{}^{2}\boldsymbol{T}_3=\begin{pmatrix}1 & 0 & 0 & l_2\\ 0 & 1 & 0 & 0\\ 0 & 0 & 1 & -d_3\\ 0 & 0 & 0 & 1\end{pmatrix},\ {}^{3}\boldsymbol{T}_4=\begin{pmatrix}\cos\theta_4 & -\sin\theta_4 & 0 & 0\\ \sin\theta_4 & \cos\theta_4 & 1 & 0\\ 0 & 0 & 1 & 0\\ 0 & 0 & 0 & 1\end{pmatrix}
$$

（1）正运动学分析　各连杆变换矩阵相乘，可得到 SCARA 机器人末端执行器的位姿方程为

$$
{}^{0}\boldsymbol{T}_4={}^{0}\boldsymbol{T}_1(\theta_1){}^{1}\boldsymbol{T}_2(\theta_2){}^{2}\boldsymbol{T}_3(d_3){}^{3}\boldsymbol{T}_4(\theta_4)=
$$

$$
\begin{pmatrix}\cos\theta_1\cos\theta_2\cos\theta_4-\sin\theta_1\sin\theta_2\sin\theta_4-\cos\theta_1\sin\theta_2\sin\theta_4-\sin\theta_1\cos\theta_2\sin\theta_4\\ \sin\theta_1\cos\theta_2\cos\theta_4+\cos\theta_1\sin\theta_2\cos\theta_4-\sin\theta_1\sin\theta_2\sin\theta_4+\cos\theta_1\cos\theta_2\sin\theta_4\\ 0\\ 0\end{pmatrix}
$$

$$
\begin{pmatrix}-\cos\theta_1\cos\theta_2\sin\theta_4+\sin\theta_1\sin\theta_2\sin\theta_4-\cos\theta_1\sin\theta_2\sin\theta_4-\sin\theta_1\cos\theta_2\cos\theta_4\\ -\sin\theta_1\cos\theta_2\sin\theta_4-\cos\theta_1\sin\theta_2\sin\theta_4-\sin\theta_1\sin\theta_2\sin\theta_4+\cos\theta_1\cos\theta_2\cos\theta_4\\ 0\\ 0\end{pmatrix}
$$

$$
\begin{pmatrix}0 & \cos\theta_1\cos\theta_2 l_2-\sin\theta_1\sin\theta_2 l_2+\cos\theta_1 l_1\\ 0 & \sin\theta_1\cos\theta_2 l_2+\cos\theta_1\sin\theta_2 l_2+\sin\theta_1 l_1\\ 1 & -d_3\\ 0 & 0\end{pmatrix} \tag{5-27}
$$

式（5-27）表示了 SCARA 手臂变换矩阵 ${}^{0}\boldsymbol{T}_4$，描述了末端连杆坐标系 {4} 相对基坐标系 {0} 的位姿。

（2）逆运动学分析　求关节变量 θ_1。为了分离变量，对式（5-27）的两边同时左乘

${}^{0}\boldsymbol{T}_1^{-1}(\theta_1)$得

$$
{}^{0}\boldsymbol{T}_1^{-1}(\theta_1){}^{0}\boldsymbol{T}_4 = {}^{1}\boldsymbol{T}_2(\theta_2){}^{2}\boldsymbol{T}_3(d_3){}^{3}\boldsymbol{T}_4(\theta_4)
$$

即

$$
\begin{pmatrix} \cos\theta_1 & -\sin\theta_1 & 0 & 0 \\ -\sin\theta_1 & \cos\theta_1 & 0 & 0 \\ 0 & 0 & 1 & 0 \\ 0 & 0 & 0 & 1 \end{pmatrix}\begin{pmatrix} n_x & o_x & a_x & p_x \\ n_y & o_y & a_y & p_y \\ n_z & o_z & a_z & p_z \\ 0 & 0 & 0 & 1 \end{pmatrix} =
$$

$$
\begin{pmatrix} \cos\theta_2\cos\theta_4 - \sin\theta_2\sin\theta_4 & -\cos\theta_2\sin\theta_4 - \sin\theta_2\cos\theta_4 & 0 & \cos\theta_2 l_2 + l_1 \\ \sin\theta_2\cos\theta_4 + \cos\theta_2\sin\theta_4 & -\sin\theta_2\sin\theta_4 + \cos\theta_2\cos\theta_4 & 0 & \sin\theta_2 l_2 \\ 0 & 0 & 1 & -d_3 \\ 0 & 0 & 0 & 0 \end{pmatrix}
$$

左右矩阵中的元素（1，4）和元素（2，4）分别相等，即

$$
\begin{cases} p_x\cos\theta_1 - p_y\sin\theta_1 = l_2\cos\theta_2 + l_1 \\ -p_x\sin\theta_1 + p_y\cos\theta_1 = l_2\sin\theta_2 \end{cases} \tag{5-28}
$$

由以上两式联立可得

$$
\theta_1 = \arctan\left(\frac{\pm\sqrt{1-A^2}}{A}\right) + \varphi \tag{5-29}
$$

其中，$A = \dfrac{l_1^2 - l_2^2 + p_x^2 + p_y^2}{2l_1\sqrt{p_x^2 + p_y^2}}$；$\varphi = \arctan\dfrac{p_y}{p_x}$。同理，可求出$\theta_2$、$d_3$、$\theta_4$。

2. 动力学实例

如图 5-11 所示，以两自由度平面关节型机器人为例进行动力学分析，并利用拉格朗日方法建立动力学方程。

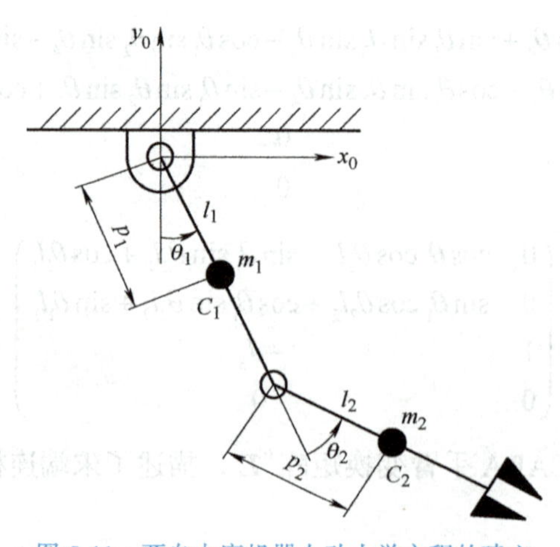

图 5-11　两自由度机器人动力学方程的建立

杆 1 质心 C_1 的位置坐标为

$$\begin{cases} x_1 = p_1\sin\theta_1 \\ y_1 = -p_1\cos\theta_1 \end{cases}$$

杆 1 质心 C_1 的速度平方为

$$\dot{x}_1^2 + \dot{y}_1^2 = \left(p_1\dot{\theta}_1\right)^2$$

杆 2 质心 C_2 的位置坐标为

$$\begin{cases} x_2 = l_1\sin\theta_1 + p_2\sin(\theta_1 + \theta_2) \\ y_2 = -l_1\cos\theta_1 - p_2\cos(\theta_1 + \theta_2) \end{cases}$$

$$\begin{cases} \dot{x}_2 = l_1\cos\theta_1\dot{\theta}_1 + p_2\cos(\theta_1 + \theta_2)(\dot{\theta}_1 + \dot{\theta}_2) \\ \dot{y}_2 = l_1\sin\theta_1\dot{\theta}_1 + p_2\sin(\theta_1 + \theta_2)(\dot{\theta}_1 + \dot{\theta}_2) \end{cases}$$

杆 2 质心 C_2 的速度平方为

$$\dot{x}_2^2 + \dot{y}_2^2 = l_1^2\dot{\theta}_1^2 + p_2^2(\dot{\theta}_1 + \dot{\theta}_2)^2 + 2l_1p_2(\dot{\theta}_1^2 + \dot{\theta}_1\dot{\theta}_2)\cos\theta_2$$

系统动能为

$$E_{k1} = \frac{1}{2}m_1p_1^2\dot{\theta}_1^2$$

$$E_{k2} = \frac{1}{2}m_2l_1^2\dot{\theta}_1^2 + \frac{1}{2}m_2p_2^2(\dot{\theta}_1 + \dot{\theta}_2)^2 + m_2l_1p_2(\dot{\theta}_1^2 + \dot{\theta}_1\dot{\theta}_2)\cos\theta_2$$

系统势能为

$$E_{p1} = m_1gp_1(1 - \cos\theta_1)$$

$$E_{p2} = m_2gl_1(1 - \cos\theta_1) + m_2gp_2[1 - \cos(\theta_1 + \theta_2)]$$

拉格朗日函数为

$$L = E_k - E_p$$

拉格朗日方程为

$$F_i = \frac{\mathrm{d}}{\mathrm{d}t}\frac{\partial L}{\partial \dot{q}_i} - \frac{\partial L}{\partial q_i} \qquad i = 1, 2, \cdots, n$$

通过计算各关节上的力矩，可得到系统动力学方程。

5.3 工业机器人的驱动与传动系统设计

5.3.1 工业机器人的驱动系统设计

驱动装置是机械臂运动的动力装置，其作用是提供机器人各部位动作的源动力。机器人的驱动方式包括液压驱动、气压驱动、电动驱动等。三种驱动方式的特点，见表 5-1。

表 5-1　三种驱动方式的特点

驱动方式	输出力	控制性能	维修使用	结构体积	使用范围	制造成本
电动驱动	输出力较小	容易与 CPU（中央处理器）连接，控制性能好，响应快，可精确定位，但控制系统复杂	维修使用较复杂	需要减速装置，体积较小	高性能、运动轨迹要求严格的机器人	成本较高
液压驱动	压力高，可获得大的输出力	油液不可压缩，压力、流量均容易控制，可无级调速，反应灵敏，可实现连续轨迹控制	维修方便，液体对温度变化敏感，油液泄漏易着火	在输出力相同的情况下，体积比气压驱动方式小	中、小型及重型机器人	液压元件成本较高，管路比较复杂
气压驱动	气体压力低，输出力较小，如需输出力大时，其结构尺寸过大	可高速运行，冲击较严重，精确定位困难；气体压缩性大，阻尼效果差，低速不易控制，不易与 CPU 连接	维修简单，能在高温、粉尘等恶劣环境中使用，泄漏无影响	体积较大	中、小型机器人	结构简单，工件介质来源方便，成本低

液压驱动以液压油为工作介质。液压驱动机器人的抓取力较大，传动平稳，但对密封性要求高。液压驱动的特点是能够以较小的驱动器输出较大的驱动力或力矩，即获得较大的功率重量比。

气压驱动的原理与液压相似，不同之处在于气压驱动是靠空气介质进行工作的。气压驱动机器人通常结构简单、动作迅速和价格低廉。由于空气具有可压缩性，因此，这种机器人的工作力具有一定的柔性，速度较慢，稳定性较差，抓取力较小。由于气压驱动的特点，机器人夹持器大多采用气压驱动。

电动驱动是机器人采用较多的一种驱动方式。早期大多采用步进电动机驱动，后来发展为直流伺服电动机驱动，现在交流伺服电动机也开始广泛应用。直流伺服电动机用得较多的原因是因为它可以产生大的力矩、精度高、反应快和可靠性高；在正反两个方向可以连续旋转，运动平滑，并且有位置控制功能。步进电动机是通过脉冲电流实现步进的，每给一个脉冲，便转动一个步距。

5.3.2　工业机器人的传动系统设计

当驱动装置的性能要求不能与机械结构系统直接相连时，则需要通过传动装置进行间接驱动。传动装置的作用是将驱动装置的运动传递到关节和动作部位，并使其满足实际运动的需求，以完成规定的作业。工业机器人中驱动装置的受控运动必须通过传动装置带动机械臂产生运动，以确保末端执行器所要求的位置和姿态。工业机器人常用的传动装置有减速器、同步带和线性模组。

1. 减速器

工业机器人机械传动装置应用最广泛的是减速器，但与通用的减速器要求有所不同，工业机器人所用减速器应具有传递功率大、传动链短、体积小、质量小和易于控制等特点。关节型机器人采用的减速器主要有两类即谐波减速器和 RV 减速器。

（1）谐波减速器

1）基本结构。谐波减速器由波发生器、柔性齿轮和刚性齿轮 3 个基本构件组成，如图 5-12 所示。

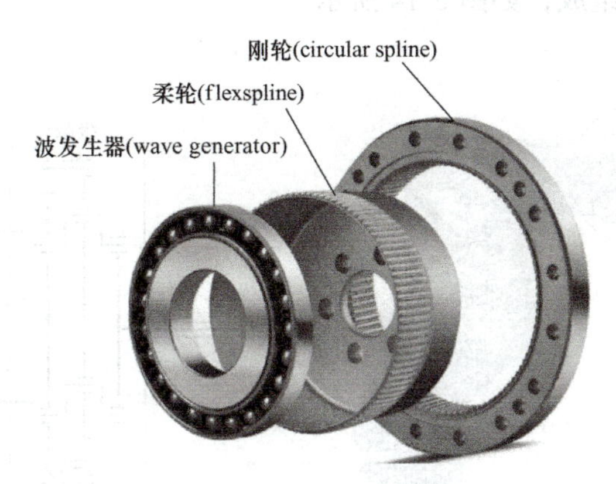

图 5-12　谐波减速器的基本结构

刚性齿轮简称刚轮，由铸钢或 40Cr 钢制成，刚性好且不会产生变形，带有内齿圈。柔性齿轮简称柔轮，是一个薄钢板弯成的圆环，一般由合金钢制成，工作时可产生径向弹性变形并带有外齿，外齿的齿数比刚性齿轮内齿数少。波发生器装在柔性齿轮内部，呈椭圆形，外圈带有柔性滚动轴承。

柔性齿轮和刚性齿轮的齿形分为直线三角齿形和渐开线齿形两种，其中渐开线齿形应用较多。波发生器、柔性齿轮和刚性齿轮三者可任意固定一个，其余两个就可以作为主动件和从动件。作为减速器使用时，通常采用波发生器主动，刚性齿轮固定而柔性齿轮输出的形式。

2）工作原理。当波发生器装入柔性齿轮后，迫使柔性齿轮的剖面由原先的圆形变成椭圆形，其长轴两端附近的齿与刚性齿轮的齿完全啮合，而短轴两端附近的齿则与刚性齿轮完全脱离，周长上其他区段的齿处于啮合和脱离的过渡状态。当波发生器沿某一方向连续转动时，会把柔性齿轮上的外齿压到刚性齿轮内齿圈的齿槽中去，由于外齿数少于内齿数，所以每转过一圈，柔性齿轮与刚性齿轮之间就产生了相对运动。在转动过程中，柔性齿轮产生的弹性波形类似于谐波，故称为谐波减速器。

3）特点。谐波减速器传动比大，单级的传动比可达到 50 ～ 4000；整体结构小，传动紧凑；柔性齿轮和刚性齿轮的齿侧间隙小且可调，可实现无侧隙的高精度啮合；由于柔性齿轮与刚性齿轮之间属于面接触，同时接触到的齿数比较多，使得相对滑动速度比较小，承载能力高的同时还保证了传动效率高；轮齿啮合周速低，传递运动力量平衡，因此运转安静且振动极小。

谐波减速器存在回差，即空载和负载状态下的转角不同。由于输出轴的刚度不够大，造成卸载后有一定的回弹。基于这个原因，一般使用谐波减速器时，应尽可能地靠近末端执行器，用在小臂、手腕等轻负载位置，如图 5-13 所示，避免距离半径太大，产生大的位置误差。

(2) RV 减速器

1) 基本结构。RV 减速器由第一级渐开线圆柱齿轮行星减速机构和第二级摆线针轮行星减速机构两部分组成，是封闭差动轮系。

RV 减速器主要由太阳轮、行星齿轮、转臂、转臂轴承、摆线轮（RV 齿轮）、针轮、刚性盘与输出盘等零件组成，如图 5-14 所示。

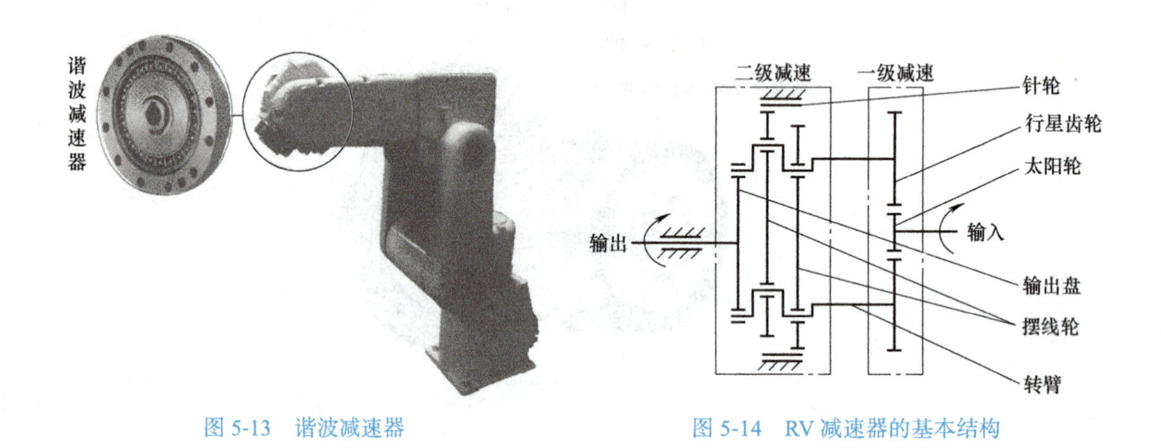

图 5-13　谐波减速器　　　　图 5-14　RV 减速器的基本结构

① 太阳轮。它与输入轴相接，负责传输电动机的输入功率，与其啮合的齿轮是渐开线行星齿轮。

② 行星齿轮。它与转臂固连，3 个行星齿轮均匀地分布在一个圆周上，起到功率分流作用，即将输入功率分成三路传递给摆线针轮行星机构。

③ 转臂（曲柄轴）。转臂是摆线轮的旋转轴。它的一端与行星齿轮相连接，另一端与支承圆盘相连。它可以带动摆线轮产生公转，而且又支承着摆线轮产生自转。

④ 摆线轮（RV 齿轮）。为了实现径向力的平衡，在该传动机构中，一般应采用两个完全相同的摆线轮，分别安装在转臂上，且两摆线轮的偏心位置相互呈 180° 对称。

⑤ 针轮。针轮与机架固定在一起，成为一个针轮壳，针轮上有一定数量的针齿。

⑥ 刚性盘与输出盘。输出盘是 RV 传动机构与外界从动工作机相互连接的构件，输出盘与刚性盘相互连接成为一个整体而输出运动或动力。在刚性盘上均匀分布着 3 个转臂的轴承孔，而转臂的输出端借助于轴承安装在这个刚性盘上。

2) 工作原理。如图 5-14 所示，主动太阳轮通过输入轴与执行电动机的旋转中心轴相连，如果渐开线太阳轮顺时针方向旋转，它将带动 3 个呈 120° 布置的行星齿轮在公转的同时逆时针方向自转，进行第一级减速，并通过转臂带动摆线轮做偏心运动；3 个转臂与行星齿轮相固连而同速转动，带动铰接在 3 个转臂上的 2 个相位差 180° 的摆线轮，使摆线轮公转，同时由于摆线轮与固定的针轮相啮合，在其公转过程中会受到针轮的作用力而形成与摆线轮公转方向相反的力矩，进而使摆线轮产生自转运动，完成第二级减速。输出机构由装在其上的 3 对转臂轴承来推动，把摆线轮上的自转矢量等速传递给刚性盘与输出盘。

3) 特点。RV 减速器的基本特点有：传动比范围大、结构紧凑；输出机构采用两端支承的行星架，用行星架左端的刚性盘输出，刚性盘与工作机构用螺栓连接，故刚性大，抗冲击性能好；只要设计合理，制造装配精度保证，就可获得高精度和小间隙回差；除了针轮齿销支承部件外，其余部件均用滚动轴承进行支承，所以传动效率高；采用两级减速机构，低速级的针摆传动公转速度减小，传动更加平稳，转臂轴承个数增多，且内外环相对转速下降，可提高其使用寿命。

RV 减速器一般放置在机器人的基座、腰部、大臂等重负载位置，主要用于 20kg 以上的机器人关节，如图 5-15 所示。

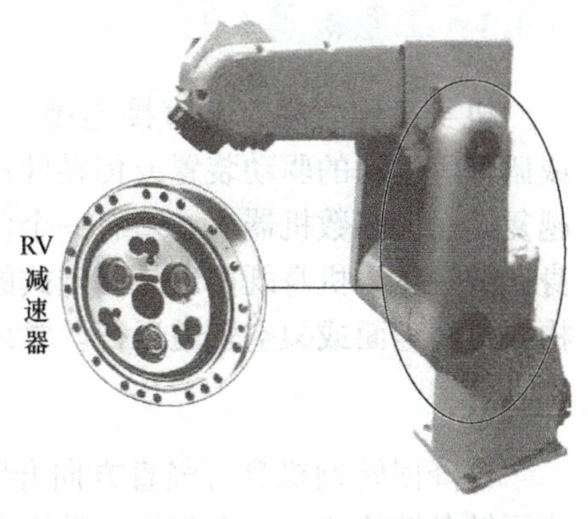

图 5-15　RV 减速器

2. 同步带

同步带传动采用啮合带，依靠带与带轮上的齿相互啮合来传递运动。

（1）结构原理　同步带传动由主动轮、从动轮和张紧在两轮上的环形同步带组成。同步带的工作面齿形有两种，即梯形齿和圆弧齿。带轮的轮缘表面也做成相应的齿形，运行时，带齿与带轮的齿槽相啮合传递运动和动力。同步带采用氯丁橡胶作为基材，并在中间加入玻璃纤维等伸缩刚性大的材料，齿面上覆盖耐磨性好的尼龙布。

（2）特点

1）同步带受载后变形小，带与带轮之间靠齿啮合传动，故无相对滑动，传动比恒定、准确，可用于定位。

2）同步带薄且轻，可用于速度较高的场合，传动时线速度可达 40m/s，传动比可达 10，传动效率可达 98%。

3）结构紧凑、耐磨性好、传动平稳、能吸振、噪声小。

4）由于预拉力小，承载能力也较小，被动轴的轴承不易过载。

5）制造和安装精度要求高，必须有严格的中心距，故成本较高。

3. 线性模组

线性模组是一种直线传动装置，主要有两种方式：一种是由滚珠丝杠和直线导轨组成的；另一种是由同步带及同步带轮组成的。线性模组常用于直角坐标机器人中，以完成运动轴的直线运动。

滚珠丝杠型线性模组主要由滚珠丝杠、直线导轨、轴承座等部分组成。当丝杠相对螺母转动时，带动滚珠沿螺旋滚道滚动，迫使两者发生轴向相对运动，带动滑块沿导轨实现直线运动。为避免滚珠从螺母中掉出，在螺母的螺旋导向槽两端设有回程引导装置，使滚珠能循环地返回滚道，在丝杠与螺母之间构成一个闭合回路。

同步带型线性模组主要由同步带、驱动座、支承座、直线导轨等组成。同步带安装在直线模组两侧的传动轴上，在同步带上固定一块用于增加设备工件的滑块。当驱动座输入运动时，通过带动同步带而使滑块运动。通常同步带型线性模组经过特定的设计，通过支承座可以调整同步带运动的松紧，方便设备在生产过程中的调试。

5.4 工业机器人的机械结构系统设计

工业机器人机械结构系统是机器人的支承基础和执行机构，分为机身、手臂、手腕和末端执行器等部分，这些部分之间以关节相连接。

5.4.1 工业机器人的机身

机身又称立柱，是直接连接、支承手臂及行走机构的部件，实现臂部的升降、回转或俯仰等运动的驱动装置或传动件都安装在机身上。臂部的运动越多，机身的结构和受力越复杂。大多数机器人必须有一个便于安装的基础部件，即机器人的基座。基座往往与机身做成一体，机身既可以是固定式的，也可以是行走式的，即在它的下部装有能行走的机构，可沿地面或架空轨道运行。常用机身结构有：

1. 升降回转型机身结构

升降回转型机身有竖直方向升降和水平方向回转两个自由度，采用摆动液压缸驱动，或用链条链轮传动，把直线运动变为链轮的回转运动，如图 5-16 所示。

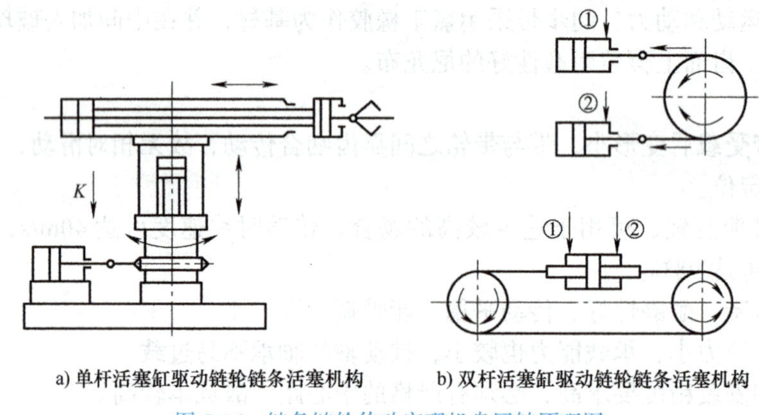

a) 单杆活塞缸驱动链轮链条活塞机构　b) 双杆活塞缸驱动链轮链条活塞机构

图 5-16　链条链轮传动实现机身回转原理图

2. 回转俯仰型机身结构

机器人手臂的俯仰运动一般采用活塞液压缸与连杆机构实现。手臂俯仰运动的活塞缸位于手臂下方，活塞杆和手臂用铰链连接，缸体采用尾部耳环或中部销轴等方式与立柱连接。此外，有时采用无杆活塞缸驱动齿轮齿条或四连杆机构实现手臂俯仰运动，如图 5-17 所示。

3. 直移型机身结构

直移型机身通常设计成横梁式，用于悬挂手臂部件，它具有占地面积小、结构简单等优点。横梁可设计成固定型或行走型，横梁安装在厂房原有建筑的梁柱或有关设备上，也可以从地面架设，如图 5-18 所示。

三轮式行走机构具有一定的稳定性，其设计难点是移动方向的控制。典型车轮的配置方式一种是一个前轮和两个后轮，由前轮作为操纵舵来改变方向，后轮驱动；另一种是用后面两轮独立驱动，前轮仅起支承作用，靠两后轮的转速差来改变运动方向。图 5-19 所示为三轮式行走和转弯机构示意图，其中图 5-19a 所示为由一个驱动轮和转向机构来转弯，图 5-19b 所示为由两个驱动轮转速差来转弯。

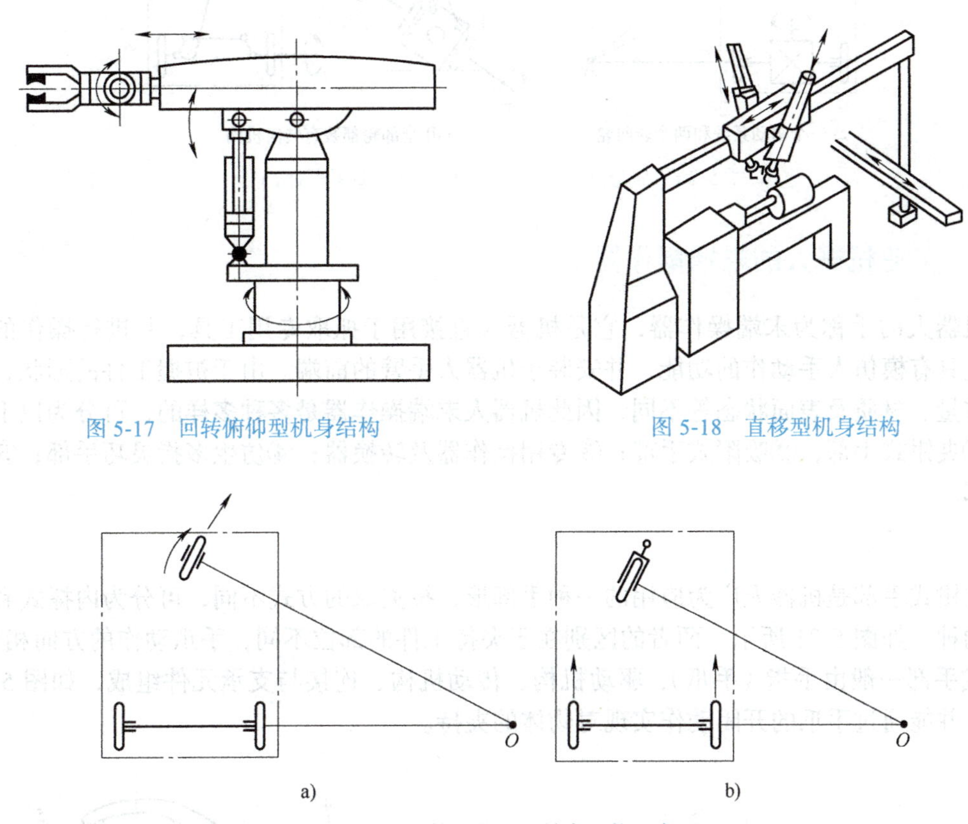

图 5-17　回转俯仰型机身结构

图 5-18　直移型机身结构

图 5-19　三轮式行走和转弯机构示意图

四轮式行走机构承重大、稳定性好，四个轮子要求同时着地。图 5-20 所示为链轮链条传动实现机身回转原理图。图 5-20a 所示为两个驱动轮和两个自位轮的机构；图 5-20b 所示结构为了转向，采用四连杆机构，回转中心大致在后轮车轴的延长线上；图 5-20c 所示结构可以独立地进行左右转向，因而可以提高回转精度；图 5-20d 所示为全部轮子都装有转向机构，此方式能够减小转弯半径。

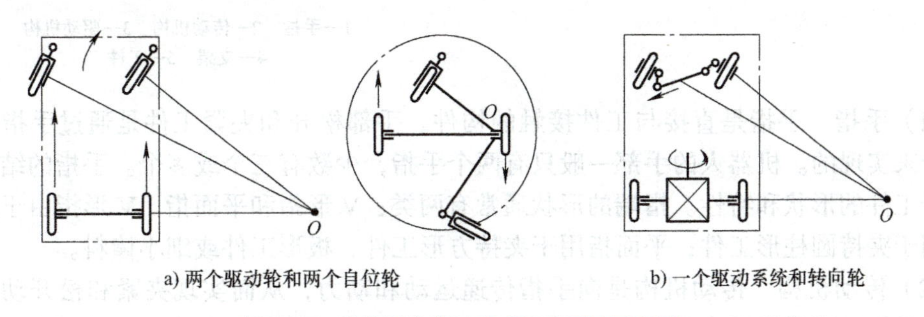

a) 两个驱动轮和两个自位轮　　b) 一个驱动系统和转向轮

图 5-20　链轮链条传动实现机身回转原理图

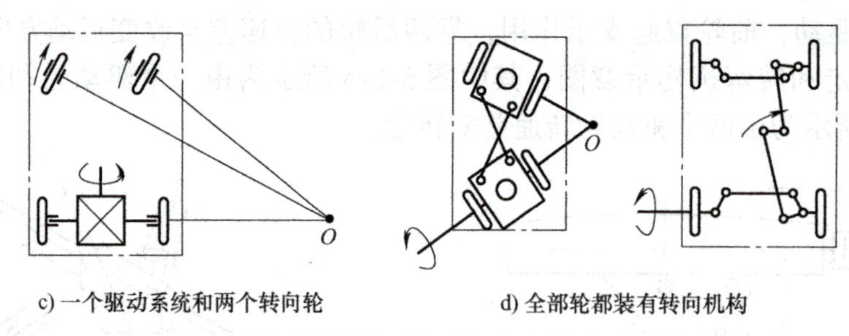

c) 一个驱动系统和两个转向轮　　d) 全部轮都装有转向机构

图 5-20　链轮链条传动实现机身回转原理图（续）

5.4.2　工业机器人的末端操作器

机器人的手称为末端操作器，它是机器人直接用于抓取专用工具，并进行操作的部件。它具有模仿人手动作的功能，并安装于机器人手臂的前端。由于被握工件的形状、尺寸、重量、材质及表面状态等不同，因此机器人末端操作器是多种多样的，可分为以下几类：①夹钳式手部；②吸附式手部；③专用操作器及转换器；④仿生多指灵巧手部；⑤其他手部。

1. 夹钳式手部

夹钳式手部是机器人广为应用的一种手部形，按夹取的方式不同，可分为内撑式和外夹式两种，如图 5-21 所示。两者的区别在于夹持工件的部位不同，手爪动作的方向相反。夹钳式手部一般由手指（手爪）、驱动机构、传动机构、连接与支承元件组成，如图 5-22 所示，并能通过手爪的开闭动作实现对物体的夹持。

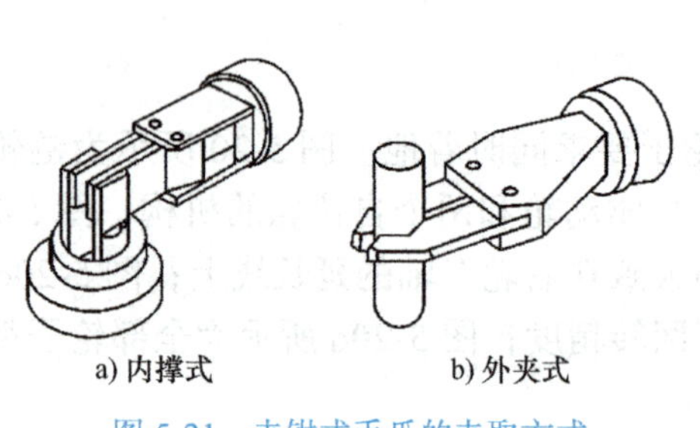

a) 内撑式　　b) 外夹式

图 5-21　夹钳式手爪的夹取方式

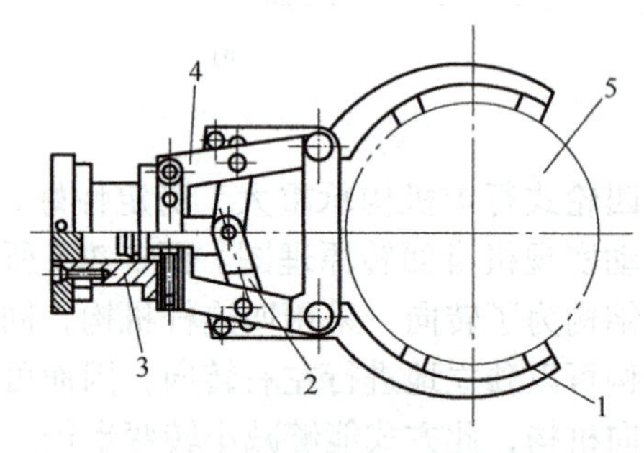

图 5-22　夹钳式手部的组成

1—手指　2—传动机构　3—驱动机构
4—支架　5—工件

（1）手指　手指是直接与工件接触的构件。手部松开和夹紧工件是通过手指的张开和闭合来实现的。机器人的手部一般只有两个手指，少数有三个或多个。手指的结构形式取决于工件的形状和特性。指端的形状通常有两类：V 形指和平面指。V 形指由于定心性好，用于夹持圆柱形工件；平面指用于夹持方形工件、板形工件或细小棒料。

（2）传动机构　传动机构是向手指传递运动和动力，从而实现夹紧和松开动作的机构。该机构根据手指开合的动作特点分为回转型和平移型两种。其中，回转型分为一个支点回转和多支点回转。根据手爪夹紧是摆动还是平动，回转型可分为摆动回转型和平动回转型。

1）回转型传动机构。夹钳式手部中使用较多的是回转型手部，其手指是一对杠杆，与斜楔、滑槽、连杆、齿轮、蜗杆蜗轮或螺杆等机构组成复合式杠杆传动机构，用以改变传动比和运动方向等。图 5-23a 所示为单作用斜楔式回转型手部结构简图。斜楔向下运动，克服弹簧拉力，使杠杆手指装着滚子的一端向外撑开，从而夹紧工件；斜楔向上移动，则在弹簧拉力作用下使手指松开。有时为了简化，也可让手指与斜楔直接接触，如图 5-23b 所示。

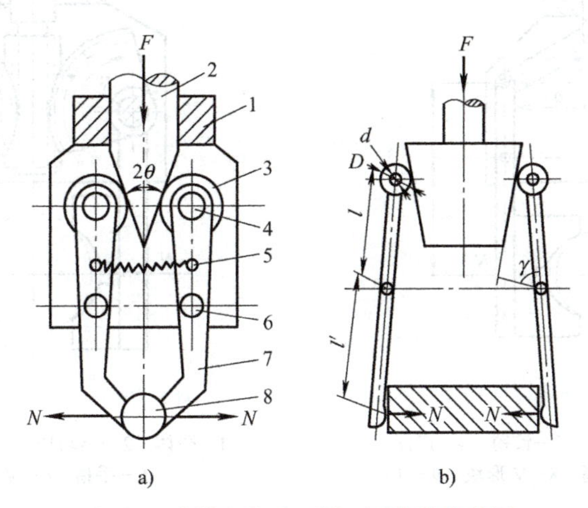

图 5-23　斜楔杠杆式回转型手部结构简图

1—壳体　2—斜楔驱动杆　3—滚子　4—圆柱销　5—拉簧　6—铰销　7—手指　8—工件

图 5-24 所示为滑槽式杠杆回转型手部简图。杠杆形手指的一端装有 V 形块，另一端则开有长滑槽。驱动杆上的圆柱销在滑槽内，当驱动杆同圆柱销一起做往复运动时，即可拨动两个手指各绕其支点做相对回转运动，从而实现手指的夹紧与松开动作。

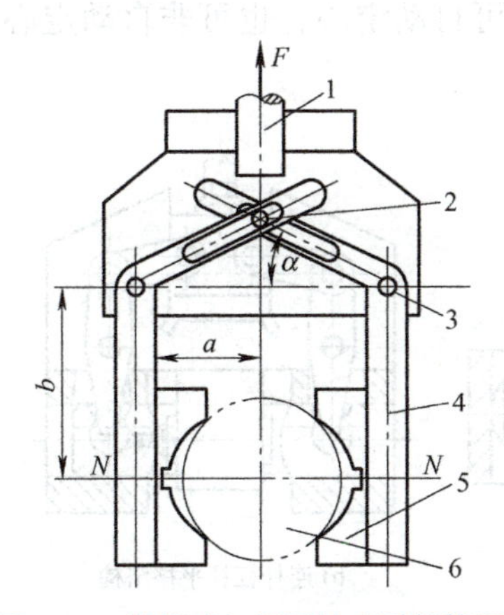

图 5-24　滑槽式杠杆回转型手部简图

1—驱动杆　2—圆柱销　3—铰销　4—杠杆形手指　5—V 形块　6—圆形工件

图 5-25 所示为连杆式杠杆回转型手部简图。驱动杆末端与连杆由铰销铰接，当驱动杆做直线往复运动时，则通过连杆推动两手指各绕其支点做回转运动，从而使手指松开或

闭合。

图 5-26 所示为齿轮杠杆式手部的结构简图。驱动杆 2 末端制成双面齿条，与扇形齿轮 4 相啮合，而扇形齿轮 4 与手指 5 固连在一起，可绕支点回转。驱动力推动齿条做直线往复运动，带动扇形齿轮回转，从而使手指松开或闭合。

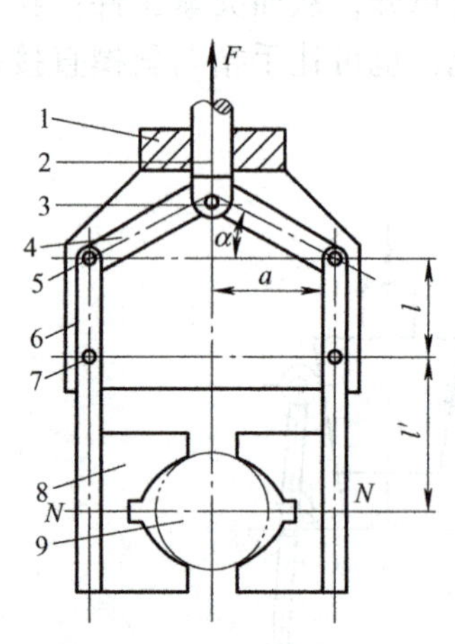

图 5-25　连杆式杠杆回转型手部简图

1—壳体　2—驱动杆　3—铰销　4—连杆
5、7—圆柱销　6—手指　8—V 形块　9—工件

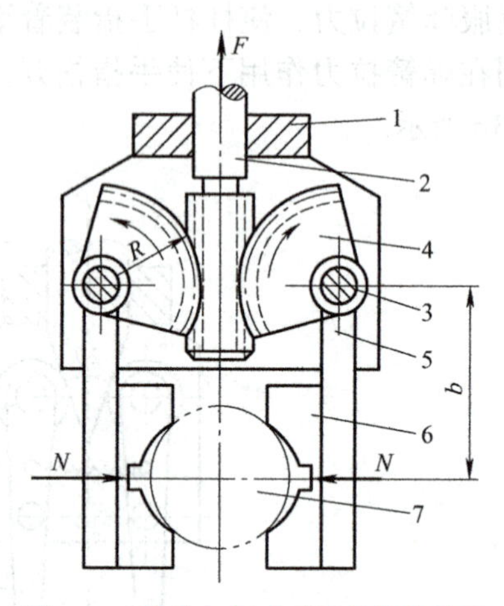

图 5-26　齿轮杠杆式手部的结构简图

1—壳体　2—驱动杆　3—圆柱销　4—扇形齿轮
5—手指　6—V 形块　7—工件

2）平移型传动机构。平移型夹钳式手部是通过手指的指面做直线往复运动，或平面移动来实现张开或闭合动作的，常用于夹持具有平行平面的工件。

① 直线往复移动机构。实现直线往复移动的机构很多，常用的有斜楔传动、齿条传动和螺旋传动等，均可应用于手部结构。如图 5-27 所示，图 5-27a 为斜楔平移结构，图 5-27b 为连杆杠杆平移结构，图 5-27c 为螺旋斜楔平移结构。它们既可是双指型的，也可是三指（或多指）型的；既可自动定心，也可非自动定心。

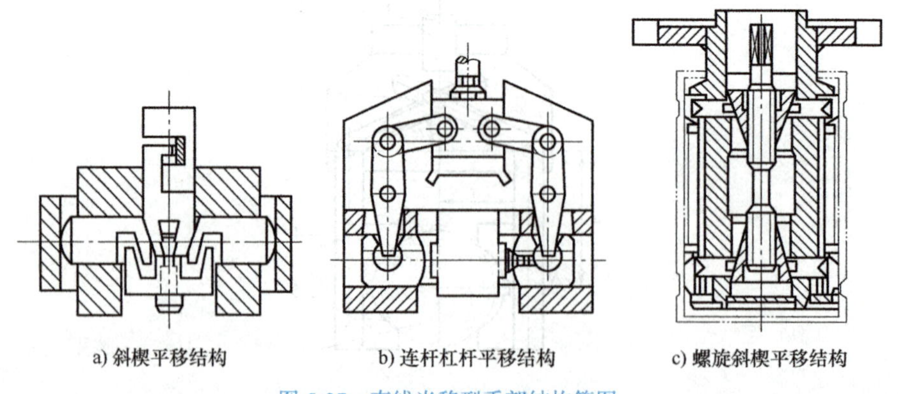

a) 斜楔平移结构　　b) 连杆杠杆平移结构　　c) 螺旋斜楔平移结构

图 5-27　直线平移型手部结构简图

② 平面平行移动机构。图 5-28 所示为四连杆机构平移型夹钳式手部结构简图。它们都采用平行四边形的铰链机构和双曲柄铰链四连杆机构，以实现手指平移，其差别在于分别采用齿轮齿条、蜗杆和连杆斜滑槽的传动方式。

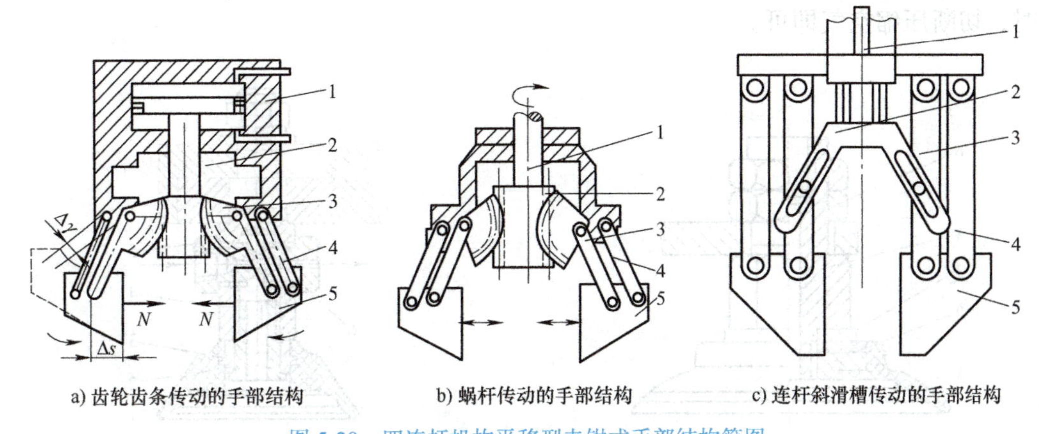

图 5-28　四连杆机构平移型夹钳式手部结构简图

1—驱动器　2—驱动元件　3—驱动摇杆　4—从动摇杆　5—手指

2. 吸附式手部

根据吸附力的种类不同，吸附式手部分为磁吸式和气吸式两种。

（1）磁吸式手部　磁吸式手部是利用永久磁铁或电磁铁通电后产生磁力来吸取铁磁性材料工件的装置。采用电磁吸盘的磁吸式手部结构示意图如图 5-29 所示。在线圈通电瞬时，由于空气隙的存在，磁阻大，线圈的电感和起动电流大，这时产生磁性吸力可将工件吸住；一旦断电后，磁吸力消失，即将工件松开。若采用永久磁铁作为吸盘，则需要强迫将工件取下。

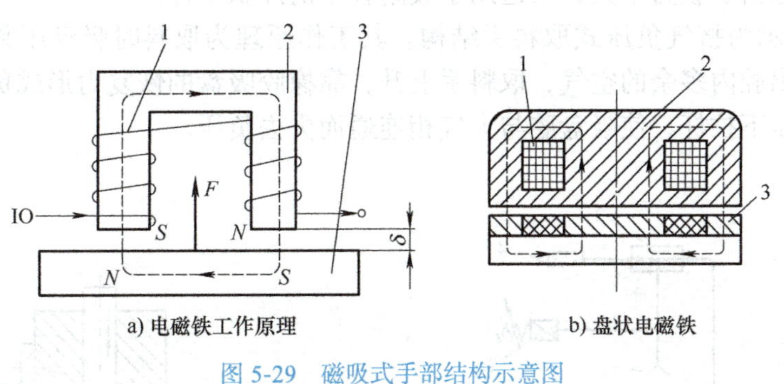

图 5-29　磁吸式手部结构示意图

1—线圈　2—铁心　3—衔铁

（2）气吸式手部　气吸式手部是利用橡胶皮碗或软塑料碗中所形成的负压把工件吸住的装置，适用于薄铁片、板材、纸张、薄而易脆的玻璃器皿和弧形壳体零件等的抓取。按形成负压的方法，将气吸式手部分为真空式、气流负压式和挤气负压式三种吸盘。

1）真空式吸盘。这种吸盘吸附可靠、吸力大、结构简单，但是需要有真空控制系统，成本较高。图 5-30 所示为真空吸附取料手结构。

2）气流负压式吸盘。图 5-31 所示为气流负压吸附取料手结构。气流负压吸附取料手是利用流体力学的原理，当需要取物时，压缩空气高速流经喷嘴 5 时，其出口处的气压低于吸盘腔内的气压，于是腔内的气体被高速气流带走形成负压，完成取物动作；当需要释放时，切断压缩空气即可。

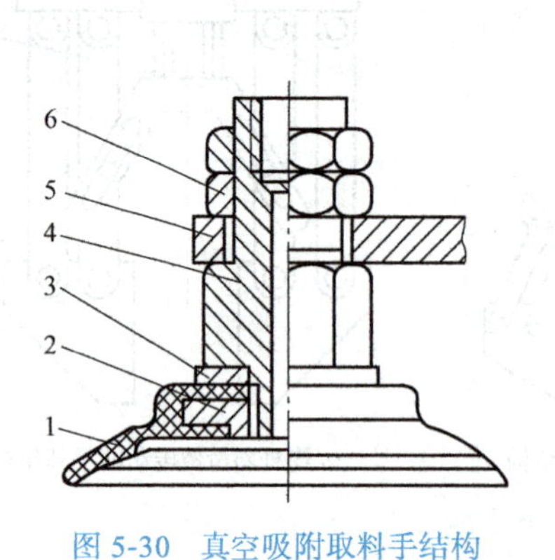

图 5-30 真空吸附取料手结构

1—橡胶吸盘 2—固定环 3—垫片
4—支承杆 5—基板 6—螺母

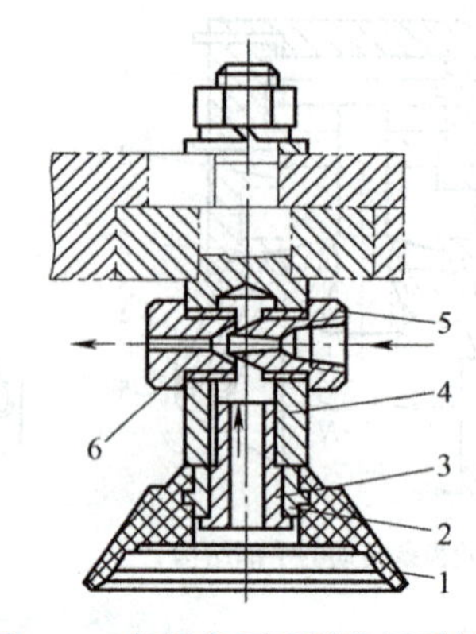

图 5-31 气流负压吸附取料手结构

1—橡胶吸盘 2—心套 3—透气螺钉
4—支承杆 5—喷嘴 6—喷嘴套

如图 5-32 所示，当气源工作，电磁阀的左位工作时，压缩空气从真空发生器左侧进入，并产生主射流，主射流卷吸周围静止的气体一起向前流动，从真空发生器的右口流出。于是在射流的周围形成了一个低压区，接收气爪室内的气体被吸进来与其相融合在一起流出，在接收室内及吸头处形成负压，当负压达到一定值时，可将工件吸起来，此时压力开关可发出一个工件已被吸起的信号。

3）挤气负压式吸盘。该吸盘不需要配备复杂的进、排气系统，因此系统构成较简单，成本也较低，但由于吸力不大，仅适用于吸附轻小的片状工件。

图 5-33 所示为挤气负压式取料手结构。其工作原理为取料时吸盘压紧物体，橡胶吸盘 1 变形，挤出腔内多余的空气，取料手上升，靠橡胶吸盘的恢复力形成负压，将物体吸住；释放时，压下拉杆，使吸盘腔与大气相连通而失去负压。

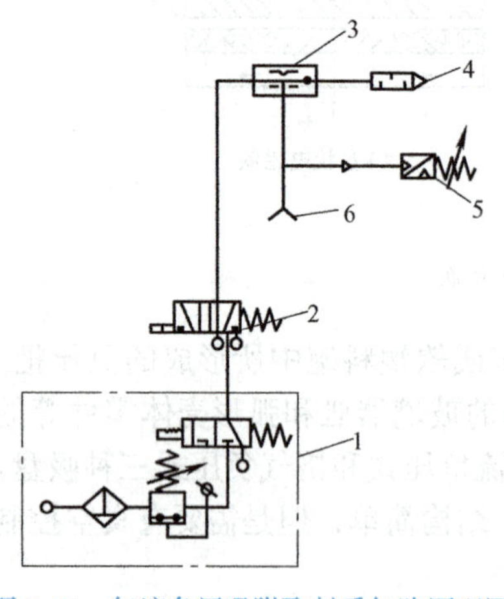

图 5-32 气流负压吸附取料手气路原理图

1—气源 2—电磁阀 3—真空发生器
4—消声器 5—压力开关 6—气爪

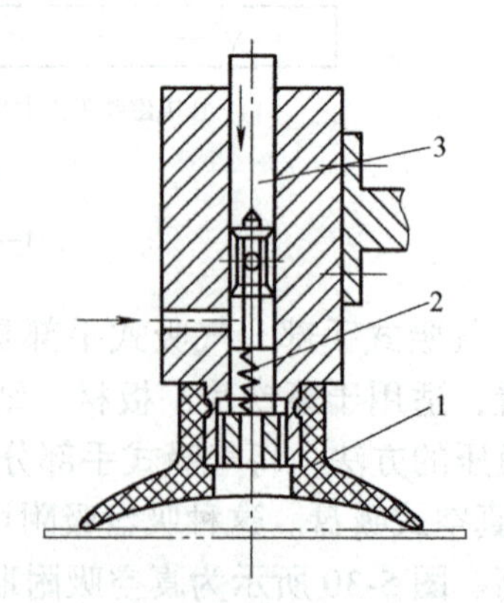

图 5-33 挤气负压式取料手结构

1—吸盘 2—弹簧 3—拉杆

5.4.3　机器人的手腕

机器人手腕是连接末端操作器和手臂的部件。它的作用是调节或改变工件的方位，因而它具有独立的自由度，以使机器人末端操作器适应复杂的动作要求。

机器人一般需要 6 个自由度才能使手部达到目标位置并处于期望的姿态。为了使手部能处于空间任意方向，要求腕部能实现对空间 3 个坐标轴 *x*、*y*、*z* 的转动，即具有翻转、俯仰和偏转 3 个自由度，如图 5-34 所示。通常把手腕的翻转称为 roll，用 R 表示；把手腕的俯仰称为 pitch，用 P 表示；把手腕的偏转称为 yaw，用 Y 表示。

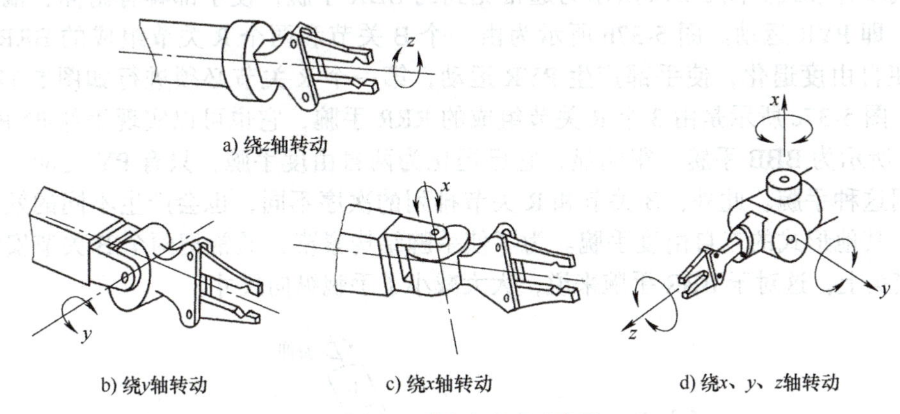

图 5-34　手腕自由度示意图

1. 手腕的分类

手腕按自由度数目来分，可分为单自由度手腕、双自由度手腕和三自由度手腕。

（1）单自由度手腕　单自由度手腕示意图如图 5-35 所示。图 5-35a 所示为一种翻转关节，它把手臂纵轴线和手腕关节轴线构成共轴形式。这种 R 关节旋转角度大，可达到 360° 以上。图 5-35b 所示为一种折曲（bend）关节（简称 B 关节），关节轴线与前后两个连接件的轴线相垂直。这种 B 关节因为受到结构上的干涉，旋转角度小，大大限制了方向角。图 5-35c 所示为移动（T）关节。

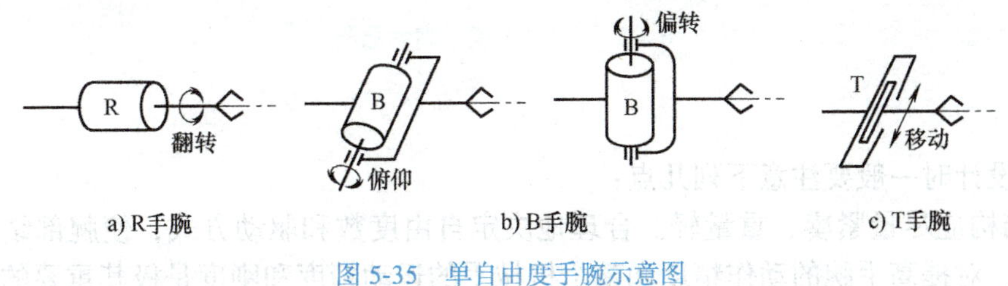

图 5-35　单自由度手腕示意图

（2）双自由度手腕　双自由度手腕示意图如图 5-36 所示。双自由度手腕可以由一个 B 关节和一个 R 关节组成 BR 手腕（见图 5-36a）；也可以由两个 B 关节组成 BB 手腕（见图 5-36b）。但是，不能由两个 R 关节组成 RR 手腕，因为两个 R 关节共轴线，所以退化了一个自由度，实际只构成了单自由度手腕（见图 5-36c）。

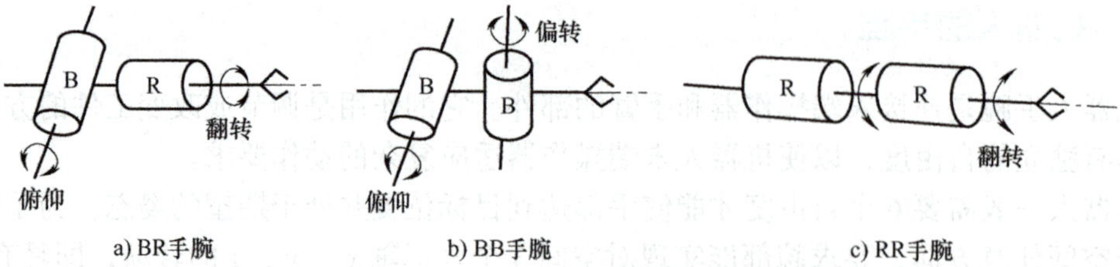

a) BR手腕　　b) BB手腕　　c) RR手腕

图 5-36　双自由度手腕示意图

（3）三自由度手腕　三自由度手腕如图 5-37 所示。三自由度手腕可以由 B 关节和 R 关节组成多种形式。图 5-37a 所示为通常见到的 BBR 手腕，使手部具有俯仰、偏转和翻转运动，即 PYR 运动。图 5-37b 所示为由一个 B 关节和两个 R 关节组成的 BRR 手腕，为了不使自由度退化，使手部产生 PYR 运动，第一个 R 关节必须进行如图 5-37b 所示的偏置。图 5-37c 所示是由 3 个 R 关节组成的 RRR 手腕，它也可以实现手部 PYR 运动。图 5-37d 所示为 BBB 手腕，很明显，它已退化为两自由度手腕，只有 PY 运动，实际上并不采用这种手腕。此外，B 关节和 R 关节排列的次序不同，也会产生不同的效果，同时产生了其他形式的三自由度手腕。为了使手腕结构紧凑，通常把两个 B 关节安装在一个十字接头上，这对于 BBR 手腕来说，大大减小了手腕纵向尺寸。

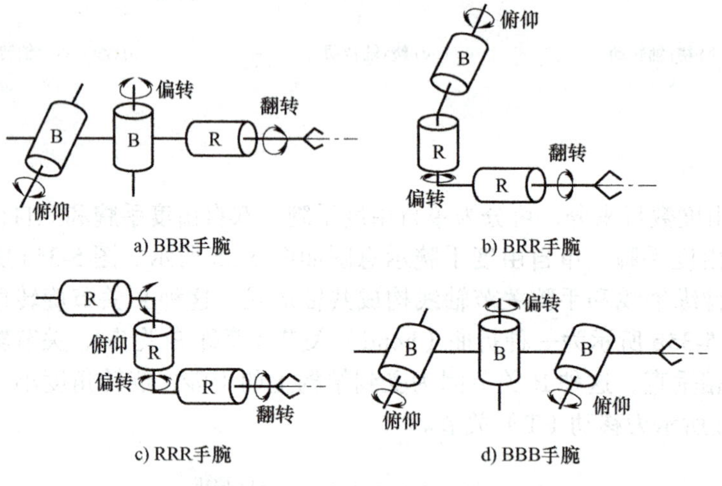

a) BBR手腕　　b) BRR手腕

c) RRR手腕　　d) BBB手腕

图 5-37　三自由度手腕示意图

2. 腕部的设计要点

腕部设计时一般要注意下列几点：

1）结构应尽量紧凑、重量轻。合理地决定自由度数和驱动方式，使腕部结构尽可能紧凑轻巧，对提高手腕的动作精度和整个机械手的运动精度和刚度是极其重要的。

2）要适应工作环境的要求。当机械手用于高温作业，或在腐蚀性介质中，以及在多尘、多杂物黏附等环境中工作时，机械手的腕部与手部等的机构经常处于恶劣的工作条件，在设计时必须充分考虑它们对手腕的不良影响。

3）要综合考虑各方面要求，合理布局。在结构设计中还应全面地考虑所采用的各元器件和机构的特点、作业和控制要求，进行合理布局，处理具体结构。

3. 典型腕部的结构介绍

图 5-38 所示为液压驱动的双手悬挂式机器人实现手腕回转和左右摆动的结构示意图。其中，*A—A* 剖面所表示的是液压缸外壳转动而中心轴不动，以实现手腕的左右摆动；*B—B* 剖面所表示的是液压缸外壳不动而中心轴回转，以实现手腕的回转运动。

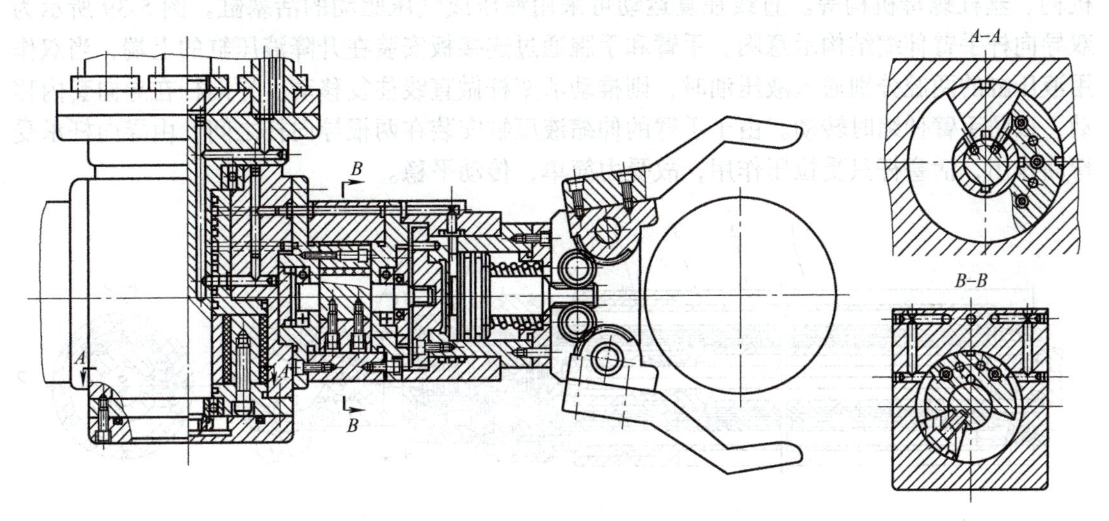

图 5-38　手腕回转和左右摆动的结构示意图

5.4.4　机器人的手臂

机器人手臂是支承手部和腕部，并改变手部空间位置的机构，是机器人的主要部件之一，一般有 2 ～ 3 个自由度，即伸缩、回转、俯仰或升降。臂部的重量较重，受力比较复杂。在运动时，直接承受腕部、手部和工件的静、动载荷。尤其在高速时，将产生较大的惯性力或惯性力矩，引起冲击，影响定位的准确性。臂部运动部分零件的重量直接影响着臂部结构的刚度和强度。臂部一般与控制系统和驱动系统一起安装在机身上。

1. 手臂设计要点

手臂的结构形式是根据机器人的运动形式、抓取重量、动作自由度和运动精度等因素来确定的，设计时，必须考虑到手臂受力情况、导向装置的布置、内部管路与手腕的连接形式等情况。为此，设计手臂时应注意以下几个问题：

1）手臂应具有足够的承载能力和刚度。手臂的刚度直接影响到手臂在工作中允许承受的载荷、运动的平稳性、运动速度和定位精度。

2）导向性好。为了在直线移动过程中，不致发生相对转动，以保证手部的正确方向，应设置导向装置，或设计成方形、花键等形式的臂杆。

3）运动要平稳，定位精度要高。

2. 手臂的典型结构形式

机器人手臂有三个自由度，即手臂的伸缩、左右回转和升降（或俯仰）运动。手臂回转和升降运动是通过机座的立柱实现的，立柱的横向移动即为手臂的横移。手臂的各种运动通常由驱动机构和各种传动机构来实现，因此它不仅承受被抓取工件的重量，而且承受末端操作器、手腕和手臂自身的重量。手臂的结构、工作范围、灵活性、抓重大小和定位精度都直接影响机器人的工作性能。

（1）手臂直线运动机构　机器人手臂的伸缩、升降及横向（或纵向）移动均属于直线运动，而实现手臂直线往复运动的机构形式较多，常用的有活塞液压（气）缸、齿轮齿条机构、丝杠螺母机构等。直线往复运动可采用液压或气压驱动的活塞缸。图 5-39 所示为双导向杆手臂伸缩结构示意图。手臂和手腕通过连接板安装在升降液压缸的上端，当双作用液压缸的两腔分别通入液压油时，则推动活塞杆做直线往复移动。导向杆在导向套内移动，以防手臂伸缩时转动。由于手臂的伸缩液压缸安装在两根导向杆之间，由导向杆承受弯曲作用，活塞杆只受拉压作用，故受力简单，传动平稳。

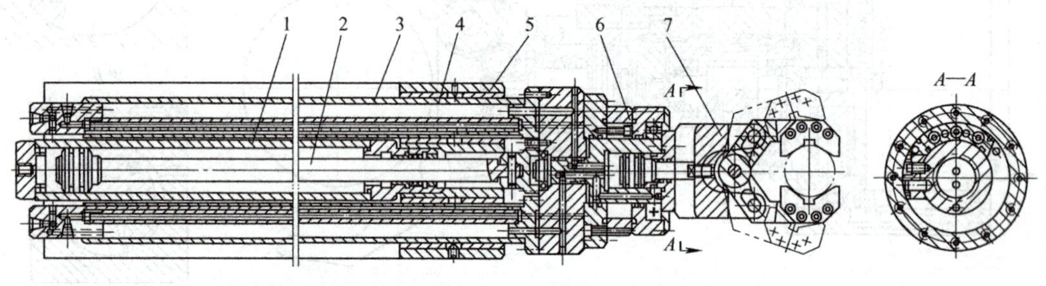

图 5-39　双导向杆手臂伸缩结构示意图

1—双作用液压缸　2—活塞杆　3—导向杆　4—导向套　5—支承座　6—手腕回转缸　7—手部的夹紧液压缸

（2）手臂回转运动机构　实现机器人手臂回转运动的机构形式是多种多样的，常用的有叶片式回转缸、齿轮传动机构、链轮传动机构和连杆机构。以齿轮传动机构中的活塞缸和齿轮齿条机构为例说明手臂的回转。齿轮齿条机构是通过齿条的往复移动，带动与手臂连接的齿轮做往复回转，即可实现手臂的回转运动。带动齿条往复移动的活塞缸可以由液压油或压缩气体驱动。活塞液压缸两腔分别进液压油推动齿条活塞做往复移动，与齿条活塞啮合的齿轮即做往复回转。由于齿轮、升降缸体、连接板均用螺钉连接成一体，连接板又与手臂固连，从而实现手臂的回转运动。

（3）手臂俯仰运动机构　机器人手臂的俯仰运动一般采用活塞液压（气）缸与连杆机构联用来实现。手臂的俯仰运动使用的活塞缸位于手臂的下方，其活塞杆和手臂用铰链连接，缸体采用尾部耳环或中部销轴等方式与立柱连接，如图 5-40 所示。

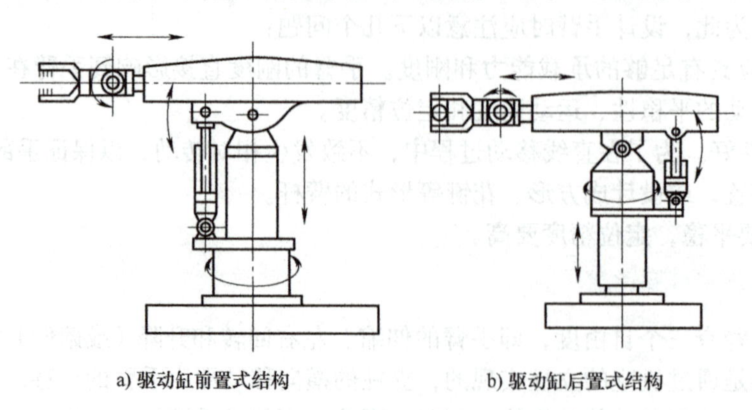

图 5-40　驱动缸带动手臂俯仰运动结构示意图

5.5 工业机器人的应用

工业机器人主要用于汽车、3C 产品、医疗、食品、通用机械制造以及金属加工、船舶制造等领域，用以完成搬运、焊接、涂装、装配、码垛和打磨等复杂作业。

1）焊接机器人。焊接机器人是在机器人末端法兰上装接焊枪，使之能进行焊接、切割或热喷涂的机器人。焊接机器人具有焊接性能可靠、焊缝质量优良、焊接参数调整方便、生产率高、柔性好等特点，可焊接多种多样的产品，能灵活调整生产安排。焊接机器人系统组成示意图如图 5-41 所示。

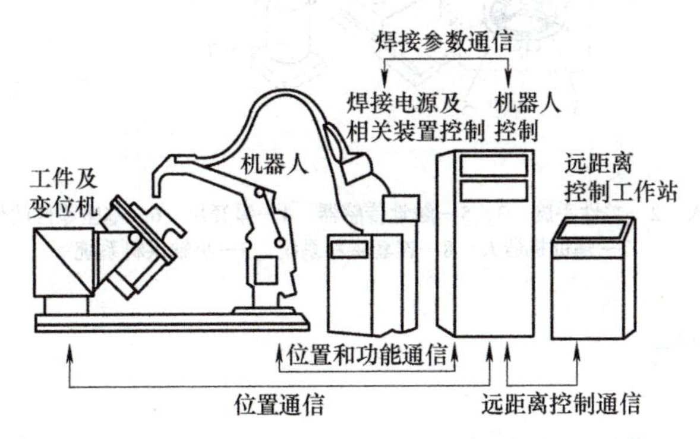

图 5-41　焊接机器人系统组成示意图

2）搬运机器人。搬运机器人主要从事自动化搬运作业。搬运作业是指用一种设备握持工件，从一个位置移到另一个位置。工件搬运和机床上下料是机器人的重要应用领域。

3）喷涂机器人。喷涂机器人是用于喷漆或喷其他涂料的机器人。喷涂机器人配有自动喷枪、供漆装置、变更颜色装置等喷涂设备，如图 5-42 所示。

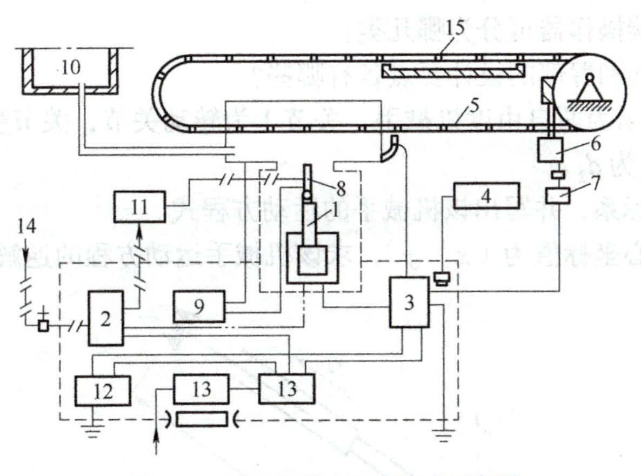

图 5-42　喷涂机器人系统组成示意图

1—机械手　2—液压站　3—机器人控制柜　4、12—防爆器　5—传送带　6—电动机　7—测速发电机　8—喷枪
9—高压静电发生器　10—塑粉回收装置　11—粉桶 / 高压静电发生器　13—电源　14—气源　15—烘道

4）装配机器人。装配机器人是为完成装配作业而设计的机器人。装配作业操作包括竖直向上抓起零部件、水平移动、竖直放下插入等动作。要求这些操作进行得既快又平

稳，因此，一种能够沿着水平和竖直方向移动，并能对工作平面施加压力的机器人是最适于装配作业的。图 5-43 所示的机器人为带有力反馈机构的精密插入装配机器人。

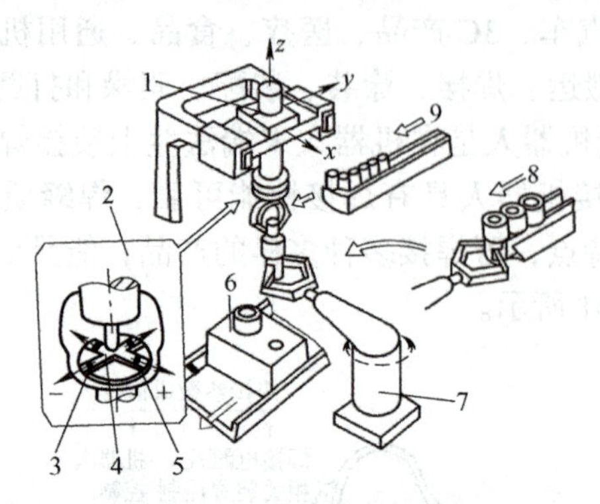

图 5-43　精密装配机器人的装配示意图

1—主机器人　2—柔性手腕　3、5—触觉传感器　4—弹簧片　6—基座零件的传送与定位　7—辅助机器人　8—连套供料系统　9—小轴供料系统

习题与思考题

5-1　工业机器人由哪几部分组成？

5-2　如何选择和确定机器人的坐标系？

5-3　简述建立机器人运动学方程和动力学方程的方法和步骤。

5-4　机器人的驱动方式有哪些？如何选用？

5-5　机器人机械系统由哪几部分组成？各部分具有哪些作用？

5-6　机器人移动机座可分为哪几类？

5-7　机器人末端操作器可分为哪几类？

5-8　机器人腕部和臂部的设计要点各有哪些？

5-9　图 5-44 所示为两自由度机械手，关节 1 为转动关节，关节变量为 θ_1；关节 2 为移动关节，关节变量为 d_2。

1）建立关节坐标系，并写出该机械手的运动方程式。

2）已知手部中心坐标值为（x，y），求该机械手运动方程的逆解 θ_1 及 d_2。

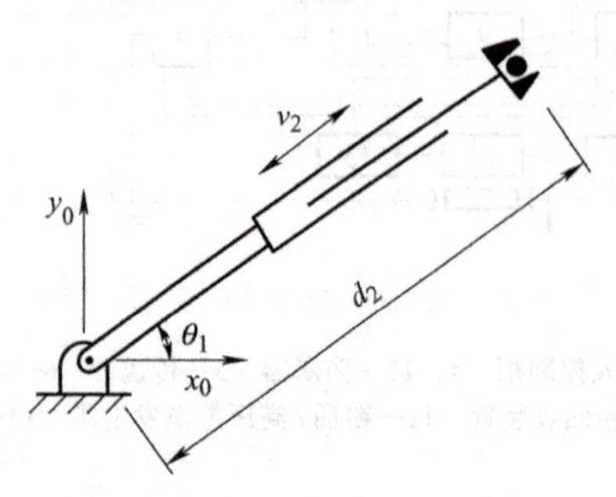

图 5-44　题 5-9 图

第 6 章　增材制造装备设计

6.1　增材制造技术基础

6.1.1　增材制造概述

增材制造（additive manufacturing，AM）技术是根据计算机辅助设计（computer added design，CAD）的模型数据，将高分子、金属、陶瓷、玻璃等材料从其液态、粉末、丝材等离散形式逐层累加制造出三维实体的技术。传统的机械加工方法主要包括减材制造和等材制造，前者采用车、铣、刨、磨等装备对材料进行切削加工以获得所设计的零件形状，其间去除了大量的材料。等材制造主要通过铸、锻、焊等方式对零件的形状进行更改，工艺过程中材料的质量基本保持不变。与等、减材制造相比，增材制造是一种从无到有的材料累积的制造技术。增材制造技术也被称为快速原型（rapid prototyping）技术、材料累加制造（material increase manufacturing）、分层制造（layered manufacturing）、实体自由制造（solid free-form fabrication）、三维打印（3D printing，3DP）等。

增材制造技术的优势主要体现在以下几个方面：

1）结构适应性强。增材制造是一个材料叠加的过程，突破传统加工工艺的局限，拓展了复杂结构可制造性，给结构设计提供了发展空间，对于复杂结构可以直接进行一体化制造，构建出其他传统制造工艺所不能实现的形状，从原理上实现“制造自由”。

2）制造成本与批量无关。相对于传统的减材制造和等材制造，增材制造无须开模，显著缩短新产品研发的周期，单件与批量生产的制作成本基本一致，特别适于单件生产和小批量定制生产。

3）近净成形和绿色生产。增材制造是一种加工余量很少的近净成形技术，对原材料的利用率很高，而加工后的余料可以重复循环利用，降低了原材料的浪费和废料的产生，减少了生产过程的消耗，提高了资源的利用效率，有力支撑了绿色制造理念的实现。

6.1.2　增材制造技术与装备

1. 增材制造技术

根据 GB/T 35351—2017 以及 ISO/ASTM 52900 规定的增材制造相关术语，目前增材制造技术主要分为以下几类。

（1）立体光固化　立体光固化成形（stereo lithography appearance，SLA）是最早实用化的增材制造技术。原理是选择性地用特定波长与强度的激光聚焦到光固化材料（如液态光敏树脂）表面，使之发生聚合反应，再由点到线、由线到面顺序凝固，完成一个层面的绘图作业，然后升降台在竖直方向移动一个层片的高度，再固化另一个层面。这样层层叠加构成一个三维实体。

（2）材料挤出　熔丝增材制造（fused filament fabrication，FFF）是典型的材料挤出成形技术，具体原理是将丝状的热熔性材料加热熔化，同时挤出喷头在计算机的控制下，根据截面轮廓信息，将材料选择性地涂敷在工作台上，快速冷却后形成一层截面。一层成形完成后，工作台下降一个高度（即分层厚度）再成形下一层，直至形成整个三维实体模型。

（3）材料喷射　将材料以微滴的形式按需喷射沉积的增材制造技术，主要典型代表有：3DP、聚合物喷射（polyjet，PJ）。3DP 和喷墨平面打印非常相似，连打印头都是直接采用喷墨打印机的喷头改造而来的。3DP 工艺与激光选区烧结（SLS）工艺也有着类似的地方，采用的都是粉末状的材料，如陶瓷、金属、塑料，但与其不同的是，3DP 使用的粉末并不是通过激光烧结黏合在一起的，而是通过喷头选择性地喷射黏合剂将工件的截面"打印"出来并一层层堆积成形。PJ 打印技术与传统的喷墨打印机类似，由喷头将光敏树脂喷微滴在打印基底上，再用紫外光层层固化。

（4）粉末床熔融　粉末床熔融（powder bed fusion，PBF）是指通过高能束热源选择性地熔化或烧结粉末床中零件截面区域内粉末的增材制造技术。高能束热源主要有激光、电子束。原材料主要是各种粉末（如热塑性聚合物、金属、陶瓷等）。用于金属增材制造的 PBF 技术包括激光粉末床熔融（laser powder bed fusion，L–PBF）、电子束粉末床熔融（electron beam powder bed fusion，EB–PBF）等。PBF 是目前应用最广泛的金属增材制造技术，广泛用于制造航空航天、汽车、模具等领域的复杂精密零件。

（5）定向能量沉积　定向能量沉积（directed energy deposition，DED）是指利用定向能量源将材料同步熔化沉积的增材制造技术。能量源作用在原材料和基体表面上，使二者熔化后形成熔池，待冷却凝固后产生冶金结合。能量源主要有激光、电子束、电弧等，可成形不锈钢、钛合金、钴铬合金等材料。常见技术包括激光同步送粉技术（LENS/LMD/LSF）、电子束熔丝沉积成形（EBDM/EBAM/EBF3）、电弧熔丝增材制造（wire and arc additive manufacturing，WAAM）等。

（6）薄材叠层　薄材叠层（sheet lamination）通过逐层叠放薄片材料来构建三维实体零件。该技术将薄片材料（如纸张、金属箔等）逐层黏合在一起，从而形成所需的三维实体零件。该技术通常包括两种主要类型：层层黏合和剥离黏合。薄片材料被剪裁或加工成所需的形状，这些薄片通常在构建过程中被逐层叠放。在每层构建的开始，一层薄片被放置在前一层薄片上；然后，黏合剂或其他黏合方法被应用到薄片的表面，将其与前一层黏合在一起。逐层黏合后的薄片形成所需的物体。

2. 金属增材制造装备

金属增材制造是从 20 世纪 80 年代末逐步发展起来的一类先进制造技术，该技术采用激光、电子束和电弧等高能束，以金属粉末或丝材为原材料，基于数字化模型，通过逐层堆积的方式实现三维金属零件成形。

（1）激光粉末床熔融装备　激光粉末床熔融技术又称选区激光熔化（selective laser melting，SLM）技术，其装备由光学系统（激光器、准直器 / 扩束镜、振镜、聚焦场镜）、工作舱室、供料系统（供粉缸）、铺粉系统（铺粉辊、刮刀等）、成形缸、循环过滤系统和气氛保护系统等部分组成，如图 6-1 所示。该技术原理为：首先将零件三维 CAD 模型文件沿高度方向按设定的层厚进行分层切片，获得每层二维截面信息；然后在工作缸的成形面上铺一层粉末材料，在计算机控制下，根据各层截面数据，采用激光对特定区域的粉末层进行扫描，该区域的粉末颗粒发生熔化形成微熔池，凝固后形成实体层，而未被扫描的粉末仍呈松散状，可作为后续粉末层的支承；当前层扫描完成后，载料台下降一个设定层厚的距离，再进行下一层铺粉和扫描，同时新加工层与前一凝固层熔合为一体；重复上述过程直到整个三维实体加工完毕，将成形件取出，并进行适当后处理（如清粉、去除支承、打磨抛光等），获得最终三维零件。

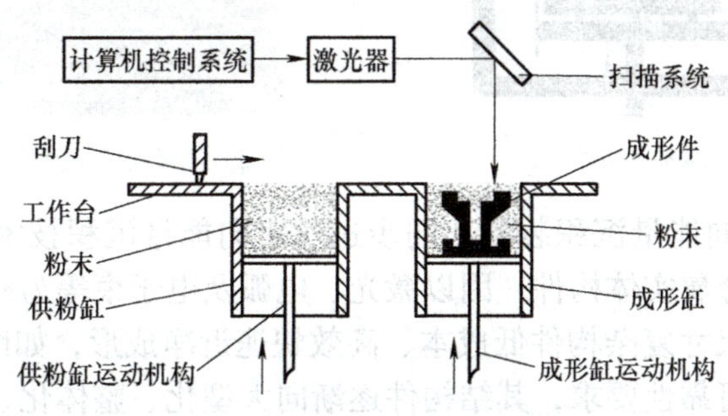

图 6-1　SLM 装备基本组成与原理示意图

（2）电子束粉末床熔融装备　电子束粉末床熔融技术是指利用高能电子束流熔化粉末床上的金属粉末颗粒，从而逐层融合材料完成零件实体的成形技术。该技术在发展初期也曾被称为电子束选区熔化（electron beam selective melting，EBSM 或 electron beam melting，EBM）。EBM 的技术原理示意图如图 6-2 所示，具体如下：电子束在偏转线圈驱动下按预先规划的路径进行扫描，熔化已经铺好的金属粉末；当一个层面的扫描结束后，成形平台下降一层的高度，铺粉器重新铺放一层金属粉末，如此反复进行铺粉和扫描的过程，层层堆积，直到制造出所需要的金属零件。该技术具有成形速度快、粉末材料的利用率高、电子束无反射和能量转化率高等特点。电子束粉末床熔融技术的成形环境为高真空，不需要通入保护气体，因而特别适合钛合金等高活性大中型金属零件的成形制造。

（3）同步送粉定向能量沉积装备　同步送粉定向能量沉积技术是一种兼顾精确成形和高性能成形需求的一体化制造技术，其原理如图 6-3 所示。金属粉末和激光的传输通道集成在一个喷嘴中，粉末通过气体输送，在喷嘴正下方汇聚后被激光熔化、沉积在基板上随后凝固，后续熔化粉末均在前一层凝固层上进行沉积。该技术可以实现力学性能与锻件相当的复杂高性能构件的高效率制造，成形尺寸基本不受限制（取决于装备运动幅面），所具有的材料同步送进特征，可以实现同一构件上多材料的任意复杂结构制造，并可用于损伤构件的高性能修复；此外，还可灵活地同传统的等材或减材加工技术（如锻造、铸造、机械加工或电化学加工等）相结合，充分发挥各自技术优势，形成金属结构件的整体高性能、高效率、低成本成形和修复新技术。

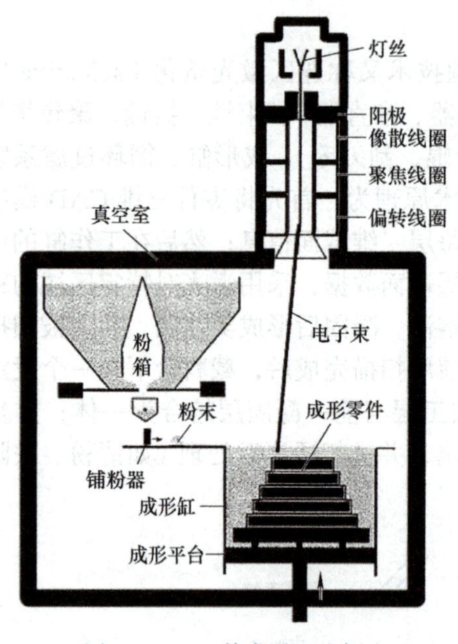

图 6-2　EMB 技术原理示意图

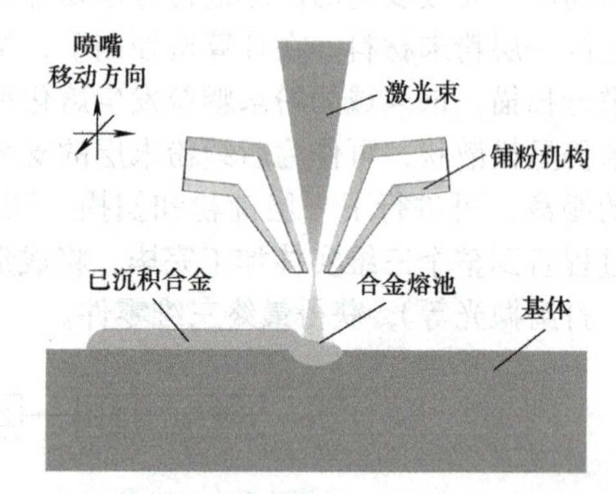

图 6-3　同步送粉定向能量沉积技术原理示意图

（4）同步送丝定向能量沉积装备　同步送丝定向能量沉积技术采用金属丝进行逐层堆焊的方式制造致密金属实体构件，因以激光、电弧及电子束等为载能束，热输入高，成形效率高，适用于大尺寸复杂构件低成本、高效快速近净成形，如图 6-4 所示。面对特殊金属结构制造成本及可靠性要求，其结构件逐渐向大型化、整体化、智能化发展，因而该技术在大尺寸结构件成形上具有其他增材技术无法比拟的效率与成本优势。

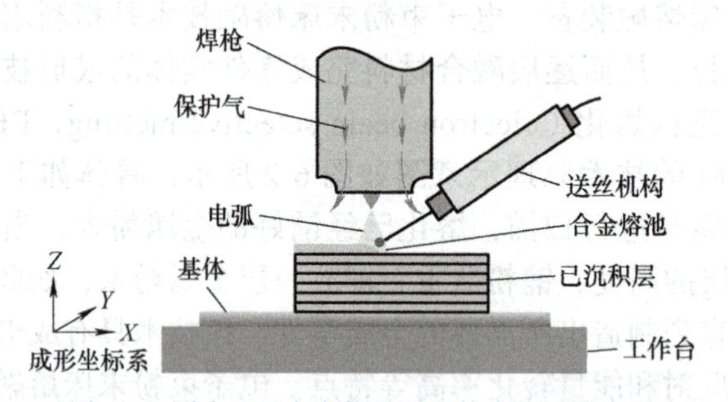

图 6-4　同步送丝定向能量沉积技术原理示意图

3. 非金属增材制造装备

非金属增材制造主要是针对聚合物和陶瓷等材料的逐层堆积制造，从设计和制造方式上减少了制造周期和成本，对于部分个性化产品，增材制造也可实现规模化定制。按照所用材料的形态、理化性质及成形方式，非金属增材制造可分为材料挤压、光固化成形、黏结剂喷射、薄材叠层和粉末床烧结成形几类。

（1）材料挤压式增材制造装备　材料挤压成形又称为熔融沉积成形（fused deposition modeling，FDM），其工作原理如图 6-5 所示。缠绕在送丝盘上的热塑性塑料丝在挤压喷头内部被加热至熔融态，在 NC 系统的控制下，挤压式喷头按照确定的工件切片轮廓信息移动，将材料挤出并沉积在工作台上，材料在室温下快速冷却固化形成工件轮廓和支承结构；在一层制造完成后，喷头竖直上升一个层高（通常为 0.1 ～ 0.2mm），再按照下一层的工件切片轮廓信息移动。如此循环往复，最终完成工件成形。

材料挤压式增材制造装备由于其原理简单，操作环境干净、安全，且材料无毒，元器件价格便宜，可以在日常环境下使用，是使用较为广泛的增材制造装备。但是，由于工艺和装备局限，这种工艺的成形精度较低，成形速度慢，且需要支承结构。

（2）光固化增材制造装备　光固化增材制造装备有上光束扫描式和下光束扫描式两种。上光束扫描式光固化成形装备由料槽（容器）、工作台、激光器、扫描振镜和计算机数控系统等组成。其中，料槽中盛满液态光敏树脂，有许多小孔的工作台浸没在料槽中，并可沿高度方向做往复运动。激光器为紫外（UV）激光器，如固体 Nd：YVO_4（半导体泵浦）激光器、氦镉（He-Cd）激光器和氩离子激光器。扫描振镜能根据控制系统的指令，按照成形件截面轮廓的要求做高速往复摆动，从而使激光器发出的激光束反射至料槽中光敏树脂的表面，并沿此面做 *X*、*Y* 方向的扫描运动。在受到紫外激光束照射的部位，液态光敏树脂发生聚合反应而快速固化，形成相应的一层固态的成形件截面轮廓薄片层和支承结构。

光固化成形技术原理示意图如图 6-6 所示。开始时，工作台的上表面处于液面下一个高度，称为分层厚度（通常为 0.1mm 左右），该层液态光敏树脂被激光束扫描而固化，并形成所需第一层固态截面轮廓薄片层，然后工作台下降一个分层厚度，料槽中的液态光敏树脂流过已固化的截面轮廓层，刮刀按照设定的分层厚度做往复运动，刮去多余的液态树脂，再对新铺上的一层液态树脂进行激光照射。

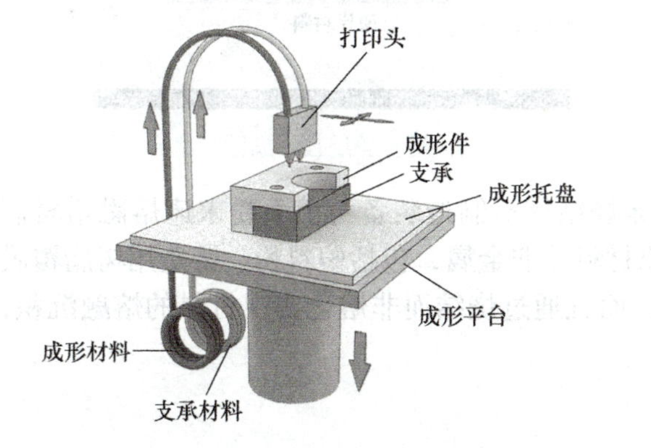

图 6-5　材料挤压式增材制造装备

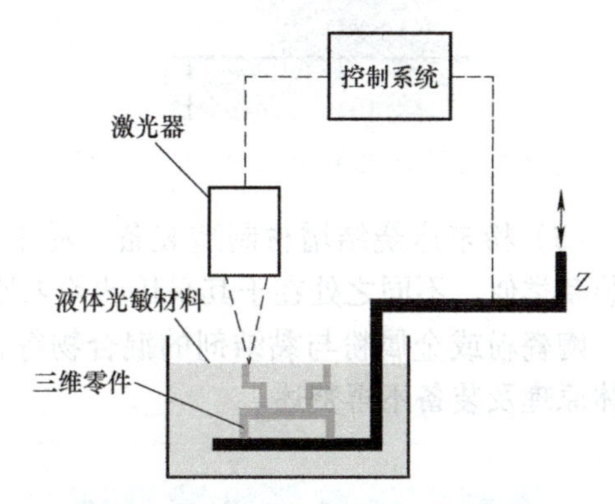

图 6-6　光固化成形技术原理示意图

（3）黏结剂喷射增材制造装备　黏结剂喷射是一类选择性喷射沉积液态黏结粉末材料的增材制造技术，其成形原理如图 6-7 所示。喷头在控制系统的控制下，按照所给的一层截面信息，在事先铺好的一层粉末材料上，选择性地喷射黏结剂，使部分粉末黏结，形成一层截面薄层；在每个薄层成形后，工作台下降一个层厚，进行铺粉，继而再喷射黏结剂进行薄层成形；不断循环，直至所有薄层成形完毕，层与层在高度方向上相互黏结并堆叠得到所需三维实体成形件。通常情况下，黏结剂喷射所得到的成形件还需要进行后处理。对于无特殊强度要求的模型成形件，后处理通常包括加温固化以及渗透定型胶水。而对于强度有特殊要求的结构功能零件以及各类模具，在对黏结剂进行加热固化后，通常还要进行烧结以及液相材料渗透的步骤以提高成形件的致密度，从而达到各类应用对强度的要求。

（4）薄材叠层增材制造装备　薄材叠层增材制造是将薄层材料逐层黏结以形成实物的增材制造技术，其成形原理如图 6-8 所示。它以金属薄材为原料，采用大功率超声波能量，利用金属层与层振动摩擦产生的热量，使材料局部发生剧烈的塑性变形，从而达到原子间的物理冶金结合，实现同种或异种金属材料间固态连接。薄片材料被剪裁或加工成所需的形状。这些薄片通常在每一层构建过程中被逐层叠放。在每层构建的开始，一层薄片被放置在前一层薄片上；然后，黏结剂或其他黏结方法被应用到薄片的表面，将其与前一层黏结在一起。逐层黏结后的薄片形成所需的物体。薄材叠层技术通常使用相对廉价的薄片材料，因此装备和材料成本相对较低。薄材叠层技术的构建过程不需要填充零件截面，因此可以制造较大尺寸的实心物体。由于各层之间存在黏结界面，导致零件强度性能受到影响，不适用于一些对强度要求较高的应用。

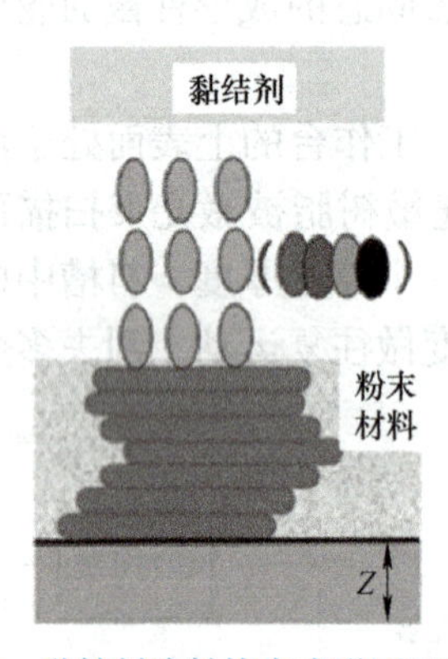

图 6-7　黏结剂喷射技术成形原理示意图

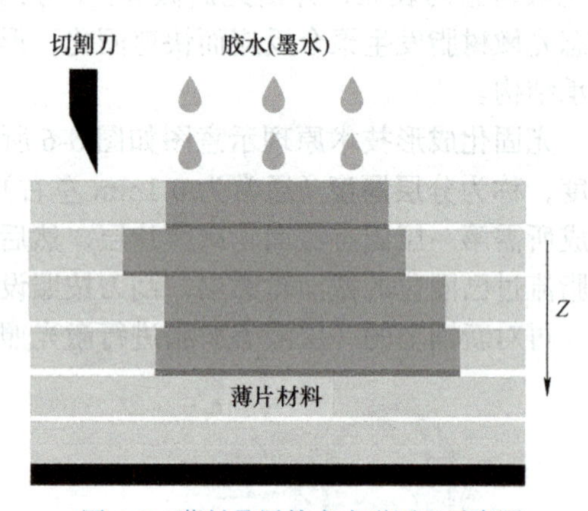

图 6-8　薄材叠层技术成形原理示意图

（5）粉末床烧结增材制造装备　粉末床烧结增材制造装备与前面粉末床熔融增材制造装备类似。不同之处在于其采用的粉末原材料是非金属，包括塑料粉、铸造用树脂覆膜砂、陶瓷粉或金属粉与黏结剂的混合物等，而且通过烧结而非熔化实现材料的熔融沉积，具体原理及装备不再赘述。

6.2　增材制造装备机械设计

6.2.1　材料挤出装备机械设计

1. 装备整体结构

材料挤出装备的机械结构部分主要由机身主体框架、送丝机构、熔融挤出机构、传动机构等部分组成。其中，机身整体框架负责支承其他机构与零部件的安装。FFF 技术原理如图 6-9 所示。

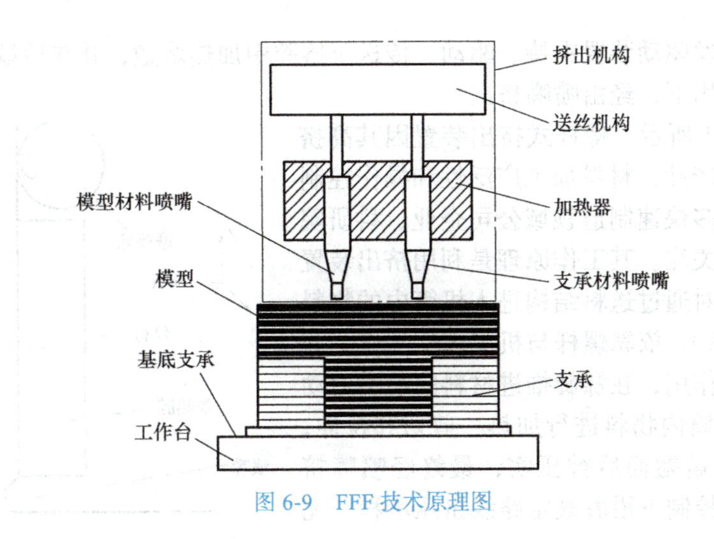

图 6-9　FFF 技术原理图

2. 装备装配与集成

FFF 增材制造装备由机械运动系统、熔融挤出系统、成形平台、主体框架等部分组成。

（1）机械运动系统　机械运动系统的功能是在控制器的作用下按照既定的速度，完成打印喷头沿着 X 轴、Y 轴、Z 轴方向移动的一定距离，完成制品成形。机械运动系统依据进给结构的不同，常用结构可分为同步带 - 带轮结构、滚珠丝杠结构、直线导轨结构。

（2）熔融挤出系统　熔融挤出系统是 FFF 系统的重要组成部分，是增材制造装备的核心装置，其基本功能是完成原材料（丝状材料或颗粒材料）的添加，并将原材料加热熔融塑化，继而从微小孔径（常为 0.1 ～ 0.5mm）的喷嘴中挤出丝状熔融材料，用于制造实体件的堆积成形。依据 FFF 技术成形原理，为获得高质量精度，熔融挤出系统应满足以下功能的要求：

1）原料的连续性供应。熔融挤出系统应当满足原材料的连续性供应，避免因间歇性供料导致喷嘴出丝间断的现象。

2）充分的熔融性能。原料多为颗粒状或丝状，在一定范围内，熔融挤出系统应当充分满足对上游结构供应原料的熔融能力，避免材料因不能及时熔融而产生的喷嘴堵塞现象。

3）熔融材料的稳定挤出。当物料充分熔融后，系统应保证熔融物料的稳定挤出，避免因流动形式和流道结构的变化导致融体流动压力产生变化，造成丝材挤出直径的波动性变化。

4）出丝速度与扫描速度的匹配。出丝速度应当与扫描速度实时匹配，避免出现堆积成瘤和拉丝现象的出现。

5）出丝的起停控制。熔融挤出系统应能根据程序的设定实现出丝的快速起停，力求响应时间短、速度快，避免延时效应造成的精度损失。

FFF 技术常用的熔融挤出系统有三种：

1）如图 6-10 所示，柱塞式挤出装置是 FFF 技术最早应用的挤出结构形式，其结构形式简单，成形原理发展也较为成熟。该装置加工材料首先经过挤出工艺制取成丝状，然后丝状材料由送丝驱动装置夹持、驱动、传送至熔腔中加热熔融，并在后端未熔融丝状材料推杆驱动力作用下，经由喷嘴挤出。

2）如图 6-11 所示，螺杆式挤出装置因其高挤出速度、连续生产性，材料加工广泛性和操作控制的精确性得到诸多快速制造领域公司企业、科研院校和行业学者的关注。其工作原理是利用挤出装置内的挤压螺杆，对通过送料结构进入机筒内的物料（丝材状或颗粒状），依靠螺杆与机筒内壁的螺旋剪切、塑化、挤压作用，在螺旋推进材料向喷嘴运动的过程中，对机筒内物料进行加热、剪切和拉伸，物料逐渐软化、熔融而后被压实，最终经喷嘴挤出，在运动系统控制下沿着既定路线挤压堆积，完成成形件的制造。

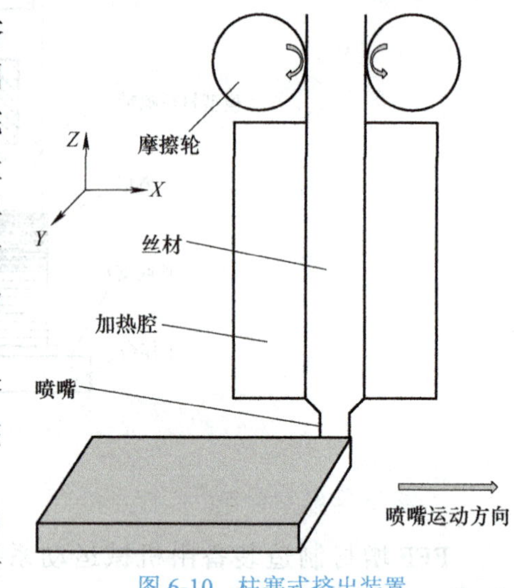

图 6-10　柱塞式挤出装置

3）如图 6-12 所示，气压式挤出装置在熔腔中直接升温加热熔化材料，不用预先制作成丝材，对材料也没有拉伸、压缩强度方面的限制，且压缩空气构成的压力系统具有微动力、高柔性、易控制等特点，可以提供近似于静压的压力，通过气压大小的调节快速控制材料挤出速度的快慢，可重复操作性强。

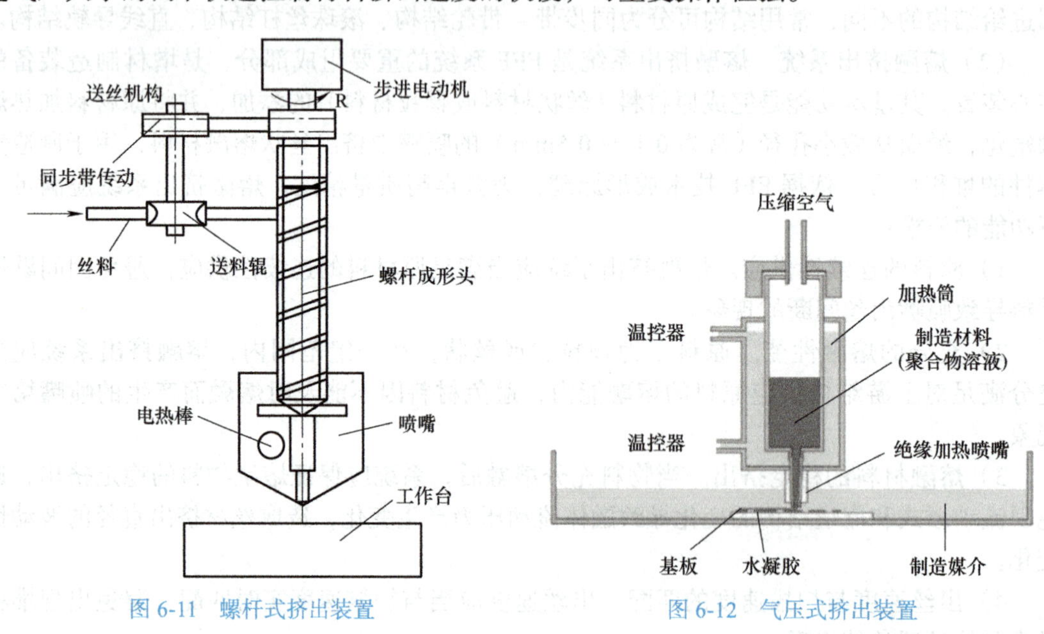

图 6-11　螺杆式挤出装置　　图 6-12　气压式挤出装置

6.2.2　光固化装备机械设计

1. 装备整体结构

常见的立体光固化增材装备的整体结构如图 6-13 所示，主要包括激光扫描系统、托板升降系统、真空吸附刮平系统、液位自动调节系统和树脂自动补液系统等。

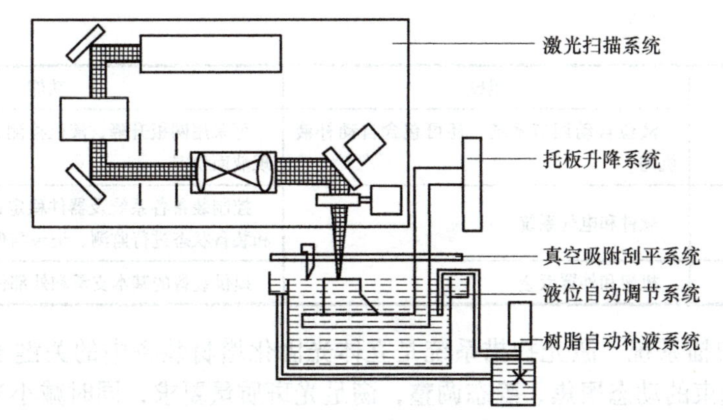

图 6-13　立体光固化增材装备的整体结构

光固化增材制造的主要步骤：

1）制造数据获取。先对 CAD 模型做近似化处理，转换成增材制造装备识别的 STL（立体光刻）文件格式，然后再将 CAD 模型沿某一方向分层切片形成类似等高线的一组薄片信息，包括每一层薄片的轮廓信息和实体信息。

2）分层准备。由于树脂本身的黏性、表面张力以及固化过程中的体积收缩，因此完成涂铺并维持液面稳定是成形过程的重要步骤。

3）分层固化。用特定波长的紫外激光束按分层所获得的片层信息以一定的顺序照射树脂液面使其固化为一个薄层的过程。

4）层层堆积。该过程是前两步（分层准备与分层固化）的不断重复。在单层扫描固化过程中，除了使本层树脂固化外，还须通过扫描参数及分层厚度的精确控制，使当前层与已固化的前一层牢固地黏结到一起。

5）后处理。该过程是指整个零件成形完成后对零件进行的辅助处理工艺，包括零件的取出、去除支承、清洗、磨光、表面喷涂等再处理过程。有些时候还需要对零件进行二次固化，常称为后固化。

2. 装备装配与集成

立体光固化增材装备机械运动虽然相对简单，但是涉及机械运动设计、光学设计、液体循环以及液位检测等多种技术。装备要求高度集成化、自动化以及智能化，以期形成一个高度柔性的独立制造岛，以及面向用户的易操作性及维护性。一般立体光固化装备主要有激光扫描系统、机械运动系统（包括托板升降系统和树脂刮平系统）、液控系统（液位自动调节系统和树脂自动补液系统）、控制系统和机身，其组成及功能见表 6-1。

表 6-1　立体光固化装备的组成及功能

名称	组成	功能
激光扫描系统	激光器、振镜、反射镜、扩束镜、场镜等	由激光器产生激光，通过光路聚焦于光敏树脂液面，并通过控制系统实现激光的扫描运动
机械运动系统	Z 轴托板升降系统和树脂刮平系统	保证各机械组成部分协调运行，准确可靠地完成整机功能

（续）

名称	组成	功能
液控系统	液位自动调节系统，还可包含自动补液机构	可采用网板升降、液位检测、料泵抽吸等方式实现液面稳定
控制系统	软件和电气系统	控制装备各系统及器件稳定运行，并对控制参数和装备状态进行监测、记录与保存
机身	机架和外罩钣金	提供装备的基本支承和外部保护

（1）激光扫描系统　激光扫描系统是立体光固化增材装备中的关键子系统之一，光学系统要完成光束的动态聚焦、静态调整，满足光斑质量要求，同时减小光路的衰减，其设计与制造的质量直接决定激光扫描的精度以及光路调整维护的方便性。一般立体光固化装备的光学系统由紫外激光器、扩束镜、振镜和场镜组成，如图 6-14 所示。激光光束通过紫外激光器发出，经扩束镜放大后，再经过振镜和场镜将光束按照特定的位置投射到光敏树脂液面上，从而提供光敏树脂固化所需的能量。激光器以及部分关键器件的性能需要很高的可靠性，该部分的设计主要包括光程设计、元器件的选用以及辅助配件的设计。

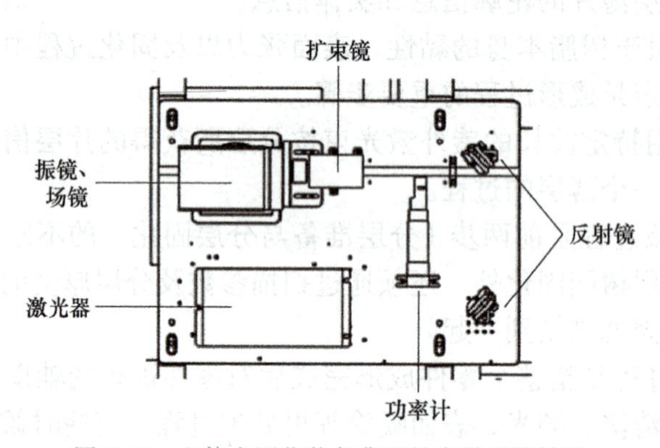

图 6-14　立体光固化装备典型的光学系统结构

1）振镜距液面位置设计。因为振镜工作角度范围的原因，为了获得较好的振镜扫描线性，考虑装备的总高度尺寸，振镜轴线距液面的垂直距离 H 应满足 $H\geqslant$扫描范围 /tan 20°。

2）焦程设计。激光束出口直径为 2mm，而制造时要求激光束的光斑直径在 0.1mm 左右。根据扫描范围和聚焦光斑大小，选择适当的扫描振镜和场镜，扩束镜根据聚焦光斑选择合适的倍数，且具有发散角可调，以便根据扫描平面的位置来调整光斑的大小。

3）光轴同心度的保证与调整。由于动态扩束镜、扫描振镜是两个单独的组件，且都具有安装基面和定位销，因此设计时将两部分安装在同一光路板上，光路板上设计有统一的定位基准槽，以便调整两组件的光轴线方向的相对位置。

（2）托板升降系统　托板升降系统的作用是支承固化零件、带动已固化部分完成每一分层厚度的步进和快速升降，以及用于零件成形后的快速提升，如图 6-15 所示。托板升降系统的运动是实现零件分层堆积的主要过程，因此必须保证其运动精度。步进的定位精度直接影响堆积的每一层厚度，不仅影响 Z 轴方向的尺寸精度，更严重的是影响相邻层之间的黏结性能。

托板升降系统采用伺服电动机驱动，精密滚珠丝杠传动及精密导轨导向。为减少托板升降时对液面的扰动，且便于成形后的零件从托板上取下，通常需将托板加工成特定网孔大小及孔距的筛网状，使其能与零件的支承牢固黏结。此外，托板本身要达到一定的平面度要求，应能水平调整，并能方便地拆下。托板升降系统运动时，运动部件与树脂槽之间留有安全距离，当运动到极限位置时应能自动停止。

（3）树脂刮平系统　树脂刮平系统主要起到对树脂液面的刮平作用，如图 6-16 所示。由于树脂的黏性以及已固化树脂表面张力的作用，如果完全依靠树脂的自流平来达到液面的平整，需要较长的时间，特别是当已固化层面积较大时。而借助刮板沿液面的刮平运动，辅助树脂液面快速流平，可提高重涂效率。另外，液态的树脂需考虑气泡的问题，所以在刮平系统中需要增加除泡功能。

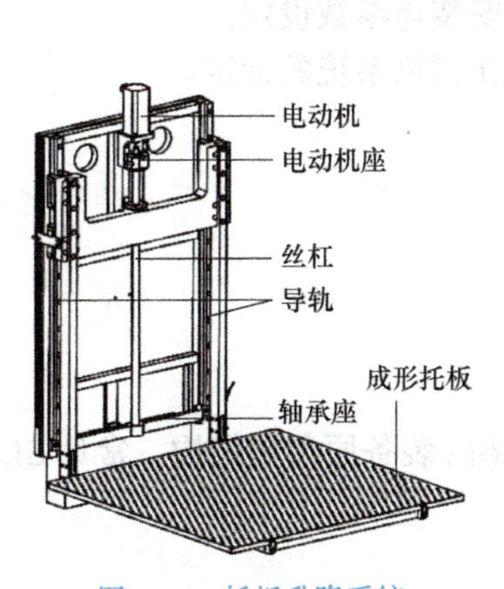

图 6-15　托板升降系统

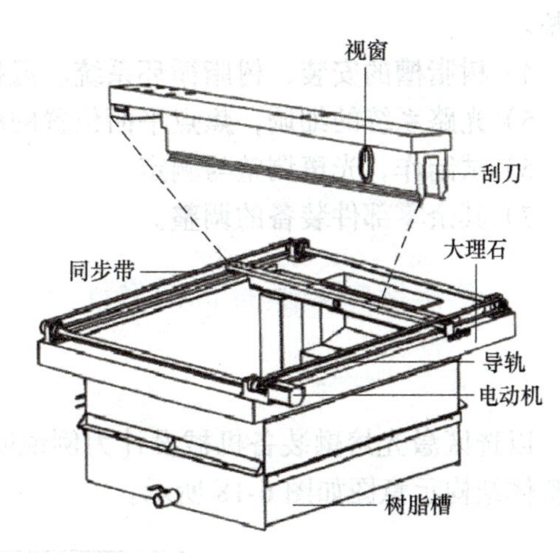

图 6-16　树脂刮平系统

刮刀的形状、材质以及距液面的高度对刮平动作后液面的状态影响很大，是设计时需要重点解决的问题。目前，刮刀采用不锈钢制作，距液面高度可微调，内部为空腔结构，可以形成负压以消除气泡。刮刀形状及刮平运动与水平面的平行度是刮平系统设计与加工时需要保证的关键项目。

刮平系统的有效工作距离应大于托板前后宽度，刮平机构的回零停靠位置应与托板留有安全距离，在托板远端外侧应设有刮平机构停靠区域，停靠位置的宽度应大于刮刀厚度。此外，刮平系统应有做不同范围往复运动的定位功能。

（4）液位自动调节系统　在整个成形过程中，为了保证扫描振镜到树脂液面距离的固定，必须能够提供自动的补偿系统以保证液面距离的固定值。自动补偿系统也称为液位自动调节系统，该系统在制作过程中对当前液面高度进行实时检测，检测精度可达 0.02mm，当超过预先设定的高度值时，控制程序会自动进行补偿。液位自动调节系统如图 6-17 所示。

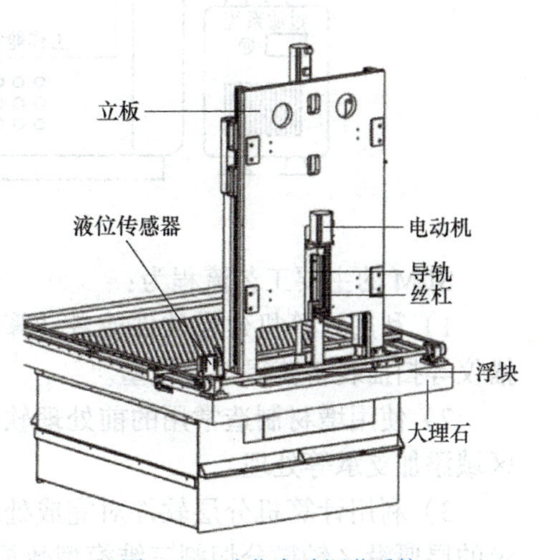

图 6-17　液位自动调节系统

（5）树脂自动补液系统　在立体光固化增材装备的使用过程中，每次将制造完成的模型自成形托板取出后，槽内的光敏树脂都会减少。当树脂减少到一定量之后，液位系统就无法实现自动调整，这时系统就会自动提示用户添加树脂，用户可以通过控制程序里的添加树脂模块添加树脂。

（6）系统组装与调试　在完成各子系统的优化设计、加工、装配后，进行精度及性能测试，都达到要求后，将进行最后的总装与调试，其主要内容及步骤如下：

1）托板升降系统的安装、整机调整、运动精度检验。

2）刮平系统的安装与调整。

3）光路系统的安装与粗调，包括光路基准板的安装与水平调整、光轴同心度的粗略调整。

4）树脂槽的安装，树脂循环系统、温控系统的安装与参数设定。

5）光路系统的细调，焦点平面位置的测定，激光扫描系统的标定。

6）试制作，光斑调整与测定。

7）其余零部件装备的调整。

6.2.3　粉末床熔融装备机械设计

1. 装备整体结构

以选区激光熔融装备机械设计为例说明粉末床熔融装备原理与结构。常见 SLM 装备的整体结构示意图如图 6-18 所示。

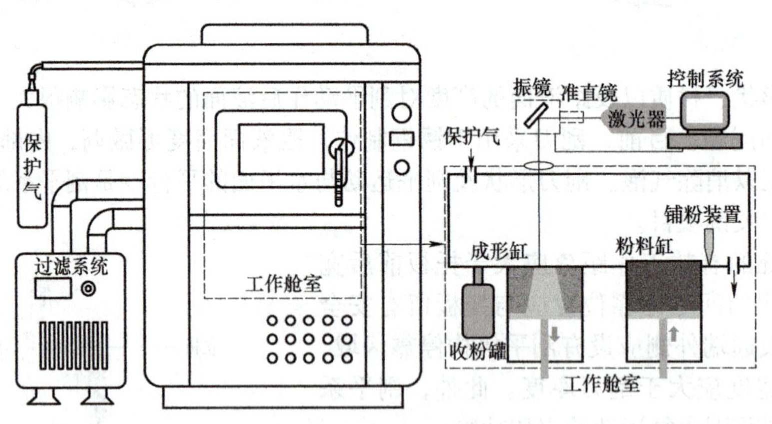

图 6-18　SLM 装备的整体结构示意图

SLM 的主要工艺流程为：

1）利用计算机建模软件或者计算机断层扫描（computed tomography，CT）、三维扫描仪等扫描装备获得三维模型。

2）使用增材制造常用的前处理软件对三维模型进行分析，然后进行模型修复、悬空区域添加支承等处理。

3）利用计算机分层软件对完成处理的数字化三维模型进行切片处理，具体为根据设定的层厚沿 Z 轴微分切割三维模型数据，得到大量单层数据。

4）将切片数据导入装备软件中，选择合适的填充方式，软件自动规划激光扫描路径，控制激光器与振镜输出高能激光束扫描粉末床上的金属粉末材料。

5）处于扫描路径上的粉末在极短时间内达到高温并熔化，形成微小熔池并快速凝固，形成实体。

6）完成该层的熔融成形后，成形缸向下运动一个层厚的距离，粉料缸上升，铺粉系统在该层上铺设新一层的粉末，对下一层数据进行同样的操作，最后叠加形成金属实体。

2. 装备装配与集成

粉末床激光熔融装备主要由光学系统、工作舱室、供料系统、铺粉系统、循环过滤系统、气氛保护系统等几个部分组成。

（1）光学系统　光学系统是激光粉末床熔融加工的能量源，是装备系统的重要组成部分，其工作的稳定性直接决定成形加工的质量。一般激光粉末床熔融装备的光学系统由激光器、扩束镜或者准直镜、振镜和场镜（F-θ 镜）组成，如图 6-19 所示。激光光束通过光纤激光器发出，经扩束镜放大 2 ～ 8 倍后，再经过振镜和聚焦镜将光束按照特定的位置投射到基板上，从而提供激光熔融所需的能量束。同时，该结构上装有微调平台，在 X、Y、Z 轴都可以实现微调，可以更好地调节焦距和位置，有效地避免加工误差。

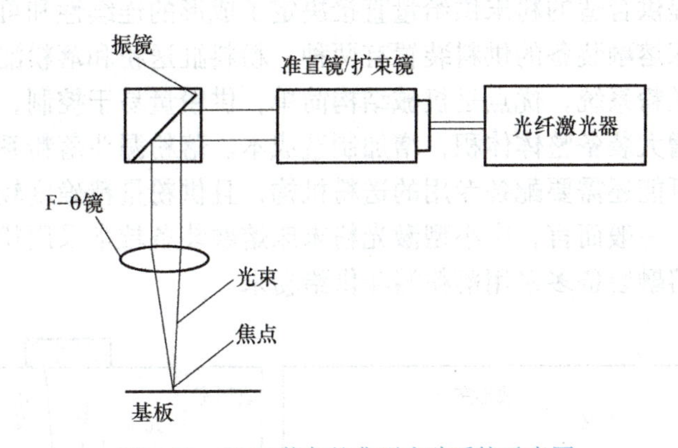

图 6-19　SLM 装备的典型光路系统示意图

光学系统的各部件功能如下：

1）激光器：发出激光光束，熔化粉末。选择时需要考虑具体的加工要求和装备性能；同时，激光器的稳定性和寿命也是需要考虑的因素。

2）准直镜：将光纤内的传输光转变成准直光（平行光），选用准直镜应考虑的主要参数包括发散角、工作距离、腰束直径、激光功率、工作波长等。

3）振镜：用于控制激光束的运动轨迹，实现在整个视场内任意位置的扫描，设计时需要考虑振镜的扫描范围、扫描精度及稳定性等。

4）场镜（F- θ 镜）：克服扫描振镜产生的枕形畸变，使聚焦光斑在扫描范围内得到一致的聚焦特性，设计时需要考虑焦距及光斑直径等。

（2）工作舱室　工作舱室是激光粉末床熔融装备的主体结构，其他所有的机构均以工作舱室为框架进行装配。工作舱室由成形室和下舱室组成，成形缸和粉料缸安装在下舱室中，分别控制着铺粉层厚度和供粉量，同时连接着成形室。铺粉系统安装在成形室内，粉料缸供粉后铺粉系统进行铺粉，经光学系统发出的激光在成形室内进行扫描加工。激光粉末床熔融装备的工作舱室结构示意图如图 6-20 所示。

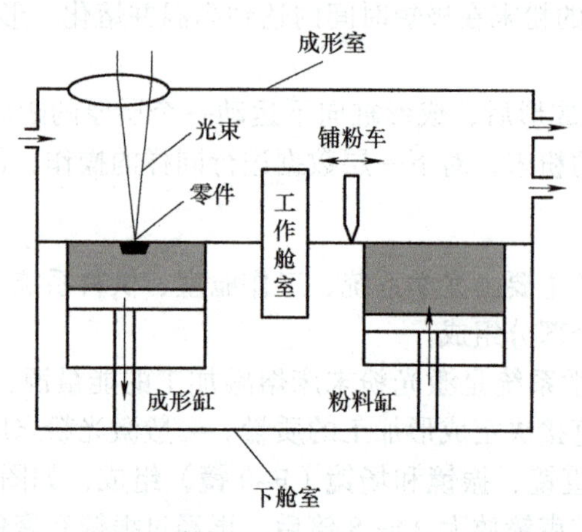

图 6-20　激光粉末床熔融装备的工作舱室结构示意图

（3）供料系统　在激光粉末床熔融加工过程中，供料系统是提供成形粉末的重要机构。供料系统能否提供合适的粉末供给量直接决定了成形的连续性和可行性。目前，市场上主流的激光粉末床熔融装备的供料装置有两种：粉料缸送粉和落粉漏斗落粉，如图 6-21 所示。对于粉料缸送粉系统，优点是机械结构简单，供粉量易于控制，送粉稳定，不会扬起粉尘，缺点是会增大装备整体体积，增加制造成本。落粉漏斗落粉系统结构紧凑，但结构相对比较复杂，可能还需要配备专用的送粉机构，且供粉量精确度较低，在落粉过程中会扬起一定的粉尘。一般而言，中小型激光粉末床熔融装备较常采用粉料缸送粉方式，而大尺寸激光粉末床熔融装备多采用落粉漏斗供给粉末。

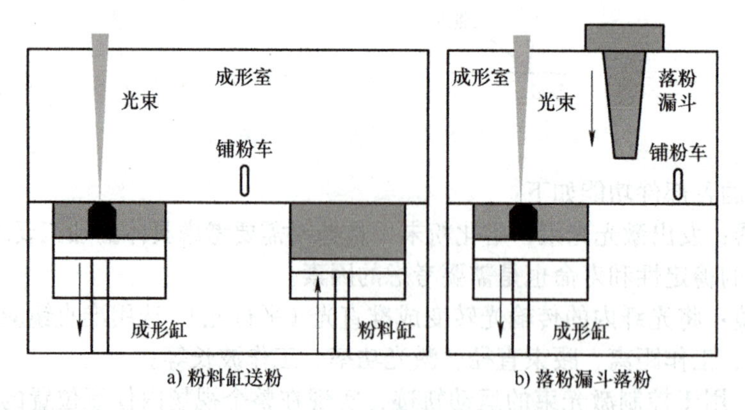

图 6-21　SLM 装备常用的供料系统

（4）铺粉系统　在激光粉末床熔融成形过程中，机械结构对成形质量影响最大的是铺粉系统。铺粉系统主要由直线导轨和刮刀组成。在铺粉过程中，刮刀可以将粉末铺展至粉末床表面，刮平表面的不规则颗粒，同时刮去多余的粉末，以确保粉末层厚度的均匀性。目前，主流的装备采用硅胶条作为刮刀。采用硅胶条能够使铺粉装置结构进一步简化同时更易夹紧，因其具有一定的柔性，所以铺粉装置在铺粉过程中不会与零件发生刚性碰撞，保证了铺粉的平整、均匀和紧实。铺粉系统运动范围和刮刀的工作范围通常需要根据装备的具体设计和加工要求进行调整，以实现良好的铺粉效果。

要实现送铺粉以及零件的储存，就必须有相应的送铺粉机构。粉末材料的准备工作需经送粉机构和铺粉机构的协调运动来完成。如图 6-22 所示，成形缸逐层下降，两边送粉缸上升进给供粉，然后由铺粉辊铺平粉末；铺粉辊在支架带动下平移的同时自转，铺平粉末的同时让粉层更加致密。成形件高度方向的精度主要靠成形缸的运动精度来保证，其执行电动机一般采用高精度步进电动机或者伺服电动机，在电动机转轴和成形缸传动丝杠之间多采用皮带进行连接，不可避免地会引起传动误差。另外，增材制造装备一般都需要长时间运行，必须保证任何一层都不出错，零件才能制作成功。因此，送粉机构和铺粉机构的稳定运行也是整个系统能稳定运行的重要因素。

（5）成形缸　成形缸是激光粉末床熔融装备中的一个重要组成部分，其主要作用是支承基板及成形零件，控制粉末层厚度，并存储部分多余粉末，以保证零件的顺利成形。成形缸存储的粉末可以支承熔池，特别是成形垂悬结构时，可以防止熔池的变形或塌陷。成形缸的设计需要考虑多个因素，包括材料的选择、形状和尺寸的设计、热传递和气体流动的影响等。成形缸的材料需要具有高温抗性、高硬度、高强度和耐磨损等特性，通常选择金属合金、陶瓷或碳化硅等材料。成形缸的形状和尺寸需要根据加工要求和装备设计进行优化。

（6）循环过滤系统　激光粉末床熔融加工过程中密封成形室内成形环境的控制非常重要，其中关键指标为金属粉尘颗粒浓度，需采用循环过滤系统对成形室内的气氛进行净化，气体循环系统的结构如图 6-23 所示。一般情况，选择的过滤系统过滤精度在 5 ～ 50μm 之间，过滤效率在 95% ～ 99% 之间。循环净化装置包括净化柱、除尘滤芯和风机等。循环净化装置的主要功能是微调氧气含量和除尘。工作舱内气体在经过“洗气”之后，氧含量降到 0.05% 以下方可开启循环净化装置，通过催化剂除氧的方式将氧含量进一步降低到 0.01% 以下，相比单纯使用“洗气”功能来达到氧含量要求更快更有效，也可以节省保护气的消耗量。

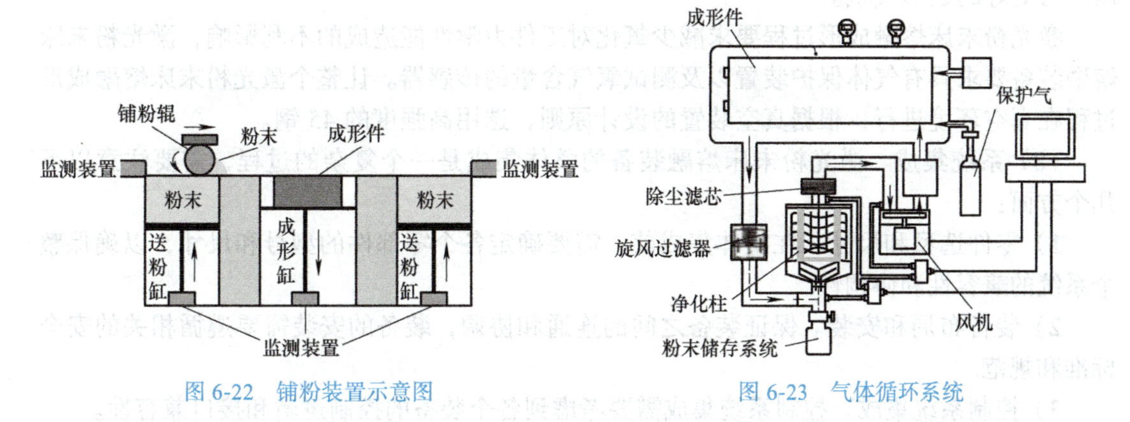

图 6-22　铺粉装置示意图　　图 6-23　气体循环系统

循环过滤系统的设计原则如下：

1）过滤器选择。循环过滤系统中的过滤器需要根据粉末的类型和颗粒的大小来选择。过滤器的选择能够有效地防止粉末的堵塞和污染。

2）循环系统设计。循环系统需要设计合理的循环路径和循环速度，以保证粉末的均匀分布和循环。循环系统还需要考虑到粉末输送的稳定性和精度。

3）清理系统设计。循环过滤系统需要设计合理的清理系统，以保证过滤器和循环管道的清洁。清理系统需要可靠、高效、方便的操作方式。

4）存储系统设计。激光粉末床熔融装备的循环过滤系统需要设计合理的粉末存储系统，以保证粉末的质量和干燥度。存储系统需要防潮、防尘、防静电等措施。

5）温度控制。循环过滤系统的温度控制对于粉末的质量和成形质量非常重要。温度控制需要设计合理的加热和冷却结构，以保证温度的稳定控制。

（7）气氛保护系统　气氛保护系统是指在加工过程中向加工区域提供保护性气氛的系统，其作用是防止加工区域的熔池受到氧化或其他污染物的影响，从而保证加工件的质量和精度。气氛保护系统需要设计合理的气氛控制系统，以保证粉末和成形件的质量。气氛控制需要考虑到气氛的氧气含量、湿度、温度等因素。气氛保护系统需要选择合适的气体，以保证粉末和成形件的质量。一般来说，常用的气体有氮气、氩气等。选择气体需要考虑其惰性、成本、稳定性等因素，以及其对加工区域的影响。气氛保护系统需要控制气压、合理的气体循环系统以及保持清洁。

实现良好的气体保护，在激光增材制造领域，通常采用的方案有以下两种：①将成形室密封起来，只留一个口抽真空，成形过程在真空下进行；②将成形室密封起来，只留一个进气口和一个出气口，在成形过程中往成形室中充保护气体，这也是整体气体保护方式。

在激光粉末床熔融装备中，铺粉系统是内置于成形室的，由于铺粉系统具有较大的尺寸，因此成形室的空间较大。在第一种气体保护方式下，对成形室的设计工艺要求相当高，保证成形室有足够的密封性，能承受足够大的压力，并且在成形过程中，往往需要大功率的抽真空装备，增大了运行成本，也制造了大量的噪声。第二种气体保护方式更为常用，然而单纯采用整体气体保护方式，还不能很好地解决激光粉末床熔融工艺中的氧化问题。因此，在保留整体气体保护方式的前提下，新研发的激光粉末床熔融系统还采用了一种局部气体保护方式，构成了“整体充普通氮气结合局部充高纯氟气”的气体保护方案，以获得更好的成形气氛。

激光粉末床熔融成形过程要求减少氧化对工件力学性能造成的不利影响，激光粉末床熔融装备要求具有气体保护装置以及测试氧气含量的传感器。让整个激光粉末床熔融成形过程在真空环境进行，根据真空装置的设计原则，选用高强度的45钢。

（8）系统集成　激光粉末床熔融装备的整体集成是一个复杂的过程，需要注意以下几个方面：

1）零件选型和尺寸。在整体集成前，需要确定各个零部件的型号和尺寸，以确保整个系统的兼容性和协调性。

2）装备布局和安装。保证装备之间的连通和协调，装备的安装需要遵循相关的安全标准和规范。

3）控制系统集成。控制系统集成需要考虑到各个装备的控制逻辑和接口兼容性。

4）数据管理和处理。数据管理和处理需要考虑数据的采集、传输、存储和分析等。

5）安全措施和应急预案。安全措施和应急预案需要考虑到装备的安全防护、装备故障报警、紧急停车等方面。

（9）机械系统的稳定性设计原则

1）在设计过程中，需要考虑到整个装备的结构强度、刚性和稳定性，避免出现过度振动、变形、位移等情况，从而保证装备的稳定运行。

2）在机械结构设计中，需要选择高强度、高刚性、高耐热等特性的材料，以确保机械部件的稳定性和耐用性。

3）粉末供给和铺粉系统是保证粉末床均匀的关键部分，需要设计合理的粉末输送方式和铺展结构，以确保粉末能够均匀地分布在加工区域内，从而保证成形过程的稳定性。

4）残留粉末清理系统可以清除未熔化的粉末，避免影响下一次加工的质量和稳定性。因此，需要设计合理的清理机构和清理参数，以确保残留粉末被彻底清除。

6.2.4 定向能量沉积装备机械设计

1. 装备整体结构

本节以送粉式激光增材装备机械设计为主要内容。送粉式激光增材装备整体结构示意图如图 6-24 所示。

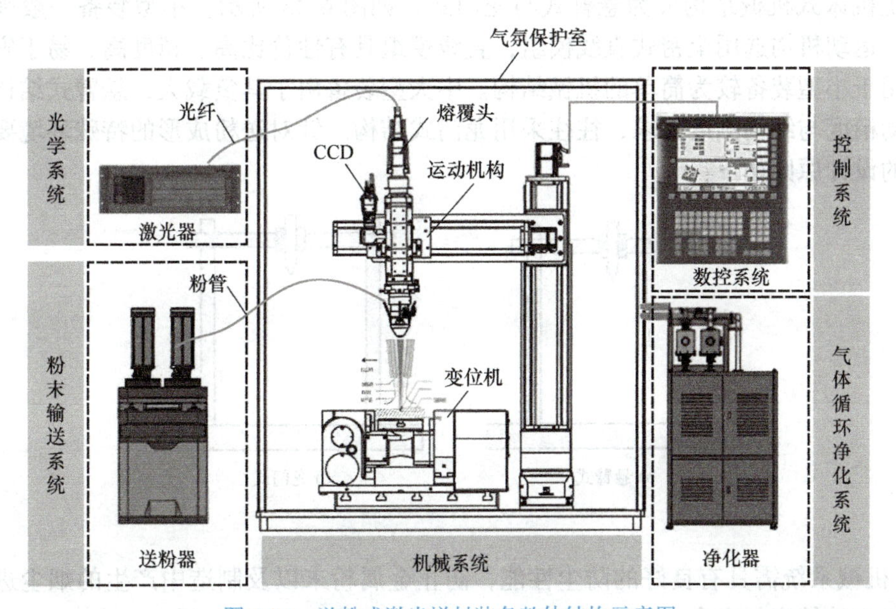

图 6-24　送粉式激光增材装备整体结构示意图

送粉式激光增材制造的主要工艺流程如下：

1）三维模型获取。利用计算机建模软件或者计算机断层扫描、三维扫描仪等扫描装备获得三维模型。

2）加工路径规划。使用送粉式激光增材分层切片及路径规划工艺软件，对需要制造的三维模型进行平面式分层切片、轨迹填充、轨迹优化，以获得完整加工路径。

3）成形路径优化。如果零件较为复杂，可使用模拟软件进行运动仿真，进一步优化轨迹，避免成形失败。

4）参数设置与制造。导入轨迹，根据指导工艺数据库设置送粉速度、激光器功率等参数，开始制造。

5）实体构件生成。金属粉末在激光束的作用下，与基体迅速加热、熔化，并快速凝固后形成与基体材料成冶金结合的金属层，逐层堆叠形成模型实体。

为避免金属在高温熔融状态下与氧等气体发生反应导致成形质量不佳或活泼金属在制造中起火发生危险，成形过程在密封的成形箱体中进行，同时舱体充满惰性气体，辅助以气体净化系统，维持箱体内的水氧含量，保证成形质量。

2. 装备装配与集成

定向能量沉积装备是集光、机、电一体化的集成系统，系统复杂、自动化程度高，涉及材料、机械、自动化、控制等学科。该装备主要由机械系统、光学系统、气体循环净化系统、粉末输送系统等组成。

（1）机械系统　送粉式激光增材制造装备通常以机床或机器人为载体，机械系统需具有良好的刚性与精度，以减小运动与加工时产生的振动。机床送粉式激光增材制造装备适用于增材制造和表面修复。与之相比，机器人送粉式激光增材制造具有更高的自由度，更适合于复杂零件的成形与修复。

传统机床式机械结构分为悬臂式与龙门式，如图 6-25 所示。小型装备一般采用悬臂式结构，运动机构选用全密式直线模组，直线模组具有性价比高、精度高、易于安装等优点，适用于小型装备较为简单的机械结构。中大型装备由于其负载大，悬臂式结构无法满足其运动精度与结构刚度要求，往往采用龙门式结构。针对送粉成形的特殊环境要求，运动机构的设计原则如下：

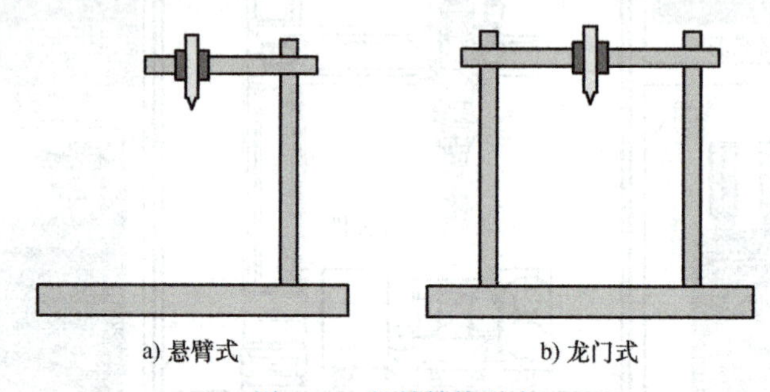

图 6-25　机械结构形式

1）机械系统需具有良好的防尘性能，防止金属粉末以及制造中产生的烟尘进入，影响运动机构的精度与寿命。

2）机械系统需具有良好的防锈、耐蚀能力，避免制造中水蒸气引起装备生锈老化。

3）制造成形的过程中会产生大量的热量，在非金属材料的选用上应采用耐高温、阻燃材料。

4）水气路与电路分离，装备接地。

（2）光学系统　光学系统作为金属粉末熔融的能量源，是装备的重要组成部分。在送粉式激光增材装备中，需要根据装备的加工用途选择合适功率的激光器与配套加工头，加工头由光学镜组、送粉喷嘴等组成，光学镜组的准直、聚焦、光纤芯径三者决定了焦点光斑的直径。送粉喷嘴作为光粉耦合的重要部件，其送粉精度对成形质量影响显著。针对不同工况，送粉喷嘴可分为环路送粉喷嘴、四路送粉喷嘴等，环路送粉喷嘴适用于低功率、小光斑的薄壁精细成形（如图 6-26 所示）。

（3）气体循环净化系统　气体循环净化系统主要由惰性气氛成形舱、压力控制系统、净化除尘系统组成，是激光增材装备的重要功能部分。

惰性气氛成形舱是实现激光沉积制造的工作室，整个机床系统完全密封在惰性气氛成形舱内，加工过程中成形舱内充满了惰性（氩气或氮气）保护气体，其作用是阻止成形过程中发生氧化反应，保证成形的质量与精度。净化除尘系统与成形舱连接，循环净化成形舱内的氧、水、粉尘、烟雾等，维持加工室内水氧含量。压力控制系统是净化系统安全运行必不可少的部分，它对装备压力进行监控并实时调整，确保加工室压力维持在合理范围内。

此外，气体净化系统需要设计合理的安全防爆措施，防止气体泄漏和爆炸发生。

净化系统的设计原则如下：

1）过滤器选择。循环过滤系统中的过滤器需要根据粉末的类型和颗粒大小来选择。过滤器具备压力检测功能，用于监控滤芯寿命，避免滤芯堵塞带来的装备损坏。

2）循环系统设计。循环系统需进行管路合理性设计，避免管径过细和过多弯折，风机要具备足够的风压来带动装备内气体的循环，出风口避开加工区域，避免影响送粉精度。

3）成形舱设计。应采用不锈钢密封结构，确保有足够的强度，设计泄爆口。

4）防静电设计。净化系统需要有良好的接地，避免静电。

（4）粉末输送系统　送粉器的功能是向加工部位均匀、准确地输送粉末，因此，送粉器的稳定性将直接影响熔敷层的质量。如果送粉性能不好，将会导致熔敷层厚薄不均匀、结合强度不高等现象产生。随着激光沉积制造的广泛应用，对送粉器的性能提出更高要求。尤其是超细粉末的大量使用，要求送粉器能均匀连续地输送超细粉末以及超细粉与普通粉组成的混合粉末，并能远距离送粉，因此一个稳定、精准的送粉器对于激光沉积制造十分重要。

气载式送粉器应用广泛，图 6-27 所示是气载式送粉器原理，工作时粉末由料斗经漏粉孔流到转盘上，形成一个自然堆积角为 α 的圆台，α 角的大小与合金粉末的材质、颗粒度和固态流动性有关。当转盘转动一周时，转盘上堆积一圈粉末，其横截面近似等腰梯形。在转盘上方固定一个与转盘表面紧密接触的刮板，当转盘转动时，刮板就会将粉末不断刮下流至接粉斗，在保护气体的作用下，通过输送管将粉末送出。当送粉器结构尺寸和粉末材料确定后，送粉量完全由转盘的转速决定，便可通过控制转盘的速度来达到在较宽范围内连续精确调节粉量。

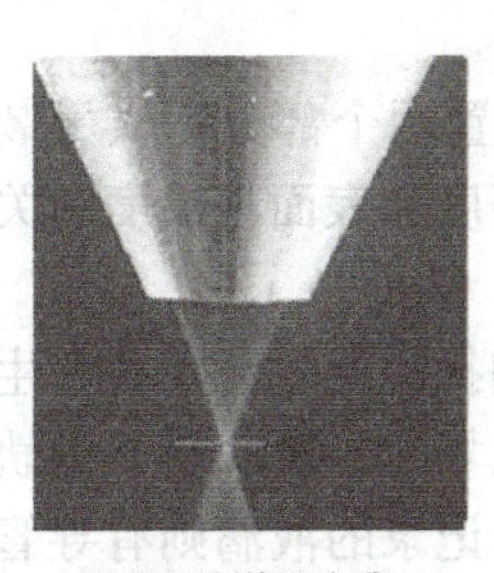

a) 环路送粉喷嘴

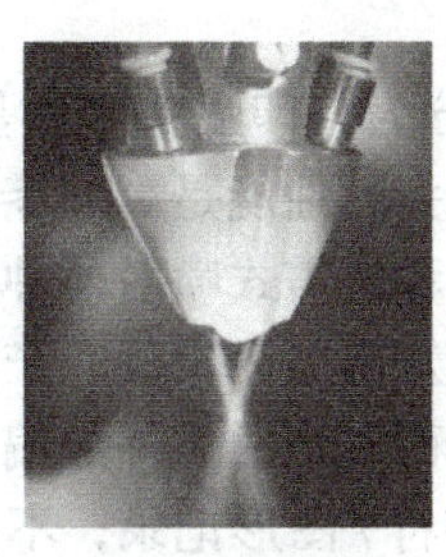

b) 四路送粉喷嘴

图 6-26　送粉喷嘴

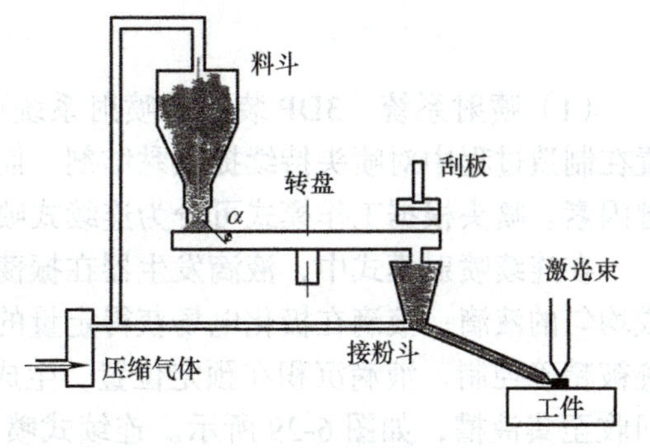

图 6-27　气载式送粉器原理

6.2.5 黏结剂喷射装备机械设计

1. 装备整体结构

3DP 工作原理如图 6-28 所示，首先利用计算机技术对三维 CAD 模型进行切片处理并导入到 3DP 装备中，3DP 喷头根据每层截面信息选择性喷射黏结剂，根据每层轮廓将粉末黏结起来。每层黏结剂喷射完成后，工作缸下降一个层厚距离并重新铺粉，完成新一层的黏结。层与层间同样通过黏结剂黏结作用相固连，如此反复，直至零件制造完成。

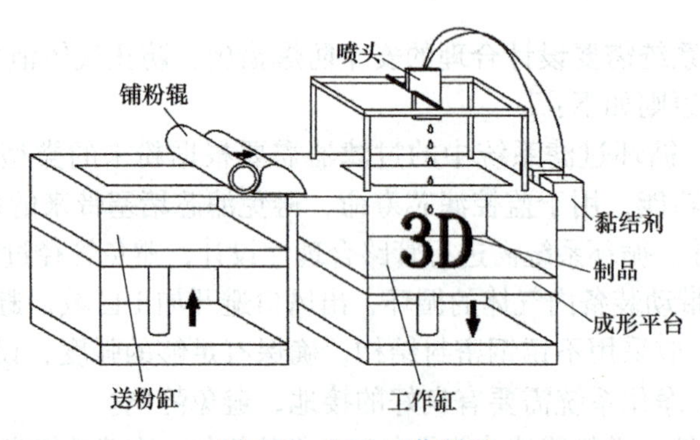

图 6-28 3DP 工作原理

制造过程可分为前处理、黏结过程和后处理三个阶段。

1）前处理。通过 Creo、NX 等三维 CAD 软件进行三维建模获取 STL 文件，或通过逆向工程（reverse engineering，RE）反求零件轮廓信息。将信息导入 3DP 装备中，装备以此沿模型 Z 轴方向进行自动切片。

2）黏结过程。铺粉完成后，喷头在计算机控制下根据界面轮廓信息选择性喷射黏结剂，每层黏结完成后，工作缸下降一个层厚距离，送粉缸上升一定距离并通过铺粉辊完成新一层的铺粉和压实，多余粉末被粉末回收缸回收，并进行新一层粉末的粘结如此循环，直至完成零件的制造。未被喷射黏结剂的地方为干粉，在成形过程中起支承作用，且在成形结束后较易清除。

3）后处理。在 3DP 技术中，后处理可以增强零件的表面性能和机械性能，是整个成形过程的关键一环，常见的后处理工艺有清粉、涂覆、烧结、浸渗等。

2. 装备装配与集成

（1）喷射系统　3DP 装备的喷射系统可分为打印喷头和供墨装置两个部分。供墨装置在制造过程中对喷头持续提供黏结剂，而喷头的性能是影响零件精度和表面粗糙度的关键因素。喷头根据工作模式可分为连续式喷射和按需式喷射两种。

在连续喷射模式中，液滴发生器在振荡器发出振动信号，产生的扰动使射流断裂并生成均匀的液滴；液滴在极化电场获得定量的电荷，当通过外加偏转电场时，液滴落下的轨迹被精确控制，液滴沉积在预定位置，生成字符 / 图形记录，不参与记录的液滴则有导管回收至集液槽，如图 6-29 所示。连续式喷射墨滴产生的速率普遍在 80 ～ 100kHz，甚至可以达到 1MHz，喷墨速率高。

按需喷射模式是根据需要有选择地喷射微滴，即根据系统控制信号，在需要产生液滴时，系统给驱动装置一个激励信号，喷射装置产生相应的压力或位移变化，从而产生所需要的微滴，如图 6-30 所示。其墨滴产生的速率普遍在 30kHz，也有新技术喷头可达到 100kHz。总的来说，其工作频率和工作速度远低于连续式喷墨；其墨滴大小普遍在 10 ～ 500μm，可通过灰度技术，从同一喷头喷射出不同大小的墨滴。按需喷射技术的优点是微滴产生时间可控，且液滴的利用率高，不需要液滴回收装置；其缺点是工作频率较低，但通常可采用阵列式排列喷嘴增加喷射宽度来提高成形速度。在 3DP 装备中，大多采用按需喷射模式的喷头。

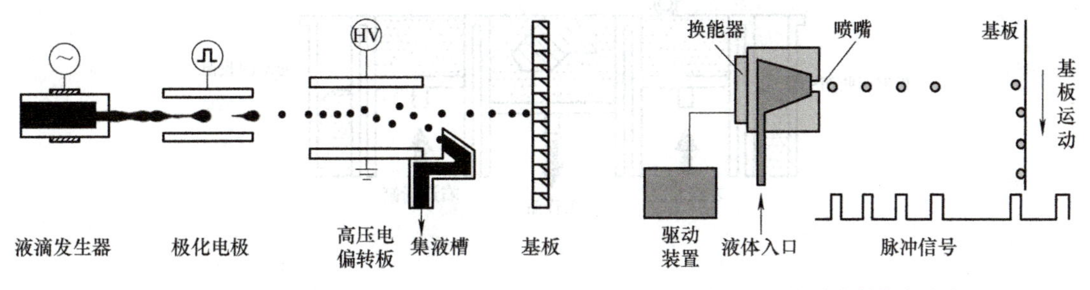

图 6-29　连续喷射模式喷头　　图 6-30　按需喷射模式喷头

按需喷射方式又可分为热气泡式和压电式两大类。

1）热气泡喷射技术。其工作原理是利用薄膜电阻器，在液体喷出区域中将体积小于 5μL 的液体瞬间加热至 300℃以上，液体受热迅速汽化形成微小气泡，气泡以极快的速度聚集成为大气泡并扩展，迫使液体从喷嘴喷出。随着薄膜电阻器冷却，气泡逐渐消失回到电阻器上，伴随气泡消失喷嘴型腔产生负压，并在毛细管虹吸的作用下，型腔会从进液系统拉引新的液体补充到喷头型腔准备下一次的循环喷印。由于接近喷嘴部分的液体被不断加热冷却，积累的温度不断上升至 30 ～ 50℃，因而需要利用型腔上部的液体循环冷却，但在长时间成形过程中，整个型腔里的液体仍然会保持在 40 ～ 50℃。由于热气泡喷射是在较高的温度条件下进行的，所以其液体必须具有低黏度（约小于 1.5mPa・s）和高表面张力的（约大于 40mN/m）特性以保证长时间的持续高速成形。

2）压电式喷射技术。它是将许多微小的压电陶瓷放置到打印头喷嘴附近，压电陶瓷在两端电压变化作用下具有弯曲形变的特性，当成形信息电压加到压电陶瓷上时，压电陶瓷的伸缩振动形变将随着成形信息电压的变化而变化，并使喷头中的液体在常温常压的稳定状态下均匀准确地喷出。在液滴飞离喷嘴后压电陶瓷恢复原状，喷嘴型腔产生负压，液体重新填满型腔以准备下一次的喷射。压电式喷射技术对液滴的控制能力更强，且液滴微粒形状更为规则、定位更加准确，成形分辨率更高，容易实现高精度的成形。另外，压电式喷射技术无须对液体进行加热，液体不会因受热而发生化学变化或性能变化，不仅延长了喷墨打印头的寿命，也扩大了墨水的选择范围，在具有更宽黏度和表面张力范围的同时，也有更宽的黏结剂适用范围。尽管其喷射速度较慢，且结构复杂，制造成本及维修费用较高，但仍受到全球大多数主要喷头制造商的青睐。

（2）粉末送给系统　粉末送给系统主要由工作缸、送粉缸、粉末回收缸和铺粉辊四个部分组成，如图 6-31 所示。粉末的送粉方式包括粉缸送粉和上落粉两种方式。粉缸送粉即每个工作周期内，送粉缸上升使一定量的粉末可以被铺粉辊填充满工作缸因下降而余出的空间，为新一层烧结过程提供粉末。上落式送粉即每个工作周期内，通过上部储粉容器中一定量粉末的下落，来提供新一层烧结所需的粉末。在烧结过程中，每层粉末烧结完毕后工作缸下降一个层厚，随后铺粉辊携带送粉缸所送新粉进行填补，送粉缸所送粉末多于新一层烧结所需粉末，多余粉末被铺粉辊带入粉末回收缸。工作缸、送粉缸和铺粉辊的相互协调运动保证了烧结过程的平稳进行。而粉末回收缸能收集每次铺粉辊完成单向运动后的多余粉末，这些粉末经内部过滤系统等后可重新使用，提高材料利用率。

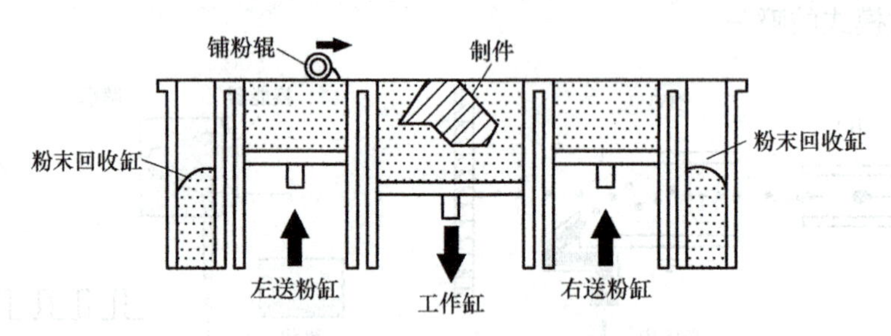

图 6-31　粉末送给系统示意图

理论上，送粉缸每层送粉量 h_{send} 可以表示为

$$h_{send} = \frac{\Delta h W_{center}}{W_{side}} \tag{6-1}$$

式中，Δh 表示每层粉末厚度，单位为 mm；W_{center} 表示中间工作缸的宽度，单位为 mm；W_{side} 表示两边送粉缸的宽度，单位为 mm。

在一般情况下，实际送粉缸上升高度是在理论高度的基础上乘以一定的系数，以保证粉末完全铺满工作面。但若粉末富裕过多，就会造成低的工作效率和高的工艺成本，故而合理设计调试送粉缸每层的上升高度也是成形过程中的关键一环。

铺粉辊铺粉如图 6-32 所示。粉末是由大量微米级颗粒组成的一种分散体系，其中的颗粒彼此分离，颗粒之间存在着小的间隙。由于颗粒之间相对移动时存在摩擦，粉末的流动性又是有限的，粉末在松装堆积时，各层颗粒之间拱架形成孔洞，所以松装粉末的密度只是致密体密度的 20% ～ 50%。采用铺粉辊进行铺粉时，可以对辊子施加一定的自转速度和振动频率。通过辊子自身的转动对粉层产生压力，可以将各层颗粒之间拱架形成的孔洞消除，从而大大提高粉层的松装密度。有试验表明，采用铺粉辊铺粉所得粉层的密度比其松装密度一般高 20% ～ 50%。

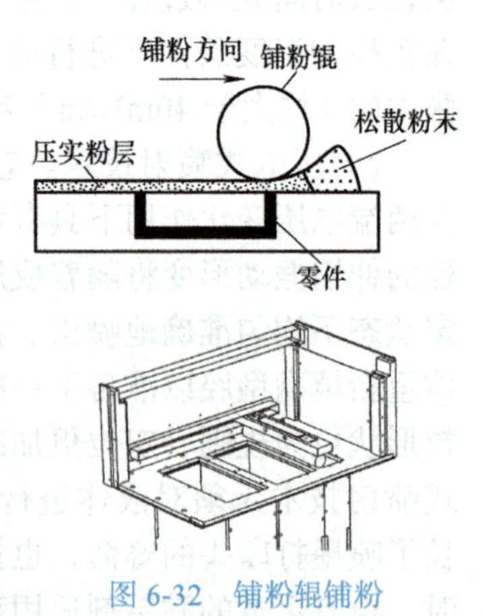

图 6-32　铺粉辊铺粉

（3）控制系统　3DP 装备的控制系统主要包括运动控制、成形环境控制等。运动控制包括成形腔活塞运动、储粉腔活塞运动、Y 向运动及其与 X 向运动的匹配、铺粉辊运动等运动控制。成形环境控制包括成形室内温度和湿度的调节。

（4）软件系统　3DP 装备的软件系统主要包括几何建模单元与信息处理单元。几何建模单元即设计人员借助三维软件，如 Creo、NX 等，来完成实体模型的构造，并以 STL 格式输出模型的几何信息。信息处理单元主要完成 STL 文件处理、截面层文件生成、填充计算、数控代码生成和对成形系统的控制。

6.3 增材制造装备核心功能部件

核心功能部件是增材制造装备的关键，包括热源系统、打印头以及光学系统等。其中，热源系统以激光、电子束、等离子束等热源系统为主，打印头包括材料挤出喷头、微滴喷射系统、送粉 / 送丝打印头等，光学系统主要是激光传输系统、扫描振镜系统等。

6.3.1 增材制造热源系统

在增材制造过程中，热源起着至关重要的作用，因为它用于熔化或烧结材料，使其逐层固化，构建最终的物体。增材制造中使用的热源，主要有三种常见类型：激光器、电子束和电弧或等离子束。每种热源都有其特点和适用场景。

1. 激光器与光学系统

（1）激光器　激光器是增材制造中最常见的热源之一。以激光器为热源的增材制造模式能提供较高的成形精度，适用于制造复杂形状的高精度零件。但大型零件的制造周期较长，同时高功率激光器的使用可能会导致能耗较高，增加了装备运行的成本。

激光器的种类繁多，按照其内部使用的工作物质种类划分，激光器被分为固体激光器、气体激光器、液体激光器、半导体激光器等。按照波长划分也可以把激光器分为不同类别，如 CO_2 激光器（10.6μm）、氩离子激光器（514.5nm）、Nd：YAG 激光器（1064nm）等。

激光器由工作物质、激励源、光学谐振腔三部分组成，如图 6-33 所示。工作物质通过吸收激励源产生的能量，使得工作介质从基态跃迁到激发态。由于激发态为不稳定状态，此时，增益介质将释放能量回归到基态的稳态。在这个释能的过程中，增益介质产生出光子，且这些光子在能量、波长、方向上具有高度一致性，它们在光学谐振腔内被不断反射，往复运动，从而不断得到放大，最终通过反射镜射出激光，形成激光束。

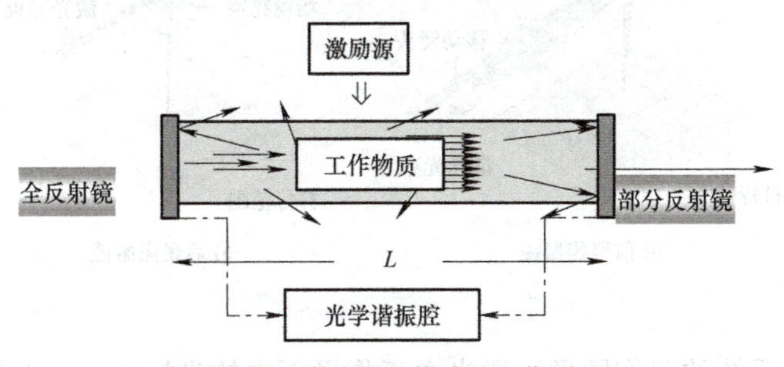

图 6-33　激光器的构成及工作原理

1）光纤激光器。选区激光熔融装备主要采用光纤激光器作为热源。它们具有较小的尺寸和较高的光束质量，能够提供高功率激光束，制造过程中的热源状态相对稳定。光纤激光器是一种利用光纤作为增益介质来产生激光的激光器。光纤激光器主要由激光介质光纤、泵浦源、耦合器、反射镜或光栅、波长选择元件、冷却系统和控制系统等组成。

2）CO_2 激光器。在激光定向能量沉积过程中，CO_2 激光器是主要的热源。CO_2 激光器是一种基于 CO_2 分子的气体激光器，其工作波长通常为 10.6μm。CO_2 激光器具有较大的功率范围，并且激光器的构成相对复杂，主要由激光介质、激光谐振腔、放电电极、激励源、冷却系统、控制系统等部分组成。

（2）光学系统

1）扫描振镜系统。扫描振镜系统振镜头由两个振镜（反射镜、扫描电动机）和伺服电路组成。反射镜安装在扫描电动机的主轴上，电动机偏转来带动反射镜旋转：扫描电动机在限定角度内偏转，其内集成了测定实时旋转角度的传感器；伺服电路接收驱动电压信号来控制扫描电动机的偏转。

扫描振镜的工作原理如图 6-34 所示，激光光束进入振镜后，先投射到沿 X 轴偏转的反射镜上，然后经反射到沿 Y 轴旋转的反射镜上，最后投射到工作平面 XY 内。利用两反射镜偏转角度的组合，实现在整个视场内的任意位置的扫描。带动反射镜片偏转的扫描电动机是特殊的摆动电动机，不能像普通电动机一样旋转，其转子上有机械扭簧或通过电子方法施加复位力矩，复位力矩大小与转子偏离平衡位置的角度成正比。而偏转角度与电流大小成正比，当通入的电流大小一定时，扫描电动机偏转一定角度，此时产生的电磁力矩与复位力矩大小相等，转子就不再转动，有类似电流表的效果，因此又被称为电流表式扫描。

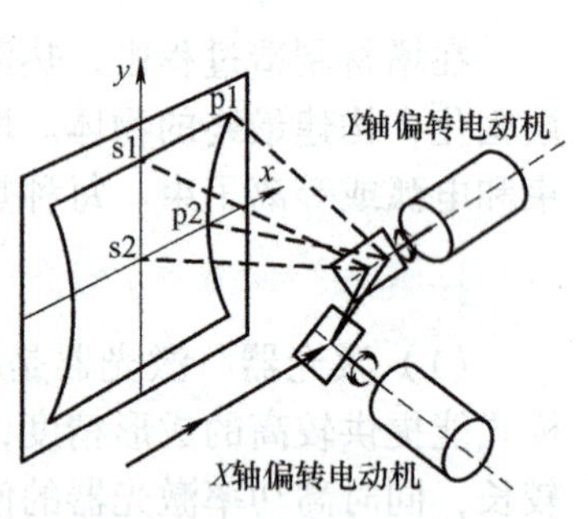

图 6-34 扫描振镜的工作原理

按振镜工作原理可以将振镜分为前聚焦振镜和后聚焦振镜。如图 6-35 所示，前聚焦振镜和后聚焦振镜指的是激光聚焦的先后（聚焦镜头安装在 XY 偏置镜的前后）。前聚焦振镜是在 XY 偏置镜前聚焦，其主要由 X 方向和 Y 方向旋转镜、聚焦镜头、移动镜头以及附属部件组成。后聚焦振镜是扫描后聚焦，主要由 XY 扫描镜、场镜物镜及附属部件组成。

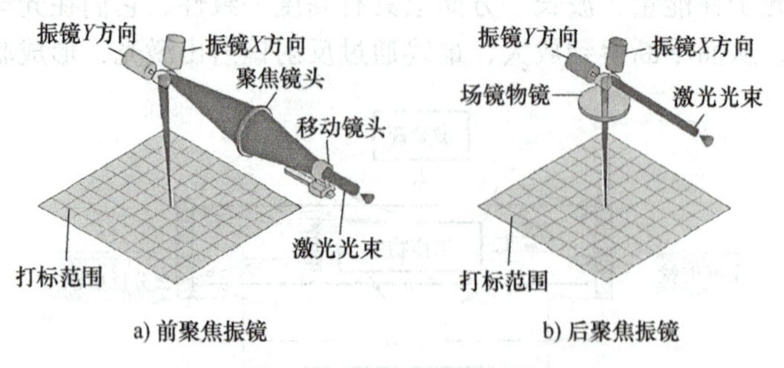

图 6-35 聚焦振镜原理图

基于振镜扫描系统的工作原理，激光在工作平面内的坐标（x，y）跟两振镜反射片转角 Φ_1、Φ_2 之间的关系可以表示为

$$y = d\tan\Phi_2 \tag{6-2}$$

$$x = (\sqrt{d^2 + y^2} + e)\tan\Phi_1 \tag{6-3}$$

式中，d 为通过振镜扫描到工作区域中心处的光路距离，单位为 mm；Φ_1、Φ_2 为振镜反射片转角，单位为 rad；e 为两个振镜反射镜片转轴之间的距离，单位为 mm；x、y 为坐标值，单位为 mm。

式（6-2）和式（6-3）经过变换后可得

$$\left(\frac{x}{\tan\Phi_2} - 2\right)^2 - y^2 = d^2 \tag{6-4}$$

当 Φ_1 不变时，式（6-4）描述的是一条非圆周对称的双曲线，如图 6-36 所示。因此，从扫描原理上看，x–y 二维振镜扫描系统存在不可避免的变形。振镜的偏转角与扫描点的坐标为非线性的映射关系，如果依据常规线性映射算法策略控制振镜偏转，就会产生枕形失真。

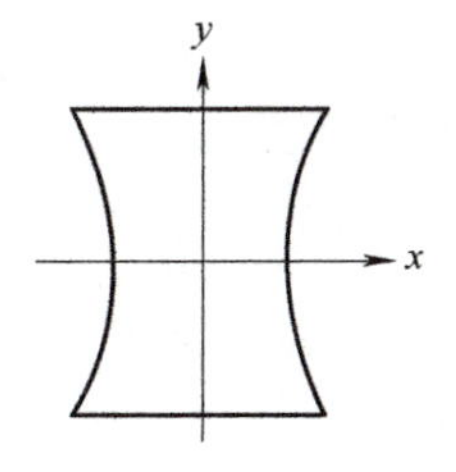

图 6-36　枕形失真

为了衡量变形量的大小，用该双曲线的弦高来定义确定枕形失真变形量 ε，当 Φ_1 不变，而 Φ_2 从 0 变为 Φ_2 时，变形量为

$$\varepsilon = x - x_0 = d\tan\Phi_1\left(\frac{1}{\cos\Phi_2} - 1\right) \tag{6-5}$$

从式（6-5）可以看出，当振镜扫描头与工作平面之间的距离不变时，失真变形量只与偏转角 Φ_1、Φ_2 大小有关，且随着 Φ_1、Φ_2 的增大而增大，即在工作平面中心时失真变形最小，在扫描工作平面边缘时的失真变形量较大。

工作在物镜聚焦面附近的透镜称为场镜，亦称为透镜、扫描聚焦镜、平面聚焦镜。其主要作用是克服上述扫描振镜产生的枕形畸变，使得聚焦光斑在扫描范围内得到一致的聚焦特性，其校正原理如图 6-37 所示。图 6-37a 所示为扫描振镜产生的枕形畸变，图 6-37b 所示为 F–θ 镜产生的桶形畸变，图 6-37c 所示为激光经过扫描振镜和 F–θ 镜产生的枕形与桶形叠加，经过校正后枕形失真可得到有效改善。

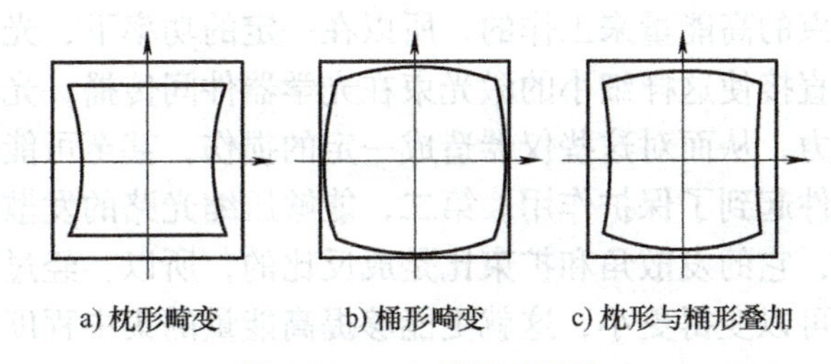

图 6-37　F–θ 镜校正原理

此外 F–θ 镜可以将入射的平行光束聚拢，以获得合适尺寸的光斑。光束通过场镜聚焦后的光斑直径可由式（6-6）得出

$$d = \frac{4\lambda M^2 f}{\pi n D_0} \tag{6-6}$$

式中，f 为透镜焦距，单位为 mm；D_0 为激光束经过扩束前的束腰直径，单位为 mm；λ

为光纤激光波长，单位为 nm；M 为光束质量因子。

2）光路传输系统。光路传输系统主要包括激光器、准直器（扩束镜）、振镜、场镜等，如图 6-38 所示。其工作原理是激光光束通过光纤激光器发出，先经准直器准直后再经扩束镜放大 2 ～ 8 倍，再经过振镜和场镜（F-θ 镜）将光束按照特定的位置投射到基板上。

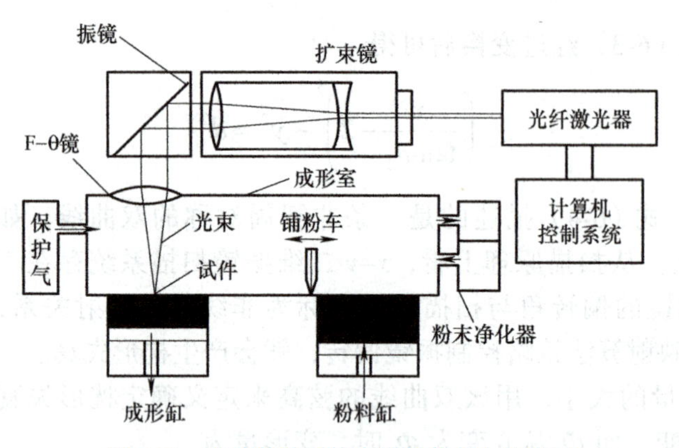

图 6-38　光路传输系统在增材装备中的位置

在光路传输系统中，准直器的主要功能是将光纤内的传输光转变成准直光（平行光），其工作原理如图 6-39 所示，从激光器发射出来的激光通过准直器后光束转换为发散角较小的光束，而后进入扫描振镜。

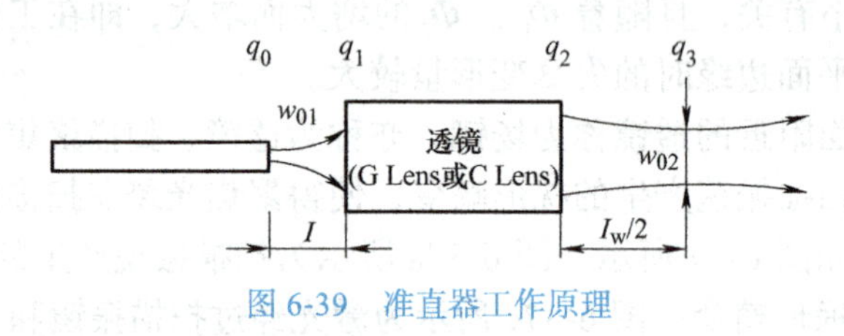

图 6-39　准直器工作原理

激光系统中的扩束镜一般有两个重要的作用。第一，扩大激光束的直径。选区激光熔融装备是利用激光束的高能量来工作的，所以在一定的功率下，光束直径越小，功率密度就越大。因此，若直接使这样细小的激光束在光学器件间传播，光路上的光学器件很有可能产生一定的热应力，从而对这些仪器造成一定的损伤，甚至可能会直接使之破坏，所以扩束首先对光学器件起到了保护作用。第二，能够压缩光路的发散角，使其衍射效率降低。激光在被扩束时，它的发散角和扩束比是成反比的，所以，经过扩束之后，激光束在被聚焦之后光斑直径可以变得更小，这就更能够提高能量的集中程度，提高成形效率。激光的扩束有伽利略法（见图 6-40）和开普勒法（见图 6-41）。

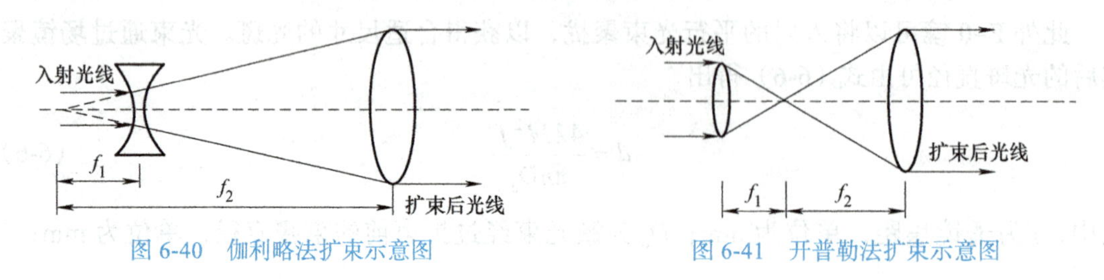

图 6-40　伽利略法扩束示意图　　图 6-41　开普勒法扩束示意图

在增材制造过程中，对最终的零件质量起到关键性作用的两个参数就是光斑大小和能量密度，这两个参数由光路传输系统设置的参数决定。从理论上来说，越小的光斑直径所能够达到的扫描精度也越高，而能量密度大的就能加工一些高熔点的金属，加工扫描的效率也较高。激光质量 M^2 是激光器的一个关键参数，同时光路的设计和聚焦光斑的确定也和这个参数有直接关系，其数学表达式为

$$M^2 = \frac{\pi\theta D}{4\lambda} \tag{6-7}$$

式中，θ 为光束的远场发散角，单位为 rad；D 为光束的束腰半径，单位为 nm。

激光光束在进入透镜之前与出透镜之后，束腰半径和远场发散角的乘积是恒定的，即

$$D_1\theta_1 = D_2\theta_2 \tag{6-8}$$

式中，D_1 是进入透镜组之前的束腰半径，单位为 nm；θ_1 是进入透镜组之前的远场发散角，单位为 rad；D_2 是进入透镜组之后的束腰半径，单位为 nm；θ_2 是进入透镜组之后远场发散角，单位为 rad。

在工作区域内最终得到的扫描光斑直径 D 可以通过计算得到

$$D = M^2 \frac{4\lambda}{\pi}\frac{f}{d} \tag{6-9}$$

式中，λ 为光束的波长，单位为 nm；f 为光束在完成对激光的聚焦前经过透镜的焦距，单位为 mm。

从式（6-9）中可以发现，最终得到的扫描工作面上的光斑直径不仅与激光质量和激光波长有关，而且与聚焦前最后一个透镜的焦距和直径有关，所以在选定激光系统的透镜时，最后一个透镜的选择至关重要。

在光束被聚焦的时候，另外一个需要考虑的参数就是光束在扫描工作面上的聚焦深度。当激光在平面上进行扫描时，它并不是呈现为一个点，而是一个横截面，真正的交点在工作面上边或者下边。聚焦深度可以从激光光束的束腰处向两边增大 5% 左右，其计算式为

$$h = \pm\frac{0.08\pi D_j}{\lambda} \tag{6-10}$$

从式（6-10）中可以看出，激光的聚焦深度 h 与激光的波长以及最后的光斑直径有关。当选择透镜的聚焦方式时，采用波长为 1064μm 的激光束，如果使用的是简单的振镜前静态聚焦，那么就不能让整个工作面上聚焦的离焦误差在聚焦深度的范围内。正因为如此，在选区激光熔融装备中，一般选用动态聚焦或者 F-θ 镜的方式。

3）光路校正。①光路准直与垂直校正：光路准直与垂直是增材制造成形的必要条件，它可以确保光线沿着光路系统的轴线传输，使其不偏离轴线，同时保证光束的质量。通常光线是发散的，即开始相邻的两条光线传播后会相离越来越远。准直就是让发散的光变成准直的光，准直光路的特点是光束准直度高、容易实现光路一致性、出光效果好。光路准直与垂直校正工作原理如图 6-42 所示，从激光器发射出来的激光经过扫描振镜和场镜后，最终照射到扫描工作面上的光敏纸上，通过调节扫描工作面的高度，激光在光敏纸上留下不同高度工作面的光斑大小和位置，当激光准直与垂直时，不同光敏纸上的光斑中心是重

合的，当不同光敏纸上的光斑中心发生偏移时，说明激光需要校正，利用专业软件对比不同光敏纸上的光斑中心来计算偏移量，从而校正。

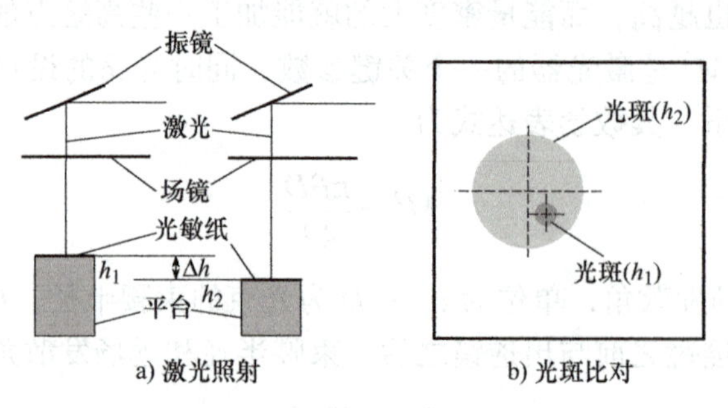

图 6-42　光路准直与垂直校正工作原理

② 扫描尺寸校正：扫描尺寸校正主要是通过对激光实际扫描尺寸和理论设计尺寸进行对比分析，从而进行校正。目前，运用较为广泛的主要是在扫描工作面上放测试胶片，如图 6-43 所示，激光扫过测试胶片后，通过测量测试胶片上扫描激光实际扫描尺寸 x_1 和 y_1，与理论设计尺寸 x 和 y 进行对比，生成对应的修正方案进行修正，从而校正扫描尺寸。聚焦问题是导致扫描尺寸产生偏差的常见原因之一，可以通过调整激光器的聚焦距离来解决。

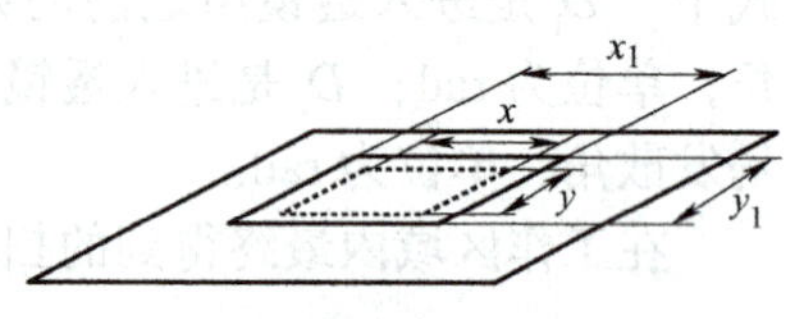

图 6-43　扫描尺寸示意图

振镜精度校正的方法中校正精度较高的主要是 CCD（电荷耦合器件）图像校正法：在扫描工作面上放测试胶片，激光在测试胶片上不同位置成形出许多点阵图案，利用 CCD 校正平台对测试胶片上成形的点阵图案的位置和大小进行图像识别，在对位过程中，CCD 相机会利用光电二极管阵列来感知图像中的目标，并利用特定的算法来对特定的区域进行分析和处理，通过对成形位置和理论位置的对比计算出振镜成形的实际偏移值，生成对应的修正方案进行修正，重复修正过程直至振镜精度达到预设精度，如图 6-44 所示。

大部分金属增材制造装备制造商均在朝着多激光的方向迈进。然而，多激光同步成形带来的质量问题远比单激光要多。多激光器成形实体零件的一部分时，如果将内部填充分为几个部分并相互分配给多台激光器，这种方式成形的零件在表面上看起来不错，外层没有接缝，但是这种方法会导致“亚轮廓”孔隙，常用的方法是采用“激光搭接”扫描成形。如图 6-45 所示，通过更改不同层处结合区域的位置从而使之层层搭接，从而达到结合的目的。

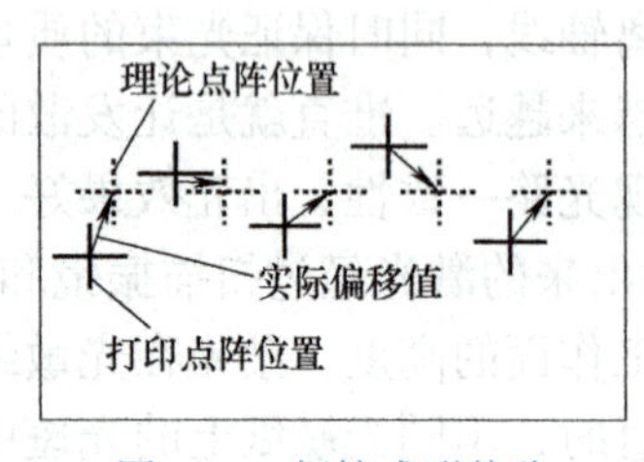

图 6-44　振镜成形偏移

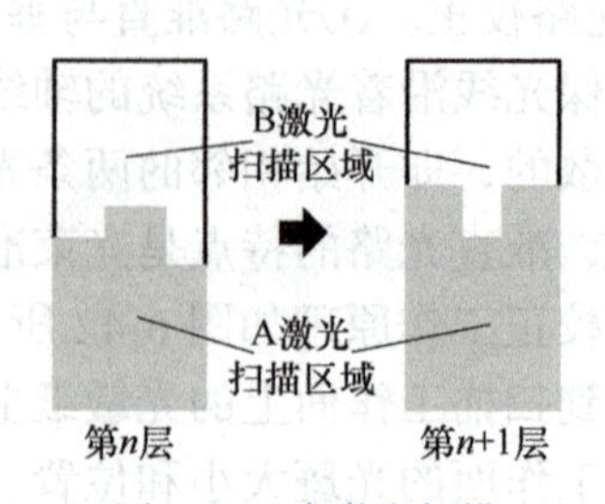

图 6-45　多激光扫描

在大多数系统中，精确对准多个激光点需要外部工具。对准的过程通常包括在基板上打点并测量结果，过程很烦琐，而且校正的过程必须在构建平面上执行，因扫描振镜和测量平面之间的任何距离变化都会引起相应的对齐偏移。因此，如果在单个零件上使用两台及以上激光器构建较高尺寸的零件，则可能会出现因激光器数量增加而产生的扫描场域对准问题。如图 6-46 所示，两台激光器的对准状态往往会出现一定程度的漂移，并且这种漂移会随着时间的推移而累积。

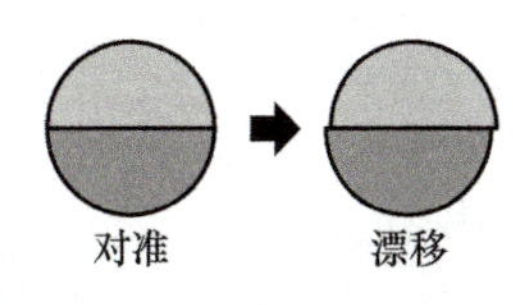

图 6-46　对准出现漂移

有效的解决方案是原位激光校正。如图 6-47 所示，通过比较两个激光器的光学特性，系统自动进行对齐，确保两台激光器在彼此指向的位置上保持一致。在工作过程中，系统将每隔几层自动检查激光对准情况，从而在出现问题之前消除任何漂移。图 6-48 所示为开启和关闭自动检查激光对准的成形样件，可以看到关闭自动检查激光对准的成形样件中间部分出现了非常明显的偏移。

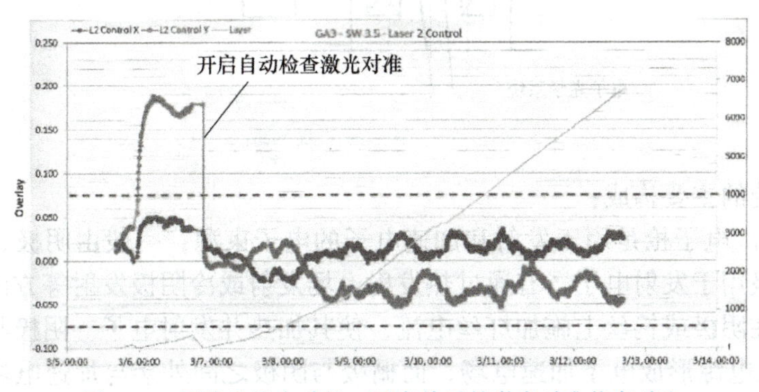

图 6-47　原位监控自动校正开启前后的激光对准状态对比

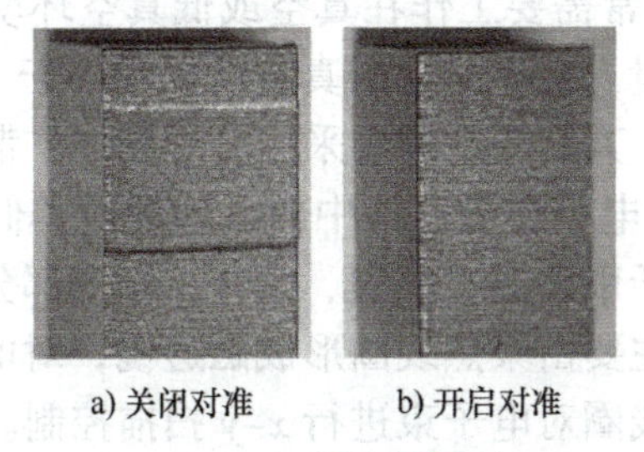

图 6-48　成形样件

2. 电子束

电子束是另一种增材制造常用的高能束热源，主要用于电子束选区熔融和电子束熔丝增材制造。电子束功率高（3 ～ 6kW），能量被材料吸收的效率高，扫描速度快，增材制造的成形效率高；电子束可以高效地预热粉末床，将粉末床温度加热到 1000℃以上，有效地降低了打印工程中的热应力。电子束通常需要在真空环境下进行，因此，电子束增材制造装备的价格相对较高；但由于电子束增材制造的成形效率高（是激光增材制造的 3 ～ 4 倍），打印后的处理简单，因此其制件的成本则相对较低。

电子束由电子枪、真空系统、电源系统、电子光学系统、聚焦扫描控制系统和电子束控制系统等关键部分组成，以实现电子发射、聚焦、偏转以及束流强度的控制，如图 6-49 所示。

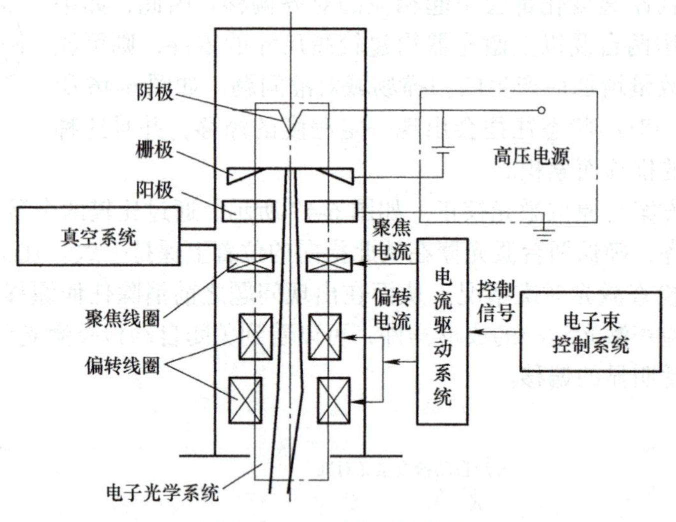

图 6-49　电子束系统构成

电子束系统的主要构成：

1）电子枪。电子枪是用于发射和加速电子的电子束源，一般由阴极、栅极和阳极组成。其中，阴极用于发射电子，有通过热发射、场发射或冷阴极发射等方法。热发射是最常见的方法，在阴极或钨丝上施加灯丝电流，使其加热并发射电子。阴极与阳极之间外接约 60kV 的高压电源形成电子加速电场，而栅极与阴极之间外接与加速电场反方向的栅极电压，用于控制下束电流。

2）真空系统。电子束通常需要工作在真空或低真空环境，以防止电子束与空气中的气体分子发生碰撞而消耗能量。电子枪上的真空度要求小于 10^{-3}Pa，以保证阴极的工作寿命，并防止高压放电。因此，其真空系统会采用分子泵或扩散泵。

3）电子光学系统。由于电子在磁透镜中的运动规律类似于光线在光学透镜中的传输规律，因此将电子发射和电子束整形、聚焦、偏转控制等部分统称为电子光学系统。除前述电子枪外，电子光学系统主要由聚焦线圈形成磁透镜，对电子枪发射出来的电子束进行聚焦，而由两组正交的偏转线圈对电子束进行 x–y 扫描控制。

4）聚焦扫描控制系统。聚焦扫描控制系统将电子束扫描轨迹指令，转化为聚焦线圈和偏转线圈的电流控制信号，经电流驱动系统放大后生成聚焦线圈和偏转线圈的驱动电流，对电子束进行聚焦和扫描，实现电子束以设定的聚焦状态在粉末床上按设定的速度、方向和位置进行扫描。

在电子束粉末床熔融增材制造过程中，电子束除了提供高密度的能量对粉末床进行预热和熔化沉积外，其扫描精度决定了成形零件的精度。然而，由于电子枪零部件的加工和装配误差、电子束偏转角度与偏转距离的非线性关系，以及电子光学系统存在的球差、色差、像散等原因，在电子束用于零件的粉末床熔融成形前，还需要对电子束的聚焦和扫描进行校正或标定。

电子束校正或标定的方式有人工校正、打点校正、光学校正、X 射线校正和电子辐射校正等几种方法，见表 6-2。

表 6-2　现有电子束校正方式及各自特点

校正方式	校正原理	效率	精度	可重复性	主观性
人工校正	通过人眼直接观察电子束斑进行调节	低	低	差	高
打点校正	通过电子束在校正图案上留下的痕迹进行调节	低	中	一般	一般
光学校正	基于光学成像技术进行自动分析和调节	中	中	中	低
X 射线校正	通过 X 射线信号分析实现高精度调节	高	高	很好	低
电子辐射校正	通过电子束照射材料时产生的辐射电子信号分析实现高精度调节	高	高	高	低

3. 电弧 / 等离子弧热源

电弧 / 等离子弧是增材制造中另一种常用的热源。在制造过程中，通常以金属丝作为基材，利用非熔化极惰性气体钨极保护焊（TIG）、熔化极惰性气体保护电弧焊（MIG），以及等离子弧焊（PAW）等焊接产生的电弧为热源，使丝材熔化并逐层堆积，最终形成所需零件。TIG 和 MIG 利用钨极与工件直接起弧进行制造。等离子弧是先在钨极和喷嘴之间引燃一个维持电弧，简称维弧，并将这个电弧通过喷嘴喷出，在电弧高温下产生的等离子体通过喷嘴，喷出一段距离，制造时在钨极与工件之间加一个主弧电流，由于喷出的气体已经处于等离子化的导电状态，这时只要施加一个合适的电压（无须高频引弧）就会在钨极与工件之间形成一个压缩电弧。电弧 / 等离子弧可以实现较高的沉积速度，比较适用于大型金属结构件制造。但其成形表面相对粗糙，制造精度较低。

6.3.2　装备打印头

1. 材料挤出喷头组件

材料挤出喷头组件系统主要是柱塞式。针对柱塞式材料挤出喷头系统，其在工作过程中分为两个部分：挤出机和打印头。挤出机主要负责为丝材的进料、退料过程施加下压、上拉的力；打印头自上而下由散热体、喉管、加热块和喷嘴组成。柱塞式材料挤出喷头组件具体的结构如图 6-50a 所示。

打印头区域组成部分如图 6-50b 所示。

为了保证柱塞式 FFF 喷头系统能够稳定工作，成形出高精度的产品，需要同时满足如下状态：

1）散热体迅速地将多余热量散失到空气中。

2）喉管能阻止热量由热端向冷端传递。

3）加热块能迅速均匀地将固态材料加热至熔化状态。

4）喷嘴结构设计合理。

挤出机

打印头

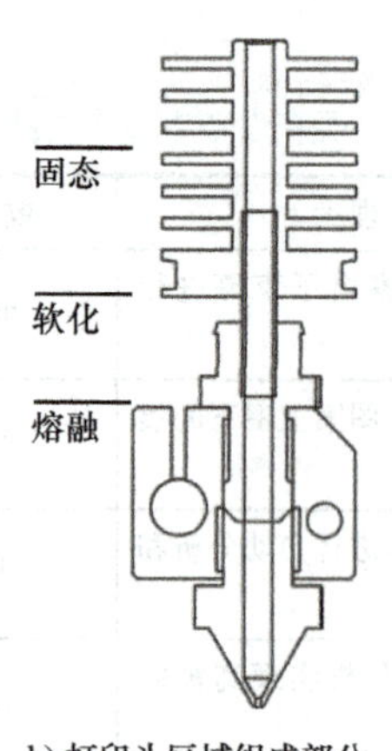

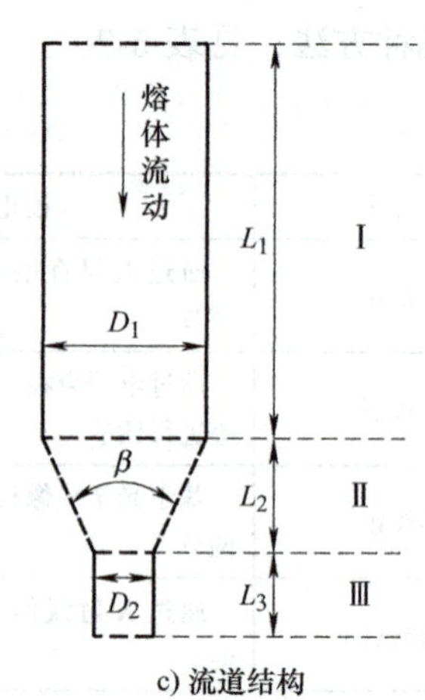

a) 柱塞式材料挤出喷头组件具体的结构　b) 打印头区域组成部分　c) 流道结构

图 6-50　柱塞式材料挤出喷头组件

流道贯穿整个喷头装置，是保证成形品能够成功成形的前提。一般流道关键参数主要包括圆柱形流道长度 L_1，圆柱流道的直径 D_1，流道的锥形收缩段角度 β，收缩锥形段长度 L_2，流道的喷嘴直径 D_2 以及流道的成形段长度（口模平直段长度）L_3，如图 6-50c 所示。在成形过程中，流道结构的参数值会对熔体的流动行为产生显著影响，例如熔化材料在流动过程中会在流道的收缩段、成形段（口模平直段）和喷嘴处发生紊乱现象，让熔化材料长期附着在流道内壁，导致在喷嘴出口处出现材料流涎现象，情况严重时，熔化材料还会堵塞喷头，不仅会导致喷头装置的出丝宽度不均，而且无法稳定喷头装置的出丝速度，进而造成产品成形精度低。因此，流道结构设计应符合力学性质，合理的流道结构可以降低出丝不顺畅、卡丝甚至堵丝的概率。

在加热过程中，加热的温度会直接影响熔体流动的黏度特性，喷头会因为受热不均引起熔体堵塞喷头、喷嘴变形量过大等问题。因此，控制加热的温度条件就等于控制住了整个喷头装置的灵魂。在成形过程中，控制系统将熔化材料挤压至喷嘴处，让成形材料逐层沉积在工作平台上，这是实现产品成形的主要步骤。

喷嘴设计时应满足以下要求：

1）选择合适的喷嘴口径，因为喷嘴口径的尺寸会影响流道内部的压力，若流道内压力太小，会导致喷头出丝过程不顺畅；若流道内压力过大，在成形过程中，会在喷嘴处出现流涎现象，况且不同喷嘴口径的尺寸会造成不同的出丝速度、出丝宽度以及成形轨迹，进而会对产品的成形效率和精度产生影响。

2）在调节工作平台的高低或产品成形过程中，喷头装置容易与成形平台发生接触等现象。若调节或成形过程中出现误差，则更容易让喷嘴与工作平台之间发生严重摩擦现象。因此，为了保证喷头装置能够稳定出丝，防止喷头装置剐蹭损坏，喷嘴处的结构制造材料应具有较高的硬度以及耐磨性。

2. 微液滴喷射系统

微液滴喷射喷头主要有热泡式喷头、压电式喷头、微注射器式喷头、电流体动力式喷头、电磁阀操控型喷头和气动雾化式喷头等几种，其中热泡式喷头和压电式喷头技术最为成熟。压电式喷头（又被称为容积式压电喷头）利用了压电元件的压电效应去挤压液体腔，使得内部液体以一定的速度喷出形成微液滴。根据压电元件和液体腔的形状结构不同，通常有挤压式、弯曲式、推式和剪力式等四种方式。四种压电式喷头结构如图 6-51 所示。

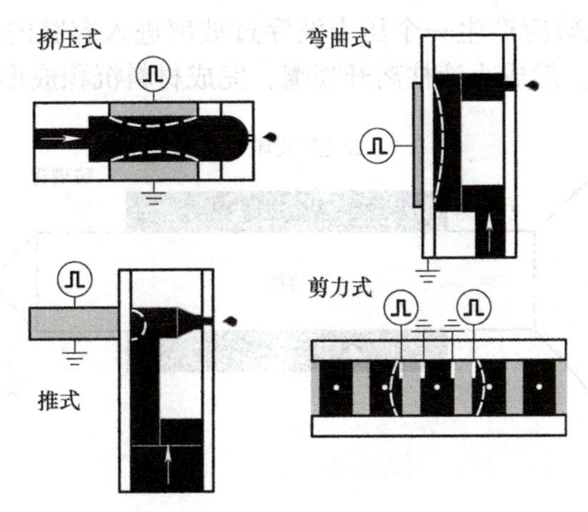

图 6-51　压电式喷头示意图

压电式喷头主要原理为压电效应。压电效应是电介质材料中一种机械能与电能互换的现象，包括正压电效应和逆压电效应两种。正压电效应是指在压电材料一定方向上施加机械外力时，除了引起材料相应的应变外，还引起带电粒子的相对位移，使材料的总电矩发生改变，从而在材料中诱发出电场，而且在一定范围内，电荷密度与作用力成正比，当外力消失时，材料又恢复不带电的状态；当外力方向改变时，电荷极性也随之改变。逆压电效应则指在压电材料上施加电场作用时，会引起材料的机械变形，应变与电场强度成正比，这种效应也被称为电致伸缩，如图 6-52 所示。

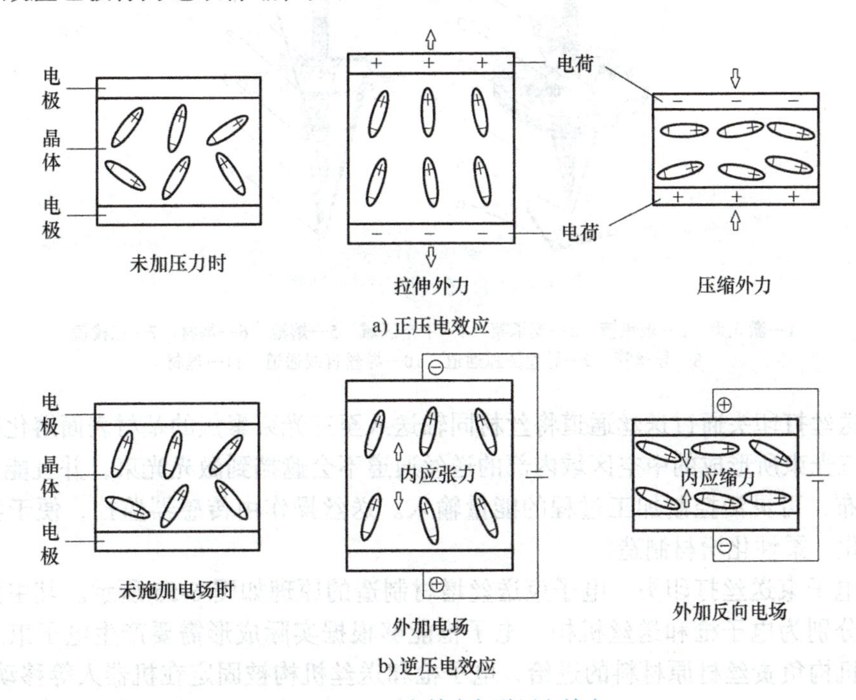

图 6-52　正压电效应与逆压电效应

压电式喷头主要利用逆压电效应，可通过向压电器件施加电信号，使压电器件发生形变，挤压喷头液腔内的液体，从而使其从喷嘴中喷出。以收缩管型压电式喷头为例，如图 6-53 所示，压电陶瓷环黏结在玻璃容腔的外面，当对压电陶瓷环施加一个电压脉冲时，压电陶瓷环通过逆压电效应产生一个压力波穿过玻璃进入容腔内的液体中传播，在喷嘴处，压力波使液体加速，形成小液柱离开喷嘴，完成材料沉积成形。

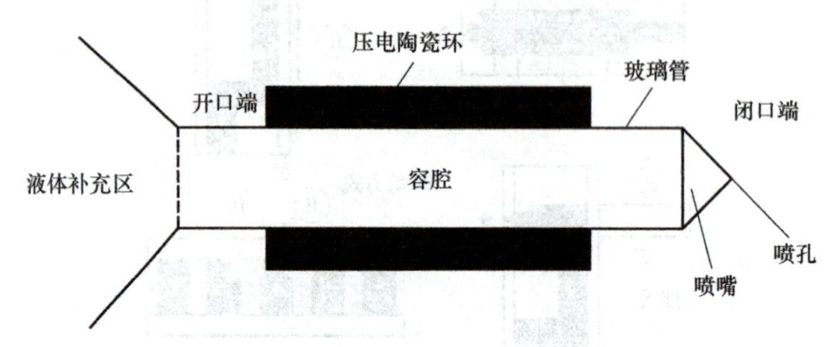

图 6-53　收缩管型压电式喷头结构示意图

3. 送粉 / 送丝打印头

（1）激光送丝打印头　激光送丝打印头结构如图 6-54 所示，在工作时，通过三棱镜和聚焦镜将入射激光束反射成三光束并聚焦到基材上，形成熔池区域；三棱镜、聚焦镜以及导丝通道与支承架固定，导丝通道位于三光束所形成的中空区域内部；丝材从导丝管、导丝圆弧通道以及导丝直线通道进入到基材熔池区域，丝材垂直于基材且与三光束同轴布置。

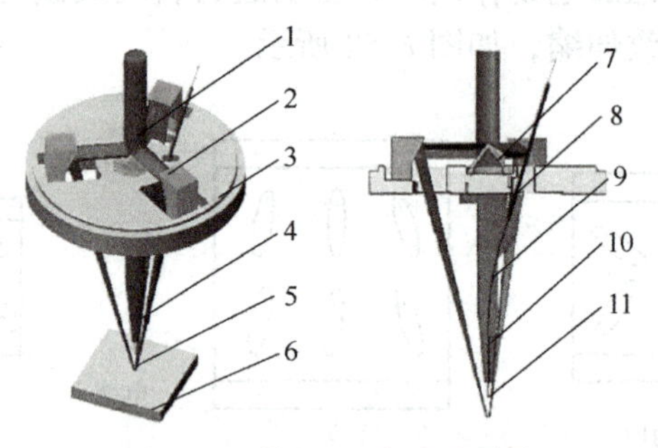

图 6-54　激光送丝打印头结构

1—激光束　2—聚焦镜　3—支承架　4—中空区域　5—熔池　6—基材　7—三棱镜
8—导丝管　9—导丝圆弧通道　10—导丝直线通道　11—丝材

激光送丝打印头通过送丝通道将丝材同轴送入至三光束聚焦的基材表面熔化区域，因此，位于三光束所形成的中空区域内部的送丝通道不会遮挡到激光光束，并且能量强度全向均匀分布，可灵活控制加工过程的能量输入。送丝操作由传感器监控，便于实现自动化、智能化、柔性化增材制造。

（2）电子束送丝打印头　电子束送丝增材制造的原理如图 6-55 所示。其主要由两部分组成，分别为电子枪和送丝机构。电子枪能够根据实际成形需要产生电子束来熔化丝材，送丝机构负责丝材原材料的进给，电子枪和送丝机构被固定在机器人等移动机构上，能够按照三维切片数据精确移动来实现零件的沉积。

(3) 电弧送丝打印头　电弧送丝增材制造中的非熔化极气体保护焊和等离子弧焊打印头类似，都是非损耗的钨极与焊件之间的电弧作为热源，差别在于热源的不同。电弧送丝增材制造技术利用非熔化极惰性气体钨极保护焊、等离子弧焊和熔化极惰性气体保护焊等焊接方法产生的电弧作为热源，以金属焊丝为原材料，在惰性气体的环境下，通过逐层熔化与沉积的方式，实现零件快速成形，打印头结构如图 6-56 所示。

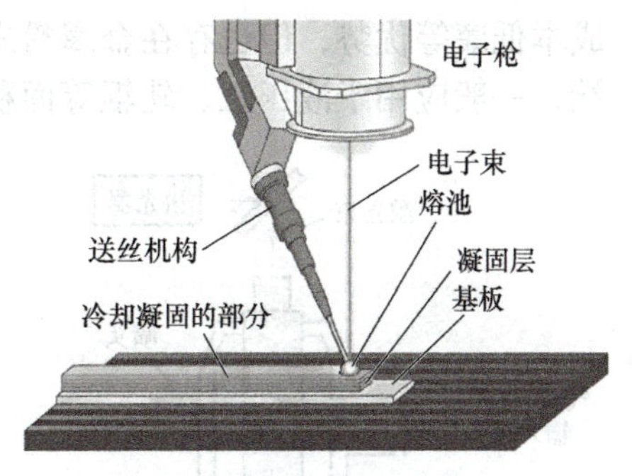

图 6-55　电子束送丝增材制造的原理

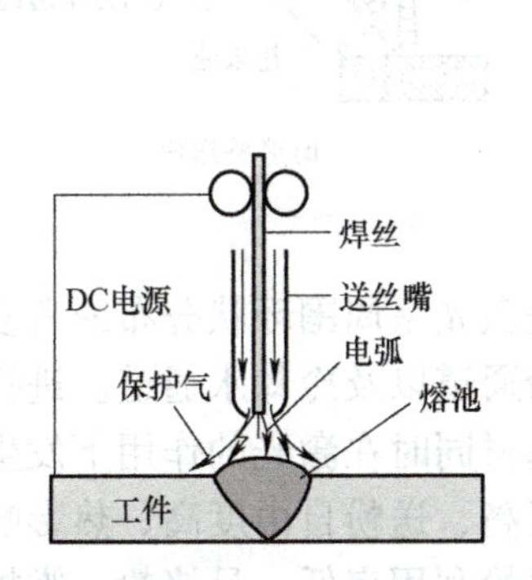

a) 非熔化极惰性气体钨极保护焊打印头

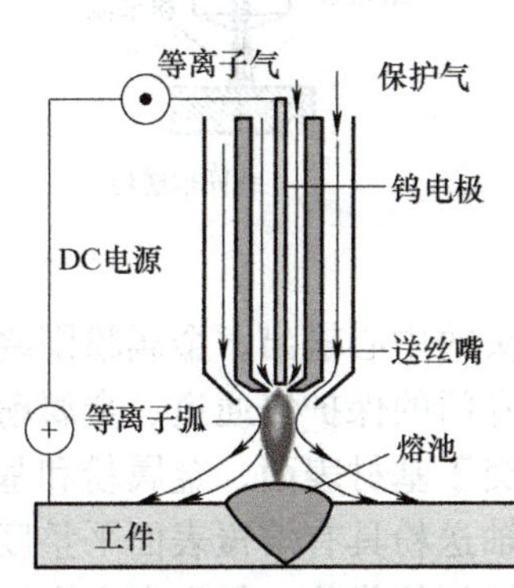

b) 等离子弧焊打印头

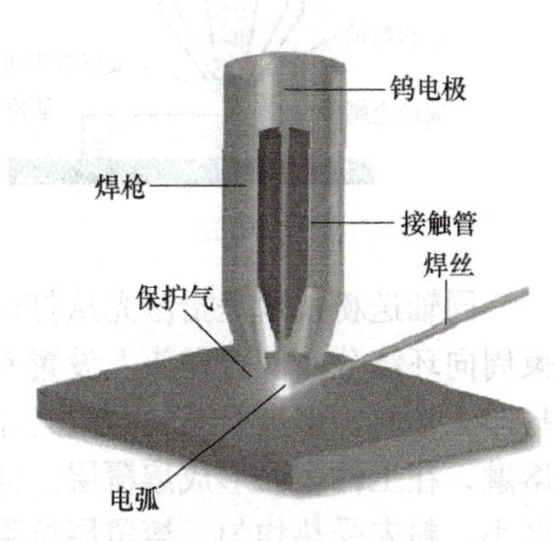

c) 熔化极惰性气体保护焊打印头

图 6-56　三种电弧增材制造原理示意图

电弧送丝增材制造技术具有材料利用率高、成形效率高、设备成本低、成形尺寸几乎不受限制等特点，可用于铜合金与铝合金等高反射率金属材料的成形制造。但零件加工热影响区较大，易受到多重因素影响导致缺陷累积，成形件微观组织粗大，尺寸精度与表面质量相对较差，主要应用于较大尺寸的中低复杂度零件的高效、快速、经济近净成形。面对特殊金属结构制造成本及可靠性要求，其结构件逐渐向大型化、整体化、智能化发展，因而该技术在大尺寸结构件成形上具有其他增材技术不可比拟的效率与成本优势。

(4) 送粉打印头　送粉增材制造技术基本原理和打印头结构与增材制造技术类似，主要区别在于送粉增材制造技术需要设计输送成形粉料的粉道。以激光送粉打印头为例，采用同步送粉激光熔覆式增材制造装备时，其成形过程为：首先大功率激光器产生的激光束聚焦于基板上，在基板表面产生熔池，同时由送粉系统进入喷头的气 - 粉粒流中的金属粉末注入熔池并熔化，然后，喷头在计算机的控制下，按照成形件截面层的图形轮廓要求相对基板运动，熔池中熔化的金属凝固，逐步形成金属截面层，其原理如图 6-57 所示。

按照送粉方式的不同，可以分为同轴送粉和旁路送粉，其粉道结构分别如图 6-58 所示。旁路送粉技术也叫侧向送粉技术，是指粉料的输送装置和激光束分开，彼此独立的一种送粉方式。一般使用外侧送粉管的方式，送粉管位于激光加工方向的前方，金属粉在重力的作用下提前堆积在基体表面，然后后方的激光束扫描在预先沉积的粉末上，完成激光增材制造过程。旁路送粉具有成形效率高、无惰性气体消耗、结构设计简单、调节方便、成本低廉等优势，但也存在金属粉末选择受限制、熔覆表面平整度差、加工可达性差等弊端，一般应用于液压缸、轧辊等面积较大、形状简单的零件表面熔覆与增材再制造。

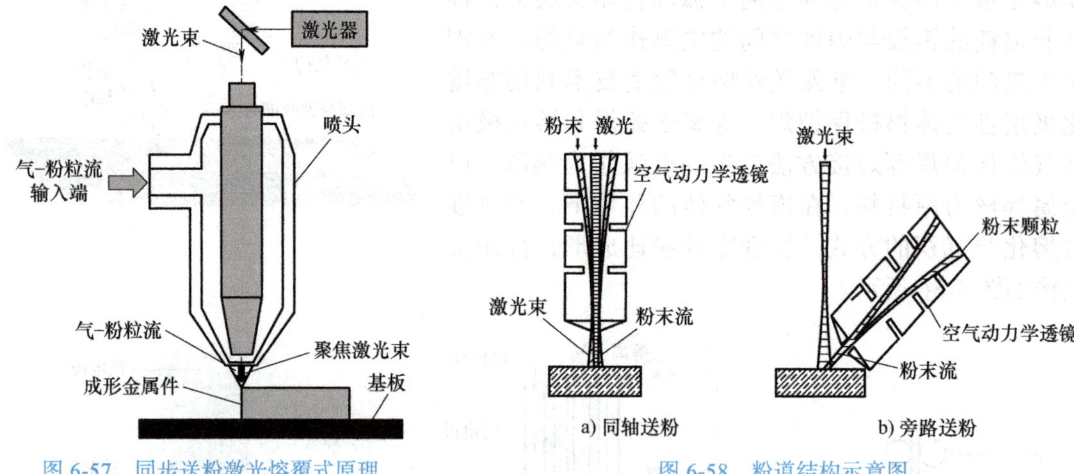

图 6-57　同步送粉激光熔覆式原理

图 6-58　粉道结构示意图

同轴送粉技术是指激光从打印头的中心输出，金属粉围绕激光呈周围环状分布或者多束周向环绕分布。打印头上设置有专门的保护气通道、金属粉通道以及冷却水通道。进行打印工作时，多束金属粉与激光相交于基材表面，金属粉和基材同时在激光的作用下发生熔融，在工件表面形成熔覆层。同轴送粉具有熔覆表面平整度高、送粉自由度高、热影响区小、粉末受热均匀、熔覆层抗裂性好等优势，但也存在金属粉利用率低、易堵粉、维护费用高、安全稳定性差等弊端，通常应用于主轴、齿轮、箱体等高精度零件、复杂形状零件的表面熔覆改性和增材再制造，以及大型零件的净近成形和梯度材料的制备。

习题与思考题

6-1　增材制造技术的优点有哪些？

6-2　增材制造技术有哪几种常用工艺？

6-3　熔融沉积成形工艺的基本原理、特点是什么？

6-4　光固化成形工艺的基本原理、主要优点和缺点是什么？

6-5　激光选区烧结工艺与光固化成形工艺两者有什么异同？

6-6　激光粉末床熔融工艺的基本原理、特点是什么？

6-7　三维喷印黏结快速成形工艺的基本原理、特点是什么？

6-8　激光束、电子束、离子束等高能量密度的束流，通常具有哪些常规加工方法无可比拟的优点？

第 7 章　制造装备实验

7.1　机床主轴实验

7.1.1　实验目的

1）了解机床主轴回转误差对加工精度的影响。

2）熟悉主轴回转误差的测量原理和方法。

7.1.2　实验原理

1. 机床主轴回转精度的基本概念

机床主轴的回转轴线是主轴绕其旋转的线段，在确定的运转状态下，该线段“镶嵌”在主轴上，并随主轴一起运动。运转状态不同，回转轴线在主轴上的位置也不相同。对于某一指定的参考系，理想主轴回转轴线的空间位置固定不变，主轴上每个质点都围绕这一固定不变的回转轴线做旋转运动。但实际上，由于主轴、主轴轴承及主轴箱体等元件的不完善和结构振动的影响，主轴回转轴线的空间位置随时变动，其平均位置称为轴线平均线。主轴回转轴线相对于平均线的偏离就是主轴回转轴线的误差运动。主轴回转精度由回转轴线的误差运动值来评定，误差值越小则精度越高，反之亦然。

主轴回转精度是主轴工作质量最基本的指标，也是机床的一项主要精度指标，它直接影响被加工零件的几何精度和表面质量。测量主轴回转精度的目的在于：

1）评定主轴回转精度，作为机床产品验收标准和出厂检验的主要考核项目之一。

2）分析影响主轴回转精度的各种因素，为改进机床结构设计和加工装配工艺提供理论依据。

3）预测机床在理想切削条件下所能达到的加工精度和表面质量。

回转轴线的误差运动具有三种基本形式：纯径向运动、纯倾角运动和纯轴向运动。径向运动是前两种基本形式的综合反映，端面运动则是后两种基本形式的叠加。

通过瞬时加工点或瞬时检测点并与工件的理想形成表面垂直的方向叫作敏感方向，与敏感方向垂直的方向都是非敏感方向。如果瞬时加工点不随轴线旋转，则敏感方向是固定的（如车削）；如果瞬时加工点随轴线旋转，则敏感方向是旋转的（如镗削）。回转轴线的误差运动在敏感方向上的分量将 1 : 1 地反映在加工表面上，非敏感方向上轴线误差运动对于加工误差的影响几乎可忽略不计。因此，不同形式的误差运动对加工精度具有不同的影响，同一形式的误差运动对不同加工方式的影响也不同。因此，机床主轴的类型不同，测量的目的不同，回转精度的测试方法亦不尽相同。

2. 主轴回转精度的测量

本实验对一台车床主轴回转轴线的径向运动进行测量，主要目的是预测该车床在理想切削条件下所能达到的加工精度。实验装置如图 7-1 所示，精密测量轴固定于主轴的轴端，测量轴的周向对轴线的偏心量为 e，位移传感器测量轴的周向垂直配置，在主轴旋转时同时拾取轴线径向运动的位移信号，因而称为双坐标测量法。传感器拾取的位移信号经测振仪放大后分别输入示波器的水平和垂直偏置极板。如果测量轴的周向圆度误差为 0，主轴回转轴线的径向运动误差 δ 亦为 0，那么两个传感器的输出信号表示为

$$\begin{cases} X = e\cos\omega t \\ Y = e\sin\omega t \end{cases} \tag{7-1}$$

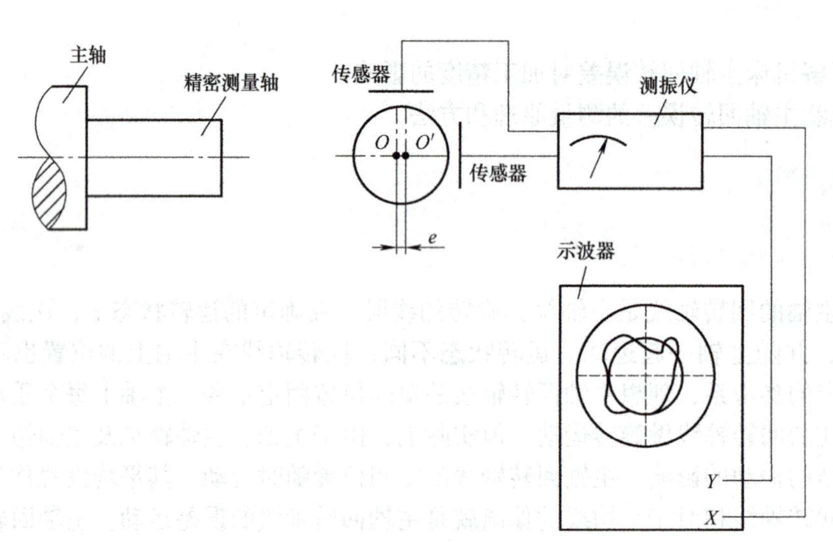

图 7-1 实验装置

示波器光屏上出现一个圆，它表示轴心的运动轨迹，其半径与 e 成正比。

如果主轴轴线存在径向运动误差 δ，传感器同样能够检测出这一运动误差，并把它叠加到轴心的圆周运动上。如图 7-2 所示，传感器的输出信号为

$$\begin{cases} X = e\cos\omega t + \delta\cos(\omega t + \varphi) \\ Y = e\sin\omega t + \delta\sin(\omega t + \delta) \end{cases} \tag{7-2}$$

式中，ω 为主轴角速度；φ 为主轴径向误差运动 δ 的方向与测量轴轴线偏心方向的夹角。

实际上，式（7-2）仍然是轴心的运动方程，示波器光屏上显示的图形是轴心的运动轨迹。这一图形是把轴线径向运动叠加在一个基圆上形成的，也就是轴线的径向运动在圆坐标系中的图像，简称为轴线运动误差圆图像。圆图像的圆度误差就是表示所测回转轴线运动的误差值。

设在测量轴的偏心方向上安装一把车刀，刀尖与回转轴线的距离为 r，那么该车刀刀尖的运动方程为

$$\begin{cases} X' = r\cos\omega t + \delta\cos(\omega t + \varphi) \\ Y' = r\sin\omega t + \delta\sin(\omega t + \varphi) \end{cases} \tag{7-3}$$

再用这把车刀对工件进行理想切削（见图 7-2），工件的表面形状也可以用式（7-2）加以描述，因为 $r \gg e$，可以证明式（7-2）所表示图形的圆度误差略小于并且十分接近上述圆图像的圆度误差。

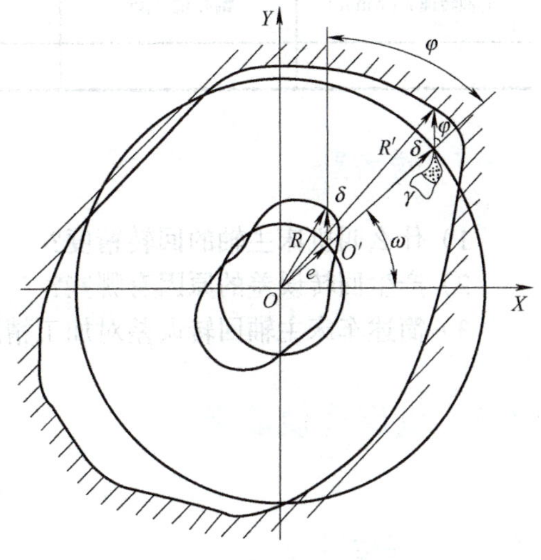

图 7-2　传感器输出信号

为了提高测量精度，测量轴本身的圆度误差应该足够小，以至于可以忽略不计。测量轴的安装偏心量 e 与被测主轴回转误差值也应有一个适当的比例，一般取 $e=(4 \sim 8)\delta$ 为宜，偏大会影响测量的灵敏度，偏小也将增加测量误差。值得注意的是，如果车刀安装位置有所改变，测量轴的偏心位置也应随之改变，应始终保持轴线与刀尖处于相同的轴向和周向位置上。

7.1.3　主要仪器与试材

1）设备：CA6140 卧式车床。

2）工具：测振仪、示波器。

7.1.4　实验方法与步骤

参考 7.1.2 节实验原理的“主轴回转精度的测量”部分，自行设计实验步骤。

7.1.5　实验注意事项

如果车刀安装位置有所改变，测量轴的偏心位置也应随之改变，应始终保持轴线与刀尖处于相同的轴向和周向位置上。

7.1.6　实验结果处理

从示波器光屏显示的圆图像可以大致判断所测主轴回转轴线径向运动的误差值，也可以用相机拍摄圆图像图形。仔细检测图形的圆度误差，以获得较精确的径向运动误差值。圆度的测量方法与通常所用的方法相同，估取恰能包容上述圆图像轮廓的 2 个同心圆的半径差来度量。一般规定有 5 种确定同心圆圆心的方法，对径向运动只能采用“最小径向间距中心”方法，即在选定作为 2 个恰能包容误差运动圆图像的同心圆圆心位置时，应使 2 个圆的半径差具有最小值，半径差的具体值应按标定的标尺计算。

记录示波器输出图像，并用作图法作出径向回转误差值，将测量数据记录于表 7-1 中。

表 7-1 数据记录

主轴转速 / (r/min)	偏心量 e/μm	测量环中心到工作台面距离 /mm	确定同心圆圆心的方法	径向运动误差值 /μm

7.1.7 思考题

1）什么叫机床主轴的回转精度？
2）产生回转误差的原因有哪些？
3）简述车床主轴回转误差对加工精度的影响。

7.2 机床导轨实验

7.2.1 实验目的

本实验用自准直仪测量导轨在水平面和竖直面内的直线度误差，用千分表、磁力表座、标准检验棒测量导轨与主轴回转轴线的平行度误差。通过实验达到如下目的：

1）了解本实验中所检验的车床精度有关项目的内容及其与加工精度的关系。
2）了解车床精度的检验方法及有关仪器的使用。
3）掌握所测实验数据的处理方法和检验结果的曲线绘制。
4）分析影响机床精度的因素及提高机床精度的措施。

7.2.2 实验原理

自准直仪又称自准直测微平行光管，简称平行光管，是一种高精度的测量仪器。该仪器的光学系统如图 7-3 所示，由反射镜、物镜、十字分划板、光源、角度分划板、目镜、读数鼓轮、直角棱镜组成。目镜看到的三种十字线含义：粗黑色线为基准十字线，粗浅黑色为被测十字线，细黑双夹线为测量十字线。测量十字线随鼓轮转动而变化，随被测十字线反射镜位置变化而变化，基准十字线在测量过程中位置不变。

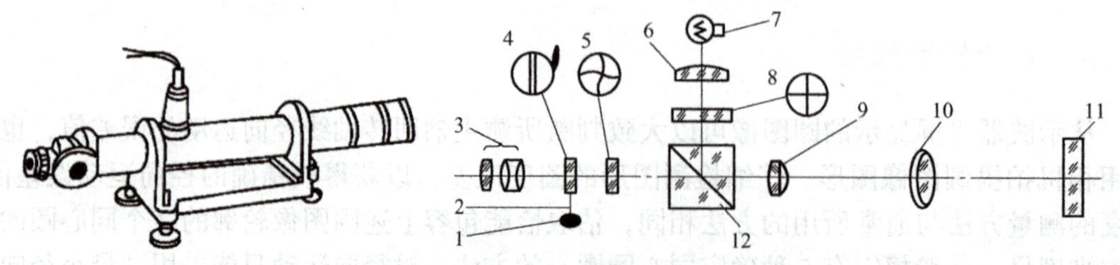

图 7-3 自准直仪光学系统

1—读数鼓轮 2—测微丝杠 3—目镜 4、5、8—分划板 6—聚光镜 7—光源 9、10—物镜组 11—平面反射镜 12—直角棱镜

自准直仪的测量原理如图 7-4 所示。测量时，光源发出的光线通过位于物镜焦平面的

分划板后，经物镜形成平行光。平行光被反射镜反射回来，再通过物镜后在焦平面上形成了被测十字线（基准十字线的像）。当反射镜镜面垂直于光轴时，被测十字线与基准十字线重合；当反射镜镜面与光轴不垂直而倾斜一个微小角度 α 时，反射回来的光束就倾斜 2α，被测十字线便与基准十字线发生偏离。

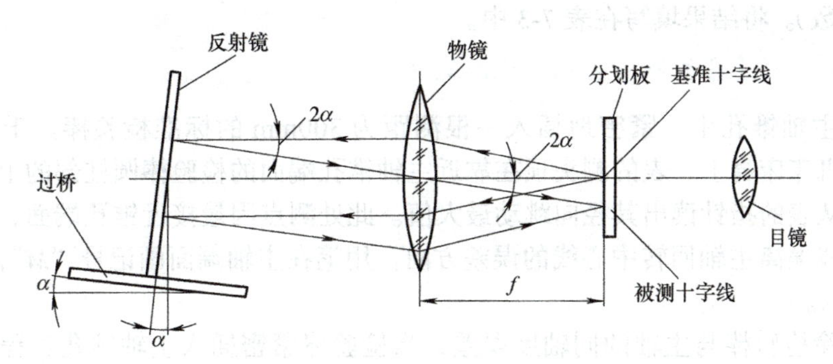

图 7-4 自准直仪测量原理

7.2.3 主要仪器与试材

1）设备：CA6140 卧式车床（1 台）、JCZ 自准直仪（1 台）。

2）工具：千分表（2 支）、磁力表座（2 支）、标准检验棒（2 支）。

7.2.4 实验方法与步骤

1. 用自准直仪测量导轨直线度误差

1）仪器设备的安装。将车床尾座卸下，把专用过桥、反光镜、自准直仪按位置安放好。

2）将反射镜安放在专用过桥上，调整自准直仪的位置，使反射镜位于实际被测直线两端时十字分划板的“十”字影像（粗浅黑色线）均能进入目镜视场。

3）读数方法。先读目镜中主尺（定尺）上的数字表是多少分；鼓轮上的副尺（动尺）每转动一圈即 1′，当测微鼓转动一周时，测量分划板双夹线移动测微丝杠一个螺距即 1mm，相当于反射测量 100″ 的角位移。因为测微鼓圆周上刻有 100 等份的刻线，因此测微鼓的格值即相当于 1″ 的角位移值，每一个小格表示（1/100）′。

自准直仪的分度值 τ 为 1″，也可用 0.005mm/m 或 0.005/1000 表示。读数鼓轮 1 转动的格数 $\varDelta_i$、桥板的跨距 L（mm）与桥板两端分别接触的两个测点相对于主光轴的高度差 h_i（线性值）之间的关系为

$$h_i = \tau \varDelta_i L = 0.005 \varDelta_i L \quad (\mu m)$$

4）测量导轨在水平面的直线度误差。转动目镜使主尺位于水平方向。

用手拧动鼓轮旋钮，使测量十字线与基准十字线的垂直线重合，读出 α_0（格数），继续转动鼓轮，使测量十字线与被测十字线的垂直线重合，读出 α_1（格数）；然后过桥板沿导轨向依次移动 100mm（过桥板的长度）后进行测量，读出 α_2、α_3、α_4、…，则 $\varDelta_i = \alpha_i - \alpha_0$（格数）。将结果填写在表 7-2 中。

5）测量导轨在竖直平面的直线度误差。转动目镜使主尺位于竖直方向。

用手拧动鼓轮旋钮，使测量十字线与基准十字线的水平线重合，读出 α_0（格数），继续转动鼓轮，使测量十字线与被测十字线的垂直线重合，读出 α_1（格数）；然后过桥板沿导轨向依次移动 100mm（过桥板的长度）后进行测量，读出 α_2、α_3、α_4、…，则 $\Delta_i = \alpha_i - \alpha_0$（格数）。将结果填写在表 7-3 中。

2. 用检验棒和千分表测量主轴的径向跳动

在机床主轴锥孔中，紧密地插入一根测距为 300mm 的标准检验棒。千分表用磁性表座固定在机床床身上，表的测头顶在靠近主轴锥孔端面的检验棒圆柱部的上母线，低速旋转主轴，从表的指针读出其径向跳动最大值。此处测点因最接近锥孔端面，可认为是主轴锥孔中心线偏离主轴回转中心线的误差方向。用笔在主轴端面画记号“*M*”，作为基点，如图 7-5 所示。

为了消除检验棒与主轴的同轴度误差，当检验棒紧密插入主轴锥孔过程中，要力求锥孔轴线与主轴旋转轴线误差方向和检验棒同轴度误差方向一致，则需将检验棒接近锥孔轴线与主轴旋转轴线误差方向和检验棒同轴度误差方向一致，则需将检验棒接近锥孔，以 0°、90°、180°、270° 顺序等分，a_1、a_2、a_3、a_4 为其等分点（若能取 360 个等分点更佳），这些等分点依次分别对准“*M*”点安装检验棒进行测量，分别从千分表中读出 a_1、a_2、a_3、a_4 点以及距这些点 300mm 处相同母线上的 b_1、b_2、b_3、b_4 点的径向跳动最大值，并将结果记入表 7-4 中。进行数据处理时，每组对称点最大径向跳动量的算术平均值，即是已经消除检验棒与主轴的同轴度误差后主轴在该处（*a* 或 *b* 处）的径向跳动。

3. 用检验棒和千分表测量主轴的轴向窜动

机床主轴锥孔中紧密插入一根标准检验棒，长约 200mm。检验棒外端中心孔处用黄油粘一个 ϕ5mm 的小钢球，千分表用磁性表座固定在机床床身上，表头测杆水平放置，表的平面测头沿检验棒中心线紧靠钢球表面，如图 7-6 所示。预压表的长针一圈，调长针于“0”点处，低速旋转主轴，千分表的最大读数差值即为机床主轴的轴向窜动量，将值记入表 7-4 中。

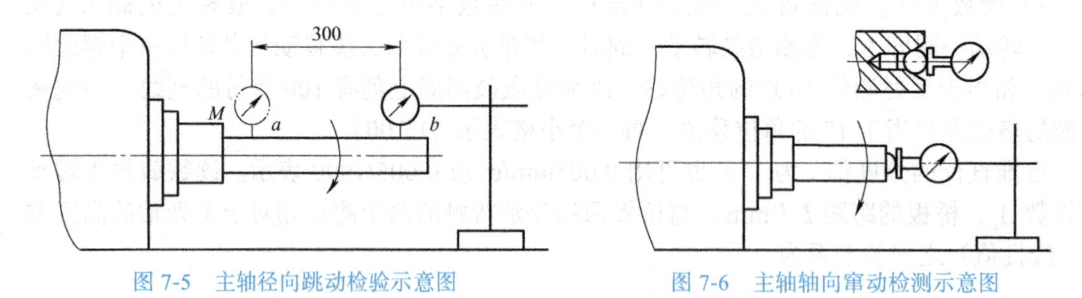

图 7-5　主轴径向跳动检验示意图

图 7-6　主轴轴向窜动检测示意图

4. 用检验棒和千分表测量导轨与主轴的平行度误差

主轴锥孔中紧密地插入一根检验棒，千分表用磁性表座固定在溜板上，使千分表测头顶在检验棒表面上，移动溜板，分别在上母线上（即竖直方向）和侧母线上（即水平方向）检验，检验长度为 300mm。

为了排除主轴锥孔和检验棒本身的径向跳动误差，在检验一次后，将主轴连检验棒一起旋转 180°，然后按照上述方法再检验一次，取每个方向的两次千分表读数的代数平均值，即为本项检验误差。在上母线上检测的两次读数平均值即为导轨在竖直面内与主轴回转轴线的平行度误差，在侧母线上检测的两次读数平均值即为导轨在水平面内与主轴回转轴线的平行度误差。将其值记入表 7-4 中。

7.2.5　实验注意事项

1）实验中应注意仔细操作，实验仪器要轻拿轻放，避免磕碰。

2）反射镜安放要稳定，移动桥板时要平稳。

7.2.6　实验结果处理

1. 实验数据记录表

表 7-2　用平行光管检验导轨在水平面内的直线度实验数据

测点序号	平行光管的读数 α_i（格数）	$\Delta_i = \alpha_i - \alpha_0$（格数）	各测点示值与 Δ_1 的代数差 $\Delta_i - \Delta_1$	任一测点 j 处累积值（格数）$y_i = \sum_{i=2}^{j}(\Delta_i - \Delta_1)$
0				
1				
2				

表 7-3　用平行光管检验导轨在竖直面内的直线度实验数据

测点序号	平行光管的读数 α_i（格数）	$\Delta_i = \alpha_i - \alpha_0$（格数）	各测点示值与 Δ_1 的代数差 $\Delta_i - \Delta_1$	任一测点 j 处累积值（格数）$y_i = \sum_{i=2}^{j}(\Delta_i - \Delta_1)$
0				
1				
2				

表 7-4　用千分表检验主轴的径向跳动和轴向窜动的实验数据记录表　　（单位：mm）

<table>
<tr><td rowspan="2">主轴上各点的径向跳动值</td><td>a_1</td><td>a_3</td><td>a_2</td><td>a_4</td><td>b_1</td><td>b_3</td><td>b_2</td><td>b_4</td></tr>
<tr><td></td><td></td><td></td><td></td><td></td><td></td><td></td><td></td></tr>
<tr><td rowspan="2">测点对称位置的算术平均值</td><td colspan="2">$(a_1+a_3)/2$</td><td colspan="2">$(a_2+a_4)/2$</td><td colspan="2">$(b_1+b_3)/2$</td><td colspan="2">$(b_2+b_4)/2$</td></tr>
<tr><td colspan="2"></td><td colspan="2"></td><td colspan="2"></td><td colspan="2"></td></tr>
<tr><td>径向跳动</td><td colspan="4"></td><td colspan="4"></td></tr>
<tr><td>主轴轴向窜动</td><td colspan="8"></td></tr>
<tr><td>导轨与主轴回转轴线在竖直面内的平行度误差</td><td colspan="8"></td></tr>
<tr><td>导轨与主轴回转轴线在水平面内的平行度误差</td><td colspan="8"></td></tr>
</table>

2. 绘制实验曲线

以每个测量段端点的位置为横坐标，以每段的累积高度（即升落差逐段累加值）为纵坐标，画出各点，然后画出各点的折线线段，使每一折线线段的起点与前一折线线段的终点相重合，便可得到实际被测直线即误差曲线。将导轨在水平面和竖直面内的直线度误差曲线绘制于图 7-7 中。

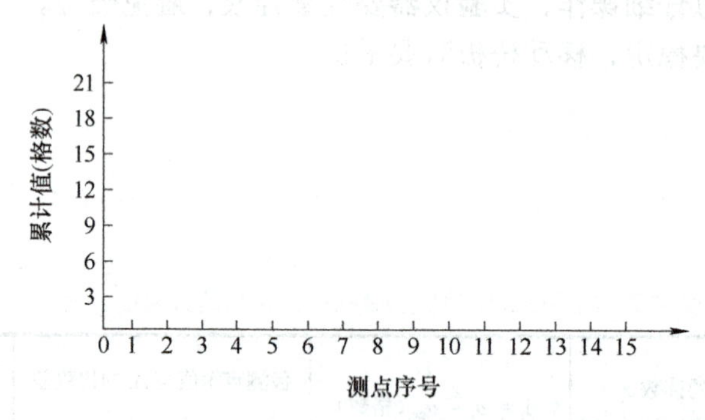

图 7-7 导轨在水平面、竖直平面内的直线度误差曲线

3. 直线度误差的评定

导轨的直线度误差可用下面两种方法进行评定。

（1）按两端点连线法评定直线度误差 以实际被测直线的始点与终点的连线 l_{BE} 作为评定基准，取各测点相对于它的最大偏离值与最小偏离值之差为直线度误差。测点在它的上方取正值，测点在它的下方取负值，如图 7-8 所示，则直线度误差为

$$f_{BE} = h_{\max} - h_{\min}$$

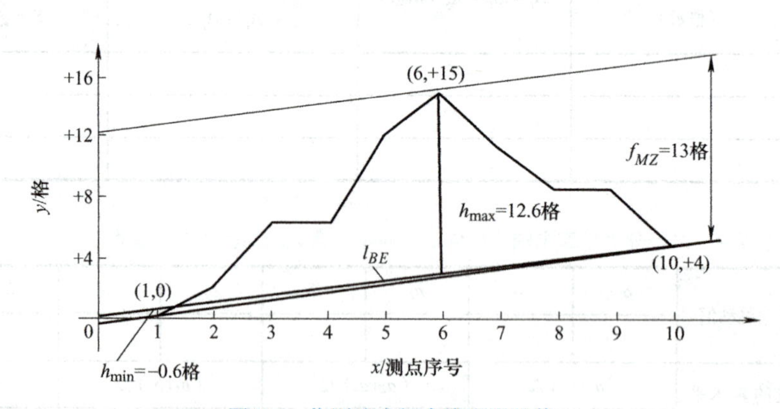

图 7-8 作图法求解直线度误差值

（2）按最小包容区域法评定直线度误差 每个测量段端点的位置为横坐标，以每段的累积高度（即升落差逐段累加值）为纵坐标，画出各点。然后画出各点的折线线段，使每一折线线段的起点与前一折线线段的终点相重合，即为误差曲线。从误差曲线上确定高－低－高（或低－高－低）相间的三个极点，过两个高极点（或两个低极点）作一条直线，再过低极点（或高极点）作一条平行于上述直线的直线，两条平行直线之间的区域即为最小包容区域，该区域的宽度为直线度误差值。

7.2.7 思考题

1）检验主轴的径向跳动时，为什么将检验棒旋转 180° 后插入主轴锥孔进行第二次检验，就可以消除检验棒锥面中心线与机床主轴的同轴度误差？

2）按两端点连线和最小包容区域评定导轨直线度误差值各有何特点？

7.3 刀具自动补偿实验

7.3.1 实验目的

1）理解数控机床刀具自动补偿在保证加工精度中的作用。

2）通过实验，了解刀具半径补偿指令的功能、含义及补偿方法。

3）学习如何在数控编程中有效应用刀具补偿，如设计刀具左侧补偿、右侧补偿和长度补偿。

7.3.2 实验原理

在数控铣床上进行工件轮廓的数控铣削加工时，由于存在刀具半径，刀具中心轨迹与工件轮廓（即编程轨迹）不重合，如果数控系统不具备刀具半径自动补偿功能，则只能按刀心轨迹，即在编程时给出刀具的中心轨迹进行编程，其计算相当复杂，尤其是当刀具磨损、重磨或换新刀而使刀具直径变化时，必须重新计算刀心轨迹，并修改程序。这样既复杂烦琐，又不易保证加工精度。当数控系统具备刀具半径补偿功能时，数控程序只需按工件轮廓编写，加工时数控系统会自动计算刀心轨迹，当刀具偏离工件轮廓一个半径值，即进行刀具半径补偿。

对于刀具长度来讲，使用不同长度的刀具要加工同一深度的加工面，也需要在刀具长度方向进行补偿。

刀具半径补偿方向的判定：沿刀具运动方向看，刀具在被切零件轮廓边左侧即为刀具半径左补偿，用 G41 指令；否则，便为右补偿，用 G42 指令。

1. 刀具半径左侧补偿 G41 指令

编程格式：

G41　G00（G01）　X_　Y_　D__;

G40　G00（G01）　X_　Y_;

2. 刀具半径右侧补偿 G42 指令

编程格式：

G42　G00（G01）　X_　Y_　D__;

G40　G00（G01）　X_　Y_;

3. 刀具半径补偿的工作过程

刀具半径补偿的过程分为三步：

1）刀具半径补偿建立，刀具中心从与编程轨迹重合过渡到与编程轨迹偏离一个偏置量的过程。

2）刀具半径补偿进行，执行有 G41、G42 指令的程序段后，刀具中心始终与编程轨迹相距一个偏置量。

3）刀具半径补偿取消，刀具离开工件，刀具中心轨迹要过渡到与编程重合的过程，如图 7-9 所示。

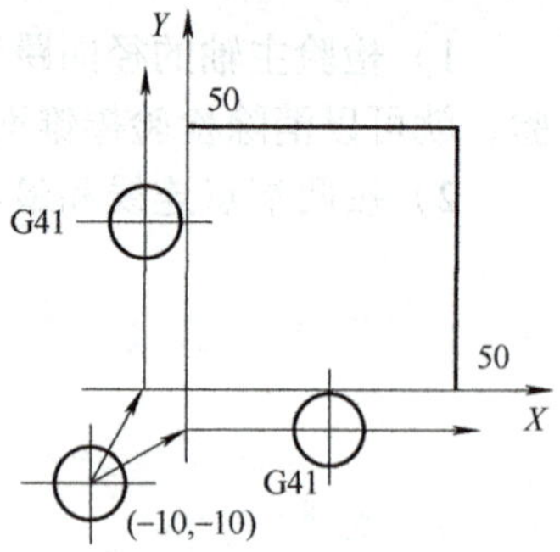

图 7-9 刀具半径补偿方向

4. 刀具长度补偿指令

编程格式 G43（G44） G00（G01）Z_ H__；
G49 G00（G01）Z_；

其中，G43 指令为刀具长度正补偿，G44 指令为刀具长度负补偿，H__ 中的两位数字表示刀具长度补偿值所存放的地址，或者说是刀具长度补偿值在刀具参数表中的编号；G49 指令为取消刀具长度补偿。无论是绝对坐标还是增量坐标形式编程，在用 G43 指令时，用已存放在刀具参数表中的数值与 Z 坐标值相加；用 G44 指令时，用已存放在刀具参数表中的数值与 Z 坐标值相减。

7.3.3 主要仪器与试材

1）数控机床：提供型号和规格。

2）刀具：包括车刀、铣刀等，注明规格和型号。

3）测量工具：如千分尺、游标卡尺等，用于测量加工尺寸。

4）试材：提供材质、尺寸等信息。

7.3.4 实验方法与步骤

实验步骤如下：

1）选定刀具，安装工件。

2）对刀，设定零点偏置及刀具参数。

3）编制简易数控加工程序。

4）输入程序，自动运行。

5）观察刀具轨迹及偏离方向。

6）检验并记录。

7.3.5 实验注意事项

1）确保刀具和工件安装稳固，避免加工过程中发生位移。

2）在进行刀具补偿前，应先进行试切削，以减少刀具磨损。

3）刀具补偿参数的调整应逐步进行，避免过大调整导致加工误差。

7.3.6 实验结果处理

1）记录并分析刀具补偿前后的加工尺寸，评估补偿效果。

2）根据实验数据绘制出刀具轨迹图。

3）如果加工结果不符合预期，应重新检查刀具参数并进行调整。

7.3.7　思考题

1）如何判断刀具补偿的方向和数值？

2）刀具磨损对加工精度有何影响？如何通过补偿来纠正？

3）在数控编程中，刀具补偿指令的使用有哪些注意事项？

7.4　机床零点标定实验

7.4.1　实验目的

1）理解机床零点的概念及其在数控加工中的作用。

2）学习并掌握机床零点标定的方法和步骤。

3）培养学生的实际操作能力和问题解决能力。

4）通过实验，确保机床坐标系统精确，为后续加工任务提供准确的定位基础。

7.4.2　实验原理

数控车床的零点设置通常指的是坐标系的建立和原点的确定。坐标系是由三条坐标轴组成的，分别是 X 轴、Y 轴和 Z 轴。在数控车床加工工件时，需要根据工件图样和加工要求，确定工件的三维坐标系和加工零点。数控车床的坐标轴通常由数码传感器或编码器实现，经过信号放大和信号处理后，将坐标数值传输给控制系统，然后控制系统通过数学运算，控制车床进行精确定位和加工。

在数控车床上，一般有两种零点标定的方法：手动设置和自动设置。

1. 手动设置零点

手动设置零点是指通过人工操作，将刀具与工件接触点对准坐标轴的原点，然后通过数控系统进行坐标偏差调整，使其与工件图样上的要求相符。手动设置零点需要一定的技术水平和经验，需要进行多次实践和调整，才能达到比较理想的加工效果。

2. 自动设置零点

自动设置零点是指通过数控系统自动搜索工件表面上的参考点，然后确定坐标轴的原点和工件的坐标系。自动设置零点需要在数控系统中进行程序编写和参数设置，通过自动搜索功能将工件表面上的参考点识别出来，然后确定坐标系和原点。

工件坐标系是用来描述工件装夹位置的。编制一个工件的加工程序，基本上不使用“机床坐标系”，主要是使用“工件坐标系”。编程时，在图样的一个加工面上找一个点作为 X、Y、Z 的零点（编程零点），则整个加工部分的坐标位置就确定了。刀具可以按照这些坐标走直线、走圆弧，进行工件加工。

当工件放置到机床工作台上经找正、调整和卡压后，需要建立工件与机床的相对关系，在工件上找到与“编程零点”相对应那一点，即工件零点。零点偏置，就是把机床坐标系的零点进行偏置，把设置的工件坐标系的零点在机床坐标系的位置输入到相应的零点偏置寄存器（如G54、G55、G56、…）中，实现工件坐标系零点与机床坐标系零点重合，即实现机床零点标定。

7.4.3 主要仪器与试材

1）数控机床（含数控系统、伺服电动机、传动装置等）。

2）辅助工具（如螺钉旋具、扳手、测量尺等）。

3）安全防护用品（如工作服、安全帽、防护眼镜等）。

7.4.4 实验方法与步骤

1）检查机床状态，确保无异常。

2）机床预热：起动机床，让其运行一段时间以达到稳定温度。

3）输入*X*、*Y*轴的零点偏置值。

板类、箱体类工件坐标系*X*、*Y*轴的零点一般选在重要孔的中心。在测定图7-10中的G54零点时，当孔加工完成后，使用卡在主轴上的杠杆表，通过电手轮调整*X*、*Y*轴的位置，确定孔中心。此时CRT（阴极射线管显示器）上显示机床坐标系的*X*、*Y*坐标，即是所求的偏置值。主轴移动到G54预设零点时，CRT上显示机床坐标系位置：X-400.000；Y-600.000。此时，打开G54的零点偏置，移动光标，将数值“-400”“-600”分别输入到*X*轴和*Y*轴的位置。

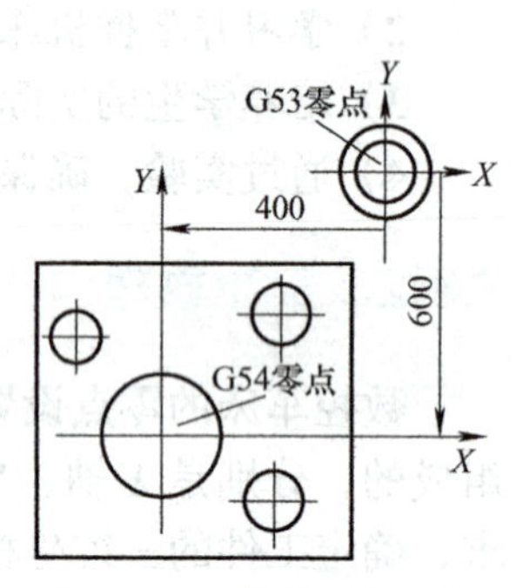

图7-10 工件孔的零点偏置

4）验证标定：执行一次简单的加工测试，如切割一个已知尺寸的试件，验证零点标定的准确性。

5）记录数据：详细记录每一步的操作过程及观察到的结果。

7.4.5 实验注意事项

1）确保严格遵守实验室安全规定和机床操作规程。

2）在进行零点标定操作前，务必确保机床已经预热并处于稳定状态。

3）在零点标定过程中，应避免对机床造成过大的冲击或振动。

4）定期复审零点标定，因环境变化可能引起微小偏移。

5）保持工作区域整洁，避免量具被污染或损坏。

7.4.6 实验结果处理

1）分析加工测试件的尺寸偏差，评估零点标定的精度。

2）记录实验数据，绘制偏差图表。

3）总结标定过程中遇到的问题及解决方案。

7.4.7　思考题

1）分析机床零点标定对机床加工精度的影响。

2）如果在加工过程中发现尺寸持续偏差，除了零点标定外，还可能有哪些因素影响加工精度？

3）探讨不同类型的机床（如车床与铣床）在零点标定上的异同点。

7.5　五轴加工中心虚拟仿真实验

7.5.1　实验目的

通过虚拟仿真实验平台，引导学生掌握五轴加工中心的结构，了解加工中心的运动原理，掌握引起机床热误差的影响因素，了解加工中心热误差补偿的原理。同时，将涉及的知识点融会贯通，掌握实训的基本理论知识和操作步骤。让学生掌握以下内容：

1）掌握五轴数控机床的结构与运动。

2）掌握五轴数控机床的热误差补偿。

7.5.2　实验原理

首先对加工中心布置温度传感器，检测铣削过程机床的温度场变化，通过模拟铣削加工过程的实验，观察实验数据分析热误差的主要影响因素。在不同位置安装加速度传感器，通过位移二次积分进行机床的热模态分析，进一步分析热变形对加工精度的影响，从而可以从多个温度传感器中找出关键温度点，用于构建热误差模型，结合温度信号计算出补偿值，将补偿值送入机床数控系统，实时控制刀具修正误差，实现热误差补偿运动，提高加工精度。

1. 机床关键点温度传感器布置

为了检测加工中心各部位的温度，记录环境温度和加工过程中机床的工作状态。依次在加工中心主要位置分别布置 16 个温度传感器和 2 个位移传感器（见图 7-11）。

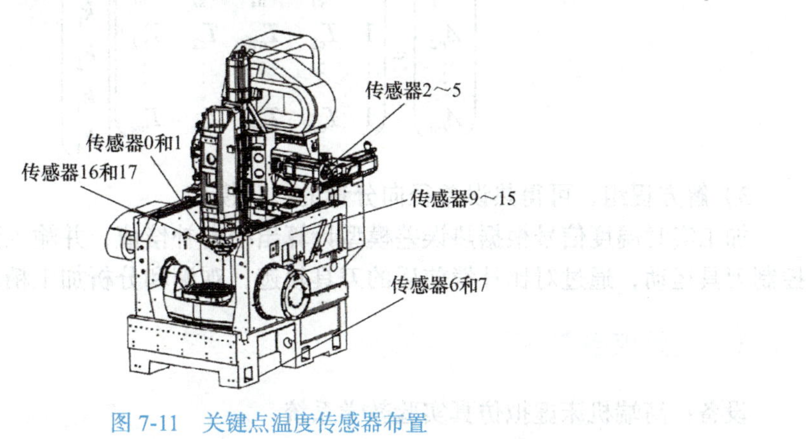

图 7-11　关键点温度传感器布置

1）测量主轴温度，布置 2 个传感器 0 和 1。

2）测量主轴丝杠螺母温度，布置 4 个传感器 2 ～ 5。

3）测量切削液温度，布置 2 个传感器 6 和 7。

4）测量室温温度，布置 1 个传感器 8。

5）测量床身主轴箱温度，布置 7 个传感器 9 ～ 15。

6）测量主轴轴向和径向相对于刀架的热漂误差，安装 2 个位移传感器 16 和 17。

2. 热误差测量与分析

通过铣削加工循环过程进行空载实验，实现机床主轴旋转、工作台移动和切削液流动而没有实际铣削加工过程，分析和观察机床温度传感器以及位移传感器的 18 条实验曲线变化。本次实验主要分析影响机床热变形和加工精度的 4 个关键温度点，分别对应传感器为：传感器 6（切削液温度）、传感器 15（床身温度）、传感器 4（X 轴螺母温度）和传感器 1（即主轴箱温度）。

3. 热误差模型建模

热误差数学模型主要表现为机床的热分布函数，一般表达形式为

$$\varDelta_T = a_0 + \sum_{i=1}^{n} a_i \Delta T_i + \sum_{i=1}^{n}\sum_{j=1}^{i} a_{ij} \Delta T_i \Delta T_j + \cdots \tag{7-4}$$

式中，$\varDelta_T$ 为热误差；a_0、a_i、a_{ij} 为模型的温度系数；ΔT_i、ΔT_j 为温度变量。

选择热误差数学模型的阶数或其他数学模型形式，使用最小二乘拟合法或其他方法确定参数。

1）设热误差是温度的多元线性回归函数，则其回归函数可表示为

$$\varDelta_r = c + k_1 T_c + k_2 T_n + k_3 T_s + k_4 T_b \tag{7-5}$$

式中，$\varDelta_r$ 为热误差径向分量；c 为回归常数；k_1、k_2、k_3、k_4 为回归系数。

2）将建模实验数据（每组 4 个关键点温度值和对应的热误差值）分别代入回归函数并写成矩阵形式

$$\begin{pmatrix} \varDelta_{r1} \\ \varDelta_{r2} \\ \vdots \\ \varDelta_{rm} \end{pmatrix} = \begin{pmatrix} 1 & T_{c1} & T_{n1} & T_{s1} & T_{b1} \\ 1 & T_{c2} & T_{n2} & T_{s2} & T_{b2} \\ \vdots & \vdots & \vdots & \vdots & \vdots \\ 1 & T_{cm} & T_{nm} & T_{sm} & T_{bm} \end{pmatrix} \begin{pmatrix} c \\ k_1 \\ k_2 \\ k_3 \\ k_4 \end{pmatrix} \tag{7-6}$$

3）解方程组，可得热误差径向分量的数学模型。

加工实时温度信号根据热误差模型计算出径向补偿值，并输入到机床数控系统，实时控制刀具运动，通过对比补偿前后的刀具轨迹，观测和分析加工精度提高的效果。

7.5.3 主要仪器与试材

设备：高端机床虚拟仿真实验教学系统。

7.5.4　实验方法与步骤

1. 熟悉高端机床虚拟仿真实验教学系统界面

系统初始界面如图 7-12 所示，单击“开始实验”进入虚拟仿真实验，主要包括两个菜单，分别是中间的“模块选择界面”和右上方的“菜单栏”。其中，菜单栏包括“首页”“设置”“帮助”“全屏”功能。

图 7-12　系统界面

模块选择界面包括“预习模块”“认知模块”“实验模块”等。

2. 学习实验室安全要求

单击“预习模块”图标，弹出实验简介、实验室安全和基础知识测试等内容弹框界面。

3. 机床结构认知

单击“认知模块”，进入认知模块内容，根据左侧菜单栏按钮进行认知学习。

4. 机床运动控制实验

1）单击“实验模块”图标，单击“机床运动控制实验”按钮，进入该实验界面。

2）完成 X 进给、Y 进给、Z 进给、A 旋转、C 旋转和多轴联动任务下的运动链选择、数控交互代码选择、信息流及运动演示的内容。

5. 车削中心热误差实时补偿

1）单击“车削中心热误差实时补偿”的实验按钮，进入该实验界面。

2）查看实验介绍、热误差形成机理、热误差实时补偿技术和实验目的及要求。

3）实验系统搭建：根据高亮的机床测点位置，选择正确的传感器搭建到机床上，并设置传感器参数，如图 7-13 所示。

4）热误差检测与分析：完成机床空载实验和单因素分析实验；输入机床的转速后，启动控制面板，观察实验数据。

5）热误差模态与分析：查看模态动画及模态分析内容，并选择正确的四个温度测点。

6）误差建模：下载曲线数据，仿真计算后填写数据，生成公式。

7）补偿控制：进行主轴热漂移测量和工件切削。

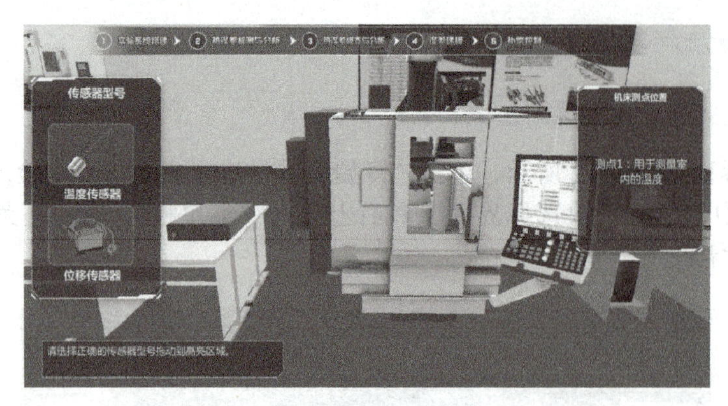

图 7-13　实验系统搭建

7.5.5　实验注意事项

为保证实验操作的顺利进行，在实验过程中，请参考任务列表，结合实验提示进行操作。

7.5.6　实验结果处理

记录机床关键点温度实验数据，采用多元线性回归函数进行拟合，求解刀具与工件之间的热误差。

7.5.7　思考题

1）引起数控机床热误差的热源都有哪些？请举例。

2）热误差抑制的方法有哪些？

3）机床温度测点可以布置在哪些位置？其位置对热误差分析是否有影响？温度测点是不是越多越好，为什么？思考如何快速有效地找出机床关键测温点。

4）在实验中，如何验证所设计的热误差补偿算法的有效性？采用哪些指标来评价补偿效果的优劣？

5）建立机床热误差的数学模型是实验的关键一步，如何选择合适的数学模型来描述机床在不同温度下的变形情况？如何验证模型的准确性和适用性？

6）除了常见的数控机床，这种热误差分析与补偿方法是否适用于其他类型的机械设备？如何将这种方法推广应用到更广泛的工业领域中去？

7.6　增材制造工艺实验

7.6.1　实验目的

1）了解增材制造内涵。

2）利用可视化三维软件和 3D 打印机，设计制作各种不同结构的实物，以培养学生机构运动创新设计意识及综合设计的能力。

3）训练学生的工程实践动手能力。

7.6.2　实验原理

3D 打印技术是一种增材成形技术，本实验通过快速自动成形系统与计算机数据模型结合，三维设计模型将转换为打印机指令，并通过 SD 卡发送到打印机，打印机加热 ABS（丙烯腈 - 丁二烯 - 苯乙烯）细丝，并从喷嘴挤出以逐层制作固体物体，制造出各种形状复杂的原型，这种方法称为熔融沉积成形（FDM），模型如图 7-14 所示。

图 7-14　FDM 增材制造模型

7.6.3　主要仪器与试材

1）FDM 型 MakerBot Replicator 2 打印机。

2）PLA/ABS 耗材、柔性耗材。

3）后处理工具：美纹纸、锉刀等工具。

7.6.4　实验方法与步骤

理解熔融沉积原理，根据 STL 格式的模型在切片软件中设置相关参数，实现导入 3D 打印机，将丝状的热熔性材料加热熔化，通过带有微细喷嘴的挤出机把材料挤出来，观察打印机喷头吐丝现象，增强感性认识，巩固理论知识的学习。

1）掌握实验原理。

2）简易手机支架 3D 打印演示实验，熟悉实验设备的零件组成及零件功用。

3）查看切片软件界面，学习切片软件参数设置。

① 进入 MakerBot 切片软件，可看到“Explore”（搜索）、“Library”（库）、“Prepare”（准备）、“Store”（商店）及“Learn”（学习）菜单，切换至“Prepare”界面，单击“Devices”（设备），下一步单击“Select Type of Device”（选择设备类型），设置计划选用的打印机型号。

② 单击“Add file”（添加文件），将前期 STL 模型导入仿真环境中，利用移动、旋转、比例功能对模型合理调节，单击“Settings”（设置），对“Quick/Custom”（快捷 / 个性化）模式下的“Layer height”（层高）、“Infill”（填充）等相关参数进行设置。

③ 单击“Export print file”（导出打印文件），导出打印机识别的 X3G 格式文件，存入 SD 卡。

4）打印机开机设置。

① 将电源开关拨到 ON 位置。

② 将细丝导管一端插入挤出机顶部的孔中，并将导管尽量向里推，将细丝导管的另一端插入到打印机背面的左导管支架中，确保细丝导管末端与导管支架底部齐平，垂下的

细丝导管不应超过导管支架底部。

③ 将卷轴安装到卷轴支架，确保 PLA（聚乳酸）细丝可以逆时针旋转展开（从后面看），挤压卷轴支架并推卷轴，直到锁定为止。

5）进行水平调节，校平底板，调节工作平台下面的三个旋钮，这三个旋钮可降低或抬高底板。

① 拧紧旋钮（向右旋转）可将底板移到远离挤出机喷嘴的位置。

② 拧松旋钮（向左旋转）可将底板移到靠近挤出机喷嘴的位置。

③ 挤出机喷嘴和亚克力底板之间的距离应与附带的支持卡厚度相当。

④ 在底板和喷嘴之间留出一些空间，按照 LCD（液晶显示器）屏幕上的提示，将工作平台下面的三个旋钮旋转约四圈以将其拧紧，调节每个旋钮时，确保支持卡刚好能在喷嘴和底板之间滑动。在支持卡上会有一些摩擦，但仍能轻松将支持卡在底板和挤出机喷嘴之间穿过，而不会划破或损坏支持卡。

6）不同颜色耗材更换。

① 取出 PLA 细丝，转到 LCD 面板，然后选择“Preheat”（预热）→“Start Preheat”（开始预热），等待挤出机加热到设定的温度，然后向下推挤出机臂，并在轻轻从挤出机中拉出细丝时继续按住挤出机臂，最后松开挤出机臂。

② 选择“Utilities”（实用工具），滚动到“Change Filament”（更换细丝），选择该选项，然后选择“Load”（装入）。

7）制作物体，单击“Build from SD”（从 SD 卡中选择项目），使用上下箭头按钮浏览 SD 卡上的模型列表，选中“手机支架模型”，按“M”键，将开始制作物体。

8）在打印过程中需细心操作，仔细观察喷嘴吐丝现象，可使用 LCD 面板监视挤出机温度以及物体状态和进度。

9）模型打印完成后，将底板中的槽口安装到工作平台后面的卡舌上，将底板中的卡舌安装在工作平台前面的两个销钉之间；卸下底板，轻轻将底板前面的卡舌朝工作平台后面推，以将卡舌从销钉中脱离，提起底板以从工作平台中取出。

10）进行模型后处理，完善实物，进行相关尺寸记录，与原始设计数据比较。调试参数打印，分析高 / 标准 / 低精度的切片参数设计对打印效果的影响，优化与改善打印质量；完成实物打印并进行误差分析，进而反馈改进建模流程。

7.6.5 实验注意事项

1）为了避免细丝堵塞，确保将 ABS 细丝从卷轴底部朝卷轴顶部送入，确保细丝安装在左侧卷轴支架上（从后面看），并按逆时针方向展开。

2）在加热时，加热温度将达到 230℃，此过程中请勿触摸挤出机。

3）如果工作平台离挤出机喷嘴太远，或者底板的一个部分离喷嘴比另一个部分远，构建的物品可能不会黏附到底板上；如果工作平台离挤出机喷嘴太近，底板可能会妨碍 ABS 细丝从喷嘴中挤出。这也可能会刮划底板，经常校平底板有助于确保物体很好地附着到底板上。

4）爱护仪器设备，实验完毕后，关闭 3D 打印机和电源开关，将仪器设备恢复原状。

7.6.6　实验结果处理

模型后处理之后，测量并记录相关尺寸，与原始设计数据相比较，分析 3D 打印精度。

7.6.7　思考题

1）影响增材制造精度的因素有哪些？

2）如何提高增材制造精度？

7.7　专用夹具设计实验

7.7.1　实验目的

1）了解组合夹具的结构特点及应用范围。

2）通过方案构思，让学生掌握夹具定位原理和夹紧基本准则。

3）了解组合夹具元件的分类与基本功能，要求学生能识别各种类型的元件（如基础件、支承件、定位件、导向件等）。

4）了解组合夹具的组装工艺及调整方法，并合理使用各种工具和量具。

7.7.2　实验原理

1. 组合夹具的结构原理

组合夹具是由一套不同形状、不同规格、不同尺寸、具有完全互换性和高耐磨性、高精度的标准元件及其合件，根据被加工工件工艺要求，采用组合的方法，拼装成的具有各种专门用途的夹具。组合夹具可以拆开，将各元件清理干净，储存到夹具元件库里，待以后重新组装夹具时使用。专用夹具的使用过程是设计→制造→使用→报废的单向过程，而组合夹具是组装→使用→拆卸→再组装→再使用→再拆卸的循环过程。

2. 组合夹具的分类、特点及应用

组合夹具分为槽系和孔系两大类。

槽系组合夹具就是元件上制作有标准间距（30mm、60mm、75mm）的相互平行及垂直的 T 形槽，各元件间以键定位和 T 形槽螺栓紧固。根据 T 形槽宽度分为小型（6mm、8mm）、中型（12mm）和大型（16mm）槽系组合夹具。槽系组合夹具因元件的位置可沿槽的纵向做无级调节，故组装十分灵活，适用范围广，是最早发展起来的组合夹具系统。

孔系组合夹具为圆柱孔和螺栓孔组成的坐标孔系，各元件间以销定位，由螺栓和螺母连接紧固。孔系组合夹具适用于数控机床、加工中心以及柔性加工单元和柔性加工系统。

组合夹具具有下列特点：①适合新产品试制和多品种、中小批量生产，不会因试制产品改型和加工对象变换而造成夹具报废，降低产品制造成本；②节省设计和制造夹具所用工时费用、材料和相关费用，缩短了产品的生产准备周期，从而降低了产品的制造成本；

③组合夹具元件精度高，容易满足加工精度要求，保证产品质量；④减少夹具库存量，改善仓库的管理工作；⑤组合夹具元件与部分自制专用件组合，可以组装出通用可调整的夹具。

3. 槽系组合夹具的基本元件

槽系组合夹具的结构如图 7-15 所示，由基础件、支承件、定位件、导向件、夹紧件、紧固件、合件等元件组成。

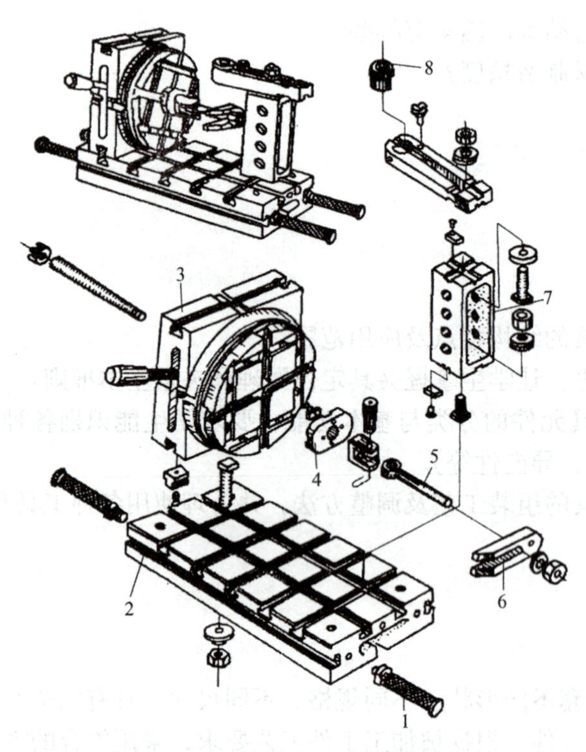

图 7-15　槽系组合夹具的结构

1—其他件　2—基础件　3—合件　4—定位件　5—紧固件　6—夹紧件　7—支承件　8—导向件

基础件是夹具的基础元件，如方基础板、长方基础板、圆基础板、基础角铁等，常用作夹具体，如图 7-15 中的元件 2。支承件是夹具骨架元件，用于不同方向上的支承，如长方形支承、角度支承、加肋角铁等，既可为各元件的连接件，又可作为大型工件的定位件。定位件是元件间定位和工件定位用的元件，如平键、V 形块、圆定位销等，如图 7-15 中的元件 4。导向件是确定刀具位置和导向的元件，如固定钻套、快换钻套、钻板、镗孔支承等。夹紧件是用于夹紧工件的元件，也可用作垫板和挡板，如平压板、弯压板、关压板、U 形压板。紧固件是用于各元件夹紧的元件，如槽用螺栓、圆螺母等。合件是用于分度、支承等的组合件，如顶尖座、可调 V 形块等，是一种不能拆卸使用的组合件。其他件是在夹具中起辅助作用的元件，如连接板、平衡块、手柄等。

4. 典型组合夹具

图 7-16 所示为移动式组合钻模夹具的装配图。该钻模用于加工图 7-16d 所示轴工件上的 $4\times\phi8$mm 孔，先钻孔 2 和孔 4，移动 16mm 后再钻孔 1 和孔 3。采用移位机构的原

因是工件上相邻两孔中心距只有 16mm，很难并排采用两个钻套 14。移位机构由两块伸长板 1 和一个方形支承 19 组成。在方形支承 19 两侧的 T 形槽内装有 T 形键 13，方形支承 19 则可在两块伸长板 1 组成的“导轨”中移动，其位置由两个可调定螺钉 8 确定，并由槽用螺栓 17 和螺母 18 锁紧。工件安装在两个 V 形块 9 上，并用两个回转压板 16 和平压板 15 组成的夹紧装置夹紧工件。

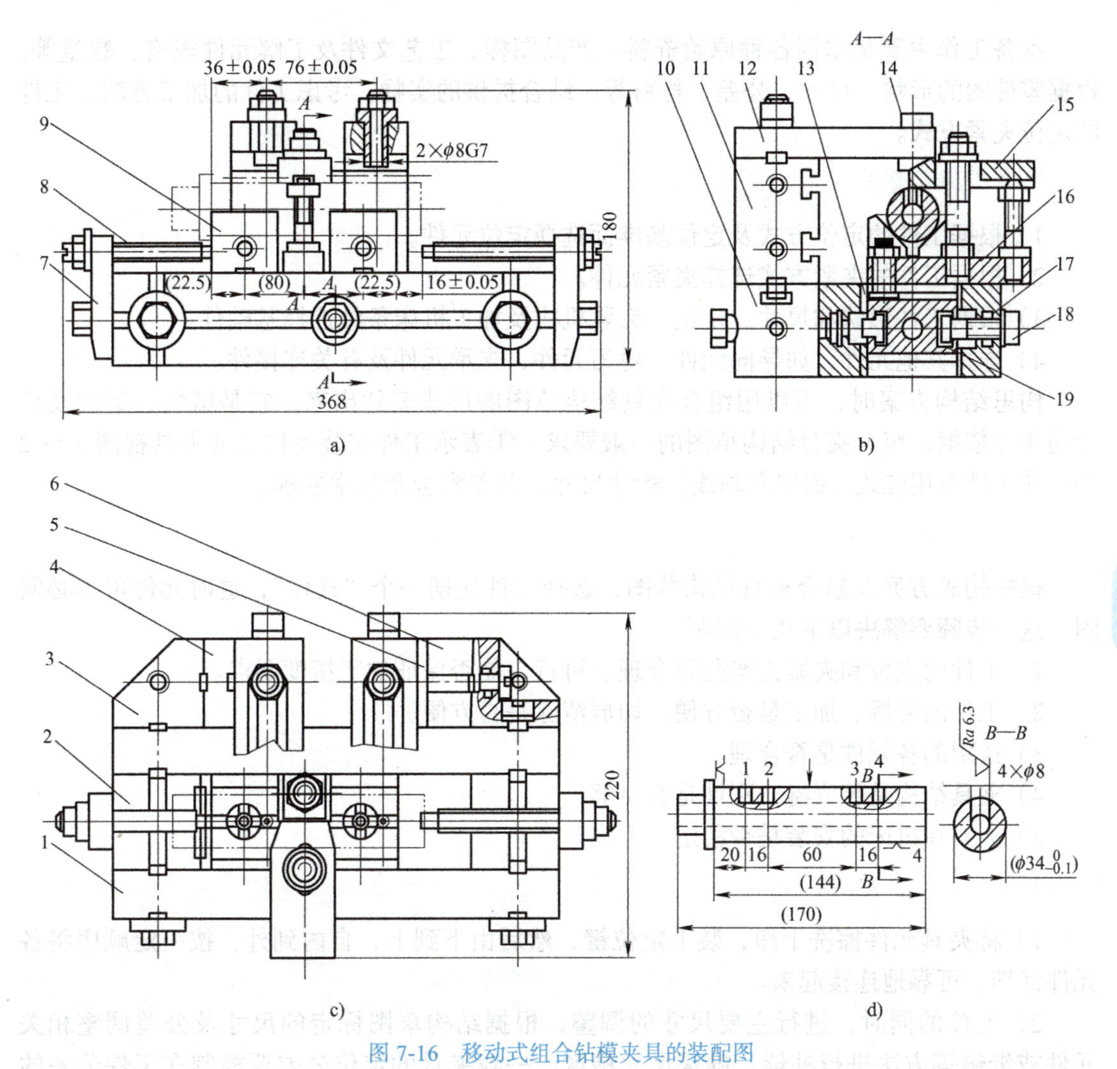

图 7-16　移动式组合钻模夹具的装配图

1—伸长板　2、4、5、6、19—方形支承　3—加肋角铁　7、15—平压板　8—定位螺钉　9—V 形块　10、11—长方形支承　12—钻模板　13—T 形键　14—钻套　16—回转压板　17—槽用螺栓　18—螺母

7.7.3　主要仪器与试材

1）槽系中型（12mm）组合夹具零部件一套。

2）工作台、拆装工具一套。

3）工件实物和图样，可选用连杆、拨叉、活塞、气缸套等零件。

4）指示表、千分尺、磁性表座、游标高度卡尺、塞尺、直角尺、平尺、方箱、测量平板、检验棒及其他常用检验工具。

7.7.4 实验方法与步骤

1. 组装前的准备

准备工作主要是掌握各种原始资料：产品图样、工艺文件及了解元件规格、数量等。根据零件图的形状、尺寸、公差、材料等，结合提供的实物，考虑工件的加工方法、工件的定位夹紧方式。

2. 构思结构方案

1）根据工件的定位方式及定位基准面选择定位元件。

2）根据工件的夹紧方式选择夹紧元件。

3）根据工件形状和尺寸、定位、夹紧机构及加工机床条件选择基础件。

4）选择其他元件，如导向元件、对刀元件、支承元件及有关连接件。

构思结构方案时，可以用组合夹具结构草图的形式表达出来，它是试装、组装及检验的主要依据。组合夹具结构草图的一般要求：①表示工件在装夹位置的夹具视图 1 ～ 2 个；②工件可用红线（或双点画线）标注尺寸、公差配合及技术要求。

3. 试装夹具

根据构思方案及组合夹具结构草图，选择元件先摆一个“式样”，这时元件可不必紧固，这一步骤要解决以下几个问题：

1）工件的定位和夹紧方案是否合理、可行，能否保证加工精度要求。

2）工件的装拆、加工是否方便，切屑清除是否方便。

3）选用的各元件是否合理。

4）夹具结构是否紧凑，刚性是否足够。

5）夹具在机床的安装是否稳定、可靠。

4. 组装和调整

1）将夹具元件擦洗干净，装上定位键，然后由下到上，自内到外，按一定顺序将各元件仔细、可靠地连接起来。

2）连接的同时，进行主要尺寸的调整，根据结构草图标定的尺寸及公差调整相关元件或纸垫等方法进行补偿，确保尺寸精度，一般夹具的定位公差要控制在工件公差的 1/5 ～ 1/3 内。调整好的夹具要及时紧固，以免位置发生变化。

5. 检验

根据具体组装夹具，选用指示表、千分尺、磁性表座、游标高度卡尺、塞尺、直角尺、平尺、方箱、测量平板、检验棒及其他常用工具进行检验。

7.7.5 实验注意事项

1）爱护夹具元件、量具及有关工具，操作过程中要轻拿轻放，避免损伤夹具元件。

2）拧紧螺母的力量不要过大。

3）搬动重量较大的元件时要小心，避免伤人。

7.7.6　实验结果处理

1）写出组合夹具的组装工艺过程。

2）绘制出组装定型后的夹具装配图，标出尺寸、公差、配合等主要技术要求。

7.7.7　思考题

1）简述组合夹具的优、缺点及适用范围。

2）如何提高组合夹具设计效率？

7.8　变速器拆装实验

7.8.1　实验目的

变速器为手动全同步换档式机械变速器，有五个前进档和一个倒档，所有的前进档齿轮为常啮合式，而倒档齿轮则为滑动惰轮结构。该变速器最大输入扭矩为 120N・m，壳体采用前后箱分箱式，结构刚性好、易于加工、拆装方便、结构紧凑合理；还采用了惯性同步器，换档可靠、平稳、灵活。通过变速器拆装实验，学生要掌握变速器的结构构造以及速度调节的工作原理。

7.8.2　实验原理

1. 功能

1）改变传动比，扩大了发动机的驱动轮扭矩、转速变化范围，以适应汽车各种条件下的动力需要和行驶条件，同时使发动机在有利工况下工作。

2）在发动机曲轴旋转方向不变的条件下，可实现汽车的倒向行驶要求。

3）可中断发动机动力传递，以满足汽车短暂停驶和滑行等情况的需要，便于变速器换档或进行动力输出。

2. 结构

变速器依靠变换不同的齿轮副来实现变速、变扭矩和改变旋转方向。

MR513B 变速器按功用和位置分为七大组件：前箱体、后箱体、延伸箱体、输入轴组件、中间轴组件、主轴组件、换档换位组件。其内部为三轴式，输入轴、中间轴和倒档齿轮轴。动力由输入轴输入，通过中间轴从主轴输出。MR513B 变速器通过换档换位组件带动换档轴轴向运动实现换位，变速杆的轴向运动实现换档，换档时通过惯性同步器以实现柔性换档。

（1）变速器内部结构　变速器内部结构如图 7-17 所示。

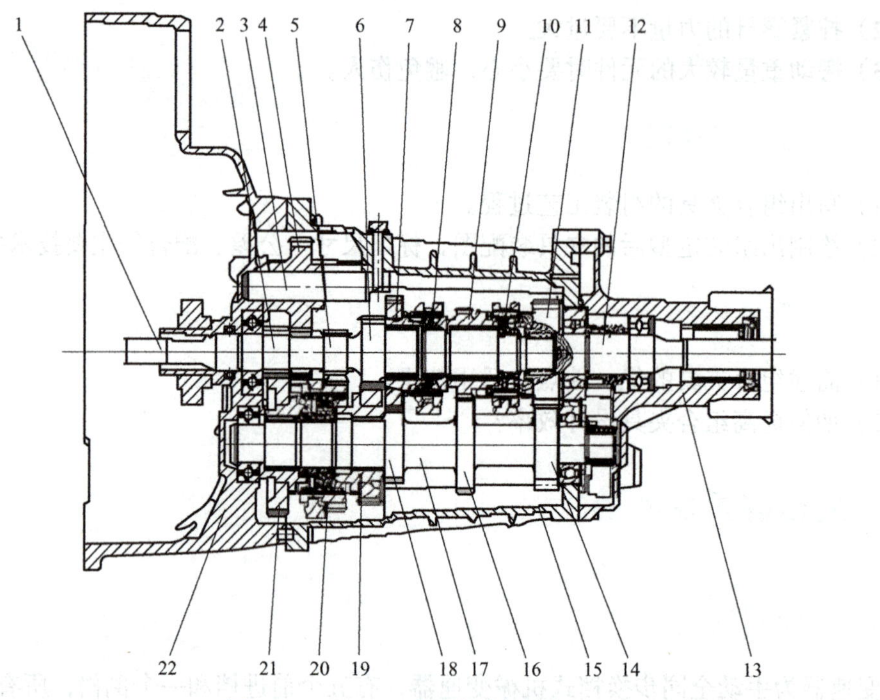

图 7-17 MR513B 变速器内部结构

1—输入轴 2—输入轴一档齿轮 3—倒档齿轮轴 4—倒档空转齿轮总成 5—输入轴倒档齿轮
6—输入轴二档齿轮 7—输入轴五档齿轮总成 8—五档同步器组件 9—输入轴三档齿轮总成
10—高速同步器组件 11—主轴常啮合齿 12—主轴 13—延伸箱 14—中间轴常啮合齿轮
15—后箱 16—中间轴三档齿轮 17—中间轴 18—中间轴五档齿轮 19—中间轴二档齿轮总成
20—低速同步器组件 21—中间轴一档齿轮总成 22—前箱

（2）变速器动力传递路线　变速器依靠齿轮副和同步器实现动力的传递和变换。

一档：输入轴→输入轴一档驱动齿轮→中间轴一档传动齿轮→低速同步器→中间轴→中间轴常啮合驱动齿轮→主轴常啮合传动齿轮→主轴。

二档：输入轴→输入轴二档驱动齿轮→中间轴二档传动齿轮→低速同步器→中间轴→中间轴常啮合驱动齿轮→主轴常啮合传动齿轮→主轴。

三档：输入轴→高速同步器→输入轴三档驱动齿轮→中间轴三档传动齿轮→中间轴→中间轴常啮合驱动齿轮→主轴常啮合传动齿轮→主轴。

四档：输入轴→高速同步器→主轴齿圈→主轴。

五档：输入轴→五档同步器→输入轴五档驱动齿轮→中间轴五档传动齿轮→中间轴→中间轴常啮合驱动齿轮→主轴常啮合传动齿轮→主轴。

倒档：输入轴→输入轴倒档驱动齿轮→倒档空转齿轮→中间轴倒档传动齿轮（低速同步器齿套）→中间轴→中间轴常啮合驱动齿轮→主轴常啮合传动齿轮→主轴。

7.8.3 主要仪器与试材

设备：MR513B 变速器。

工具：拆装工具箱、橡胶锤。

7.8.4　实验方法与步骤

变速器的拆分方法与步骤如下：

1）放油。用扳手拆除放油螺塞，从放油螺塞处放油，不允许从其他部位放油。

2）拆前后箱合箱螺栓，取下离合器分离轴承。

3）拆蜗轮轴套螺栓和延伸箱合箱螺栓，取出蜗轮组件和延伸箱组件。

4）拆中间轴后轴承压板螺栓，取下搅油扇、主轴前轴承挡圈、中间轴后轴承压板和调整垫片。

5）拆换档箱合箱螺栓及倒档齿轮轴螺钉，取下换档箱组件、卡子、后仰支架、锁紧钢球总成和倒档齿轮轴螺钉垫片。

6）拆前后箱合箱螺栓，取下后箱组件、卡子及其余装配在后箱上的外围件。

7）观察主轴组件、高速同步器齿环、高速同步器弹簧和输入轴滚针轴承（见图 7-18）。

图 7-18　主轴

8）观察回位弹簧、倒档齿轮轴、倒档齿轮轴垫圈和倒档空转齿轮总成（见图 7-19）。

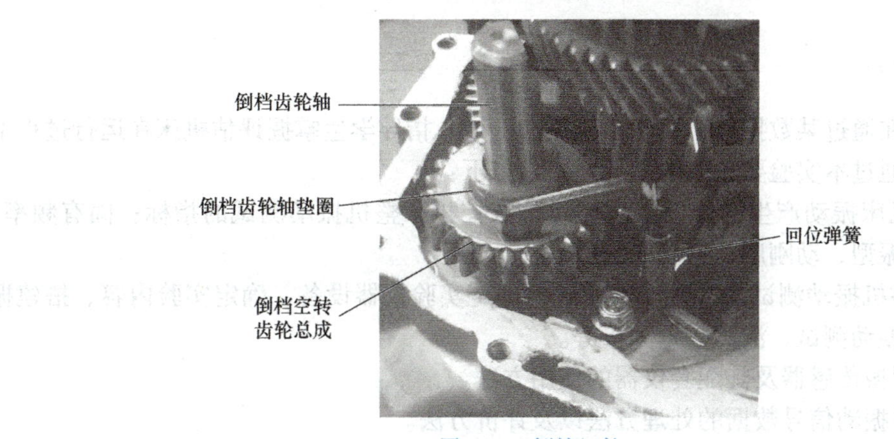

图 7-19　倒档组件

9）观察输入轴轴承压板螺栓和倒档换档拨叉总成螺栓，观察输入轴轴承压板和倒档换档拨叉总成。

10）观察换档锁紧螺栓，互锁滑块、自锁钢球和自锁弹簧。

11）观察输入轴组件、中间轴组件、一二档变速杆总成、三四档变速杆总成，以及五档、倒档变速杆总成，注意需要从前箱输入轴花键端轻敲。

12）观察离合器转臂、拉索支架等外围零件。

13）观察各档位下啮合齿轮动力传动情况，分析并计算传动比。

7.8.5 实验注意事项

变速器拆装过程中需注意油道，防止漏油；还应正确使用拆装工具，防止划伤。

7.8.6 实验结果处理

计算变速器各档传动比，记入表 7-5。

表 7-5 变速器档位传动比

变速器编号	各档传动比					
	一档	二档	三档	四档	五档	倒档

7.8.7 思考题

1）根据所拆装编号的变速器，绘制传递路线图。

2）结合变速器传递路线图，具体描述一下各档位动力传递路线。

7.9 振动实验

7.9.1 实验目的

本实验旨在通过某数控镗铣机床整机振动测试，指导学生掌握评估机床在运行过程中的振动情况。通过本实验要达到的目的与要求如下：

1）了解机床振动产生的原因，掌握评价数控机床整机振动测试的指标：固有频率、阻尼比、模态振型、动刚度、振动响应等。

2）熟悉整机振动测试的关键步骤，包括确定实验仪器设备、确定实验内容、搭建振动实验系统、振动测试、测试数据分析等。

3）掌握测振传感器及其配套仪器的使用方法。

4）了解对振动信号数据的处理方法以及评价方法。

7.9.2 实验原理

机床的振动问题主要分为三类，分别是固有特性、动力响应和动力稳定性问题。因此，数控机床的整机振动测试内容包括确定固有频率、阻尼比、模态振型、动刚度、振动响应等指标，作为机床整机测试的评价指标。这些评价指标参数可以通过试验模态分析和动刚度测试获得。

1）试验模态分析。应用试验模态分析的方法可以测试出机床整机的固有频率、阻尼比和模态振型。试验模态分析主要是测试系统的频响函数，通过对频响函数的分析来获得各种振动特性参数。其分析原理见式（7-7）

$$\begin{pmatrix} \boldsymbol{X}_1 \\ \boldsymbol{X}_2 \\ \vdots \\ \boldsymbol{X}_n \end{pmatrix} = \begin{pmatrix} \boldsymbol{H}_{11} & \boldsymbol{H}_{12} & \cdots & \boldsymbol{H}_{1n} \\ \boldsymbol{H}_{21} & \boldsymbol{H}_{22} & & \boldsymbol{H}_{2n} \\ \vdots & \vdots & & \vdots \\ \boldsymbol{H}_{n1} & \boldsymbol{H}_{n2} & \cdots & \boldsymbol{H}_{nn} \end{pmatrix} \begin{pmatrix} \boldsymbol{F}_1 \\ \boldsymbol{F}_2 \\ \vdots \\ \boldsymbol{F}_n \end{pmatrix} \tag{7-7}$$

$$\boldsymbol{X} = \boldsymbol{HF} \tag{7-8}$$

式中，$\boldsymbol{X}$ 为响应向量，可以是位移、速度和加速度；$\boldsymbol{H}$ 为频响函数矩阵；$\boldsymbol{F}$ 为激振力。

测试时通常用加速度传感器测响应，用力传感器测激振力，用分析软件绘制出各通道频响函数曲线，最后通过分析频响函数获得固有频率、阻尼比和模态振型等重要数据。由频响函数矩阵的物理特性可知，在做比较简单的测试时，通常只需获得频响函数矩阵的一行或一列，即可获知系统的固有特性。由此，对应两种测试方法，分别是单点拾振法（对应频响函数的一行）和单点激振法（对应频响函数的一列）。

2）动刚度测试。动刚度的测试原理为

$$K_d = \frac{F}{A} = K_j \sqrt{\left(1 + \frac{\omega^2}{\omega_n^2}\right)^2 + \left(2\xi \frac{\omega}{\omega_n}\right)^2} \tag{7-9}$$

式中，F 为激振力；A 为振幅；K_j 为系统静刚度；ω 为激振力频率；ω_n 为固有频率；ξ 为阻尼比。

式（7-9）是单自由度振动系统动刚度的表达式。其原理同样适用于多自由度振动系统。只要测试出不同谐振频率下待测点的激振力幅值和响应的幅值，就可以确定该点的动刚度。在实际测试时通常是通过对加速度信号在频域上二次积分来获得响应的幅值。

7.9.3　主要仪器与试材

1）数控机床。

2）加速度传感器：2 个 514 型加速度传感器、3 个 507B 型加速度传感器、4 个 230 型力传感器。

3）信号采集设备。

4）计算机及数据分析软件。

7.9.4　实验方法与步骤

1）确定振动信号采集实验仪器设备。本次实验选用北京东方噪声与振动研究所开发的数据采集与分析（data acquisition and signal processing，DASP）系统。

2）确定实验内容。机床的模态测试、抗振性动刚度和刀具 – 工件系统的振动响应。

3）搭建实验系统。响应测试实验系统。通过数控镗床空运转及加工工件时产生的振动作为激励，在主轴端部、工作台等部位布置加速度传感器，连接 DASP 系统和笔记本计算机，构成响应测试实验系统，如图 7-20 所示。

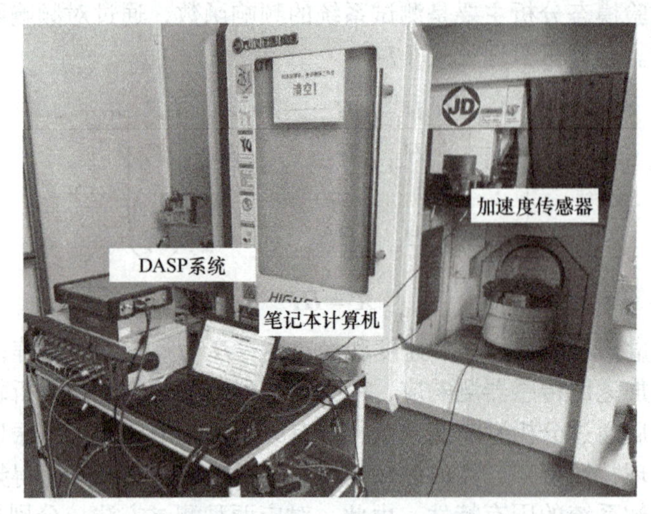

图 7-20　响应测试实验系统

模态测试实验系统中，模态测试采用单点激励多点响应的方法，采用 4824 型激振器和 2732 型功率放大器组成的激励系统。用 8230 型力传感器识别力信号，用 4514 加速度传感器识别响应信号。将加速度传感器依次布置在镗床的立柱、主轴箱、工作台、滑座和床身上，用来测响应。

主轴动刚度测试实验系统如图 7-21 所示。动刚度测试同样需要人为施加激励，所采用的激振器、功率放大器、加速度及力传感器等与模态测试相同。仅测试主轴系统的动刚度激振的位置设在试件上用来模拟镗床的实际工作状态。同样连接数据采集与分析系统和笔记本计算机组成主轴动刚度测试系统。

图 7-21　主轴动刚度测试实验系统

4）振动测试。仅起动主轴电动机进行空转振动响应测试，转速从 50r/min 到最高转速 1000r/min 结束，增加间隔速度分别为 50r/min（低速区）和 100r/min（高速区）。在不同转速下测量主轴端和工作台的振动加速度。

将主轴转速分别设定在 20r/min、50r/min、80r/min 等工作转速，进行加工零件时的响应测试。试件为专用试料，进给速度分别为 130mm/min 和 10mm/min，切削深度为 8mm，测量切削时的振动加速度。

测量的数据用数据采集与分析系统进行频响计算。首先用 FFT（快速傅里叶变速）模块对加速度传感器采集的时域信号进行变换，得到信号的频谱图；然后通过一次积分和二次积分的方法分别得到振动速度和振幅等参数；最后下载实验数据。

5）模态测试。选用 DASP 作为模态测试软件，测试过程如下：①在软件中对参与模态测试的力及加速度传感器进行配置；②模拟镗床的实际工作状态，采用激振器产生的随机信号分别沿 X 和 Z 方向激励被测件；③加窗函数分析频段设定为 0 ～ 100Hz，以 512Hz 的采样频率进行采集，分 5 次进行，每次测量 5 点，最终完成该数控镗床整机模态实验的测量。

6）动刚度测试。采用随机信号对夹持在镗床主轴上的试件进行激振，通过加速度传感器获取响应信号后，由 DASP 来记录和显示激振力等数据。

7）测试数据分析。测试数据分析是为了获得影响机床抗振性能的各种参数，包括固有频率、阻尼比、模态振型、动刚度、振动响应等。分析的方法可以采用专用分析软件 MATLAB、Origin、Excel 等通用数据分析软件。

7.9.5　实验注意事项

1）传感器的安装应注意：安装加速度传感器的平面应平整光洁；传感器要轻拿轻放，勿将传感器掉落到结实的坚硬表面；在安装振动传感器时要确保其与机床接触良好，避免信号失真。

2）在机床运行时要注意安全，避免发生意外。

3）在采集数据时要确保信号采集设备的稳定性和准确性。

7.9.6　实验结果处理

根据采集到的振动信号数据（见表 7-6），分析机床在不同工况下的振动情况，评估其性能和稳定性。

表 7-6　振动信号数据

工况				
序号	频率 f	位移 B	速度 v	加速度 a

7.9.7　思考题

1）机床振动的来源有哪些？

2）机床振动对加工质量有何影响？

3）随着转速的改变，机床振动有怎样的变化？

4）如何通过振动测试提高机床的加工精度？

7.10 机器人实验

7.10.1 实验目的

机器人的机械臂由电动机驱动，可实现三维空间内的各种运动，并通过摄像头和夹爪等配件完成操作。

1）熟悉并掌握机器人系统组成，包括本体、控制柜的功能。

2）掌握机器人坐标系的种类与应用。

3）基于示教模式与执行模式，实现机械臂正向、反向、圆弧正反向运动动作，完成设定路径的作业任务。

7.10.2 实验原理

1. 机器人实验台组成

1）机器人系统。机器人系统（见图 7-22）包括机器人本体、控制柜、编程示教盒三部分。配件有控制柜与机械本体的电缆连线，包括码盘电缆、动力电缆、系统 I/O 口，还有为整个系统供电的电源电缆及变压器。

2）机器人本体。协作机器人可分为六轴机器人和七轴机器人。

3）控制柜。控制柜前面板上有控制柜的电源开关，以及 CAN/LAN/VGA/RS232 等接口和状态灯。

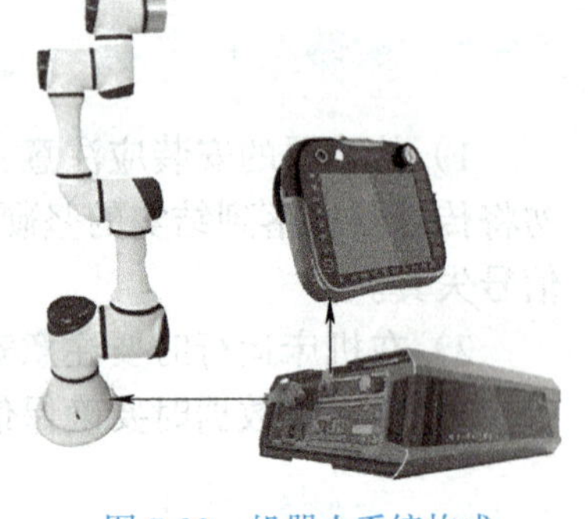

图 7-22 机器人系统构成

2. 机器人的轴和坐标系

1）机器人轴的定义。机器人轴可以分为旋转轴和平移轴，轴的运动方式由机械结构决定。机器人轴分为机器人本体的运动轴和外部轴，外部轴又分为滑台和变位机。如不特别指明，机器人轴即指机器人本体的运动轴。

2）机器人坐标系的种类。在示教模式下，机器人轴运动方向与当前选择的坐标系有关。机器人支持 4 种坐标系：关节坐标系、直角坐标系、工具坐标系、用户坐标系。

① 关节坐标系：机械臂、机器人等多关节系统中各个关节位置的坐标系。

② 直角坐标系：机器人的控制中心点沿设定的 X、Y、Z 方向运行。

③ 工具坐标系：位于机器人法兰盘的夹具上，由实验者定义。夹具的有效方向定义为工具坐标系的 Z 轴。

④ 用户坐标系：位于机器人抓取的工件上，由实验者定义。

3. 机器人正向、反向、圆弧正反向运动指令

1）正向运动功能。以步号的顺序使机器人运动。当按下 <正向运动> 键时，只有运

动指令被执行。

机器人执行一个循环后停止。当到达 END 指令时，即使按下 <正向运动>键，机器人也不会运动。但是，在子程序的末尾，机器人运动到 CALL 指令的下一条运动指令处，如图 7-23 所示。

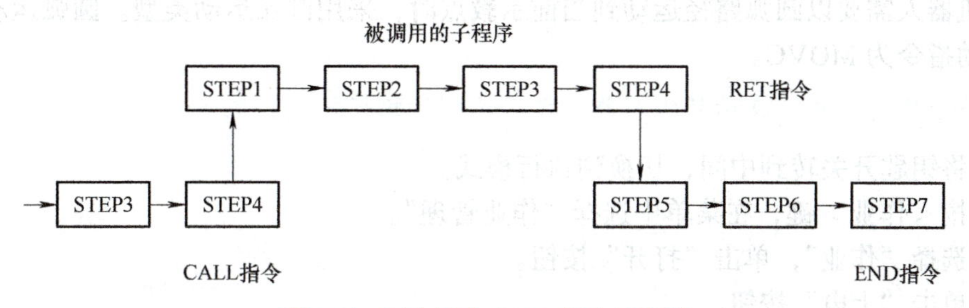

图 7-23　正向运动 CALL 指令示意图

2）反向运动的功能。以步号的相反顺序使机器人运动。机器人执行一个循环后停止。当到达第一步时，即使按下 <正向运动>键，机器人也不会运动。但是，在子程序的开始，机器人运动到 CALL 指令的上一条运动指令处。

3）圆弧的正反向运动。机器人以直线运动到第一个 MOVC 指令的位置点。机器人进行圆弧运动必须有三条 MOVC 指令。

当机器人在两条 MOVC 指令中间停下来时，在机器人的位置点没动的情况下，继续按下 <正向运动>和 <反向运动>键，机器人仍进行圆弧运动。但是，在机器人的位置点移动的情况下，继续按下 <正向运动>键，机器人以直线运动到 P_2 点，在 P_2 点到 P_3 点恢复圆弧运动，如图 7-24 所示。

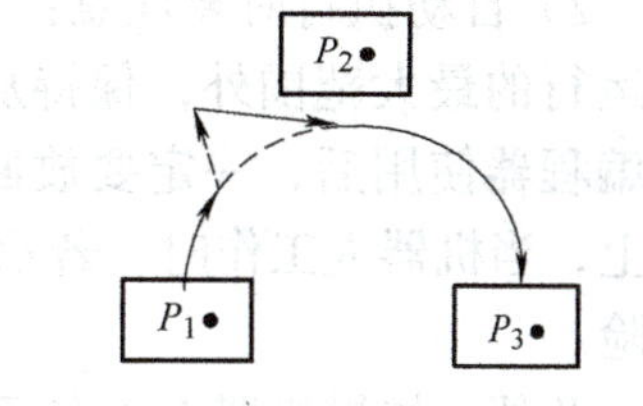

图 7-24　正向运动 CALL 指令示意图

7.10.3　主要仪器与试材

设备：新松 WINCE 版协作机器人。

7.10.4　实验方法与步骤

1. 基于示教模式实现机器人正向、反向、圆弧正向反向的运动

在作业示教完成后或者作业在自动运行前，一定要进行手动检查。

手动检查：通过 <正向运动>键、<反向运动>键实现。在示教模式下，使用示教盒上的正 / 反向运动键，检查示教点的位置是否恰当。每当按住 <正向运动>键和 <反向运动>键时，机器人运动一步。

正 / 反向运动可以从程序任意一行开始执行，用光标移动光条，然后按住 <正向运动>键或 <反向运动>键，机器人运动到当前示教点（光条所在位置）。

2. 进入作业管理界面，编写作业

协作机器人支持三种运行类型：关节运动、直线运行、圆弧运动。

当机器人不需要以指定路径运动到当前示教点时，采用关节运动类型。关节运动类型对应的运动指令为 MOVJ。一般说来，为安全起见，程序起始点使用关节运动类型。

当机器人需要通过直线路径运动到当前示教点时，采用直线运动类型。直线运动类型对应的运动指令为 MOVL。

当机器人需要以圆弧路径运动到当前示教点时，采用圆弧运动类型。圆弧运动类型对应的运动指令为 MOVC。

3. 基于执行模式，在示教编写作业之后，进行执行模式，执行作业

1）将钥匙开关转到中间，切换到执行模式。

2）按 <作业> 键，在菜单中选择“作业管理”。

3）选择“作业”，单击“打开”按钮。

4）单击“上电”按钮。

5）单击“开始”进行作业执行。

7.10.5 实验注意事项

1）出于安全考虑，在示教前，先执行以下操作：①钥匙开关选择示教；②确认急停键是否可以正常工作；③建立示教锁。

2）自动执行时要注意：①在开始执行前，确保机器人周围无人；②操作者要在机器人运行的最大范围外，保持从正面观看机器人，确保发生紧急情况时有安全退路；③示教编程器使用后，一定要放回原来的位置。如不慎将示教编程器放在机器人、夹具或地板上，当机器人工作时，若示教编程器碰到机器人或工具上，会有人身伤害或设备损坏的危险。

此外，如果机器人正在运行，在非紧急情况下，先按下暂停按钮，尽量避免在机器人运动过程中直接关闭电源或按下急停，以免使机械冲击损害。

7.10.6 实验结果处理

示教模式下编写作业，及时保存备份。

7.10.7 思考题

1）在实验过程中，机器人成功完成了大部分任务，包括物品抓取、装配、拆卸等，在这些过程中可能出现的问题有哪些方面?

2）分析上述问题产生的原因，针对协作机器人实验中出现的问题，提出优化方案。

参考文献

[1] 刘强 . 智能制造概论 [M]. 北京：机械工业出版社，2021.
[2] 张芙丽，张国强 . 机械制造装备及其设计 [M]. 北京：国防工业出版社，2011.
[3] 王正刚 . 机械制造装备及其设计 [M]. 2 版 . 南京：南京大学出版社，2020.
[4] 陈立德 . 机械制造装备设计 [M]. 2 版 . 北京：高等教育出版社，2010.
[5] 吴玉厚，陈关龙，张珂，等 . 智能制造装备基础 [M]. 北京：清华大学出版社，2022.
[6] 刘树青 . 智能制造装备创新设计 [M]. 北京：机械工业出版社，2023.
[7] 罗学科，王莉，刘瑛 . 智能制造装备基础 [M]. 北京：化学工业出版社，2023.
[8] 黄玉美 . 机械制造装备设计 [M]. 北京：高等教育出版社，2008.
[9] 张鹏，冯淼，张涛然，等 . 智能制造装备设计与故障诊断 [M]. 北京：机械工业出版社，2021.
[10] 陈捷 . 数控机床功能部件优化设计选型应用手册：数控刀架分册 [M]. 北京：机械工业出版社，2018.
[11] 刘成颖 . 数控机床功能部件优化设计选型应用手册：高速电主轴分册 [M]. 北京：机械工业出版社，2018.
[12] 欧屹 . 数控机床功能部件优化设计选型应用手册：滚动直线导轨副分册 [M]. 北京：机械工业出版社，2018.
[13] 王华 . 数控机床功能部件优化设计选型应用手册：数控转台分册 [M]. 北京：机械工业出版社，2018.
[14] 冯虎田 . 数控机床功能部件优化设计选型应用手册：滚珠丝杠副分册 [M]. 北京：机械工业出版社，2018.
[15] 张义民，闫明 . 数控刀架的典型结构和可靠性设计 [M]. 北京：科学出版社，2014.
[16] 隋秀凛，高安邦 . 实用机床设计手册 [M]. 北京：机械工业出版社，2010.
[17] 现代实用机床设计手册编委会 . 现代实用机床设计手册：上册 [M]. 北京：机械工业出版社，2006.
[18] 朱耀祥，浦林祥 . 现代夹具设计手册 [M]. 北京：机械工业出版社，2010.
[19] 关慧贞 . 机械制造装备设计 [M]. 4 版 . 北京：机械工业出版社，2015.
[20] 薛源顺 . 机床夹具设计 [M]. 3 版 . 北京：机械工业出版社，2011.
[21] 吴拓 . 现代机床夹具设计及实例 [M]. 北京：化学工业出版社，2015.
[22] 陈旭东 . 机床夹具设计 [M]. 2 版 . 北京：清华大学出版社，2014.
[23] 郝瑞林，孙迎建 . 工业机器人设计与应用技术研究 [M]. 长春：吉林科学技术出版社，2023.
[24] 周伯英 . 工业机器人设计 [M]. 北京：机械工业出版社，1995.
[25] 曹胜男，朱冬，祖国建 . 工业机器人设计与实例详解 [M]. 北京：化学工业出版社，2019.
[26] 李瑞峰 . 工业机器人设计与应用 [M]. 哈尔滨：哈尔滨工业大学出版社，2017.
[27] 王迪，杨永强，刘洋，等 . 粉末床激光熔融技术 [M]. 北京：国防工业出版社，2021.
[28] 李涤尘，鲁中良，张安峰 . 高温透平叶片增材制造技术 [M]. 西安：西安交通大学出版社，2016.
[29] 杨卫民，魏彬，于洪杰 . 增材制造技术与装备 [M]. 北京：化学工业出版社，2022.
[30] 杨永强，王迪，宋长辉 . 金属 3D 打印技术 [M]. 武汉：华中科技大学出版社，2020.
[31] 宋昌才，袁晓明，沈春根，等 . 机械制造技术综合实验教程 [M]. 2 版 . 镇江：江苏大学出版社，2018.
[32] 王继伟 . 机械类专业课实验教材 [M]. 北京：电子工业出版社，2015.
[33] 余娟，刘凤景，李爱莲 . 数控机床编程与操作 [M]. 2 版 . 北京：北京理工大学出版社，2021.
[34] 王海文，曹锋 . 数控技术及应用 [M]. 武汉：华中科技大学出版社，2016.
[35] 王世刚，张洪军 . 现代机床数字控制技术 [M]. 北京：国防工业出版社，2011.

[36] 王晓忠，王骅 . 数控机床技术基础 [M]. 北京：北京理工大学出版社，2019.
[37] 李兴凯 . 数控车床编程与操作 [M]. 2 版 . 北京：北京理工大学出版社，2019.
[38] 于超，杨玉海，郭建烨 . 机床数控技术与编程 [M]. 2 版 . 北京：北京航空航天大学出版社，2015.
[39] 方辉，许斌，阳红 . 数控机床热误差及其抑制与补偿 [M]. 重庆：重庆大学出版社，2016.
[40] 刘宏伟，向华，杨锐 . 数控机床误差补偿技术研究 [M]. 武汉：华中科技大学出版社，2018.
[41] 苗恩铭，刘辉，魏新园 . 数控机床热稳健性精度理论及应用 [M]. 重庆：重庆大学出版社，2019.
[42] 李有堂 . 高等机械系统动力学：检测与分析 [M]. 北京：科学出版社，2023.
[43] 张力，刘斌 . 机械振动实验与分析 [M]. 北京：清华大学出版社，2013.
[44] 郑伟中 . 机床的振动及其防治 [M]. 北京：科学出版社，1981.